U0272956

2011年国家社科基金重大项目（批准号：11&ZD097）结项成果

2020年陕西师范大学优秀学术著作出版基金资助项目

2020年陕西师范大学学科建设经费资助项目

国家出版基金项目

NATIONAL PUBLICATION FOUNDATION

艾 冲 主编

鄂尔多斯高原历史地理研究

历史自然灾害与土地荒漠化卷

赵景波 罗小庆 周 旗 著

陕西师范大学出版总社 西安

图书代号　SK23N1817

图书在版编目（CIP）数据

鄂尔多斯高原历史地理研究. 历史自然灾害与土地荒漠化
卷 / 赵景波，罗小庆，周旗著；艾冲主编. — 西安：
陕西师范大学出版总社有限公司，2024.11
ISBN 978-7-5695-3526-6

Ⅰ. ①鄂…　Ⅱ. ①赵…②罗…③周…④艾…　Ⅲ.
①鄂尔多斯高原－历史地理－研究　Ⅳ. ①P942.26

中国国家版本馆CIP数据核字（2023）第013506号

鄂尔多斯高原历史地理研究·历史自然灾害与土地荒漠化卷
EERDUOSI GAOYUAN LISHI DILI YANJIU · LISHI ZIRAN ZAIHAI YU TUDI HUANGMOHUA JUAN

赵景波　罗小庆　周　旗　著

出 版 人	刘东风
策划编辑	刘　定
责任编辑	尹海宏　陈君明
责任校对	王西莹
封面设计	张潇伊
出版发行	陕西师范大学出版总社
	（西安市长安南路199号　邮编　710062）
网　　址	http://www.snupg.com
印　　刷	中煤地西安地图制印有限公司
开　　本	787 mm×1092 mm　1/16
印　　张	22
插　　页	4
字　　数	400千
版　　次	2024年11月第1版
印　　次	2024年11月第1次印刷
书　　号	ISBN 978-7-5695-3526-6
审 图 号	国审字（2024）第04863号
定　　价	128.00元

总　　序

　　"鄂尔多斯高原历史地理研究"（多卷本）即将出版，在此之前，特在此作一番简要的说明与介绍，以便广大读者了解相关信息，更便捷地阅读本书的内容。

一、鄂尔多斯高原的地理位置与区域范围

　　本书的研究区域是鄂尔多斯高原，因此，首先说明鄂尔多斯高原的基本地理位置与区域范围，就显得十分有必要。

　　鄂尔多斯高原，也称作河套高原。河套高原之地域名称，早在20世纪30年代就已出现，距今已有八十多年之久。至于鄂尔多斯高原之称呼，则迟至21世纪初期才出现。早在1936年，《伊克昭盟志》的编撰者、学者谢再善就采用河套高原之地名，以指称今鄂尔多斯高原，并在此地域展开持续两年的调查采访。这表明河套高原之地名由来已久。他指出："伊克昭盟位于河套高原，东西北三面皆临黄河——黄河由宁夏北流，至临河东折，流至包头，复南折经晋、陕南下，整整包围了伊（克昭）盟，成为伊（克昭）盟天然界线。（伊盟）南面界限则为长城，与陕北接壤。"[①]河套高原以今白于山脉、大罗山脉与红柳河为南界。成书于20世纪30年代的《伊克昭盟志》既已出现河套高原地域名称，指的就是今鄂尔多斯高原。

　　鄂尔多斯高原位于今内蒙古、陕西和宁夏三省、区交界地区，跨有此三个省、区的局部。其东、北、西三方以滔滔黄河作为显明的地域界线，其南侧界线主要以今白于山脉、大罗山脉、红柳河为自然地物标志。由此可见，鄂尔多斯高原的地理位置、空间范围及其边缘界线是十分清楚的。

　　具体而言，鄂尔多斯高原的区域范围，既包括今内蒙古自治区的鄂尔多斯市域、

---

① 曾庆锡等修纂："内蒙古历史文献丛书"之六《伊克昭盟志》，远方出版社，2007年，第287页。

乌海市域的河东部分，也包括今陕西省的榆林市域绝大部分，以及今宁夏回族自治区的吴忠市利通区、青铜峡市东部、红寺堡区北半部、盐池县、同心县东北部，中卫市的中宁县东北隅，银川市管辖的灵武市、兴庆区黄河东侧、石嘴山市的平罗县黄河东侧区域，其总面积约为145139平方公里。

鄂尔多斯高原的毗邻区是指其外围接壤区域。其东侧毗邻区包括今山西省管涔山脉、吕梁山脉主脊以西黄河支流区域和内蒙古大黑河东侧分水岭；其北侧毗邻区包括今内蒙古狼山、查石太山南侧黄河支流区域；其西侧毗邻区则包括今宁夏贺兰山脉东侧区域和内蒙古狼山山脉西段及其余脉以东区域；其南侧毗邻区包括今陕西省白于山分水岭南侧的清涧河、延河、洛河上游流域，甘肃省泾河上游流域和宁夏的清水河流域。出于专题研究的需要，研究者经常会涉及鄂尔多斯高原的毗邻区，因而表明其区域范围十分必要。（参见图1鄂尔多斯高原及其毗邻区示意图）

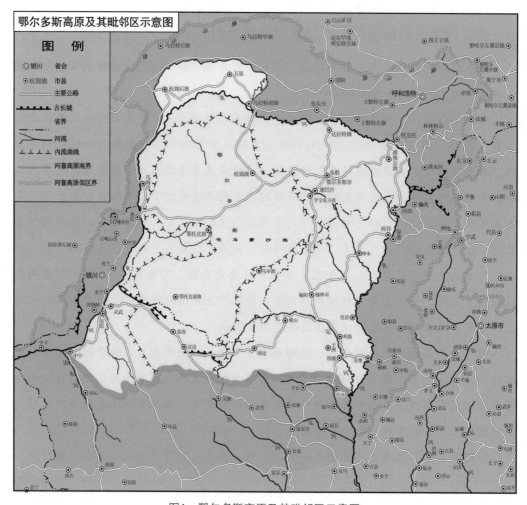

图1 鄂尔多斯高原及其毗邻区示意图

二、鄂尔多斯高原历史地理研究简介

国家社科基金重大项目"鄂尔多斯高原历史地理研究"的子课题数量达十个之多，头绪纷繁，进度不一，难度甚大。课题组经过七年持之以恒的努力，克服诸多客观存在的困难，披荆斩棘，筚路蓝缕，持续探索，终于完成了预定的研究任务。在研期间，课题组成员（包括参与者）展开野外考察达二十多次，通过实地考察解决了透过古代文献无法彻查的问题，有力地推动了重大项目研究的进度。在研期间，课题组成员（包括参与者）总共撰写及发表（出版）了阶段性研究成果一百二十多篇部，形成了相当丰富的研究成果，尤其是对此前用力不多的鄂尔多斯高原古代政区地理发表了一系列的专题论文，将重大项目研究推向深入。多次广泛的野外考察和为数众多的专题论文，为重大项目的顺利结项奠定了坚实的学术基础。

"鄂尔多斯高原历史地理研究"的结题成果共分为10卷，它们彼此呼应，前后衔接，相对全面而系统地论述了鄂尔多斯高原历史地理领域的各方面的问题。这10卷分别是：第1卷——历史政治地理卷、第2卷——历史民族地理卷、第3卷——历史城市地理卷、第4卷——历史经济地理卷、第5卷——历史军事地理卷、第6卷——历史文化地理卷、第7卷——历史气候与动植物地理卷、第8卷——历史自然灾害与土地荒漠化卷、第9卷——历史地貌与河湖地理卷，以及第10卷——历史地理综合卷。10卷本的"鄂尔多斯高原历史地理研究"的推出，是区域历史地理学研究的重大科研成果之一，为揭示鄂尔多斯高原历史时期地理环境的变迁进程做出了重要的学术贡献。

三、"鄂尔多斯高原历史地理研究"的创新之处

本套丛书的学术创新主要表现在四个方面，即学术思想与理论观点方面的创新、研究方法上的创新、数据资料采集方面的创新和解决实际问题方面的新见解等。

（一）在学术思想与理论观点方面的创新

相对于本领域已有研究成果，本项目研究成果在学术思想认识和理论观点上有了新的提升。在本项目研究过程中，坚持了历史唯物主义和辩证唯物主义的思想方法与原则立场。在正确的方法论指导下，研究活动从科研实践出发，以采集现有的各种资料为基础，剖析、推理、综合研究得出结论。较诸既有的学术思想认识，新的认识更加符合历史实际。

1. 在本领域前人已有的研究成果中，存在一种较为普遍的思想认识，即隋唐时期鄂尔多斯高原土地沙漠化现象的出现，是由于过度的农业耕垦。但是，项目组在收

集历史文献资料过程中，发现形成"初期毛乌素沙漠"之地，根本不存在农耕经济成分，因此并不存在土地沙漠化与农业经济过度耕垦的因果关系。与此同时，项目组确认"初期毛乌素沙漠"形成之前，该地方存在着游牧族群的畜牧经济实体和官营牧马业，因此，"初期毛乌素沙漠"形成的驱动因素之一应是草原载畜量过大。这是课题组得出的新观点、新认识。

2. 在本领域已有的研究成果中，往往将"早期库布齐沙漠"与"初期毛乌素沙漠"混为一谈，主要表现在对唐代诗人的纪实诗中沙漠景物描写的理解判断上。课题组经过对唐代诗人的纪实诗作深度阅读与理解，纠正了前述学术思想认识的偏颇，复原出历史时期两块沙漠化土地的真实位置。

3. 在本领域已有的研究成果中（尤其是历史地图学研究成果），对于战国秦汉时期鄂尔多斯高原政区地理，或者无法标示其具体位置（即无从定位），或者定位错误。课题组经过系统的探讨，认为战国秦汉时期鄂尔多斯高原政区分布格局完全可全面复原，即战国秦汉时期鄂尔多斯高原政区地理的郡级治城、县级治城、郡级政区边界皆可准确定位、清晰显示。这就将该地域历史政区地理研究向前推进了一大步，解决了前人由于时代局限而未能解决的历史政区地理悬案。

4. 在本领域已有的研究成果中，对于两汉时期在鄂尔多斯高原建置的属国都尉府、部都尉府、护匈奴中郎将府、度辽将军府等地方高级军事机构驻地皆语焉不详。课题组经过细致的探索、分析与综合判断，逐一予以准确定位。其中，西汉时期西河郡属国都尉府治城——美稷县城故址，前辈学者将其判定在今内蒙古准格尔旗纳林古城，课题组经过认真论证而将其准确定位在今准格尔旗榆树壕古城。其他重要秦汉故城，皆予以重新定位。通过专题研究，既获得全新的学术思想认识，也为其他历史专题研究奠定了坚实的基础。

5. 在本领域已有的研究成果中，缺乏对历史时期鄂尔多斯高原民族地理演变的全面研究，仅有极少数单个族群研究的著作或论文。课题组经过数年的不懈探索，系统地复原出春秋战国至民国时期鄂尔多斯高原不同民族迁徙（迁入与迁出）、分布、交流与融合的历史横断面图景。由于彻底探明了历史时期鄂尔多斯高原诸多民族分布与变迁的时空过程，从而在学术思想上出现新升华，此地区就不再是历史民族地理的空白区。

限于篇幅，仅列举出上述学术思想认识和理论观点的新突破。

（二）在研究方法上的创新

本书各卷的研究，注重多学科交叉的综合研究方法。在全力收集历史文献资料的同时，十分重视田野调查方法的运用、高科技手段的使用，以及考古学、地理学理论与方法的运用。

课题组非常重视田野调查的研究途径。七年中，每年都安排不同子课题组到野外进行实地考察活动。每年平均组织两至三次田野调查，踏勘各种历史文化遗迹，确定其真实的地理位置、遗存现状，采集测量相关数据资料，据此，积累起大量有效的野外考察资料，极大地丰富了科学研究的资料库。

课题组十分重视高科技手段的使用。为在田野调查活动中获得准确的采集数据，我们购置行之有效的科学仪器，诸如GPS接收器、激光测距望远镜、照相机等，并运用这些仪器，获得相对精准的经度、纬度、高程坐标，古城遗址的长度、宽度、高度及其平面布局，地物的围长、年龄、相对高度等数据。通过采集数据，获得可靠的田野调查原始资料，服务于不同的子课题研究。

课题组尽力收集已有的地理学和考古学研究的理论与成果，与历史文献记载相互印证，结合田野调查及使用高科技手段所获资料，探索特定历史地理要素的发生、发展与空间分布变化的过程与特征。运用地理学和考古学研究的理论与成果，充实课题研究的证据，弥补文献资料的不足，填补研究资料的空白，并与其他科研资料相互交叉、相互印证，探寻鄂尔多斯高原历史地理真相。

（三）在数据资料采集方面的创新

课题组重视运用精准的数据资料以支撑相关专题研究。为此，课题组成员走出书斋，走向野外，通过实地考察以采集需要的科学数据。在数据采集方面的创新主要体现于使用GPS接收器、激光测距望远镜、照相机等小型仪器，获取专题研究所需地理坐标、海拔高程、古代遗址的测量数据、平面格局资料等。要采集数据，就必须走向田野，就必须花费一定的时间和精力，就必须有不怕吃苦受累的精神，正因为如此，课题组在采集、运用数据资料方面取得了重大突破。

（四）解决实际问题的新见解

历史地理学研究的终极目的是为现实社会服务，推动现代社会持续发展进步，因此，解决现实社会中存在的实际问题就是研究者必须面对的重要课题，也是科学研究的落脚点。本书在以下两个问题上提出新见解、新建议。

第一，在治理毛乌素沙漠、再造绿色植被的改造沙化环境问题上，课题组提出，应该组建陕西、内蒙古和宁夏三省区治沙联合体、治沙联动机制，即组织三省区人民群众积极行动起来，同心协力打赢治理改造毛乌素沙漠之战，为三省区人民生活水平的提升奠定良好的自然环境基础。不可采取各省区自扫门前雪的方式。

第二，出于环境保护的需要，地方政府应推行节约资源、能源的生产与生活方式，减少对自然资源索取力度，维护自然环境自我修复与再生机制，尽力减少对生态环境的破坏。同时，有步骤地保持人类社会与自然环境的和谐关系与基本平衡。为此，政府应制订长期规划与决策，对损坏自然环境的经济建设项目进行整改。

10卷本"鄂尔多斯高原历史地理研究"丛书虽然业已完成，但对鄂尔多斯高原的研究尚需继续深入。如五胡十六国时期鄂尔多斯高原的行政建制，尚未完全探明；隋唐时期少数驻防城的位置，仍待探查；秦汉与宋元时期区域交通道路分布，仍有待解的路径位置问题；历史时期动物种群与植被群落的空间分布，仍需深入研究；历史时期河川与湖泊的变迁，也有待继续细化与再深入研究。

上述问题还未探明的原因约略有三点。其一，探究相关历史地理问题的文献资料严重欠缺。由于文献记载缺失，也致使课题组在涉及相关问题研究时无从推进。其二，过往学界对鄂尔多斯高原关注不够，学界产出的相关成果较少，可资借鉴者也就甚少。其三，个别学术问题研究不够深入。鄂尔多斯高原历史地理领域可继续研究的空间较大，留待今后再探索。

在研期间，数十名博士与硕士研究生参与了课题的实际研究，为科学研究的深入推进作出了自己的贡献，也培养与锻炼了其各自的科研能力。他们或在文献资料收集与整理的技术环节付出了劳动，或在阶段性成果的撰写环节作出了贡献，或在结题成果上付出了辛劳，特在此向这些年轻的同志表示深深的感谢。

在多次野外考察的进程中，得到许多地方机构工作人员和素不相识的当地居民的热心帮助和支持，正是他们的耐心解疑和介绍以及热心引路，为我们提供了野外考察活动的方便，也节约了课题科研工作的时间，特在此向那些已认识或迄今仍不知其姓名的人士表示衷心的谢意。

艾　冲

2024年10月18日（星期五）

于陕西师范大学长安校区文汇楼C段522室

前　言

　　随着世界人口剧增和城市化进程的加快，人类对自然环境的破坏和影响愈演愈烈，使得各种自然灾害频发。由气候变化所引起的自然灾害，是当今世界社会可持续发展所面临的巨大障碍。自然灾害不仅破坏自然环境，危及人类生命财产的安全，还可能对社会经济稳定产生一定的不利影响。自然灾害贯穿于整个人类历史，由于气候变化而引发的自然灾害，是当今世界面临的重大问题之一，也是影响我国社会经济可持续发展的重要因素。气象灾害是指由于大气的异常运动直接或间接地对人类的生产、生活等造成严重损害而又发生频繁的灾害，属于自然灾害的原生灾害之一，主要包括旱灾、霜雪灾害、洪涝灾害、冰雹灾害、风灾等。这些灾害会给人类的生产生活带来不同程度的损失与破坏。

　　自古以来，中国就是发生气象等自然灾害严重的国家之一。根据历史文献记载，我国从前180年到1949年，地震、洪涝、干旱、飓风、饥荒、严寒、瘟疫这七种灾害造成死亡人数超过万人的就有将近230次之多。我国气象灾害存在地区差异性，西北干旱与半干旱地区的旱灾与风灾及沙漠化灾害较为严重，华北地区旱灾与洪涝灾害以及冰雹灾害较为严重，南方地区洪涝灾害成为主要灾害类型。近几十年来，我国十分重视灾害预防及减灾工作。20世纪90年代初期，为防御洪水灾害和加强气象预报，我国建设和加固了20万千米的抗洪大坝，建设了2600个气象站台。

　　我国历史时期的气象灾害给当时的中国社会带来了严重灾难，甚至引发社会动荡，朝代更迭。几千年来，灾害不断危害着人类的生存，人类也从未停歇与其的斗争。我们的祖先在进行社会生产的同时，总是不断地同自然灾害作斗争。在生产力不发达、科学技术相对落后的古代，抗灾救灾是中华民族生存、发展所面临的重大议题。

　　现代的水、旱、虫、风、雪、霜、雹灾害也是历史时期同类灾害的延续和发展，因此，研究历史时期气象灾害发生的特点、规律和成因等不仅具有科学意义，而且对现代气象灾害预测和减少灾害损失具有现实意义。

鄂尔多斯高原地处我国西南季风和东南季风共同影响的边缘带，是典型的环境脆弱带和环境敏感带，也是水蚀与风蚀过渡带。因此，该区是气象灾害严重的地区。该区气象灾害种类多且危害较大。

鄂尔多斯高原深居内陆，大陆性气候显著，冬季气候干燥而寒冷，受东南夏季风影响很弱，年降水量较少。该区年均降水量为150~500mm，降水变率大。鄂尔多斯高原春季有"十年九旱"的说法。旱灾是该区主要气象灾害。鄂尔多斯高原历史时期的旱灾曾多次造成饥荒，轻者导致田苗受损而粮食减产，重则颗粒无收，形成年馑。荒年的灾民，或食树皮草根，或背井离乡，乞讨糊口。灾荒较重的年份，随处可见卖儿卖女等惨状。因此，研究本区旱灾发生的历史规律对预测旱灾的未来趋势、防灾减灾和农业生产具有非常重要的实际意义。

鄂尔多斯高原大部分地区年平均大风（8级）日数都在40天以上，其中东胜、鄂托克旗甚至超过50天。风灾是该区主要气象灾害之一。大风给该区农业和牧业生产带来了很不利的影响，有时会造成严重灾害。由于风灾常给人们造成巨大损失，所以国内外对现代风灾进行了很多研究。通常所说的大风指平均风力达到6级以上，瞬时风力达到8级或以上的风。风灾对土地退化、土地荒漠化影响显著。风是沙漠扩展的原动力，在自然和人为因素的影响下，地表一旦遭到破坏，丧失了植被的保护就会受到风力的侵蚀，在风蚀的作用下，地表退变，最终形成沙流、沙漠景观。该区沙漠化严重，与风力强有密切关系。风灾除了破坏农作物、林木外，对工程设施也会造成不同程度的破坏。过去对鄂尔多斯高原历史时期的风灾研究非常少，因此，研究鄂尔多斯高原历史时期的风灾和土地沙漠化也是本书的重要内容。

在我国西北和华北广大地区的农业气象灾害中，洪灾也很常见，一般仅次于旱灾，对农业生产危害很大。虽然鄂尔多斯高原地区现代和历史时期洪涝灾害并不严重，但也是常造成该区较大经济损失的气象灾害之一。尽管我国西北和华北地区降水量总体较少，但由于受降水季节分配不均和年际降水量变化的影响，有时会发生长时间的连阴雨、连续暴雨或大范围暴雨，这时常常会造成洪涝灾害。我国学者根据历史文献资料对关中等地历史时期洪涝灾害进行过很多研究，取得了许多重要成果。现已认识到，我国北方的洪水灾害多与年降水量增加和降水量分配不均有关。到目前为止，还没有见到除本书作者之外的其他研究者关于鄂尔多斯高原地区清代洪涝灾害研究成果的发表。因此，根据鄂尔多斯高原地区历史文献资料，结合实地考察，研究该区洪涝灾害的等级序列、频次变化、发生规律、洪涝灾害所反映的气候事件和气候变化都非常必要。

虽然冰雹灾害与旱、涝等气象灾害相比影响范围要小，且持续过程短，但雹灾破坏性大，突发性很强，因此备受政府和专家学者们的重视。我国每年由于雹灾造成的经济损失巨大，遇到重灾年全国受灾面积可达6千多平方公里。研究表明，冰雹多发生在对流旺盛时段如午后到傍晚这段时间，高发季节为4月至10月；地形变化也是冰雹发生的一个重要因素，地形起伏变化大容易引发冰雹。鄂尔多斯高原地区气候干旱，地表裸露，地表受热快，大气垂向对流较强，所以该区现代和历史时期雹灾发生较多。雹灾也是造成农牧业损失较严重的气象灾害之一。关于鄂尔多斯高原东部地区历史时期的雹灾，目前的研究很少，因此，开展该区雹灾研究是非常必要的。

在历史时期的气象灾害研究中，风力灾害研究最少。鄂尔多斯高原地处干旱地区，并有沙漠和沙地发育，植被覆盖度较低，温差大，所以风灾较频繁。该区最常见的风灾有风暴、沙尘暴、龙卷风等，其中危害最大的是沙尘暴。该区的大风灾害常导致土壤风蚀、土地沙漠化，对区域生态环境、工农业生产造成极大危害。关于鄂尔多斯高原历史时期的风灾，除本报告作者之外，尚未见其他学者开展研究。为揭示该区风灾发生规律、等级规模和发生原因，为减少风灾对人们的生产和生活造成的损失，研究该区风灾是很重要的。

本项研究是国家社会科学重大基金项目（11&ZD097）"鄂尔多斯高原历史地理研究"中的子项目：鄂尔多斯高原历史自然灾害与土地荒漠化研究。开展这项研究不仅在于揭示历史时期气象灾害发生的等级和规律，而且还能够为该区的防灾减灾提供科学依据。本项研究利用的资料主要来自《中国三千年气象记录总集》《西北灾荒史》《中国灾害通史》《陕西省自然灾害简要纪实》《中国气象灾害大典·陕西卷》《中国气象灾害大典·内蒙古卷》《中国气象灾害大典·宁夏卷》《史记·秦始皇本纪》《史记·项羽本纪》《史记·陈涉世家》《西京杂记》《汉书·天文志》《文献通考·物易考》《续汉书·五行志》《晋书·五行志》《晋书·天文志》《资治通鉴·晋纪》《晋书·食货志》《魏书·灵征志》《魏书·食货志》《魏书·天象志》《隋书·五行志》《隋书·食货志》《资治通鉴·汉纪》《资治通鉴·隋纪》《资治通鉴·唐纪》《资治通鉴·宋纪》《旧唐书·五行志》《新唐书·五行志》《新唐书·天文志》《新唐书·列传》《旧五代史·五行志》《旧五代史·天文志》《宋书·五行志》《南齐书·五行志》《宋史·五行志》《宋史·食货志》《宋会要辑·方域》《元史·五行志》《续资治通鉴·元纪》《元史·兵志·屯田》《元史·食货志》《元史·河渠志》《明史·五行志》《陕西通志》《安定县志》《山西通志》《甘肃新通志》《永宁州志》《府谷县志》《靖边县志》《河曲县志》《绥德州志》《榆林府志》《延川县志》《保德州志》等文献中的灾害记录资料。研究的时段包括秦汉到民国之间。由于研究地区秦汉等较早时期历史文献记录的灾害相当少或很少，达不到统计分析和认识灾害发生规律与特点等的要求，所以本项目研究主要研究的是唐代以来的气象灾害，特别是明代以来的气象灾害。

本项目研究的特点是不仅利用了历史地理学的理论和方法开展研究，还利用了自然地理学、气候学、第四纪地质学的理论和方法以及数理统计的方法，并尽可能对气象灾害进行定量和半定量的研究。除了系统研究气象灾害的频次、等级、阶段和成因之外，还研究了气象灾害所指示的气候变化与气候事件，并利用历史时期的气候和发生的气候事件揭示当时气象灾害发生的根源。此外，利用气象灾害研究鄂尔多斯高原冬季风和夏季风的异常活动特征也是本项研究重要特点。

本书包括八章内容，第一章是鄂尔多斯高原自然概况，第二章是鄂尔多斯高原历史时期的干旱灾害，第三章是鄂尔多斯高原历史时期的洪涝灾害，第四章是鄂尔多斯高原历史时期的霜雪灾害，第五章是鄂尔多斯高原历史时期的冰雹灾害，第六章是鄂尔多斯高原历史时期的风灾，第七章是鄂尔多斯高原东南部历史时期的蝗灾，第八章是鄂尔多斯高原历史时期的沙漠化。

本书第一章第一至四节、第二章第四至六节、第三章第一至四节、第四章第三至四节、第五章第第一至二节、第六章第一至二节、第七章第一节、第八章第五至九节由陕西师范大学赵景波撰写（21.6万字）。第二章第一至三节、第三章第五至六节、第四章第一至二节、第五章第三至四节、第七章第二至三节由陕西师范大学罗小庆撰写（10.2万字）。第一章第五至六节、第二章第七至九节、第六章第三至四节、第八章第一至四节由宝鸡文理学院周旗撰写（8.2万字）。最后，全书由赵景波统稿。

参加研究工作的还有祁子云、李黎黎、马延东、黄小刚、岳应利、邵天杰、马晓华、张秀伟、周岳、杨晓玉、李如意、何祖明、郭楠、景雅雅、陈建宇。

赵景波

2018年6月16日

目
录

绪　　论

本书利用了历史地理学、自然地理学和第四纪地质学的理论和方法以及数理统计的方法，研究了鄂尔多斯高原历史时期的自然灾害与土地荒漠化，属于文理交叉研究。

一、研究的目的和意义

本书研究的目的是揭示鄂尔多斯高原历史时期的干旱灾害、洪涝灾害、冰雹灾害、霜雪灾害、风灾、蝗虫灾害和土地荒漠化发生的特点、阶段性、各类灾害周期规律、变化趋势、产生原因与机制，以及对人们的生产、生活和社会造成的危害，为该区未来气象灾害和沙漠化的预测与防治提供科学依据，以便减少气象灾害和沙漠化造成的损失。

本书的研究意义主要包括以下六个方面：（1）对认识鄂尔多斯高原地区自然灾害与土地荒漠化发生原因和规律具有重要科学意义。（2）对预防该区未来可能发生的自然灾害和减少自然灾害造成的损失具有重要实际意义。（3）通过对气象灾害的研究，能够为揭示该区历史时期的气候变化提供重要科学依据。（4）通过对各类气象灾害事件的研究，能够揭示该区历史时期发生的气候事件。（5）通过对气象灾害的研究，能够查明鄂尔多斯高原地区历史时期生态系统的变化及其次生灾害效应。（6）通过气象灾害特点与波动性研究以及灾害造成的后果研究，有助于完善灾害学理论和灾变理论。

二、研究计划执行情况

按照计划课题组在2012年1月～2017年12月开展了研究，完成了预定任务。在

2012年1月～2017年12月，在鄂尔多斯高原地区每年进行了2～3次的野外考察，现场收集历史时期气象灾害方面的资料，并在野外采集土地沙漠化研究的土壤样品。在室内进行了历史文献的收集、整理、研读、统计分析，利用自然地理学的方法，进行了土壤样品的粒度与化学分析和电子显微镜下的微结构鉴定。本课题的研究成果已在《自然灾害学报》《地理科学进展》《学术研究》《社会科学》等7种核心期刊发表学术论文11篇。

　　由于有些气象灾害在明清之前的记录很少，所以无法开展研究。各类气象灾害研究的时段也不同，有的灾害如旱灾是从秦汉开始研究的，有的灾害是从唐代开始研究的，还有的灾害是从明代开始研究的，而明清以来文献记录的灾害频次较多。为了揭示鄂尔多斯高原自然灾害的空间差异，所以本书以乌拉特前旗—杭锦旗—乌审旗—靖边一线为界，将这几个地区及其以东划分为鄂尔多斯高原东部，之外的部分为西部。明清以前的气象灾害记录较少，因此未进行分区。研究表明，东部和西部差异不是很大，下面以东部地区为代表进行介绍。

三、研究成果的主要内容

1.干旱灾害研究内容和成果

　　鄂尔多斯高原秦汉时期记录发生旱灾16次，据旱灾变化可分为3个阶段。第1阶段为前221～78年，发生旱灾6次，平均50年发生一次。第2阶段为79～118年，发生旱灾8次，平均5年发生一次。第3阶段为119～220年，发生旱灾2次，平均51年发生一次。从秦汉早期到晚期，旱灾呈波动增加趋势，第1、3阶段为旱灾低发期，第2阶段为旱灾高发期。秦汉时期以中度旱灾为主，占50%；其次为大旱灾和特大旱灾，分别占31.29%和18.71%。秦汉时期旱灾有2～10年的短周期、22年左右的中周期和41年左右的长周期，10年的周期为第一主周期。

　　研究区魏晋南北朝时期362年间文献记录发生旱灾27次。从早期到晚期，该区旱灾频次呈波动下降，可分为5个阶段。第1阶段为220～279年，发生旱灾3次，平均20年发生一次。第2阶段为280～319年，发生旱灾7次，平均5.7年发生一次。第3阶段为320～359年，发生旱灾1次，平均40年发生一次。第4阶段为360～519年，发生旱灾15次，平均10.7年发生一次。第5阶段为520～581年，发生旱灾1次，平均42年发生一次。第1、3、5阶段是旱灾低发阶段，第2、4阶段是旱灾高发阶段。该时期发生中度旱灾13次，占48.2%；大旱灾共10次，占37%；特大旱灾4次，占14.8%。该区这一时期的旱灾有约5年的短周期、14年左右的中周期、48～50年的长周期，其中5年的周期为第一主周期。

在隋唐五代时期的380年里，史料记载的鄂尔多斯高原旱灾有28次，平均每13.6年发生一次。据旱灾频次变化可分为6个阶段。第1阶段为581～660年，发生旱灾8次，平均每10年发生一次。第2阶段为661～680年，发生旱灾0次。第3阶段为681～700年，旱灾发生3次，平均每6.7年发生一次。第4阶段为701～820年，发生旱灾5次，平均每24年发生一次。第5阶段为821～900年，发生旱灾10次，平均每8年发生一次。第6阶段为901～960年，发生旱灾2次，平均每30年发生一次。第1、3、5阶段为旱灾高发期，第2、4、6阶段为旱灾低发期。隋唐五代发生轻度旱灾5次，占17.9%；中度旱灾16次，占57.1%；大旱灾5次，占17.9%；特大旱灾2次，占7.1%。这一时期以中度旱灾为主，其次为轻度旱灾和大旱灾，特大旱灾较少。研究区这一时期旱灾有3～5年的短周期、26年左右的中周期和47～55年的长周期，其中47～55年的周期为第一主周期。

研究区宋元时期409年文献记录旱灾97次，可分为以下3个阶段，分别为960～1089年、1090～1279年和1280～1368年。第1阶段发生旱灾37次，平均每3.5年发生一次。第2阶段发生旱灾30次，平均每6.3年发生一次。第3阶段发生旱灾30次，平均每2.9年发生一次。宋元早期和晚期旱灾发生较多，中期发生较少。在宋元晚期公元1322～1331年间连续10年都发生了旱灾，并有非常严重的大旱灾与特大旱灾发生，造成危害很大，我们把这一时期确定为旱灾爆发期。宋元时期以中度旱灾最多，发生了72次；大旱灾与特大旱灾，共发生了20次。宋元时期的旱灾有3～11年的短周期、34年左右的中周期和56年左右的长周期，34年的周期为第一主周期。

鄂尔多斯高原东部明代发生旱灾114次，平均每2.4年发生一次。据旱灾频次变化可分为4个阶段。第1阶段为1368～1427年，平均每6.7年发生一次。第2阶段为1428～1547年，平均每1.7年发生一次。第3阶段为1548～1627年，平均每3.3年发生一次。第4阶段为1628～1644年，平均每1.4年发生一次。上述第1、3阶段为旱灾低发期，第2、4阶段为旱灾高发期。该区明代以中度旱灾为主，占84.2%；大旱灾与特大旱灾占15.8%。明代旱灾有3年、8年、14年左右的短周期，42年左右的长周期。

鄂尔多斯高原东部清代发生旱灾103次，平均每2.6年发生一次。据旱灾变化可分为4个阶段。第1阶段为1644～1743年，平均每4.2年发生一次。第2阶段为1744～1783年，平均每1.8年发生一次。第3阶段为1784～1823年，平均每3.3年发生一次。第4阶段为1824～1911年，平均每1.9年发生一次。第1、3阶段为旱灾低发期，第2、4阶段为高发期。该区清代主要为中度旱灾，占97.1%。清代旱灾有4～7年、25年和50年的周期。

2. 洪涝灾害研究内容和成果

鄂尔多斯高原东部唐代出现洪涝灾害24次，平均12.0年发生一次。可将洪涝灾害分为5个阶段。第1阶段在640～679年，发生洪涝灾害3次，平均13.3年发生一次。第2阶段在680～699年，无洪涝灾害发生的记录。第3阶段在700～719年，发生洪涝灾害4次，平均5年发生一次。第4阶段在720～739年，发生洪涝灾害0次。第5阶段在740～906年，发生洪涝灾害17次，平均9.8年发生一次。从唐朝初期到晚期，洪涝灾害呈波动增加趋势，第1、3、5阶段为高发阶段，第2、4阶段为低发阶段。唐代洪涝灾害主要发生于夏秋两季。

鄂尔多斯高原东部明代发生洪涝灾害43次，平均6.4年发生一次。明代洪涝灾害可分为5个阶段。第1阶段为1368～1427年，没有记录洪涝灾害发生。第2阶段为1428～1467年，平均4年发生一次。第3阶段为1468～1507年，平均8年发生一次。第4阶段为1508～1547年，平均3.3年发生一次。第5阶段为1548～1644年，平均6.1年发生一次。从明代早期到晚期，洪涝灾害发生频率呈上升趋势，第1、3、5阶段为洪涝灾害低发期，第2、4阶段为高发期。明代以轻度洪涝灾害为主，其次为中度洪涝灾害，重度洪涝灾害较少。明代洪涝灾害有7年左右的短周期、15年左右的中周期和39年左右的长周期。

鄂尔多斯高原东部清代发生洪涝灾害78次，平均3.4年发生一次。清代洪涝灾害可分为6个阶段。第1阶段为1644～1723年，平均5.7年发生一次。第2阶段为1724～1763年，平均2.9发生一次。第3阶段为1764～1803年，平均5.7年发生一次。第4阶段为1804～1843年，平均2.1年发生一次。第5阶段为1844～1883年，平均5.0a发生1次。第6阶段为1884～1911年，平均1.8年发生一次。清代以中度洪涝灾害为主，其次为轻度洪涝灾害。清代洪涝灾害有5年左右的短周期、13年左右的中周期和58～60年的长周期，58～60年周期是主周期。

3. 霜雪灾害研究内容和成果

鄂尔多斯高原东部明代共发生霜雪灾害20次，平均13.9年发生一次。明代霜雪灾害可分为4个阶段。第1阶段为1368～1427年，平均60年发生一次。第2阶段为1428～1487年，平均10年发生一次。第3阶段为1488～1587年，平均25年发生一次。第4阶段为1588～1644年，平均6.3年发生一次。从明代早期到晚期，霜雪灾害发生频率呈上升趋势。明代霜雪灾害以中度为主，其次是重度，轻度较少。明代晚期霜雪灾害较集中。该区明代霜雪灾害有3～5年的短周期、11年左右的中周期和27年左右的长周期。

鄂尔多斯高原东部清代发生霜雪灾害36次，平均7.4年发生一次。清代霜雪灾害可分为6个阶段。第1阶段为1644～1753年，平均10年发生一次。第2阶段为1754～1773年，平均2.9年发生一次。第3阶段为1774～1803年，平均30年发生一次。第4阶段为1804～1853年，平均5年发生一次。第5阶段为1854～1883年，平均30年发生一次。第6阶段为1884～1911年，平均4.7年发生一次。从清代早期到晚期，霜雪灾害发生频次呈缓慢上升趋势，第1、3、5阶段为霜雪灾害低发阶段，第2、4、6阶段为霜雪灾害高发阶段。清代以中度霜雪灾害为主，其次为重度，轻度较少。该区清代霜雪灾害有8年左右的短周期、16年左右的中周期和57～59年的长周期。

4. 冰雹灾害研究内容和成果

鄂尔多斯高原东部在明代共发生冰雹灾害19次，平均14.6年发生一次。雹灾可分为5个阶段。第1阶段为1368～1387年，平均6.7年发生一次。第2阶段为1388～1487年，平均100年发生一次。第3阶段在1488～1507年，平均5年发生一次。第4阶段在1508～1567年，平均30年发生一次。第5阶段在1568～1644年，平均8.6年发生一次。从明代早期到晚期，冰雹灾害发生频次呈上升趋势，第1、3、5阶段为雹灾高发期，第2、4阶段为低发期。明代以轻度雹灾为主，其次为中度雹灾，重度雹灾较少。该区雹灾主要发生在明代中、晚期。明代雹灾有6年和45～50年的周期，其中6a的周期为主周期。

5. 风灾研究内容和成果

鄂尔多斯高原东部明代发生风灾17次，平均16.3年发生一次。风灾变化可分为2个阶段。第1阶段为1368～1487年，发生风灾2次，平均60年发生一次，为风灾低发阶段。第2阶段为1488～1644年，发生风灾15次，平均10.5年发生一次，是风灾多发阶段。明代以轻度风灾为主，其他等级风灾较少，大风灾主要集中在明代后半期。春季和夏季是该区域风灾的高发季节，秋、冬季是风灾的低发季节，这是由春季的冬季风活动强和夏季空气不稳定造成的。该区明代风灾有8年、16年左右的中周期和31年左右的长周期。

鄂尔多斯高原东部清代发生风灾49次，平均5.5年发生一次，风灾频繁。清代风灾可分为3个阶段。第1阶段为1644～1723年，平均7.3年发生一次，为风灾频次居中阶段。第2阶段为1724～1863年，平均28年发生一次，为风灾最少阶段。第3阶段为1864～1911年，平均4.4年发生一次，为风灾最多阶段。该区以轻度风灾为主，其次为中度风灾。春季是风灾的高发季节，冬季是低发季节。该区清代风灾有6年和23年左右的周期。

6. 荒漠化研究内容和成果

毛乌素沙地是地质时期形成的，至少形成于50万年前。该区历史时期的沙漠化主要是从唐代后期开始的，明清和民国时期沙漠化进一步加剧。通过田野考察和实验分析，在统万城附近首次发现了至今尚未被风沙沉积覆盖的湖泊沉积。通过采样和实验分析证明，统万城地表之下均为湖泊沉积，证实了统万城筑城时期当地及其周边没有流沙活动，当时自然环境较好，基本没有发生沙漠化。这一成果解决了统万城是否建在风沙沉积之上这一长期争议的问题。

四、重要理论观点

1.旱灾和洪涝灾害研究提出的重要理论和观点

在宋元晚期1322～1331年间连续10年发生了旱灾，并有非常严重的大旱灾与特大旱灾，我们将这一时期确定为旱灾爆发期，也是一个典型的干旱气候事件。

在清代1889～1898年之间洪涝灾害频繁且严重，可确定这一时期为洪涝灾害爆发期，指示该阶段气候较为湿润。

2. 霜雪灾害与风灾研究提出的重要理论和观点

在清代1764～1783年和1834～1863年间霜雪灾害频繁且严重，我们将这两个时期定为霜雪灾害爆发期，代表了两个霜雪灾害事件，也代表了两个寒冷气候事件。同时提出，该区霜雪灾害主要是发生在气温降至–6.4℃以下的冬季强低温型冻害，不同于温暖地区主要发生在春季的偏暖型弱低温冻害。

在清代1708～1710年、1851～1853年、1878～1884年和1908～1910年均出现了连续3年以上的风灾，本文将这4个阶段定为4个风灾爆发期，并主要出现在清代晚期气候较冷干时期。

3. 沙漠化研究提出的重要理论和观点

毛乌素沙地在几十万年前的更新世就发生了多次沙漠化的进退，当时的沙漠化强度范围也较大，只是沙漠化分布没有现代的连续，沙丘分布面积也没有现代大，但是沙漠化南界和沙丘南界与现代相近。那时的沙漠化完全是自然的气候变冷变干造成的。因此，可以确定毛乌素沙地的形成不是人类活动造成的，不是"人造沙地"或"人造沙漠"。只是在人类活动较强的历史时期，人类的畜牧业活动加快了沙漠化的发生。人类活动加上气候的变冷变干，历史时期毛乌素沙地出现了多次的进退变化，统万城建城时期当地没有沙漠化，当时地表是不活动的湖泊沉积沙，唐代以来的沙漠化逐渐加强。

五、对策建议

根据本课题的研究，针对旱灾和沙漠化治理，提出以下过去没有提出的对策建议。（1）根据该区旱灾发生规律做好抗旱准备。该区旱灾有3年、8年、14年和42年左右的周期规律，根据这些周期规律，提前做好旱灾预防和抗旱的准备，减少旱灾损失。（2）利用黄土和红土改造沙地土壤。该区土壤物质粒度成分较粗，可以利用紧邻该区南侧的黄土物质和红土物质，增加土壤的细粒成分，提高土壤持水性与含水量，能够显著增加农业产量。（3）利用粉碎中砂和细砂的技术改造沙地土壤。把沙地中丰富的细砂和中砂粉碎为粉砂，即把砂变为土，能够大大提高土壤含水量和农作物产量。

六、研究成果的学术价值和应用价值

本项成果具有以下6个方面的价值。（1）研究成果对认识研究区历史时期各类自然灾害发生周期规律、发展趋势、变化阶段、等级变化和发生原因具有重要科学价值。（2）对利用气象灾害恢复历史时期的气候与气候事件具有重要科学价值。（3）对揭示历史时期自然灾害对人们的生产与生活的影响以及对社会的危害具有重要科学意义。（4）研究成果对该区自然灾害的预测和减少自然灾害对人们的生产与生活造成的损失具有一定的应用价值。（5）对该区的土地沙漠化防治和农业生产有一定的利用价值。（6）对治理该区的生态环境有参考价值。

第一章 鄂尔多斯高原自然概况

鄂尔多斯高原自古为我国北方游牧民族繁衍生息之地，具有悠久的历史。地处北纬37°38′～40°52′，东经106°27′～111°28′（图1-1），北、西、东三面被黄河环绕，南接黄土高原，面积约145139km²[1]，是中国半干旱区一个相对独立的自然单元。行政区划包括今内蒙古自治区的鄂尔多斯市域、乌海市域的河东部分，也包括今陕西省的榆林市域绝大部分，以及今宁夏回族自治区的吴忠市利通区、青铜峡市东部、红寺堡区北半部、盐池县、同心县东北部，中卫市的中宁县东北隅，银川市管辖的灵武市、兴庆区黄河东侧、石嘴山市的平罗县黄河东侧区域。其境内北部为库布齐沙漠，东部为黄土丘陵，南部是毛乌素沙地，中部和西部为起伏和缓的高原和风蚀洼地。[2]整个高原地势由西北向东南倾斜，地势起伏较为和缓，海拔在1500～2000m。低洼处盐碱湖零星分布，淡水资源匮乏，多年平均降水量约300mm，多年平均蒸发量约2000mm，多年平均气温7.5℃左右。[3]该地区常年盛行西风和西北风，大部分地区年平均大风（8级）日数都在40天以上，其中以东胜和鄂托克旗最为严重，超过50天。[3]尤其是冬春季节，在蒙古冷气团的影响下，冷空气侵袭频繁，加之植被稀疏、下垫面松散，所以风沙较大，有"春风吹破琉璃瓦"之说。同时，春季较强的西北风使空气的相对湿度降低，土壤水分散失加快，较易发生干旱灾害，因此本区春季素有"十年九旱"之说。如果大风伴随着降温和降雪，更会对该区畜牧业造成危害。

① 奚秀梅、赵景波：《鄂尔多斯高原地区清代旱灾与气候特征》，《地理科学进展》2012年第9期。
② 何彤慧：《宋夏时期鄂尔多斯高原生态环境的多视角观察》，《西夏研究》2010年第4期。
③ 张慧慧、赵景波、孟万忠：《鄂尔多斯高原西南部清代旱灾研究》，《干旱区资源与环境》2014年第8期。

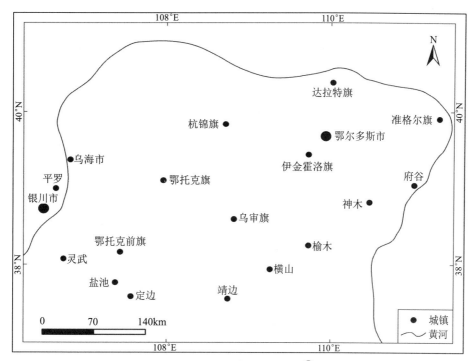

图1-1　鄂尔多斯高原位置①

鄂尔多斯高原地处我国季风与非季风气候的过渡带，受东南和西南季风的共同影响；是黄土高原与风沙高原过渡带、半湿润与半干旱气候过渡带，也是水蚀与风蚀过渡带、农业与畜牧业过渡带、旱作农业与灌溉农业过渡带及汉民族与少数民族过渡带，是一个典型的环境过渡地带，同时也是环境退化地带及敏感地带。几千万年前，这片土地气候湿热、沼泽密布，如今却寒冷干燥、灾害频发。南北朝时期，建在鄂尔多斯高原上的夏都城统万城，在元朝初年，曾被成吉思汗称赞为水草肥美、颐养天年的好地方，现今已废弃在毛乌素沙地中。因此，进行该区自然灾害研究，预测未来气候变化，保护敏感地带环境，不仅具有学术价值，对该区社会经济发展更具有实际意义。

第一节　地质与地貌概况

一、地质构造与新构造

鄂尔多斯高原在地质构造上属新华夏系向斜构造盆地，包括东胜台凸全部和陕北

---

① 陈晓龙、范天来、张复：《鄂尔多斯高原周缘黄河阶地的形成与青藏高原隆升》，《地理科学进展》2013年第4期。

台凹的北部，均为华北台块的稳定部分。[①]盆地西侧为桌子山隆起带，东沿为清水河隆起，南、北分别与渭河地堑和黄河地堑相接。由于桌子山隆起幅度相对于清水河隆起幅度较大，因而向斜构造轴心偏西，轴向南北，东翼平缓，西翼较陡，呈不对称的形状。[①]向斜基底为一系列隆起和坳陷，呈东西向分布，向西倾没，如东胜隆起、伊金霍洛隆起和独贵卡汉坳陷等。该基底由前震旦纪变质岩系组成，吕梁运动后上升，遭受剥蚀，只在桌子山、贺兰山及东部清水河一带沉积有海相寒武系石灰岩，直至中奥陶纪灰岩沉积岩，加里东运动初期，始升为陆，整个海相地层沉积厚度逾千米。[②]华西运动使地壳呈振荡式下降，沉积有千余米厚的海陆交互相的砂岩、泥岩及煤系地层。燕山运动早期，本区西、北、东部边缘褶皱成山，形成了今日鄂尔多斯盆地的雏形。燕山运动的整个过程，使盆地沉降幅度加剧，沉积了巨厚的下白垩系河湖相厚层砂岩，并超覆于老地层之上。喜马拉雅运动初期，地壳再度上升，使该区缺失老第三系，直至渐新世才有第三系红层沉积。[②]第四纪早更新世时，地壳复又升起；中更新世时，仅在毛乌素及库布齐沙漠地区形成湖盆，沉积了湖泊相砂层；晚更新世时，毛乌素地区仍有沉积。[②]全新世以来，整个鄂尔多斯盆地又持续缓慢上升，遭受剥蚀，仅在沟谷两侧有薄层冲、洪积物堆积，而在广阔的范围里，堆积了风积砂层，同时东部地区上升幅度比西部地区大，东部黄土丘陵遭到剧烈切割，沟壑纵横，深者可达百余米。[②]

　　由于本区在整个地质进程中，仅仅在其西、北、东边缘褶皱成山，而鄂尔多斯高原地区则比较平稳，因而岩浆活动仅在桌子山一带发生，该处有侵入岩脉出现。

　　鄂尔多斯高原地区的地层除上奥陶系至泥盆系地层缺失外，其余均有分布，自老而新依次如下。

　　（一）太古界

　　前震旦系桑干群分布在桌子山北部，主要岩性为花岗片麻岩，东西走向的节理比较发育，是鄂尔多斯构造盆地的基底。[③]

　　（二）元古界震旦系

　　分布于桌子山东坡，主要岩性为石英砂岩、硅质胶结、夹页岩。[④]

① 郭勇岭：《鄂尔多斯地台北沿地质概述》，《地质学报》1958年第3期。
② 郭勇岭、甘克文：《鄂尔多斯地台大地构造分区图说明》，《西北大学学报》（自然科学版）1957年第2期。
③ 关士聪、车树政：《内蒙古伊克昭盟桌子山区域地层系统》，《地质学报》1955年第2期。
④ 关士聪、车树政：《内蒙古伊克昭盟桌子山区域地层系统》，《地质学报》1955年第2期。

（三）古生界

1.寒武系

分布于桌子山，主要岩性为页岩及竹叶状灰岩，与下伏岩层整合接触。[1]

2.奥陶系

主要岩性为厚层状的灰岩，溶洞发育，上部有薄层灰岩及页岩，分布在桌子山、岗德尔山地区[2]。中下奥陶统与下伏岩层整合接触。

3.石炭二叠系

分布在桌子山与岗德尔山之间，主要岩性为页岩、砂岩、煤层，三者相互成层，与下伏地层呈不整合接触关系[3]。

（四）中生界

1.三叠系低坊群

与二叠系岩层整合接触，分布在桌子山与准格尔一带，主要岩性为砂岩、泥质砂岩和砾质砂岩，夹砂质页岩，底部砾岩含有灰质结核。[4]

2.侏罗系中下统

分布在准格尔旗新庙一带，下部岩性主要为黄绿色砂岩夹紫红色、暗灰色砂质泥岩，上部为砂岩、泥岩和煤层互层，同下伏地层呈不整合接触关系[5]。

3.白垩系下白垩统志丹群

该地层是鄂尔多斯承压水盆地的最主要富水岩系，分布区域广，约占总面积的60%～70%，总厚度1000余米。[6]

（五）新生界

1.第三系

老第三系渐新统，分布在苦水沟两岸的广大地区，底部岩性为棕红色泥质砂砾岩，中下部为浅棕、黄绿、黄灰色泥质砂岩及中粗砂岩、细砂岩，中上部为酱红色、

---

[1] 郭勇岭、甘克文：《鄂尔多斯地台大地构造分区图说明》，《西北大学学报》（自然科学版）1957年第2期。

[2] 郭勇岭、甘克文：《鄂尔多斯地台大地构造分区图说明》，《西北大学学报》（自然科学版）1957年第2期。

[3] 郭勇岭、甘克文：《鄂尔多斯地台大地构造分区图说明》，《西北大学学报》（自然科学版）1957年第2期。

[4] 郭勇岭、甘克文：《鄂尔多斯地台大地构造分区图说明》，《西北大学学报》（自然科学版）1957年第2期。

[5] 张文昭：《鄂尔多斯地台侏罗纪沉积环境及古地理》，《地质知识》1957年第12期。

[6] 赵重远、汤锡元：《鄂尔多斯地台西北部之白垩第三纪地层》，《西北大学学报》（自然科学版）1958年第2期。

棕褐色、黑灰色泥岩及砾质泥岩，该套地层中含石膏夹层。[①]

新第三系上新统，分布在东胜附近，下部岩性为灰白色、肉红色砂砾岩，中部砂岩，上部为棕色、棕红色泥岩，含钙质结核及铁锰质斑点，与下伏地层呈不整合接触关系。

2.第四系

第四系中更新统，主要位于乌审旗地区南部，以红黄色黏质砂土为主，有条带状钙质结核存在，上覆第四系上更新统萨拉乌苏组地层[②]。

第四系上更新统有不同的沉积类型，出露在大沟湾一带的沉积层下部为青灰色具水平层理的中细砂层，往上为蓝灰色泥灰岩，上部为砂层。分布在准格尔和毛乌素沙漠南部的大沟湾一带的上更新统为马兰黄土，主要岩性为柱状节理发育的黄土，其间含条带状钙质结核层。[③]

第四系全新统冲积层、洪积层，分布在现代各河谷中，岩性为砂砾石和中细砂。第四系全新统风积层，分布在毛乌素沙地和库布齐沙漠，岩性为细砂、极细砂和粉砂。[④]

二、地貌概况

鄂尔多斯高原位于黄河中上游地区，高原上的现代地貌过程是以风蚀、风积和流水侵蚀占主导地位形成的。地貌组合可分为以下几部分：位于北部黄河沿岸的冲积平原、库布齐沙漠、地处东部的黄土丘陵、白垩纪地层强烈侵蚀形成的砒砂岩沟壑区、处于南部的毛乌素沙地、中部与西部起伏和缓的梁地和风蚀洼地组成的波状起伏的高原。地表覆盖有风积沙层和残积沙层，多湖泊，少河流，一些地区为无流区。

（一）地貌结构

1.带状结构

鄂尔多斯高原地貌首先表现出东西延伸、南北更替的宏观地貌带或大尺度地貌带，自南而北大尺度地貌带为两个地貌带。第一地貌带为大型地貌带，由毛乌素覆沙高平原→准格尔、东胜丘陵、高平原→库布齐沙漠（沙漠与沙地）→黄河沿岸平原等

---

① 董光荣：《萨拉乌苏河地区第四纪地层及其沉积环境初探》，《第三届全国第四纪学术会议论文集》，科学出版社，1982年。

② 董光荣：《萨拉乌苏河地区第四纪地层及其沉积环境初探》，《第三届全国第四纪学术会议论文集》，科学出版社，1982年。

③ 董光荣：《萨拉乌苏河地区第四纪地层及其沉积环境初探》，《第三届全国第四纪学术会议论文集》，科学出版社，1982年。

④ 郭勇岭、甘克文：《鄂尔多斯地台大地构造分区图说明》，《西北大学学报》（自然科学版）1957年第2期。

四个地貌带组成。[1]第二地貌带为中尺度地貌，亦呈带状结构。例如在准格尔、东胜丘陵、高平原地貌带中，自东向西依次为：黄河峡谷→准格尔黄土丘陵→东胜、准格尔披砂丘陵→东胜剥蚀丘陵→杭锦高平原→桌子山剥蚀中低山→桌子山山前低丘陵→桌子山山前倾斜平原→黄河沿岸冲洪积平原等。[2]

上述大尺度地貌带的形成，主要取决于构造带的分异，中部是东胜隆起带，南北两侧为下沉区。中尺度地貌带的分异，主要取决于外营力的水分和风力条件。东部降水多，现代流水侵蚀强烈，地貌切割破碎，形成季节性变化的风成地貌系统。[2]中部降水不足，切割程度减弱，起伏度减小，但风力侵蚀加强，形成过渡带中的风、水两类地貌系统。再往西，则更以干燥剥蚀、风力侵蚀为主，干燥、风成地貌广泛发育，地表起伏程度大大减小，形成残积和覆沙高平原及干燥剥蚀丘陵与山地等一系列干燥→风成地貌系统。此外，还有第三级的地貌带状分异，如毛乌素覆沙高平原，除沙地与河湖平原的二级分带外，在沙地和河湖平原中仍有风蚀风积沙地、湖积沙地、风蚀沙地地貌以及冲、湖积地貌的分带规律[3]。

2.层状结构

在垂直方向上，形成了4个不同时期的剥夷面，整体呈现阶梯状分布。（1）白垩纪末期侵蚀夷平面，海拔2000m以上，保留在桌子山顶部，个别地段保留完整。[4]（2）第三纪中期夷平面，海拔高度1800m以上，目前地表广泛分布有残积层，干燥剥蚀作用强烈，主要见于桌子山山地[5]。（3）第三纪末期、第四纪初期的夷平面，海拔高度在1500m左右，保留在桌子山麓及广大高平原上，构成了高平原地貌波状起伏的地表面，当时形成的一些残山，今日仍有零星分布。[6]（4）现代高平原上的干燥剥蚀、风力侵蚀面，主要是一些风蚀洼地。在整个鄂尔多斯高原几乎都有这一剥蚀风蚀过程，在高原西部表现得特别明显，形成覆沙波状高平原与干燥剥蚀层状高平原相交织的地貌特点。[7]

3.三向构造结构

研究区形成了三组明显的构造，控制了地貌的空间分布和总体特征。（1）北部

① 李博：《内蒙古鄂尔多斯高原自然资源与环境研究》，科学出版社，1990年。
② 关士聪，车树政：《内蒙古伊克昭盟桌子山区域地层系统》，《地质学报》1955年第2期。
③ 关士聪，车树政：《内蒙古伊克昭盟桌子山区域地层系统》，《地质学报》1955年第2期。
④ 关士聪，车树政：《内蒙古伊克昭盟桌子山区域地层系统》，《地质学报》1955年第2期。
⑤ 黄汲清：《鄂尔多斯地台西沿的大地构造轮廓和寻找石油的方向》，《地质学报》1955年第1期。
⑥ 黄汲清：《鄂尔多斯地台西沿的大地构造轮廓和寻找石油的方向》，《地质学报》1955年第1期。
⑦ 黄汲清：《鄂尔多斯地台西沿的大地构造轮廓和寻找石油的方向》，《地质学报》1955年第1期。

大型东西向断裂，使黄河南岸平原与高原形成约500m的高差[1]。这组断裂呈阶梯状分布，形成三级明显的阶梯面，构成了整体由东向西延伸的带状结构的次一级分异，即自北而南依次为：沿河冲积平原→覆沙平原→库布齐沙带→覆沙丘陵等。（2）高原上NE、NW向两组构造，使东西向延伸的带状地貌受到了很大的影响。第一，由于自包头到三段地的大型NE向断裂和碴口北协成到新街的大型NW向断裂，把研究区分成四大三角形状构造单元，即北部和南部两个下沉区和东部与西部的两个上升区，控制了区内南北风沙覆盖平原和东西两大丘陵和高平原的形成。[2]第二，由于受次一级的NE向构造的控制，所以湖泊、河谷和水系的分布也因此受其控制。东部丘陵的主河谷均为NW向，而一级支沟多为NE向，高平原上的湖泊多沿这两组断裂分布。南部毛乌素沙地中湖泊和水系的分布都受这两组断裂控制，特别是大型湖泊均分布在这两组断裂的交叉区域。[3]（3）高原西部及中部还发育了大型环状构造，影响了区域地貌的格局，如弱水河的水系就受这种构造控制，从而表现出外环状延伸的规律。[4]

4.叠置结构

几种地貌结构表现最为明显的是以下2种：（1）北缘洪积扇2～3层的叠置，反映出新构造运动的方式和方向，再结合河谷发育2～3级阶地，能够说明高原边缘新构造运动较强，而且还影响到高原内部。[5]（2）高原原面上普遍有风成相的覆盖，原面上沙黄土、飞砂层覆盖，库布齐沙带覆盖在黄河2、3级阶地上，毛乌素沙地覆盖在乌审洼地河湖平原之上，准格尔丘陵有一明显的覆沙带发育等，均反映出外营力趋向干燥、多风的外力作用。[6]

（二）地貌物质

地貌形成是物质、营力与时间过程的函数，地貌类型则是地貌过程的产物。由于地貌过程既形成新的地貌物质，而且必须依赖新形态形成前的物质，所以在研究地貌形成时，必须首先研究其物质基础。对于现代地貌过程来说，则主要关心的是第四纪松散沉积物。地表松散沉积物既是一些地貌形成的物源，又是组成一些地貌的物质，同时也是土壤发育的母质。研究区的地表松散沉积物主要有以下几种成因类型。

① 黄汲清：《鄂尔多斯地台西沿的大地构造轮廓和寻找石油的方向》，《地质学报》1955年第1期。
② 李博：《内蒙古鄂尔多斯高原自然资源与环境研究》，科学出版社，1990年。
③ 李博：《内蒙古鄂尔多斯高原自然资源与环境研究》，科学出版社，1990年。
④ 李博：《内蒙古鄂尔多斯高原自然资源与环境研究》，科学出版社，1990年。
⑤ 王永焱：《内蒙伊克昭盟西北部地貌及第四纪地质》，《中国第四纪研究》1958年第1期。
⑥ 王永焱：《内蒙伊克昭盟西北部地貌及第四纪地质》，《中国第四纪研究》1958年第1期。

1. 河流冲积物

本区主要有河床砾层、冲积沙层和干沟堆积物三种类型。河床砾层见于磴口—石嘴山的黄河东岸，厚1.5～3.0m，钙质胶结的疏松砾石与基岩呈不整合接触。[①]冲积沙层分布较广，主要见于南北二大洼地及东部丘陵的河谷地带。这些沙层具有清晰的层理，粗细沙交互成层，含有风水相、黏土透镜体，厚度各地不一，发育最典型的就是萨拉乌素组沉积。[②]干沟堆积系季节性流水堆积物，多见于高平原及其边缘的干沟谷地段，不具垂直节理，含砂量高，并可见粗砂及小砾石，受次生影响很深，不具大孔构造，含有钙质结核。它有时与高原上的飞砂层交互成层，构成高原上现代风成物的物源。[③]

2. 湖泊沉积物

研究区很少见到早更新世湖相沙层，主要是晚第四纪的湖相堆积，其分布在高原湖泊的外围，有的地方还形成了阶地。[④]多为青灰色，质地黏重，夹有风成物颗粒，个别地段形成风—湖两相堆积物，厚度一般在3～5m，层理明显。有的地方含有泥炭堆积，其中大部分为中全新统的堆积物，也有很少一部分为早全新统的堆积。[⑤]

3. 残积物

广泛分布在桌子山地及高平原西部，厚度各地相差很大，组成物质粗细不等，并常与风成物交织出现。研究区的残积物主要是白垩纪、侏罗纪沉积岩的风化产物，以砂砾为主。[⑥]

4. 洪积物

多为洪积扇、洪积倾斜平原的物质基础，主要分布于桌子山东西两侧干河谷出山处，空间带状分布规律特别明显，物质由扇顶自扇缘逐渐变细，厚度变薄。洪积物通常与冲积物交互成层，形成冲洪积物，是现代风成物发育的物质基础之一。[⑦]

5. 风成物

前人一般把风成物划分为风成沙和风成黄土两大类，本文划分为以下五种沉积类型。[⑧]

① 王永焱：《内蒙伊克昭盟西北部地貌及第四纪地质》，《中国第四纪研究》1958年第1期。
② 王永焱：《内蒙伊克昭盟西北部地貌及第四纪地质》，《中国第四纪研究》1958年第1期。
③ 王永焱：《内蒙伊克昭盟西北部地貌及第四纪地质》，《中国第四纪研究》1958年第1期。
④ 王永焱：《内蒙伊克昭盟西北部地貌及第四纪地质》，《中国第四纪研究》1958年第1期。
⑤ 王永焱：《内蒙伊克昭盟西北部地貌及第四纪地质》，《中国第四纪研究》1958年第1期。
⑥ 王永焱：《内蒙伊克昭盟西北部地貌及第四纪地质》，《中国第四纪研究》1958年第1期。
⑦ 李博：《内蒙古鄂尔多斯高原自然资源与环境研究》，科学出版社，1990年。
⑧ 李博：《内蒙古鄂尔多斯高原自然资源与环境研究》，科学出版社，1990年。

（1）风成蚀余相堆积

是现代砂砾质戈壁分布区的地表堆积物，见于桌子山西侧及东侧洪积倾斜平原地区，是洪积物、残积物经长期风力侵蚀后的残余堆积，并形成程度不等的荒漠岩漆和风棱石，以粗砂、砾石为主，厚度为几厘米到十几厘米。

（2）风成粗砂层

一般见于风成蚀余相的外侧，呈片状分布，厚度在1.5～3.5m，色灰黄，以粗砂为主，微具片状构造。往往形成于桌子山前倾斜平原及高平原上，是覆沙高平原的主要组成物质，有古粗砂层和现代粗砂层之分。[1]

（3）风成沙丘沙

广泛分布于南北二大沙区，大多形成于晚更新世，在全新世继续发育，具有典型的风成斜层理。今日所见之沙区流沙多系Q₃风成沙丘沙"活化"或"翻新"的产物。

（4）风成坪（片）沙

常与风成粉尘堆积物相交织，构成片状沙地，较风成沙丘沙细，微具水平薄层理，主要分布在黄土丘陵的西缘，厚度一般只有2～3m，是黄土地区沙化的主要物质来源，在不少地段，风成坪沙与风成沙黄土呈同期异相堆积。[2]

（5）风成粉尘堆积

一般称其为砂黄土，主要分布在东部。物质组成较风成坪沙更细，无层理，但其具有明显的垂直节理，富含$CaCO_3$，厚度不一，一般几米到几十米，是构成今天研究区黄土丘陵的主要物质基础。[3]

（三）地貌营力与类型

1.主要营力

鄂尔多斯高原就其整体而言，是一块缓慢抬升的地区。因此，作为构造地貌的发育，主要表现在边缘地区，特别是西边的桌子山区。桌子山是一个宽展的背斜山地，目前仍可以看到大背斜的倾斜岩层，形成一些局部单面山。此外，一些断层地貌在桌子山一带仍有分布，如桌子山主峰附近的断层崖。然而，就全区现代地貌过程来看，主要表现在外营力强度、方式及区域差异上。本区主要外营力作用区域如下：风力作

---

[1] 周特先：《鄂尔多斯及其周边地区之断块地貌》，载《中国地理学会第一次构造地貌学术讨论会论文选集》，科学出版社，1984年。

[2] 周特先：《鄂尔多斯及其周边地区之断块地貌》，载《中国地理学会第一次构造地貌学术讨论会论文选集》，科学出版社，1984年。

[3] 周特先：《鄂尔多斯及其周边地区之断块地貌》，载《中国地理学会第一次构造地貌学术讨论会论文选集》，科学出版社，1984年。

用遍及全区，尤以研究区南、北两块沙地区最为盛行；干燥剥蚀作用主要分布在西部高平原及桌子山地区；流水作用主要分布在准格尔丘陵一带的外流河地区；洪流作用多在准格尔丘陵地区及桌子山山地两侧地区；风水两相作用主要分布在本书研究区的中东部半干旱地区，特别是该地区的河流两岸。①

2.主要地貌类型

在不同的外营力作用下，形成了以下几种典型的地貌类型。

（1）干燥作用与干燥地貌

与干燥作用相关的地貌类型，在本区主要有干燥剥蚀中山、干燥剥蚀低山、丘陵，这些地貌是桌子山地区的主要地貌类型。②

（2）季节性流水作用与地貌

本区正处在我国季风气候的边缘，7、8、9三个月降水较多，并常以暴雨形式出现，因此，本区发育了多种季节性流水地貌，其中主要有洪积扇及洪积倾斜平原、现代干河谷及沟谷平原、侵蚀黄土丘陵、披沙丘陵等。③

（3）常年性流水作用与地貌

主要发育在准格尔丘陵、黄河两岸及其支流地区，形成冲积平原、河谷平原、河湖平原等，此外还有不少湖积冲积平原及湖积平原。④

（4）风力作用与地貌

该区气候干旱，昼夜温差较大，使得风力作用较强。风力作用在本区作用非常普遍，而且常与其他营力交替作用，形成多种成因的地貌。本区的风成地貌主要类型有风蚀残丘、风蚀洼地、风蚀槽垅、风蚀平原（戈壁）以及各类风蚀风积沙丘地貌，如新月形沙丘及沙丘链、梁窝状沙丘、格状沙丘及沙丘链等。⑤

第二节　气候概况

鄂尔多斯高原处于副热带高气压带北缘与西风带交替控制地带，四季分明。春

① 周特先：《鄂尔多斯及其周边地区之断块地貌》，载《中国地理学会第一次构造地貌学术讨论会论文选集》，科学出版社，1984年。
② 李博：《内蒙古鄂尔多斯高原自然资源与环境研究》，科学出版社，1990年。
③ 李博：《内蒙古鄂尔多斯高原自然资源与环境研究》，科学出版社，1990年。
④ 张慧慧、赵景波、孟万忠：《鄂尔多斯高原西南部清代旱灾研究》，《干旱区资源与环境》2014年第8期。
⑤ 李博：《内蒙古鄂尔多斯高原自然资源与环境研究》，科学出版社，1990年。

季干旱，降水少于34～44mm，占全年总降水量的12%～16%，春旱突出。[①]多大风天气，春季≥17m/s的大风日数在30天以上，同时伴以沙暴天气，从而加重了春旱。夏季短促，降水集中，多温热天气，日平均气温偏低，最热的7月平均气温不足22℃。[②]虽然夏季仅两个月左右，但降水量却占全年的60%～66%。秋季气温剧降，多晴爽天气。这是由于冷空气不断南下，加上地面辐射冷却作用，导致气温骤降。冬季漫长严寒，多为寒潮天气，大部分地区可持续5个月以上。

一、鄂尔多斯高原的降水量与蒸发量

鄂尔多斯高原多年平均降水量为160～400mm，由东南向西北逐渐递减（表1-1、图1-2）。[③]东部准格尔旗年均降水量为401.6mm，伊金霍洛旗为357.4mm，鄂托克旗为271.4mm，到西部海勃湾地区只有162.4mm。降水量主要集中在6、7、8三个月，占全年总降水量的60%～76%。冬季在极地大陆气团的控制下，降水很少，占全年降水量的2%左右。降水量变率大多为25%～30%。

该区蒸发量自东向西随温度的增高、湿度的降低、云量的减少和日照时间的增加而增大。年蒸发量在东部的马栅地区较少，为2047mm，其余地区多在2200～2600mm。[④]整个研究区大多数地区年蒸发量相当于年降水量的5～7倍，西部鄂托克旗、杭锦旗甚至超过降水量的9倍。

表1-1　鄂尔多斯高原部分地区降水量一览表（单位：mm）

地　　点	年降水量	最多年降水量	最少年降水量	日最大降水量	春季降水	夏季降水	秋季降水	冬季降水
准格尔旗	401.5	544	273.1	96.0	53.6	249.5	90.7	7.7
东　胜	400.3	587.0	248.0	147.9	53.1	256.4	82.9	7.9
杭锦旗	298	387.7	172.4	72.1	35.3	194.5	62.5	5.7
鄂托克旗	271.4	611.6	132.0	175.1	36.1	171.4	58.9	5.1
伊克乌素	194.6	298.0	100.9	76.3	24.7	126.4	40.2	3.2
乌　海	162.4	264.0	71.8	—	—	—	—	—

①　李博：《内蒙古鄂尔多斯高原自然资源与环境研究》，科学出版社，1990年。
②　李博：《内蒙古鄂尔多斯高原自然资源与环境研究》，科学出版社，1990年。
③　张慧慧、赵景波、孟万忠：《鄂尔多斯高原西南部清代旱灾研究》，《干旱区资源与环境》2014年第8期。
④　张慧慧、赵景波、孟万忠：《鄂尔多斯高原西南部清代旱灾研究》，《干旱区资源与环境》2014年第8期。

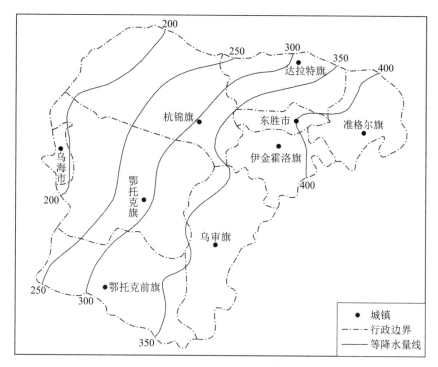

图1-2　鄂尔多斯高原年降水量分布[①]（单位：mm）

二、鄂尔多斯高原的气温

鄂尔多斯高原位于温带季风区西缘，年平均气温为6～8℃，7月均温为22～24℃，1月均温为-14～-8℃。[②]无霜期130～170天，≥10℃活动积温2500～3200℃。该区的沙质地表，加剧了增温与冷却的下垫面物理效应，导致本区气温年较差较大，达32～35℃。气温日较差也大，夏季一般在20℃以上，冬季多在15℃左右。[③]如乌兰地面温度最高值达69.4℃，杭锦旗最低值可降至-46.9℃，区内绝对最高与最低气温年变化竟达116.3℃。

三、鄂尔多斯高原的风

本区风向在多数区域有明显的季节变化，冬半年以西北风偏多，夏半年以东南风和南风占优势。全年最多风向频率以西北风和西风为多，其次为东南风和南风，最大风速出现在西北风或西风作用时。大风日数平均为11～47天，一般在25～35天。[④]最

---

① 李博：《内蒙古鄂尔多斯高原自然资源与环境研究》，科学出版社，1990年。
② 王永焱：《内蒙古伊克昭盟西北部地貌及第四纪地质》，《中国第四纪研究》1958年第1期。
③ 李博：《内蒙古鄂尔多斯高原自然资源与环境研究》，科学出版社，1990年。
④ 任健美、尤莉、高建峰等：《鄂尔多斯高原近40年气候变化研究》，《中国沙漠》2005年第6期。

南部的吉拉不足10天，最多18天，最少时只有1天。处于风道上的泊江海子平均大风日数为47.7天，最多时高达118天。[1]

四、鄂尔多斯高原的日照与热能资源

鄂尔多斯高原太阳能辐射极为丰富，年总太阳辐射量为6000～6500 MJ/（$m^2 \cdot a$），4～9月的太阳辐射总量约占全年的65%。分布地区以西北偏多，约在6490 MJ/（$m^2 \cdot a$），东南偏少，约为6280 MJ/（$m^2 \cdot a$）。[2]该区不仅光能资源充足，且质量好，空气清新，杂质较少，紫外线强，利于瓜果生长，对杀死细菌、净化空气有积极意义。本区光能资源虽然丰富，但受降水以及土壤条件的限制，光能资源的利用率很低，一般在0.1%～0.3%。

本区也是热量资源比较充足的地区，但热量资源分布显著不均，地域差异明显，表现为四周高、中间低，这与高原从中部向西、北、东三面黄河谷地降低的地貌条件有关。高温区均在高原外侧，如乌审旗的河南乡、准格尔旗的马栅、鄂托克前旗西南及乌海市城郊一带。除河南乡纬度偏低、气温偏高外，均受地形影响。海勃湾和乌达，在城市热岛和谷地锅底烘烤效应的共同作用下，形成了黄河边上的特殊高温区，该区活动积温高达3645℃（海勃湾）。[3]东胜、泊江海子和达拉特旗一带为低温区，这里地势偏高，海拔1300m以上，迎北或西北开阔谷地，冷气流侵入无阻，无霜期短，气温低，如杭锦旗最低地面温度可低至-46.9℃。[4]

第三节　水文概况

一、河流水文与水资源

（一）外流区地表水文与水资源

鄂尔多斯高原外流区的地表水属于黄河水系，分为东、南、西、北四大片，有一部分河流在鄂尔多斯市境内直接注入黄河，一部分河流在出境之后汇入黄河。外流地表水分别为东部丘陵沟壑区外流水系、南部沙地区外流水系、西部波状高原区外流水系和北部外流水系。

① 李博：《内蒙古鄂尔多斯高原自然资源与环境研究》，科学出版社，1990年。
② 梁冰：《伊克昭盟志》（第2册），现代出版社，1997年。
③ 李博：《内蒙古鄂尔多斯高原自然资源与环境研究》，科学出版社，1990年。
④ 梁冰：《伊克昭盟志》（第2册），现代出版社，1997年。

1.东部丘陵沟壑区外流水系

鄂尔多斯高原东部总面积约为1×10^4km²，多年平均径流总量为6×10^8m³，径流年内分配极不均衡，汛期到来时水量占年径流总量的75.7%。[①]年径流量以洪水为主，含沙量很高，年输沙量达1.1×10^8t，也就是每平方米平均每年流失表土约10kg。其中，十里长川河水含沙量最大，多年平均径流量（10^4m³）与年输沙量（10^4t）之比约达3:1（表1-2），土壤遭受流水侵蚀非常严重。该区东部主要河流具体情况如表1-2，南部沙地区地表水水文状况见表1-3。

表1-2　鄂尔多斯高原东部丘陵沟壑区地表水水文状况[②]

河流名称	流域面积（km²）	主河道平均比降（‰）	多年平均径流量（10^4m³）	侵蚀模数（10^4t/ km²/a）	年输沙量（10^4t）
十里长川	644	4.03	3589	1.852	1193
纳林川	2154	3.21	13048	1.29	2781
悖牛川	1614	3.61	13306	1.352	2180
乌兰木伦河	3085	3.35	18638	0.811	2501
清水川	355	3.73	2254	2.62	930

2.南部沙地区外流水系

属无定河流域，主河为无定河（上游称红柳河），支流有纳林河、海流图河和白河。流域属毛乌素沙地区，径流月分配比较均匀，含沙量低。红柳河主河道部分地段（如大沟湾处）基岩裸露，形成自然跌水。高原南部主要河流具体情况如表1-3。

表1-3　鄂尔多斯高原南部沙地区地表水水文状况[③]

河流名称	流域面积（km²）	主河道平均比降（‰）	多年平均径流量（10^4m³）	侵蚀模数（10^4t/ km²/a）	年输沙量（10^4t）
红柳河	4861	4.82	24740	104.5	38
海流图河	1630	3.8	7128	173.6	19
白河	968	4.1	1450	231	9

3.西部波状高原区外流水系

西部为波状高原区，主要由都斯图河（俗称苦水沟）和一些小山洪沟组成，多年平均径流量约为2065×10^4m³，流域面积为约7882 km²，相当于表1-2中东部五条河流的总和，而多年平均径流量仅为它们的1/22，径流模数很小。流域内季节性干沟居多，还有部分丘陵山区的干沟。它们都具有这样的特点：河道短，比降大；山洪暴发

① 梁冰：《伊克昭盟志》（第2册），现代出版社，1997年。
② 李博：《内蒙古鄂尔多斯高原自然资源与环境研究》，科学出版社，1990年。
③ 梁冰：《伊克昭盟志》（第2册），现代出版社，1997年。

时，水、沙石俱下；洪水过后，变为干沟。[①]

4.北部外流水系

区内有俗称的十大孔兑（蒙语：沟川），各个河川并行排列，均由南向北流去。这里以毛不拉孔兑为代表做简要介绍。毛不拉孔兑发源于阿门其日格乡，流域面积1262 km²，主河道长约110 km，河道平均比降4.46‰，多年平均径流量757×10⁴m³，年输沙量210×10⁴t，侵蚀模数1664t/ km²/a。径流量与输沙量之比为3.6:1，在以上所列河流中仅次于十里长川，每平方米每年流失表土约1.664kg。[②]

（二）内流区地表水文与水资源

内流区主要分布在鄂尔多斯高原的中部和西部。西部除都斯图河和一些直汇黄河的小山洪沟外，均属内流区，约占高原面积的60%。内流区内较大的两个水系是陶来沟水系和摩林河水系，均位于杭锦旗境内。

发源于杭锦旗阿日斯楞图苏木的陶来沟，流经巴音布拉格等苏木，最后汇入盐海子。多年平均径流量为362.1×10⁴m³。[③]在内流区的一些低洼处，或为内流河汇入处，或为地下水的出露处，往往会有一些湖泊产生，其特点是数量多，水量少，水质差，水量随降水量和地下水的变化而变化。很多湖泊经常干涸，而且含盐、碱较重。[④]

摩林河仅在什拉摩林至狼盖劳尔段有清水，其他均为干河。狼盖劳尔以下无正式河床，少量清水沿注地渗入沙地，只有大洪水才能流入查干淖。[⑤]

二、湖泊水文与水资源

鄂尔多斯高原地形波状起伏，发育了大大小小的湖泊（淖）800多个。湖泊生态系统是干旱-半干旱的鄂尔多斯高原生态系统的重要组成部分，在维系区内生态多样性方面具有不可替代的作用。

三、地下水资源

鄂尔多斯高原地下水主要存在于第四系风积、洪积岩层及白垩系疏松沙质岩中。地下水的补给主要来自大气降水入渗和沙漠凝结水。地下水资源可分为6个区（表1-4）。[⑥]

---

① 朱思贵：《鄂尔多斯地台北缘及库布齐沙漠水文地质条件》，《北京地质学院学报》1960年第1期。
② 朱思贵：《鄂尔多斯地台北缘及库布齐沙漠水文地质条件》，《北京地质学院学报》1960年第1期。
③ 沈永玲：《伊克昭盟水分条件与沙漠化的关系》，《中国沙漠》1985年第1期。
④ 梁冰：《伊克昭盟志》（第2册），现代出版社，1997年。
⑤ 梁冰：《伊克昭盟志》（第2册），现代出版社，1997年。
⑥ 李博：《内蒙古鄂尔多斯高原自然资源与环境研究》，科学出版社，1990年。

表1-4　鄂尔多斯高原地下水资源分区[①]

区	亚区	面积（km²）
I 桌子山区	I₁桌子山山地	1320
	I₂桌子山山前平原	1029
II 鄂尔多斯波状高平原区	II₁高原西部	4920
	II₂高原中部	17238
	II₃高原东部	4710
	II₄黑沙兔	5430
III 准格尔-东胜丘陵区	III₁准格尔丘陵	3600
	III₂太沟	750
	III₃东柳沟	1523
	III₄纳林川	5130
	III₅西柳沟	4880
IV 库布齐沙区	IV₁西部沙区	4860
	IV₂中部沙	2190
	IV₃东部沙区	1710
V 黄河冲湖积平原区	V₁黄河南灌区	2640
	V₂黄河冲洪积平原	1755
VI 毛乌素沙区	VI₁沙区东部	8820
	VI₂沙区中部	1270
	VI₃沙区西部	3240

浅层地下水的排泄，总体趋势是从高原中部脊线向四周低处运行，因此，地下水的水位随地势起伏而相应变化。浅层地下水的形成与分布，基本不因邻区水文地质变化而变化，只受本身水文地质条件和各种自然因素的影响和控制。[②]

地质构造是鄂尔多斯高原地下水分布的主要控制因素。在地质构造上，鄂尔多斯高原属新华夏系向斜构造盆地，盆地的基底由前震旦纪变质岩组成，在其基底之上，除缺失上奥陶系至泥盆系以外，其余各时代的地层均有分布，为地下水赋存与分布的基础。按其含水介质的不同，本区地下水的类型可划分为孔隙裂隙水、裂隙岩溶水和孔隙水。

1.桌子山和岗德尔山裂隙岩溶水

桌子山与岗德尔山均为背斜构造，它们的两翼由古生界寒武、奥陶系灰岩及石炭、二叠系砂页岩组成，其中以灰岩分布最为广泛。由于区域性地质构造受南北向和东西向两组构造线的控制，构造裂隙比较发育，为大气降水补给地下水提供了空间上

---

① 李博：《内蒙古鄂尔多斯高原自然资源与环境研究》，科学出版社，1990年。
② 李博：《内蒙古鄂尔多斯高原自然资源与环境研究》，科学出版社，1990年。

的有利条件。该区地层中有以下2个含水岩系。[1]

（1）寒武系与奥陶系含水岩系

由竹叶状灰岩和厚层状灰岩组成。厚层状灰岩分布较广，质纯，溶洞发育，该层是主要含水层组。地下水分布不连续，不稳定。水位埋深一般小于70m，水中主要离子为Ca^{2+}、Mg^{2+}、HCO_3^-，矿化度小于1g/L，为HCO_3-Mg-Ca型淡水。

（2）石炭系与二叠系含水岩系

由灰白色砂岩和黄白色砾质砂岩组成，含孔隙裂隙潜水和承压水。潜水位埋深10.35m，含水层厚度59.71m，水中化学离子主要为Na^+、Cl^-，矿化度小于1g/L，为Cl-Na型咸水。承压水含水层顶板埋深186.45m，厚112.07m，属于Cl-HCO_3-SO_4-Na型水。由于Na^+、Cl^-离子含量高，不适于作为饮用水。该含水层的富水性较弱。[2]

2.准格尔丘陵中生界和上古生界孔隙裂隙水

位于伊金霍洛及东胜以东的准格尔地区，为丘陵地区。在丘陵顶部和沟谷中堆积上更新统黄土，地形切割剧烈，沟壑纵横。在伊金霍洛旗以东，东胜—准格尔召一带，主要含水岩系为侏罗系中侏罗统含水组和延安组含水组。中侏罗含水组的含水层为灰白色、浅黄色中粗砂岩，厚7～60m，岩相变化有自北向南、由西向东和由上而下，呈变细的趋势。胶结较好，裂隙发育，主要为承压自流水，但自流量较小。[3]延安含水岩组的含水层为灰白色含砾质中粗粒石英砂岩，裂隙发育，钙质胶结，坚硬。含水层由东向西倾斜，导致地下水类型自东向西由潜水过渡为承压自流水，含水层厚10～25m。[4]在沙圪堵为三叠系、二叠系、石炭系孔隙裂隙水，该区沟谷发育，地表大部分被沟谷切割得支离破碎，有的沟谷切穿含水层。该含水岩系的主要含水层岩性为黄绿、灰绿色砂岩。由于砂岩中长石含量高，长石被风化成高岭土，而堵塞了含水层中的孔隙裂隙，影响降水的渗入补给，因而地表产流较多。石炭系含水组分布在纳林镇—沙圪堵一带，含水层为紫红色砂岩，泥质胶结，裂隙不发育，透水性差。

3.东胜北梁地中新生界孔隙裂隙水

库布齐沙漠东段以南至布尔台什地区，地形为高起的东西向长梁，它是整个高原

---

① 侯光才、林学钰、苏小四等：《鄂尔多斯白垩系盆地地下水系统研究》，《吉林大学学报》（地学版）2006年第3期。

② 梁永平、韩行瑞、时坚等：《鄂尔多斯盆地周边岩溶地下水系统模式及特点》，《地球学报》2005年第4期。

③ 梁永平、韩行瑞、时坚等：《鄂尔多斯盆地周边岩溶地下水系统模式及特点》，《地球学报》2005年第4期。

④ 梁永平、韩行瑞、时坚等：《鄂尔多斯盆地周边岩溶地下水系统模式及特点》，《地球学报》2005年第4期。

北部地表水的分水岭，其南侧以南东向沟谷发育，北侧则多为南北向沟谷。本区主要由白垩系下统及第三系上新统构成。下白垩统第二至第六含水组在区内都有分布，其中第五组分布最广，含水层岩性为黄灰色及杏黄色砂岩、砂砾岩，坚硬，裂隙发育，水位埋藏深，150m余。远离分水岭，南北两侧水位埋深变浅。靠近分水岭地带富水性弱，水质较差，为HCO_3-Cl·Na型水，不宜饮用。[①]

第三系上新统砂岩、砂砾岩孔隙裂隙潜水含水组，多见于东胜四周，以粉红色砂砾岩为主，颗粒由东向西变细，呈零星块体散布在丘陵地中。含水层较薄，一般为0.5～1.5m。[②]东胜一带，因梁脊较宽，含水层相对稳定，岩性为泥质砂砾岩和细砂岩，厚16.16m，水位埋深8.49m，为矿化度小于0.5g/L的HCO_3-SO_4-Ca·Mg型水。[③]

4.鄂尔多斯波状高平原中新生界孔隙裂隙水

鄂尔多斯波状高平原占伊克昭盟总面积的40%，是鄂尔多斯高原的主体。在地质构造上是由下白垩统构成的西翼陡、东翼平缓的向斜盆地。地形上由西北向东南变低。主要含水系为河流浅湖相沉积的下白垩系志丹群砂岩，其次是分布在鄂托克旗苦水沟下游及西南部的黑沙兔，沙亥庙和杭锦旗西北部的巴彦恩格，乌加庙以北地区的老第三系渐新统砂岩。[④]

下白垩统志丹群砂岩、砂砾岩含孔隙裂隙水。在潜水埋藏较深的公卡汉、什宁乌素、百眼井一带的剥蚀洼地中，在潜水上部的包气带里常有隔水良好的泥岩透镜体，阻滞地表水下渗，形成上层滞水。上层滞水水位埋藏浅，水量贫乏，但水质良好。上层滞水下部普遍分布有潜水，但由于下白垩统砂岩厚，缺少稳定的隔水层，而促成潜水与承压水往往合为一体，成为统一的含水层。有隔水层的地区，上部潜水水量小，水位亦较浅，水质好，隔水层下部承压水在许多地区形成自流。在无隔水层存在的地区，水量较大，水位较深。[⑤]

老第三系渐新统含水岩系，含水层主要为含石膏的砂砾岩和泥质砂砾岩，水质普

————————

① 侯光才、张茂省、王永和等：《鄂尔多斯盆地地下水资源与开发利用》，《西北地质》2007年第1期。

② 侯光才、林学钰、苏小四等：《鄂尔多斯白垩系盆地地下水系统研究》，《吉林大学学报》（地学版）2006年第3期。

③ 侯光才、林学钰、苏小四等：《鄂尔多斯白垩系盆地地下水系统研究》，《吉林大学学报》（地学版）2006年第3期。

④ 王德潜、刘祖植、尹立河：《鄂尔多斯盆地水文地质特征及地下水系统分析》，《第四纪研究》2005年第1期。

⑤ 陈梦熊、马凤山：《中国地下水资源与环境》，地震出版社，2002年。

遍不佳，矿化度1.9～15.4g/L。[1]

5.黄河冲积平原第四系孔隙潜水和承压自流水

位于黄河以南，库布齐沙漠以北，呈东西向分布，上部为全新统—上更新统冲积层潜水，水位埋藏浅，一般2～3m，含水层厚约20～30m。含水层岩性为中细砂和粉细砂，水质一般较好，只在中滩农场周围较差，矿化度为2～5g/L。下部为上更新统浅层承压水，分布不稳定。水位埋藏深度一般为25～30m，含水层厚约30m。[2]岩性为细砂和粉砂。自流，喷出地表3～4m，水质良好。最下部为中、下更新统深层承压水，含水层为细砂，为矿化度小于2g/L的HCO_3-Na·Mg型水。[3]

6.毛乌素沙漠第四系风积湖积孔隙水

位于鄂尔多斯高原的东南部，地层主要为风积沙堆积。但在沙丘间的低洼处，出露有上更新统萨拉乌苏组冲积湖积物。湖积物厚度由北向南递增，最厚处位于内蒙古自治区边界地带，其厚达120m余，岩性主要以粉细砂为主。[4]沙漠总体地势为自西北向东南缓倾。在沙漠中有汇聚地表水和地下水的湖盆洼地和盐碱洼地，湖盆与滩地多呈西北—东南向分布，大都长数十千米，宽1～5km，第四系上更新统的湖积粉细砂层与其上覆的风积沙层构成含水统一体，潜水位在洼地中埋藏浅，一般1～3m，因地形切割强烈，东南部水位埋深则大于10m，水质良好，矿化度都小于1g/L。[5]

由于沙漠范围较广，各地因受不同因素作用的影响，水文地质条件也表现出差异性，如达布察克—陶利地区水量丰富，而沙漠西北边缘和林河一带水量则较贫乏。达布察克—陶利地区地貌类型为沙丘与丘间洼地相间呈格状分布，[6]主要含水岩系为第四系上更新统湖积层与全新统风积沙，两者构成统一含水体。由于补给条件良好且含水层厚度大，水量丰富，水位埋藏浅，水质条件好。含水层厚度在北部一般为3m左右，呈由北往南增厚的特点，从3m左右增至100m余。[7]潜水层下部分布的是不稳定的冲湖积层孔隙承压水。在冲湖积层中夹有数层分布不稳定的深灰色黏质砂土，起隔水作用，形成承压水。沙丘西北部边缘地区多格状沙丘，且厚度较薄，降水量小，其潜水也较贫乏。纳林河一带，黄土层之上覆盖着风积沙层，虽然黄土层的持水性较好，

① 陈梦熊、马凤山：《中国地下水资源与环境》，地震出版社，2002年。
② 陈梦熊、马凤山：《中国地下水资源与环境》，地震出版社，2002年。
③ 徐志玲、徐永利、李燕萍：《鄂尔多斯地下水分布特征研究》，《水质分析》2010年第4期。
④ 徐志玲、徐永利、李燕萍：《鄂尔多斯地下水分布特征研究》，《水质分析》2010年第4期。
⑤ 徐志玲、徐永利、李燕萍：《鄂尔多斯地下水分布特征研究》，《水质分析》2010年第4期。
⑥ 陈梦熊、马凤山：《中国地下水资源与环境》，地震出版社，2002年。
⑦ 陈梦熊、马凤山：《中国地下水资源与环境》，地震出版社，2002年。

但由于缺少良好的隔水层，所以造成土层中的水量也较贫乏。[1]

7.库布齐沙区第四系风积与湖积层孔隙水

库布齐沙区东西长约250km，西段的宽度比东段大很多，分别为60km和20km左右。[2]地表岩性为风积沙，于风积沙层下伏有第四系上更新统湖积层和下白垩系砂岩、砂砾岩，前者主要在北部，后者在南部。由于风积沙的渗水性能良好，降水能直接渗入补给地下水。另外，该区日温差较大，凝结水生成量较多，也是地下水的补给来源之一。在沙漠中有许多面积为数十平方米到数百平方米的丘间洼地，于洼地边缘常有泉水出露，形成沼泽或湿地。部分地带生长着茂密的植被，是沙漠里的绿洲，潜水位埋深浅，在洼地中一般小于1m，水质良好。下伏第四系上更新统湖积层潜水水量较小，而承压水水量较大，水头高，多具有自流水的特点。[3]

第四节 土壤概况

根据鄂尔多斯高原第二次土壤普查数据，全区共有9个土壤类型，21个亚类，60个土属，107个土种。[4]其分布特点体现在以下几个方面：（1）由于受季风气候的影响，土壤带近乎东南—西北向更替。（2）由于研究区降水和气温变化差异大，因而土壤带的交替也很急剧，在东西不足400km的境内，由东南向西北分别形成了栗钙土—棕钙土—灰漠土3个土带，其内部可进一步区分为栗钙土—淡栗钙土—棕钙土—淡棕钙土—钙质灰漠土5个亚地带，经度地带性分布规律明显。（3）由于存在着南北向的热量差异，土壤带的分布从南部向北部为温带干草原栗钙土、荒漠草原棕钙土及荒漠灰漠土，西南部则属于暖温带干旱灌木草原灰钙土。（4）非地带性土壤面积大，其中以风沙土面积最大，主要类型有初育土、水成土和盐成土。

鄂尔多斯高原的成土母质主要是含$CaCO_3$的白垩纪砂岩风化物及其残积、坡积、洪积、冲积、湖积物，沙粒多、黏粒少。由于干旱少雨，淋溶作用表现得又比较弱。加之地表植被稀疏、低矮，地表枯枝落叶层只有几毫米厚，有机质积累少，有机胶体

① 侯光才、张茂省、王永和等：《鄂尔多斯盆地地下水资源与开发利用》，《西北地质》2007年第1期。
② 侯光才、王德潜、尹立河：《鄂尔多斯盆地地下水系统结构分析及勘察思路》，《鄂尔多斯盆地地下水资源与可持续利用》，陕西科学技术出版社，2004年。
③ 中国科学院内蒙古综合考察队、南京土壤研究所：《内蒙古自治区与东北西部地区土壤地理》，科学出版社，1978年。
④ 马溶之、文振旺：《中国土壤区划》，科学出版社，1959年。

亦少。因此，这里的土壤形成条件差，成土过程缓慢，抗蚀性能低。

一、地带性土壤

（一）东部栗钙土带

栗钙土为本区主要地带性土壤之一，分布范围与半干旱草原地带基本一致。栗钙土区年降水量为300～400mm，湿润度在0.23～0.40之间。[①]

研究区的栗钙土可分为2个亚类，即栗钙土亚类和淡栗钙土亚类。栗钙土亚类主要分布在胜利湾—马拉迪线以东部分；淡栗钙土亚类则分布于西部偏干地区，以杭锦旗—鄂托克旗—毛盖图一线与棕钙土带相邻，并呈交叉分布。[②]本区南有毛乌素沙地，北有库布齐沙带夹挤，除中部四十里梁及受覆沙影响较小的硬梁地上栗钙土有成片分布外，大多与黄绵土、披沙石土、风沙土等呈镶嵌状分布。各类栗钙土面积约占总面积的20.71%，其中栗钙土面积约占 6.74%（包括沙质和薄层栗钙土），淡栗钙土为13.13%。[③]

本区栗钙土的腐殖质层和钙积层分化明显，为具有双层性剖面构型的土壤。栗钙土腐殖质层厚25～30cm，有机质含量变化在1.5%～22.0%，且表层有机质含量一般低于亚表层，栗钙土较淡栗钙土含量高。[④]腐殖质组成CH/CF为0.75～1.40，C/N为8～16，栗钙土大于淡栗钙土，反映出栗钙土在腐殖质化过程中质和量的区域性差异。钙积层位于腐殖质层下部，层次深厚，一般可达40～50cm，$CaCO_3$含量在15%～35%，且多呈假菌丝状、斑点状或斑块状，或有少数石灰结核。[⑤]栗钙土的黏土矿物类型主要为伊利石和绿泥石，两者含量占黏土矿物总量的78%～80%，有少量蒙脱石，含量为4%～7%。由栗钙土向淡栗钙土过渡，前者含量比例增加，后者减少。由于本区大多为石灰性栗钙土，因而呈碱性反应，所以命名为栗钙土鄂尔多斯土科。[⑥]

在本区的河谷、湖盆低平原地区，尚有向草甸土、盐渍土过渡的亚类—草甸栗钙

① 文振旺：《内蒙古自治区土壤区划》，《土壤学报》1959年第34号。
② 马溶之、文振旺：《中国土壤区划》，科学出版社，1959年。
③ 马溶之、文振旺：《中国土壤区划》，科学出版社，1959年。
④ 中国科学院内蒙古综合考察队、南京土壤研究所：《内蒙古自治区与东北西部地区土壤地理》，科学出版社，1978年。
⑤ 宋炳奎：《伊克昭盟草原地区土壤的利用问题》，载《中国科学院兰州沙漠研究所集刊》，科学出版社，1986年第3号。
⑥ 宋炳奎：《伊克昭盟草原地区土壤的利用问题》，载《中国科学院兰州沙漠研究所集刊》，科学出版社，1986年第3号。

土（面积约占0.5%）和盐碱化栗钙土（面积约占0.34%），面积均不大。[1]栗钙土是重要的旱作农业区的重要土壤，淡栗钙土只适用于牧业用地。

（二）西部棕钙土和灰钙土带

棕钙土是干草原向荒漠过渡的土壤类型，它分布于栗钙土带以西和桌子山前阿尔巴斯一线之间。该区植被属荒漠化草原或草原化荒漠，年均降水量150～300mm，湿润度为0.13～0.23。[2]通常将棕钙土分为棕钙土、淡棕钙土、盐碱化棕钙土等亚类，本区棕钙土面积约占全区总面积的17.58%，其中棕钙土为11.53%，淡棕钙土为4.90%，盐碱化棕钙土为1.15%。[3]主要为薄层砂壤质和沙质棕钙土。

棕钙土仍属草原土壤系列，但腐殖质层变薄，仅约20cm，有机质含量降低到0.5%～1.5%，腐殖质组成CH/CF为0.65，C/N为7～12，钙积层部位则升高、加厚，$CaCO_3$含量为7%～18%。[4]棕钙土黏土矿物中伊利石、绿泥石两者含量占黏土矿物总量的83%，而蒙脱石含量低于3%，不同于栗钙土。机械组成中大于0.01mm的物理性砂粒含量多在85%以上，其中大于0.25mm的砂粒含量为40%～55%。[5]棕钙土普遍具有砂化或砾砂质化现象。该区的棕钙土腐殖质层呈浅黄棕色，亚表层的棕色表现不明显。$CaCO_3$淋溶弱，从表层就有泡沫反应。在本区西部淡棕钙土底部含有纤维簇状结晶石膏层。[6]

棕钙土发育区质地粗、土层薄，气候较栗钙土更加干旱，并与风沙土交错分布，砂砾质化严重。无灌溉就无农业，故棕钙土为本区的主要牧业区，只在有灌溉条件的地区，才发展有灌溉农业。

灰钙土仅占据鄂尔多斯高原西南部分地区，北、东与棕钙土相接，占全区总面积的1.5%。分布区年平均温度8℃，湿润度0.2～0.3。[7]植被属荒漠化草原，主要有甘草、苦豆子、藏锦鸡儿等。本区主要为淡灰钙土和潮灰钙土，发育在沙黄土母质上，

① 汪安球：《内蒙沙漠荒漠棕钙土的形成及其特性》，《土壤学报》1962年第4期。
② 汪安球：《内蒙沙漠荒漠棕钙土的形成及其特性》，《土壤学报》1962年第4期。
③ 宋炳奎：《伊克昭盟草原地区土壤的利用问题》，载《中国科学院兰州沙漠研究所集刊》，科学出版社，1986年第3号。
④ 宋炳奎：《伊克昭盟草原地区土壤的利用问题》，载《中国科学院兰州沙漠研究所集刊》，科学出版社，1986年第3号。
⑤ 宋炳奎：《伊克昭盟草原地区土壤的利用问题》，载《中国科学院兰州沙漠研究所集刊》，科学出版社，1986年第3号。
⑥ 宋炳奎：《伊克昭盟草原地区土壤的利用问题》，载《中国科学院兰州沙漠研究所集刊》，科学出版社，1986年第3号。
⑦ 宋炳奎：《伊克昭盟草原地区土壤的利用问题》，载《中国科学院兰州沙漠研究所集刊》，科学出版社，1986年第3号。

表层具有淡灰棕色的腐殖质层，有机质含量0.5%～0.9%，向下逐渐过渡到以斑点和假菌丝状石灰淀积的钙积层。[1]全剖面有石灰反应，$CaCO_3$含量为3%～18%，少数剖面底土层具有石膏层。[2]

（三）西部灰漠土带

灰漠土是介于棕钙土与灰棕色荒漠土之间的一类荒漠土壤，占全区总面积的2.44%。它主要分布于桌子山以西的山前古老冲、洪积扇及阶地上。本区年均温度6～8℃，年降水量100～150mm，湿润度小于0.13。[3]植被属于草原化荒漠，以红砂、珍珠、四合木、霸王、沙冬青，以及小禾草沙生针茅、戈壁针茅、无芒隐子草等为主，覆盖度极低。灰漠土表层具有荒漠土壤通常形成的砂砾质化、龟裂状的结皮层，同时也缺乏明显的腐殖质层，有机质含量一般在0.5%以下，C/N值为10，生物累积过程没有棕钙土明显。但$CaCO_3$有弱度淋溶，形成不明显的钙积层。剖面中部有较普遍的盐分聚积现象，pH值8.5～9.5。[4]土层一般不超过5cm。灰漠土区极端干旱，农业以养驼、山羊为主。但在引黄灌溉区，丰富的光、热资源是发展灌溉种植业（葡萄、蔬菜及粮食等）的重要因素。[5]

二、非地带性土壤

（一）初育土

风沙土是对自然生态与社会经济发展影响非常重要的初育土，在本区分布面积最为广泛。各类风沙土面积占全区总面积的39.2%。[6]一般风沙土可分为固定、半固定和流动风沙土3个亚类。若考虑到风沙土发育过程中地带性特征、水分状况和改良利用方向的条件差异，可将风沙土首先分为半湿润风沙土（包括黑沙土、疏林风沙土）、干风沙土、风沙土（包括栗沙土、灌丛风沙土等）、潮沙土（受地下水影响）等亚类，再续分固定、半固定和流动风沙土（土属）。[7]

① 宋炳奎：《伊克昭盟草原地区土壤的利用问题》，载《中国科学院兰州沙漠研究所集刊》，科学出版社，1986年，第3号。
② 汪安球：《内蒙沙漠荒漠棕钙土的形成及其特性》，《土壤学报》1962年第4期。
③ 李孝芳：《宁夏河东地区沙漠考察》，载《治沙研究》（第3号），科学出版社，1962年。
④ 李孝芳：《编制毛乌素沙区土被结构图的初步尝试》，《资源科学》1980年第1期。
⑤ 李孝芳：《编制毛乌素沙区土被结构图的初步尝试》，《资源科学》1980年第1期。
⑥ 李孝芳：《内蒙毛乌素砂区中东部固定砂丘土壤的发生发育及其利用》，《土壤学报》1965年第1期。
⑦ 中国科学院内蒙古宁夏综合考察队、中国科学院南京土壤研究所：《内蒙古自治区与东北西部地区土壤地理》，科学出版社，1978年。

本区东部栗钙土地区的毛乌素沙地为风沙土亚类，水分状况较好，有机质含量高，可进行飞播种草，面积占全区面积的20.3%，多为固定、半固定风沙土。西部棕钙土和灰漠土带的风沙土，如库布齐沙漠，则属于干风沙土亚类，水分状况极差，改良利用较难，面积占全区总面积的11.36%，其中将近一半为流动干风沙土。[①]

黄绵土是本区另一种重要的初育土，为分布在东部丘陵黄土母质上的幼年土壤，是在黄土母质上发育的地带性土壤类型被侵蚀殆尽后的形成物。分布面积占全区总面积的2.55%。[②]有机质含量很低为0.5%～0.8%，$CaCO_3$含量为5%～12%。黏土矿物以伊利石为主，绿泥石和蒙脱石次之，并含有一定量的高岭石。由于黄土母质疏松，$CaCO_3$含量较高，故易受侵蚀，因此黄绵土分布区沟壑密布，地形支离破碎，改良利用的中心议题是水土保持。

（二）水成土

草甸土和沼泽土为受地下水影响形成的半水成和水成土，集中分布在本区地形低洼的河谷、湖泊盆地、丘间甸子地或湿滩地，两者面积约占全区总面积的7.08%（包括盐化草甸土），往往和盐渍土呈复区分布[③]。草甸土的地下潜水位在1.5m左右，表层为腐殖质层，有机质含量约1%～2%，在50～100cm范围内有锈纹锈斑，但缺潜育层。沼泽土地下潜水位接近地表或地表有季节性积水，表层有机质含量较高，一般为5%左右，高者可达12%，具有明显的泥炭层和潜育层。[④]

（三）盐成土

包括盐土和盐化土、碱土和碱化土，其面积约占全区面积的0.42%。主要分布于地形低洼、地下径流不畅、地下潜水矿化度大于0.5g/L的地区，均呈斑状零星分布。盐化土壤全盐含量为0.3%～1.5%，全盐含量大于1.5%为盐土。[⑤]碱化土和碱土是指土壤胶体中含有相当数量（一般大于5%）的交换性钠离子而形成碱化层的土壤，碱土的典型剖面构型包括腐殖质—淋溶层、碱化层、石灰淀积层和盐分聚积层，并呈强碱性反应。它在东部与水成、半水成土呈复区，在西部则多分布于高原与自成土相连接。

---

① 李孝芳：《编制毛乌素沙区土被结构图的初步尝试》，《资源科学》1980年第1期。
② 中国科学院内蒙古宁夏综合考察队、中国科学院南京土壤研究所：《内蒙古自治区与东北西部地区土壤地理》，科学出版社，1978年。
③ 中国科学院内蒙古宁夏综合考察队、中国科学院南京土壤研究所：《内蒙古自治区与东北西部地区土壤地理》，科学出版社，1978年。
④ 中国科学院内蒙古宁夏综合考察队、中国科学院南京土壤研究所：《内蒙古自治区与东北西部地区土壤地理》，科学出版社，1978年。
⑤ 李孝芳：《鄂尔多斯高原西南部沙区盐渍土地改良的初步意见》，《治沙研究》，科学出版社，1962年。

（四）其他土类

主要包括石质土和粗骨土。石质土系指土层薄（＜10cm）而裸露基岩占有相当面积（＞30%）的土壤，一般为A-R型土。粗骨土土层相对较厚（＞10cm），含砾较多，为剖面发育年幼无诊断层的A-C型土。本区东胜、准格尔旗一带发育在白垩纪、第三纪的红色、灰绿色松散砂岩以及泥页岩上的披沙石土大多属此类土，本类土面积约占全区总面积的6.24%。①

第五节　植被概况

鄂尔多斯高原的植被是以沙生、旱生的半灌木为主的干草原和荒漠草原植被，植被覆盖率在40%左右。境内植被从东南向西北依次为典型草原亚带、荒漠草原亚带和草原化荒漠亚带。

一、地带性植被

鄂尔多斯高原的植被类型从东南向西北逐渐过渡变化，基本上是从典型草原逐渐向荒漠草原、草原化荒漠过渡。从达拉特旗的昭君坟乡、蓿亥图乡到杭锦旗的四十里梁乡，再到鄂托克旗的吉拉苏木，再到北大池的连线构成一条分界线。界线东部是典型草原，界线西部是荒漠草原和草原荒漠。

（一）典型草原

典型草原主要分布在鄂尔多斯高原东部，分布区多年平均降水量为300～450mm，年平均蒸发量为2100～2700mm，湿润系数在0.23～0.43，年平均气温5.5～8.7℃。②典型草原群落一般发育在梁地和黄土丘陵的栗钙土或黄绵土上，另外桌子山海拔在2100m以上的垂直带上也有克氏针茅草原分布。③典型草原的代表性群系为本氏针茅草原。由于人类活动的干扰和破坏，目前原始植被已被破坏殆尽，取而代之的是以百里香（*Thymus mongolicus*）为主的小半灌木群落，有时两者镶嵌分布。黄土丘陵区的冲沟陡壁上，茭蒿群落则广泛发育。

① 文振旺：《内蒙古自治区土壤区划》，《土壤学报》1959年第34号。

② 李博：《内蒙古地带性植被的基本类型及其生态地理规律》，《内蒙古大学学报》（自然科学版）1962年第2期。

③ 李博：《内蒙古地带性植被的基本类型及其生态地理规律》，《内蒙古大学学报》（自然科学版）1962年第2期。

1.本氏针茅（*Stipa bungeana*）群系

主要分布在东胜梁地、准格尔黄土丘陵及毛乌素沙地的硬梁地。本群系植物种类众多，据样方资料统计约有70种。群落的建群层片是多年生禾草，建群种为本氏针茅、糙隐子草。[①]由达乌里胡枝子、冷蒿和百里香组成的小半灌木层片在群落中分布广泛，成为优势层片。群落中有很多一两年生植物，约16种，主要种类如艾蒿、狗尾草、冠芒草等。多年生杂类草种类也很多，常见的有阿尔泰狗娃花、米口袋、细叶志远、丝叶苦荬菜、草木樨状黄芪、砂珍棘豆等。[②]

2.百里香（*Thymus mongolicus*）群系

是在表土层被侵蚀过程中形成的一种特殊生态变体植物。在黄土丘陵和梁地侵蚀严重的地段上，原生的本氏针茅草原的发育因受到严重抑制和破坏，被百里香群落取而代之。[③]虽然百里香群落与本氏针茅群落共同出现，两者有很多共同种，但是两者在种间关系上还是有一定差异的。本氏针茅与常见种结合密切，种间共有信息量都较高，共同出现的机会非常多。百里香与常见种的共有信息量较低，同样共同出现的机会也较少。[④]

百里香群落的组成植物有42种，以小半灌木层片建群，包括建群种百里香，达乌里胡枝子和冷蒿次之。[⑤]多年生丛生禾草层片亦占优势，主要种类是本氏针茅、糙隐子草，还有部分大针茅、克氏针茅、戈壁针茅。多年生杂类草层片主要是豆科、菊科植物，常见的有阿尔泰狗娃花、米口袋、细叶志远、丝叶苦荬菜等。[⑥]一两年生植物层片发育较弱。

3.茭蒿（*Artemisia giraldii*）群系

茭蒿群系只见于黄土丘陵区地形坡度大、地表凹凸不平、常有岩石出露、环境条件较为恶劣的沟坡地带。可分为茭蒿、本氏针茅、糙隐子草、杂类草群丛和与灌木交

---

① 李博：《内蒙古地带性植被的基本类型及其生态地理规律》，《内蒙古大学学报》（自然科学版）1962年第2期。
② 李博：《内蒙古地带性植被的基本类型及其生态地理规律》，《内蒙古大学学报》（自然科学版）1962年第2期。
③ 李博：《内蒙古地带性植被的基本类型及其生态地理规律》，《内蒙古大学学报》（自然科学版）1962年第2期。
④ 李博：《内蒙古鄂尔多斯高原自然资源与环境研究》，科学出版社, 1990年。
⑤ 李博：《内蒙古地带性植被的基本类型及其生态地理规律》，《内蒙古大学学报》（自然科学版）1962年第2期。
⑥ 李博：《内蒙古地带性植被的基本类型及其生态地理规律》，《内蒙古大学学报》（自然科学版）1962年第2期。

错混生的针茅、茭蒿、杂类草群丛2个群丛。[1]

（二）荒漠草原

荒漠草原主要分布在鄂尔多斯西部桌子山以东的高平原上，地形平坦，海拔在1300～1500m，土壤为棕钙土。主要由一组强旱生的丛生禾草及小半灌木组成，反映了生境的进一步旱化，它们的广泛分布，标志着气候已由半干旱进入干旱。

荒漠草原由多年生矮丛生禾草层片建群，主要包括戈壁针茅、短花针茅、沙生针茅、冰草、无芒隐子草等。[2]多年生杂类草层片亦是重要组成部分，常见种有阿尔泰狗娃花、细叶远志、丝叶苦荬菜、兔唇花、戈壁天冬、糙叶黄芪、阿氏旋花、单叶黄芪等。有部分群系是以强旱生小灌木建群，如猫头刺、狭叶锦鸡儿、藏锦鸡儿等。[3]强旱生小半灌木旱蒿、女蒿、燥原荠等占优势地位。

本区荒漠草原主要群系有5个，即戈壁针茅群系、藏锦鸡儿群系、短花针茅群系、狭叶锦鸡儿群系及猫头刺群落。[4]

1.戈壁针茅（*Stipa gobica*）群系

是一种强旱生丛生小禾草，除形成特殊的荒漠草原群落外，还深入到荒漠区，和其他群系相伴而生，成为荒漠群落的伴生成分。[5]戈壁针茅草原是鄂尔多斯高原荒漠草原的代表群系，但由于本区基质等因素的影响，分布面积并不广。

组成戈壁针茅群落的植物共29种，群落中灌木、小灌木较多，如黑格兰、小叶鼠李、狭叶锦鸡儿、中间锦鸡儿，其中狭叶锦鸡儿可作为优势种出现在群落中。群落的建群层片是多年生禾草层片，种类以戈壁针茅、无芒隐子草为主。[6]由猫头刺、达乌里胡枝子、旱蒿、女蒿等组成的小半灌木层片居优势地位。多年生杂类草层片种类丰富多样，常见的有兔唇花、蒙古芯芭、乳白花黄芪、戈壁天门冬、阿尔泰狗娃花、单

① 陈昌笃：《我国典型草原亚地带和荒漠草原亚地带中段（鄂尔多斯地区）的分界线在哪里》，《植物生态学报》1964年第1期。

② 陈昌笃：《我国典型草原亚地带和荒漠草原亚地带中段（鄂尔多斯地区）的分界线在哪里》，《植物生态学报》1964年第1期。

③ 李博：《内蒙古地带性植被的基本类型及其生态地理规律》，《内蒙古大学学报》（自然科学版）1962年第2期。

④ 李博：《内蒙古地带性植被的基本类型及其生态地理规律》，《内蒙古大学学报》（自然科学版）1962年第2期。

⑤ 方文哲：《内蒙中西部针茅属种的分布及其生态环境的初步观察》，《植物生态学报》1958年第1期。

⑥ 陈昌笃：《我国典型草原亚地带和荒漠草原亚地带中段（鄂尔多斯地区）的分界线在哪里》，《植物生态学报》1964年第1期。

叶黄芪芸香等。[①]一两年生种类较少。

2.短花针茅（*Stipa breviflora*）群系

短花针茅群系较喜暖，其温度适应范围也较广。在鄂尔多斯高原，荒漠草原区北部的棕钙土及南部的灰钙土上均有短花针茅草原分布，分布的海拔高度普遍低于戈壁针茅草原分布高度。

短花针茅群系中植物组成较丰富，达47种，且典型草原的成分较明显。群落中多年生丛生禾草层片发育十分广泛，灌木、半灌木、小半灌木层片不发达。主要种类有大针茅、无芒隐子草、短花针茅、戈壁针茅、糙隐子草等。[②]多年生杂类草层片种类繁多，常见种为阿尔泰狗娃花、米口袋、砂蓝刺头、兔唇花、细叶志远、丝叶苦荬菜、细叶鸢尾等等。在该群落中一两年生植物层片发育明显，数量可达12种之多。[③]

3.狭叶锦鸡儿（*Caragana stenophylla*）小禾草群系

该群系主要分布在鄂尔多斯高原西部覆沙梁地，以强旱生小灌木狭叶锦鸡儿为主，混生短花针茅、戈壁针茅、无芒隐子草等丛生小禾草。[④]

据优势层片的差异特点，该群系可划分为2个群丛，分别为狭叶锦鸡儿—短花针茅和狭叶锦鸡儿—戈壁针茅。[⑤]

4.藏锦鸡儿（*Caragana tibetica*）群系

本群系主要分布在鄂尔多斯高原西部海拔1170 m～1450m的波状高平原上，属于荒漠草原与草原化荒漠的过渡区域。该群系共有植物52种，群落的建群层片以藏锦鸡儿、狭叶锦鸡儿为主，部分还出现了荒漠灌木刺旋花、红砂和驼绒藜、短脚锦鸡儿，群落的旱生性增加。[⑥]多年生丛生禾草层片亦为优势层片，由短花针茅、无芒隐子草等组成。半灌木、小半灌木层片发展较弱，主要种类有猫头刺、旱蒿、燥原荠、达乌

① 陈昌笃：《我国典型草原亚地带和荒漠草原亚地带中段（鄂尔多斯地区）的分界线在哪里》，《植物生态学报》1964年第1期。
② 李博：《内蒙古地带性植被的基本类型及其生态地理规律》，《内蒙古大学学报》（自然科学版）1962年第2期。
③ 李博：《内蒙古地带性植被的基本类型及其生态地理规律》，《内蒙古大学学报》（自然科学版）1962年第2期。
④ 陈昌笃：《我国典型草原亚地带和荒漠草原亚地带中段（鄂尔多斯地区）的分界线在哪里》，《植物生态学报》1964年第1期。
⑤ 李博：《内蒙古地带性植被的基本类型及其生态地理规律》，《内蒙古大学学报》（自然科学版）1962年第2期。
⑥ 李博：《内蒙古地带性植被的基本类型及其生态地理规律》，《内蒙古大学学报》（自然科学版）1962年第2期。

里胡枝子、油蒿、女蒿等。[①]多年生杂类草层片亦较常见，种类组成比较丰富，主要有阿尔泰狗娃花、阿氏旋花、兔唇花、天门冬、蒙新久苳菊等。本群落的一两年生植物层片较为发达，黄蒿、虫实、猪毛菜、地锦等个体数量较多，尤以黄蒿较多，形成明显的景观特征，从而反映出这里的夏季降水较多。[②]

群落的垂直结构显著，垫状的藏锦鸡儿呈堆状位居上层，分布在丛堆间的草本植物及半灌木位于下层。在局部轻度覆沙地段，油蒿零星分布于群落中，而在深厚覆沙处，则由油蒿、藏锦鸡儿群落取而代之，与本群落镶嵌分布。[③]

本群系有藏锦鸡儿—小禾草、杂类草群落，主要分布在典型的地带性生境上，藏锦鸡儿、狭叶锦鸡儿—猫头刺、小禾草群系，分布在轻度覆沙的高平原上。[④]

5.猫头刺（*Oxytropis aciphylla*）群系

该群系在本区主要呈孤岛状分布于典型草原以内，且具残存性质。垫状半灌木猫头刺占很大比例，呈现出特殊景观。伴生植物有油蒿、糙隐子草、百里香、达乌里胡枝子等。[⑤]

（三）草原荒漠

草原荒漠分布在高平原最西部的桌子山山前倾斜平原及低山上，所处海拔1140～2100m，地表状况复杂，差异明显，从石质、砾质到沙质地均有分布，地带性土壤类型为淡棕钙土和灰漠土，植被类型丰富多样。分布区年均温7.1～9.2℃，≥10℃的积温3100～3650℃，年降水量低于200mm，年蒸发量2950～3500mm，湿润系数＜0.13。[⑥]

草原荒漠属超旱生植被，种类贫乏，以超旱生灌木、半灌木为主，一两年生植物占比重较大，并伴生部分的强旱生多年生草本植物。在鄂尔多斯高原范围内，草原荒漠群落包括以下几个群系。

---

① 李博：《内蒙古地带性植被的基本类型及其生态地理规律》，《内蒙古大学学报》（自然科学版）1962年第2期。

② 李博：《内蒙古地带性植被的基本类型及其生态地理规律》，《内蒙古大学学报》（自然科学版）1962年第2期。

③ 李博：《内蒙古地带性植被的基本类型及其生态地理规律》，《内蒙古大学学报》（自然科学版）1962年第2期。

④ 王义凤、雍世鹏、刘钟龄：《内蒙古自治区的植被地带特征》，《植物学报》1979年第3期。

⑤ 李博：《内蒙古地带性植被的基本类型及其生态地理规律》，《内蒙古大学学报》（自然科学版）1962年第2期。

⑥ 李博：《内蒙古荒漠区植被考查初报》，《内蒙古大学学报》（自然科学版）1960年第1期。

1.红砂（*Reaumuria Soongorica*）、小禾草群

本群系广泛分布在桌子山山前倾斜平原和波状高平原上，是草原荒漠中分布较广、面积较大的一个群系，分布区海拔为1160～1460m，土壤类型为淡棕钙土和石质灰漠土。[①]

本群系种类组成多样，共有植物34种，多为红砂、狭叶锦鸡儿、绵刺等组成的小灌木层片，珍珠、女蒿、猫头刺、旱蒿等小半灌木层片亦起显著作用，多年生丛生禾草层片明显，戈壁针茅、无芒隐子草等占绝对优势。

2.绵刺（*Potaninia mongolica*）群系

绵刺分布区范围狭小，主要分布在鄂尔多斯高原西北部切割严重的薄层覆沙台地上或波状高平原上，是一种古老的残存植物，为阿拉善荒漠区的特有种。它分布的海拔1140～1250m，土壤类型为沙质灰漠土。[②]

群落中共有植物20多种，建群种为绵刺，优势种有红砂、四合木、短脚锦鸡儿，常见种有珍珠、猫头刺、旱蒿、长叶红砂、霸王等，多年生草本植物层片发育较弱。[③]一两年生植物层片不明显。本群系只有绵刺、四合木—小禾草群落1个群丛。

3.半日花（*Helinathemun soongolicun*）群系

半日花群系在我国比较特殊，仅有一属一种，主要分布在新疆的准格尔和内蒙古鄂尔多斯高原西部的桌子山山麓，呈岛状残遗分布。[④]

在研究区内，该群系分布在桌子山低山及丘陵，海拔1320～1500m处，地表具有大量石块和残积物，为强烈干燥剥蚀的石质坡地，土壤为灰漠土。

半日花群落极为稀疏，地面不能郁闭，远看呈裸露岩石。该群落常伴生超旱生灌木，如四合木、红砂等，由戈壁针茅与无芒隐子草组成的强旱生小禾草层片起部分作用，但呈星状分布，具有不连续特点。

4.四合木（*Tetraena mongolica*）小禾草群

四合木和绵刺一样，也是一个古老的残遗种，它的分布区极为有限，仅见于鄂尔多斯高原桌子山山麓及山前倾斜平原，海拔1240m处，土壤为灰漠土，具有砂砾质特点。

[①] 李博：《内蒙古荒漠区植被考查初报》，《内蒙古大学学报》（自然科学版）1960年第1期。
[②] 李博：《内蒙古荒漠区植被考查初报》，《内蒙古大学学报》（自然科学版）1960年第1期。
[③] 李博：《中国西北和内蒙古沙漠地区的植被及其改造利用的初步意见》，《治沙研究》，科学出版社，1962年。
[④] 中国科学院内蒙古宁夏综合考察队：《内蒙古植被》，科学出版社，1985年。

5.沙冬青（*Ammopiptanthus mongolica*）群系

沙冬青是亚洲中部荒漠中所特有的常绿灌木，在阿拉善荒漠东部与鄂尔多斯高原西部分布较多，还往北伸入到蒙古人民共和国境内。该群落多见于砂砾质灰漠土上，在桌子山山前地带呈团块状分布。[①]

二、非地带性植被

（一）沙地植被

主要为沙地植物群落，包括以下几种类型。

1.先锋植物群落

该群落是由适应于沙埋、沙暴及流沙物理环境的一组植物组成，包括一两年生的沙米、虫实，多年生根茎禾草沙竹及沙生半灌木籽蒿，沙生灌木杨柴等。[②]

2.油蒿群落

油蒿是我国暖温型草原带沙地上较稳定的一个建群种，适应范围广泛。在鄂尔多斯高原上，它跨越了典型草原、荒漠草原、草原荒漠3个自然带，并分布于半固定沙地到固定沙地各种生境上。[③]油蒿群系共有高等植物96种，主要为多年生草本植物，灌木和半灌木各有8种，一年生植物11种。[④]

3.臭柏群落

臭柏是毛乌素沙地中唯一的常绿针叶灌丛，分布在水分较好的沙丘下部，植丛密集，郁闭度达0.8～0.9，地下根系十分发达，但分布面积很小，[⑤]在地上部分分枝繁茂，所以与其伴生的其他种类均受到排斥，因此种的饱和度低，1m²内平均仅存在8种植物，群落内的植物种类较少，仅有22种。[⑥]

4.中间锦鸡儿群落

中间锦鸡儿又称柠条，是鄂尔多斯高原覆沙梁地上广泛分布的一种类型，株丛高

① 李博：《内蒙古荒漠区植被考查初报》，《内蒙古大学学报》（自然科学版）1960年第1期。
② 李博：《内蒙古荒漠区植被考查初报》，《内蒙古大学学报》（自然科学版）1960年第1期。
③ 李博：《中国西北和内蒙古沙漠地区的植被及其改造利用的初步意见》，载《治沙研究》，科学出版社，1962年。
④ 李博：《中国西北和内蒙古沙漠地区的植被及其改造利用的初步意见》，载《治沙研究》，科学出版社，1962年。
⑤ 李博：《中国西北和内蒙古沙漠地区的植被及其改造利用的初步意见》，载《治沙研究》，科学出版社，1962年。
⑥ 李博：《中国西北和内蒙古沙漠地区的植被及其改造利用的初步意见》，载《治沙研究》，科学出版社，1962年。

大，达1～1.5m，甚至更高，常与油蒿混生。这一群落呈片状或团块状分布，面积较小，大面积连续分布现象很少见。[1]在群落组成上，以中间锦鸡儿占绝对优势的情况较少，多数情况下中间锦鸡儿分布稀疏，下层分布着油蒿和其他草本植物。本群落分为中间锦鸡儿占绝对优势和与油蒿共占优势两个类型。[2]

5.甘草群落

甘草是本区重要的药用植物资源，分布区虽局限于西部荒漠草原带的沙地，但面积较大，具有重要开发利用价值。甘草群落的总盖度达30%～60%，甘草生长旺盛，株丛高达40cm左右，叶子宽大，呈现出独特的景观特征。[3]除建群植物甘草外，白草亦占优势地位。此外，也有常见种类如细叶志远、猫头刺、黄蒿、阿氏旋花等草本植物伴随。[4]值得注意的是，近年甘草的利用引起了荒漠化，使得土地沙漠化明显，带来了严重的生态环境问题。因此，在开发利用甘草资源的同时，要特别注意加强对草原的保护，避免造成严重的土地沙漠化，威胁人们的生存环境。

6.麻黄群落

该群落分布于典型草原与荒漠草原交界的沙地上，面积较小，但因麻黄是镇咳良药，故医用价值很高，与甘草一起成为鄂尔多斯的两大名药材。[5]麻黄常与油蒿群落交错混生分布，种类组成单一贫乏。[6]这类植被耐寒性很强，因此在水分条件很差的条件下，也能够较广泛地发育和生存。

7.柳湾林

柳湾林是毛乌素沙地沙丘间低地生长的一类高大灌丛，一般由沙棘、乌柳与北沙柳组成，常生长在流动、半流动沙丘的丘间低地及滩地的边缘，地下水埋深一般为0.5～1m，最深达2m。[7]土壤为潜育化的草甸土与沼泽草甸土，部分地段在雨季有季节性积水。由于水分较充足，群落生长茂盛，株丛高达2～4m，群落盖度可达100%，

① 李博：《中国西北和内蒙古沙漠地区的植被及其改造利用的初步意见》，载《治沙研究》，科学出版社，1962年。
② 王义凤、雍世鹏、刘钟龄：《内蒙古自治区的植被地带特征》，《植物学报》1979年第3期。
③ 王义凤、雍世鹏、刘钟龄：《内蒙古自治区的植被地带特征》，《植物学报》1979年第3期。
④ 李博：《中国西北和内蒙古沙漠地区的植被及其改造利用的初步意见》，载《治沙研究》，科学出版社，1962年。
⑤ 李博：《中国西北和内蒙古沙漠地区的植被及其改造利用的初步意见》，载《治沙研究》，科学出版社，1962年。
⑥ 李博：《中国西北和内蒙古沙漠地区的植被及其改造利用的初步意见》，载《治沙研究》，科学出版社，1962年。
⑦ 李博：《中国西北和内蒙古沙漠地区的植被及其改造利用的初步意见》，载《治沙研究》，科学出版社，1962年。

林层郁闭度可高达0.7~0.9。[1]灌丛下草本植被尚发达，主要种类有齿叶草、黄花铁线莲、旋复花、茜草及柳叶菜等，反映出湿润生境。沙质地上的柳湾林常以乌柳为主，或与酸刺混交，有时混生些沙柳，分布面积较广。壤质土上生长的柳湾林多为乌柳、北沙柳、酸刺混交。[2]由于生长密集，群落内形成小环境，地表有枯枝落叶层，土壤肥力较高，腐殖质含量可达1.3%~2.4%，[3]植被生长较好。

（二）低湿地植被

鄂尔多斯高原的低湿地主要有河漫滩、湖滨低地、滩地、丘间低地等，它们的共同特点是地下水位高，除大气降水外，还有其他水源补给。大部分土壤盐渍化严重，盐渍化强弱因地而异，大致自东向西随气候干旱变化程度增加而加强。本区低湿地植被大体有以下几类。

1.典型草甸

典型草甸为非盐渍化生境上形成的由中生草本植物组成的群落，包括3个群系，即拂子茅群系、假苇拂子茅群系和寸草滩。[4]这类植被分布地区土壤含水量较高，土层水分条件较好。草原植物生长好，草原植被生长茂盛，草本植物分布密集，草原产草量高，是很好的发展牧业的草原分布地区。

2.盐化草甸

盐化草甸是在轻盐渍化草甸土上形成的草甸群落，多生长于草原带与荒漠草原带的大型滩地、河滩及湖盆低地，生长范围广泛，是低湿地植被中面积最大的类型。虽然土层发生了盐化，但盐碱含量不是很高，加之土层湿度较高，水分条件较好，利于植物生长，草本植物生长较好。主要群系有以下2个：（1）芨芨草群系，是盐化草甸中分布范围最广、占该区面积最大的一个类型，在几个大滩地上连片分布。[5]（2）碱茅群系，常分布于湖盆低地薄层覆沙地段和易于积盐的地带。碱茅群系生态适应性较强，对防治土层风蚀和保护生态环境起到了良好作用。

3.盐化灌木植被

盐化植被常生长于重盐渍化地带，多见于荒漠草原和草原化荒漠地带的河滩与湖盆低地，它包括碱蓬、盐爪爪、盐角草、西伯利亚白刺等群系，生境特点和种类组成

① 李博：《内蒙古鄂尔多斯高原自然资源与环境研究》，科学出版社，1990年。
② 李博：《内蒙古鄂尔多斯高原自然资源与环境研究》，科学出版社，1990年。
③ 李博：《内蒙古鄂尔多斯高原自然资源与环境研究》，科学出版社，1990年。
④ 李博：《内蒙古鄂尔多斯高原自然资源与环境研究》，科学出版社，1990年。
⑤ 王义凤、雍世鹏、刘钟龄：《内蒙古自治区的植被地带特征》，《植物学报》1979年第3期。

见表1-5。[1]

表1-5　盐化植被种类组成及特征[2]

群落类型	碱蓬、碱茅、寸草滩	碱蓬、芦苇	碱蓬、盐角草	西伯利亚白刺、芨芨草	盐爪爪、西伯利亚白刺、芨芨草	盐爪爪、杂类草	盐角草、碱茅
生境特点（垂直层中）	典型草原西部湖盆边缘	典型草原低地及黄河河漫滩	黄河河漫滩	半荒漠区低地的覆沙处	荒漠化草原的低地，不明显覆沙	半荒漠区的低地及高河漫滩	半荒漠低地，地形部位最低
草群一般高度/cm	3～5	5	15	15～40	15～25	15～25	12
群落总盖度/%	30～70	70～80	90	25～65	40～50	25～55	50
群落地上部分生物量	593	553	890	—	1070	821	1036
群落登记种数/1m²内	11/5.3	12/3	7/3.6	25/1.5	18/2.4	12/2.4	8/8

<h2 style="text-align:center">第六节　现代主要气象灾害</h2>

一、干旱灾害

干旱是鄂尔多斯高原的主要自然灾害。从全高原看，大多数区域湿润系数 K<0.91，为干旱区域；东部地区K在0.3～0.4，为半干旱区。年降水量即便在半干旱区也仅为300mm左右，到西部最干旱区的年降水量不足200mm。[3]

据本区1470～1974年的旱涝资料分析得出，该区发生干旱的年份要占到70%～75%。近百年来的旱涝史料，又反映出"三年两旱、七年一大旱"的旱灾发生规律。近30年来，本区发生干旱25年，其中6个春旱年，10个夏旱年，9个秋旱年，几乎每年都有不同程度的干旱。[4]因此，"三年两头旱，五年有三年干""十年九旱"的说法就是对本区干旱的真实写照。

从干旱持续时间看，发生一年干旱的约占整个干旱年数的54%，连旱两年的占20%～30%，连旱三年的占10%～15%，最长连旱年数可高达7年。[5]近500年来出现了

① 李博：《内蒙古鄂尔多斯高原自然资源与环境研究》，科学出版社，1990年。
② 李博：《内蒙古鄂尔多斯高原自然资源与环境研究》，科学出版社，1990年。
③ 李博：《内蒙古鄂尔多斯高原自然资源与环境研究》，科学出版社，1990年。
④ 张慧慧、赵景波、孟万忠：《鄂尔多斯高原西南部清代旱灾研究》，《干旱区资源与环境》2014年第8期。
⑤ 姜秀梅、赵景波：《鄂尔多斯高原地区清代旱灾与气候特征》，《地理科学进展》2012年第9期。

8次大旱灾事件，即1480～1484年、1518～1524年、1628～1633年、1679～1683年、1836～1840年、1875～1879年、1891～1892年、1926～1929年，有7次干旱事件年数都是连旱4年以上。[①]由此可见，干旱是鄂尔多斯高原发生频率高、持续时间长的灾害之一，本区要实现农牧业稳产高产，就必须兴修水利，有效克服旱灾对农牧业的不利影响。

二、洪涝灾害

鄂尔多斯高原地区降水量虽然较少，但是由于地处大漠边缘的内蒙古西部地区，在东亚夏季风边缘特殊的热力和动力条件影响下，常常形成局地特大暴雨，常引起暴洪事件。尤其在近几年，随着鄂尔多斯市经济迅猛发展，极端降水事件将造成更为严重的损失，已引起相关部门的高度重视。据研究，鄂尔多斯高原地区是洪水发生风险较大的地区。[②]21世纪以来，中国干旱半干旱区极端降水事件的日数有所增多，极端降水的比例也有所升高，[③]易产生洪涝灾害。历史文献资料表明，鄂尔多斯高原洪涝灾害也是较常发生的，是造成农业灾害的气象灾害之一。[④]

三、低温冷害、霜冻

低温冷害是指在农作物的生长季节里，因持续低温使农作物遭受危害，或短时间内的异常低温，气温降到临界值以下，使农作物生理机能受到影响。一般把日平均气温$\geq$0℃，积温值或$\geq$10℃，活动积温值比常年偏低200℃的年份称为低温冷害年。[⑤][⑥]该高原低温灾害较多（见表1-6），1950～1980年间，低温冷害年有7年，其中有3年属于前期低温型。最严重的低温冷害年是1979年，是全高原范围的低温冷害年，并与华北、东北的大面积灾害连成一片。因所处地形部位、海拔高度和地理纬度等的不同，高原上低温冷害年出现的时间并不相同，比如乌兰出现历史上的最低温是在1974

---

① 奚秀梅、赵景波：《鄂尔多斯高原地区清代旱灾与气候特征》，《地理科学进展》2012年第9期。
② 李喜仓、白美兰、杨晶等：《基于GIS技术的内蒙古地区暴雨洪涝灾害风险区划及评估研究》，《干旱区资源与环境》2012年第7期。
③ 黄建平、冉津江、季明霞：《中国干旱半干旱区洪涝灾害的初步分析》，《气象学报》2014年第6期。
④ 赵景波、周岳、李如意等：《鄂尔多斯高原西部清代洪涝灾害与气候事件特征》，《水土保持通报》2015年第1期。
⑤ 罗小庆、赵景波、祁子云：《鄂尔多斯高原清代霜雪灾害研究》，《干旱区资源与环境》2016年第1期。
⑥ 赵景波、邢闪、周旗：《关中平原明代霜雪灾害特征及小波分析研究》，《地理科学》2012年第1期。

年，而泊江海子在1959年，东胜是在1957年。[1]自1957年以来，多数气象站有记录的低温年有1957、1959、1962、1968、1976和1979年。[2]低温冷害会严重影响农作物和牧草的生长，特别是对大田农作物的生长发育有严重危害，造成作物减产。

表1-6 鄂尔多斯高原低温冷害年与≥10℃活动积温[3]

地区	平均积温（℃）	最低积温（℃）	低温冷害年
乌兰镇	3043.7	2843.4	1974
达拉特	2942.1	2490.9	1957、1979
伊克乌素	3099.0	2626.1	1962、1979
泊江海子	2580.3	2334.8	1959
杭锦旗	2690.8	2187.0	1976、1979
东胜	2499.7	2062.6	1957、1979
准格尔	3118.4	2889.4	1979
伊金霍洛	2754.5	2342.1	1979
纳林塔	2796.2	2528.5	1959
马栅	3541.2	3331.0	1976
新街	2716.9	2368.3	1956、1957、1979
鄂托克	2795.5	2317.7	1957、1968、1979
乌审召	2804.3	2397.9	1959、1968、1979
吉拉	2928.3	2517.2	1968、1979
河南	3027.7	2643.5	1962、1979

霜冻也是鄂尔多斯高原危害较大的自然灾害。鄂尔多斯高原每年霜冻日数达180～200天，[4]积温较低（表1-6）。春秋季节冷空气活动频繁，西伯利亚冷气流每隔5～7天一次，寒潮来临时气温可降至10℃以下，24小时内使地面温度急剧下降至0℃以下，常造成该区严重霜冻灾害。春霜冻对春小麦及蔬菜、瓜豆等作物生产危害较大。秋季霜冻对玉米、高粱、糜、黍、荞麦等籽粒形成作物的成熟期及薯类成熟都有严重影响，常造成大面积减产。[5]

① 李博：《内蒙古鄂尔多斯高原自然资源与环境研究》，科学出版社，1990年。
② 罗小庆、赵景波、祁子云：《鄂尔多斯高原清代霜雪灾害研究》，《干旱区资源与环境》2016年第1期。
③ 李喜仓、白美兰、杨晶 等：《基于GIS技术的内蒙古地区暴雨洪涝灾害风险区划及评估研究》，《干旱区资源与环境》2012年第7期。
④ 黄建平、冉津江、季明霞：《中国干旱半干旱区洪涝灾害的初步分析》，《气象学报》2014年第6期。
⑤ 罗小庆、赵景波、祁子云：《鄂尔多斯高原清代霜雪灾害研究》，《干旱区资源与环境》2016年第1期。

四、冰雹灾害

虽然冰雹灾害与旱涝灾害等气象灾害相比影响范围较小，持续过程短，但雹灾破坏性大，突发性强，因此备受政府和专家学者的高度重视。鄂尔多斯高原具有西部高于东南部的地势特点，中西部海拔四周较高，全区地势起伏较大，海拔高度相差非常大，西部海拔高达1500～2000m，东部海拔最低区仅有850m。[①]这样的地势、地形特点为该区冰雹天气系统的形成提供了重要的地形条件。鄂尔多斯高原的夏秋两个季节常有雹灾发生，这与本区夏秋季节常常出现特强大气不稳定有密切的关系。东亚夏季风和沙漠边缘特殊的气候条件形成强烈的干湿和热力对比，是造成不稳定天气主要条件之一。毛乌素沙地与库布齐沙漠地面裸露面积大，植被覆盖度低，在强烈的太阳辐射下，裸露地面受热较迅速，容易使得空气发生强烈对流运动，特别是有锋面、飑线等天气系统影响的条件下，很容易产生冰雹形成的天气条件。

五、风灾

鄂尔多斯高原是全国著名的大风区之一。所谓大风是指风速大于17.2m/s（8级）。该高原大风日数多在30天以上，泊江海子平均大风日数为47.7天，最多甚至达118天，鄂托克最多也有95天。[②]最大风常与西风、西北风相伴发生，吹失表土，引起沙化，导致沙丘移动，埋没良田，对水源和草场危害甚大。尤其是春天发生的大风，会加重春旱，对农业产生不利影响。

鄂尔多斯高原西、北、东三面被黄河宽谷环绕，为气流活动提供了风道。高原海拔多在1200m以上，地高风大，且为砂质地表，易受风蚀作用，为风沙活动提供了沙源，因此本区的大风往往导致沙暴天气的出现，在高原中部沙暴天气日数一般在20～25天。[③]大风与沙暴的发生多受大气流系统控制，势强力猛，不易避免，危害范围较大。今后高原地区应注重制订生物措施，植树种草，加强防护林建设，减少危害。

① 罗小庆、赵景波、祁子云：《鄂尔多斯高原清代霜雪灾害研究》，《干旱区资源与环境》2016年第1期。
② 罗小庆、赵景波：《鄂尔多斯高原清代风灾》，《中国沙漠》2016年第3期。
③ 何彤慧：《宋夏时期鄂尔多斯高原生态环境的多视角观察》，《西夏研究》2010年第4期。

第二章 鄂尔多斯高原历史时期的干旱灾害

受地理位置和气候条件等自然因素的影响，中国自然灾害频繁发生。在所有自然灾害中，旱灾最多，无论频次、规模、破坏程度都居首位。鄂尔多斯高原位于我国西北地区东部，背靠蒙新沙漠，距海较远，受夏季风控制时间短，降水少，属于极端干旱、干旱与半干旱气候区。当地过度放牧、过度开垦、过度樵采，导致植被覆盖率降低，加剧了干旱发生的频次与程度。干旱无雨，导致作物减产，严重时颗粒无收。寒霜不时，水溢冰雹，或杀禾稼，或伤禽畜，均会严重影响农业生产，从而造成饥荒。鄂尔多斯高原历史时期的旱灾曾多次造成饥荒，灾之轻者，田苗受损而粮食减产，重则颗粒无收，形成年馑。荒年的灾民，或食树皮草根维持生命，或背井离乡乞讨糊口。较重的年份，卖妻鬻子、人吃人等惨状随处可见。因此，研究本区旱灾发生的时间、频率及特征规律，对预测旱灾发生的未来趋势、防灾减灾和农业生产具有非常重要的实际意义。

前人对于鄂尔多斯高原地区的气象灾害及气候变化做过一些研究，并取得了一定的认识，①②③④⑤⑥但关于鄂尔多斯高原历史时期的旱灾缺少系统研究。本章根据鄂

① 潘进军：《内蒙古气象灾害及其防御》，气象出版社，2007年。
② 阎德仁、武智双、石瑾：《鄂尔多斯气象灾害与沙漠化防治对策》，《内蒙古林业科技》2005年第3期。
③ 崔桂凤、苟学义、银山等：《鄂尔多斯市春季大风、沙尘暴变化特征与高原季风的关系》，《内蒙古师范大学学报》（自然科学汉文版）2010年第2期。
④ 许端阳、康相武、刘志丽等：《气候变化和人类活动在鄂尔多斯地区沙漠化过程中的相对作用研究》，《中国科学D辑：地球科学》2009年第4期。
⑤ 何彤慧：《宋夏时期鄂尔多斯高原生态环境的多视角观察》，《西夏研究》2010年第4期。
⑥ 邓辉、舒时光、宋豫秦等：《明代以来毛乌素沙地流沙分布南界的变化》，《科学通报》2007年第21期。

尔多斯高原的历史文献资料，通过多项式拟合分析、Matlab小波分析等方法，对该地区历史时期的干旱灾害进行了全面系统的研究，以期为其干旱灾害的防治提供参考依据。

本章所使用的干旱灾害资料来源于《中国三千年气象记录总集》[①]《中国灾害通史》[②]《西北灾荒史》[③]《中国气象灾害大典（陕西卷）》[④]《中国气象灾害大典（内蒙古卷）》[⑤]《中国气象灾害大典（宁夏卷）》[⑥]，以及地方志《汉书·五行志》[⑦]《文献通考·物异考》[⑧]《汉书·五行志》[⑨]、《隋书·五行志》[⑩]《新唐书·五行志》[⑪]《旧唐书·五行志》[⑫]《新唐书·列传》[⑬]《旧五代史·五行志》[⑭]《宋史·五行志》[⑮]《明史·五行志》[⑯]《陕西通志》[⑰]等历史文献资料。由于时间久远造成文献资料遗失、可接触的历史文献资料有限以及历史文献记载过程中人为的影响，本文统计的历史文献资料与实际情况难免存在偏差，但这并不会影响对历史时期鄂尔多斯高原干旱灾害整体发生规律的研究。由于历史文献资料记载时采用编年体，且一般只记载当年是否发生灾情，对灾情程度鲜少详述，因此本章在进行资料整理统计时不区分年内旱灾次数，只记录是否发生旱灾及程度。本书在进行资料整理统计时普遍采用公元纪年法，春季为阳历2～4月，夏季为阳历5～7月，秋季为阳历8～10月，冬季为阳历11～次年1月。

干旱致灾强度既与本区水资源状况和灌溉设施有关，也与区域经济状况及人们的承灾能力等有关。普遍采用的干旱等级划分的方法之一就是根据历史灾情类比确定。本章使用的旱灾资料是以语言描述形式来反映灾情的，为便于进一步分析，本章将描

① 张德二：《中国三千年气象记录总集》，江苏教育出版社，2004年。
② 袁祖亮：《中国灾害通史·清代卷》，郑州大学出版社，2009年。
③ 袁林：《西北灾荒史》，甘肃人民出版社，1994年。
④ 瞿佑安：《中国气象灾害大典·陕西卷》，气象出版社，2005年。
⑤ 沈建国：《中国气象灾害大典·内蒙古卷》，气象出版社，2008年。
⑥ 夏普明：《中国气象灾害大典·宁夏卷》，气象出版社，2007年。
⑦ 班固：《汉书·五行志》，中华书局，1962年。
⑧ 马端临：《文献通考·物易考》，浙江古籍出版社，1988年。
⑨ 房玄龄等：《汉书·五行志》，中华书局，1996年。
⑩ 魏徵：《隋书·五行志》，中华书局，1997年。
⑪ 欧阳修，宋祁：《新唐书·五行志》，中华书局，1975年。
⑫ 刘昫等：《旧唐书·五行志》，中华书局，1987年。
⑬ 欧阳修、宋祁：《新唐书·列传》，中华书局，1975年。
⑭ 薛居正：《旧五代史·五行志》，中华书局，1976年。
⑮ 脱脱、阿鲁图等：《宋史·五行志》，中华书局，1985。
⑯ 张廷玉：《明史·五行志》，中华书局，1974年。
⑰ 赵廷瑞、马理、吕柟：《陕西通志》，三秦出版社，2006年。

述旱灾的语言记载进行统一的量化和分级。即依据干旱灾害危害程度、持续时间、影响程度等，同时参照相关文献①②的分级方法，并结合本章研究的需要，将干旱灾害划分为以下4个等级。

第1级为轻度旱灾。文献资料中只记载了局部地区或个别地区发生旱灾，没有详述旱灾造成的危害程度及影响。如清康熙五十二年（1713），今岁自入夏以来，至今闰五月终旬，宁夏虽雨泽稍稀，赖有河水引灌浇足，惟花马池（今宁夏盐池）、兴武（今宁夏灵武）营及中卫香山、古水等处稍觉干旱。③再如明孝宗弘治四年（1491）二月戊申，陕西自去岁六月以来，山崩、地震、大旱、早霜、冬雷。④

第2级为中度旱灾。文献中记载旱灾发生的区域范围广，禾歉收，粮价涨，拨款赈济等。如清宣统三年（1911）鄂尔多斯郡王及札莎克、台吉两旗连年歉收，冬春大雪，牲畜倒毙，人民无计为生，请饬部筹赈，以济蒙艰。⑤再如清康熙三十二年（1693）至三十七年（1698）山西省保德县俱夏旱，秋霜，斗米至四钱。⑥

第3级为大旱灾。文献中描述为大旱，成灾范围大、灾害严重、民饥等。再如清康熙三十五年（1696）山西省离石县夏秋大旱，禾尽槁，民大饥，逃亡无数。⑦如清乾隆二十八年（1763），奏准鄂尔多斯游牧处所，被旱较重，所有大小九千二百余口每名借给榆林仓米二斗，以资接济，每石价银一两，俟秋收交纳地方补还。

第4级为特大旱灾。文献中描述为干旱持续且时间长，灾情特别严重，大饥荒、人相食等。再如明宪宗成化二十一年（1485）陕西连岁大旱，百姓流亡殆尽，人相食⑧。如清道光十八年（1838），伊克昭盟大旱，人饥。⑨清光绪三年（1877），陕大旱，人相食，口外各厅（包括鄂尔多斯）大饥……各厅开仓放赈，饥民日多，仓谷不敷，饿殍遍野，蒙旗亦大饥，伊盟准格尔旗斗米制钱千八百文，居民死者大半⑩。

① 脱脱、阿鲁图等：《宋史·五行志》，中华书局，1985年。
② 张廷玉：《明史·五行志》，中华书局，1974年。
③ 夏普明：《中国气象灾害大典·宁夏卷》，气象出版社，2007年。
④ 上海书店出版社：《明孝宗实录》，上海书店出版社，1982年。
⑤ 沈建国：《中国气象灾害大典·内蒙古卷》，气象出版社，2008年。
⑥ 中共保德县委：《保德州志》，山西人民出版社，1990年。
⑦ 姚启瑞：《永宁州志》，山西省图书馆，1881年。
⑧ 赵廷瑞、马理、吕柟：《陕西通志》，三秦出版社，2006年。
⑨ 沈建国：《中国气象灾害大典·内蒙古卷》，气象出版社，2008年。
⑩ 沈建国：《中国气象灾害大典·内蒙古卷》，气象出版社，2008年。

第一节　秦汉时期干旱灾害

一、旱灾发生频次

根据《中国三千年气象记录总集》[1]《中国灾害通史》[2]《西北灾荒史》[3]《中国气象灾害大典（陕西卷）》[4]《中国气象灾害大典（内蒙古卷）》[2]《中国气象灾害大典（宁夏卷）》[5]《甘肃新通志》[6]《史记·秦始皇本纪》[7]《史记·项羽本纪》[8]《史记·陈涉世家》[9]《西京杂记》[10]《汉书·天文志》[11]《文献通考·物易考》[12]《资治通鉴·汉纪》[13]《续汉书·五行志》[14]等历史文献资料对鄂尔多斯高原秦汉时期干旱灾害的记载，统计出在秦汉时期（前221~220年）的442年里，鄂尔多斯高原共发生干旱灾害16次，平均每27.6年发生一次，旱灾发生相对较少。

为了深入分析鄂尔多斯高原秦汉时期干旱灾害的时间变化，本书以20年为单位统计出高原该时期干旱灾害的发生频次，结果见图2-1。从图2-1中可以看出，在99~118年间鄂尔多斯高原爆发6次干旱灾害，最为频繁。在公元前1~18年间发生3次，在公元79~98年间发生2次。在前161~前142年、前81~前62年、前61~前42年、159~178年和179~198年干旱灾害较少，频次均为1次，其余年代均没有旱灾发生。

① 张德二：《中国三千年气象记录总集》，江苏教育出版社，2004年。
② 袁祖亮：《中国灾害通史》，郑州大学出版社，2009年。
③ 袁林：《西北灾荒史》，甘肃人民出版社，1994年。
④ 瞿佑安：《中国气象灾害大典·陕西卷》，气象出版社，2005年。
⑤ 夏普明：《中国气象灾害大典·宁夏卷》，气象出版社，2007年。
⑥ 李迪：《甘肃新通志》，广陵古籍刻印社，1987年。
⑦ 司马迁：《史记·秦始皇本纪》，中华书局，1982年。
⑧ 司马迁：《史记·项羽本纪》，中华书局，1982年。
⑨ 司马迁：《史记·陈涉世家》，中华书局，1982年。
⑩ 葛洪：《西京杂记》，三秦出版社，2006年。
⑪ 房玄龄 等：《汉书·天文志》，中华书局，1996年。
⑫ 马端临：《文献通考·物易考》，浙江古籍出版社，1988年。
⑬ 司马光：《资治通鉴·汉纪》，中华书局，1956年。
⑭ 司马彪：《续汉书·五行志》，岳麓书社，2009年。

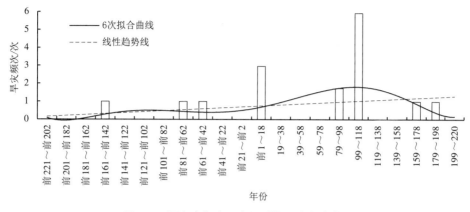

图2-1　鄂尔多斯高原秦汉时期旱灾频次变化

从鄂尔多斯高原秦汉时期干旱灾害的拟合曲线（图2-1）可以看出，该区在秦汉时期发生干旱灾害具有明显的阶段性特征，旱灾频次变化可分为3个阶段。第1阶段为前221～78年，发生旱灾6次，平均每50年发生一次。第2阶段为79～118年，发生旱灾8次，平均每5年发生一次，旱灾频次最高。第3阶段为119～220年，发生旱灾2次，平均每51年发生一次，旱灾频次最低。由此可见，从秦汉早期到晚期，鄂尔多斯高原发生干旱灾害的次数波动增加，且分布很不均匀，第1、3阶段为灾害低发期，第2阶段为灾害高发期。

为了更加清晰地揭示鄂尔多斯高原秦汉时期发生干旱灾害的阶段性特征和变化趋势，本文以20年为单位，统计并做出鄂尔多斯高原秦汉时期干旱灾害发生频次的距平值变化图（图2-2）。图2-2中距平值为＞0时说明干旱灾害发生次数较每20年的平均值高，＜0时说明干旱灾害发生次数较每20a的平均值低。图2-2显示第1、3阶段灾害距平值以＜0为主，第2阶段的距平值均为＞0，进一步表明第1、3阶段为高原干旱灾害低发期，第2、4阶段为灾害高发期。

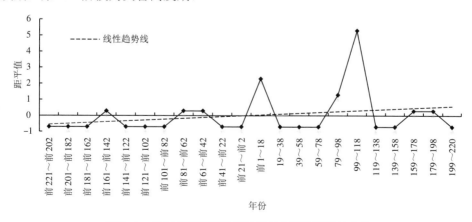

图2-2　鄂尔多斯高原秦汉时期旱灾频次距平值变化

二、旱灾发生等级

据干旱灾害的等级划分，对历史文献[1][2][3][4][5][6]《史记·秦始皇本纪》[7]《史记·项羽本纪》[8]《史记·陈涉世家》[9]《西京杂记》[10]《汉书·天文志》[11]《文献通考·物易考》[12]《资治通鉴·汉纪》[13]《续汉书·五行志》[14]等中记载的鄂尔多斯高原秦汉时期干旱灾害进行量化并统计，得出鄂尔多斯高原秦汉时期干旱灾害等级序列（图2-3）。

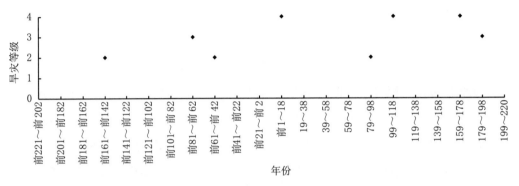

图2-3　鄂尔多斯高原秦汉时期干旱灾害等级序列

由统计结果（图2-3）可知，秦汉时期（前221～220）的442年里，鄂尔多斯高原共发生16次干旱灾害，其中轻度旱灾0次；中度旱灾8次，占旱灾总数的50%；大旱灾3次，占旱灾总数的18.8%；特大旱灾5次，占旱灾总数的31.2%。由此可见，秦汉时期鄂尔多斯高原中度旱灾发生最多，其次为特大旱灾，轻度旱灾与大旱灾较少。

为了具体说明鄂尔多斯高原秦汉时期不同等级旱灾的时间变化，本文对其进行了逐年统计。从图2-3可以看出，秦汉时期鄂尔多斯高原不同等级旱灾发生频次最高的是88～115年，旱灾多达8次，其中有6次中度旱灾和2次大旱灾。前221～

① 张德二：《中国三千年气象记录总集》，江苏教育出版社，2004年。
② 袁祖亮：《中国灾害通史·清代卷》，郑州大学出版社，2009年。
③ 袁林：《西北灾荒史》，甘肃人民出版社，1994年。
④ 翟佑安：《中国气象灾害大典·陕西卷》，气象出版社，2005年。
⑤ 沈建国：《中国气象灾害大典·内蒙古卷》，气象出版社，2008年。
⑥ 夏普明：《中国气象灾害大典·宁夏卷》，气象出版社，2007年。
⑦ 司马迁：《史记·秦始皇本纪》，中华书局，1982年。
⑧ 司马迁：《史记·项羽本纪》，中华书局，1982年。
⑨ 司马迁：《史记·陈涉世家》，中华书局，1982年。
⑩ 葛洪：《西京杂记》，三秦出版社，2006年。
⑪ 班固：《汉书·天文志》，中华书局，1962年。
⑫ 马端临：《文献通考·物易考》，浙江古籍出版社，1988年。
⑬ 司马光：《资治通鉴·汉纪》，中华书局，1956年。
⑭ 司马彪：《续汉书·五行志》，岳麓书社，2009年。

前2年和119～220年不同等级的旱灾发生频次都较低。即在秦汉中期各等级旱灾发生次数多于早期与晚期。

三、旱灾周期变化

为了揭示鄂尔多斯高原秦汉时期干旱灾害的周期变化特点，本文应用Matlab软件，采用Morlet小波分析程序对研究区秦汉时期干旱灾害进行了周期分析，结果见图2-4和图2-5。图2-4为小波变换的小波系数，可以清晰地反映秦汉时期干旱灾害在平面上的强弱变化。图中虚线为负等值线，代表干旱灾害偏少，实线为正等值线，代表干旱灾害偏多。由图2-4可见，旱灾在多种尺度下存在着不同的变化，灾害变化结构复杂，小尺度短周期与大尺度长周期相互嵌套。在30～48年周期上震荡明显，旱灾经历了多→少→多9个循环交替，尺度中心在39年左右。在14～29年周期上震荡也较显著，经历了少→多→少15个循环交替，尺度中点在20年左右。在5～14年周期上旱灾循环交替更多。在5年以下尺度上，因周期震荡剧烈，所以无明显的规律可循。

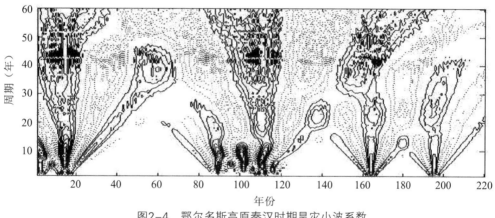

图2-4 鄂尔多斯高原秦汉时期旱灾小波系数

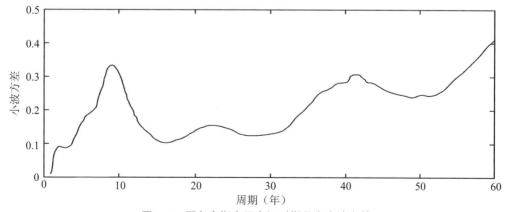

图2-5 鄂尔多斯高原秦汉时期旱灾小波方差

图2-5为小波方差图,在图中可以看到4个峰值,分别对应准2年、9年、22年和41年,说明该区秦汉时期干旱灾害有2~9年的短周期、22年左右的中周期和41年左右的长周期的特点。其中9年的周期方差值最大,说明准9年是该区秦汉时期干旱灾害的第一主周期。认识干旱灾害发生的准周期尤其是第一主周期,对干旱灾害的防灾减灾工作有重要作用。

第二节 魏晋南北朝时期干旱灾害

一、旱灾发生频次

根据《中国三千年气象记录总集》[①]《中国灾害通史》[②]《西北灾荒史》[③]《中国气象灾害大典(陕西卷)》[④]《中国气象灾害大典(内蒙古卷)》[⑤]《中国气象灾害大典(宁夏卷)》[⑥]以及《晋书·五行志》[⑦]《晋书·天文志》[⑧]《资治通鉴·晋纪》[⑨]《晋书·食货志》[⑩]《魏书·灵征志》[⑪]《魏书·天象志》[⑫]《资治通鉴·宋纪》[⑬]《宋书·五行志》[⑭]《魏书·食货志》[⑮]《南齐书·五行志》[⑯]等历史文献资料对鄂尔多斯高原魏晋南北朝时期干旱灾害的记载,统计出在魏晋南北朝时期(220~581)的362年里,该区发生干旱灾害27次,平均每13.4年发生1次,旱灾发生频次较低。

为了深入分析鄂尔多斯高原魏晋南北朝时期干旱灾害发生的时间规律,本书以20年为单位统计出高原该时期干旱灾害的发生频次,结果见图2-6。从图2-6中可以看

---

① 张德二:《中国三千年气象记录总集》,江苏教育出版社,2004年。
② 袁祖亮:《中国灾害通史》,郑州大学出版社,2009年。
③ 袁林:《西北灾荒史》,甘肃人民出版社,1994年。
④ 翟佑安:《中国气象灾害大典·陕西卷》,气象出版社,2005年。
⑤ 沈建国:《中国气象灾害大典·内蒙古卷》,气象出版社,2008年。
⑥ 夏普明:《中国气象灾害大典·宁夏卷》,气象出版社,2007年。
⑦ 房玄龄 等:《晋书·五行志》,中华书局,1996年。
⑧ 房玄龄 等:《晋书·天文志》,中华书局,1996年。
⑨ 司马光:《资治通鉴·晋纪》,中华书局,1956年。
⑩ 房玄龄 等:《晋书·食货志》,中华书局,1996年。
⑪ 魏收:《魏书·灵征志》,中华书局,1997年。
⑫ 魏收:《魏书·天象志》,中华书局,1997年。
⑬ 司马光:《资治通鉴·宋纪》,中华书局,1956年。
⑭ 沈约:《宋书·五行志》,中华书局,1974年。
⑮ 魏收:《魏书·食货志》,中华书局,1997年。
⑯ 萧子显:《南齐书·五行志》,中华书局,1972年。

出，从魏晋南北朝早期到晚期，鄂尔多斯高原旱灾发生频次波动有所下降，且分布很不均匀，旱灾频次变化可分为5个阶段。第1阶段为220～279年，发生旱灾3次，平均每20年发生一次，旱灾频次较低。第2阶段为280～319年，发生旱灾7次，平均每5.7年发生一次，旱灾发生频次最高。第3阶段为320～359年，发生旱灾1次，平均每40年发生一次，旱灾频次较低。第4阶段为360～519年，发生旱灾15次，平均每10.7年发生一次，旱灾频次较高。第5阶段为520～581年，发生旱灾1次，平均每42年发生一次，旱灾频次最低。分析表明，第1、3、5阶段是高原旱灾低发阶段，第2、4阶段为旱灾高发阶段。

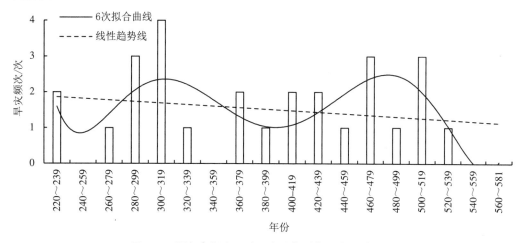

图2-6　鄂尔多斯高原魏晋南北朝时期旱灾频次变化

从图2-6还可得出魏晋南北朝时期鄂尔多斯高原干旱灾害发生频次最高的是300～319年，发生频次最低的是260～279年、320～339年、380～399年、440～459年、480～499年、520～539年，没有干旱灾害发生的是240～259年、340～359年、540～559年和560～581年。

为了更加清晰地揭示鄂尔多斯高原魏晋南北朝时期干旱灾害发生的阶段性特征和变化趋势，本书以20年为单位，统计并做出鄂尔多斯高原魏晋南北朝时期干旱灾害发生频次的距平值变化图（图2-7）。图中距平值＞0说明干旱灾害发生次数比每20年的平均值（1.5次）高，＜0说明干旱灾害发生次数比每20年的平均值低。图2-7显示第1、3、5阶段均为负距平值，表明这三个阶段的旱灾频次低于平均频次，为旱灾低发阶段。第2、4阶段大部分为正距平值，表明这两个阶段旱灾频次高于平均频次，为旱灾高发阶段。

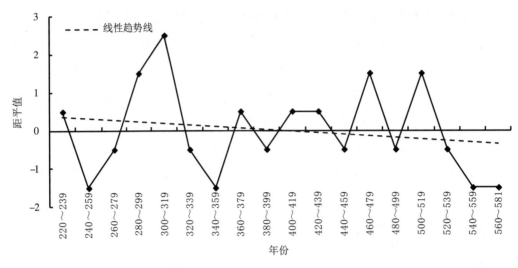

图2-7 鄂尔多斯高原魏晋南北朝时期旱灾频次距平值变化

二、旱灾发生等级

依据干旱灾害的等级划分标准，对历史文献[1][2][3][4][5][6]以及《晋书·五行志》[7]《晋书·天文志》[8]《资治通鉴·晋纪》[9]《晋书·食货志》[10]《魏书·灵征志》[11]《魏书·天象志》[12]《资治通鉴·宋纪》[13]《宋书·五行志》[14]《魏书·食货志》[15]《南齐书·五行志》[16]等史料中记载的鄂尔多斯高原魏晋南北朝时期干旱灾害进行量化并统计，得出鄂尔多斯高原魏晋南北朝时期干旱灾害等级序列（图2-8）。

由统计结果可知，魏晋南北朝时期（220～581）的362年间，鄂尔多斯高原发生

① 张德二：《中国三千年气象记录总集》，江苏教育出版社，2004年。
② 袁祖亮：《中国灾害通史》，郑州大学出版社，2009年。
③ 袁林：《西北灾荒史》，甘肃人民出版社，1994年。
④ 翟佑安：《中国气象灾害大典·陕西卷》，气象出版社，2005年。
⑤ 沈建国：《中国气象灾害大典·内蒙古卷》，气象出版社，2008年。
⑥ 夏普明：《中国气象灾害大典·宁夏卷》，气象出版社，2007年。
⑦ 房玄龄等：《晋书·五行志》，中华书局，1996年。
⑧ 房玄龄等：《晋书·天文志》，中华书局，1996年。
⑨ 房玄龄等：《晋书·食货志》，中华书局，1996年。
⑩ 魏收：《魏书·灵征志》，中华书局，1997年。
⑪ 魏收：《魏书·天象志》，中华书局，1997年。
⑫ 魏收：《魏书·食货志》，中华书局，1997年。
⑬ 沈约：《宋书·五行志》，中华书局，1974年。
⑭ 萧子显：《南齐书·五行志》，中华书局，1972年。
⑮ 司马光：《资治通鉴·晋纪》，中华书局，1956年。
⑯ 司马光：《资治通鉴·宋纪》，中华书局，1956年。

干旱灾害27次，其中轻度旱灾0次；中度旱灾13次，占旱灾总数的48.2%；大旱灾共10次，占旱灾总数的37%；特大旱灾发生4次，占旱灾总数的14.8%。上述表明，鄂尔多斯高原魏晋南北朝时期中度旱灾发生较多，其次为大旱灾，特大旱灾发生较少。

为了具体说明鄂尔多斯高原魏晋南北朝时期不同等级干旱灾害的时间变化，本文依据前文划分的阶段对该时期高原发生的各等级的干旱灾害进行了统计。由结果可以得出，中度旱灾在第1、2、4阶段均有分布，其中第1阶段1次，第2阶段2次，第4阶段10次。大旱灾在第1阶段发生2次，第2阶段4次，第3阶段1次，第4阶段3次。特大旱灾主要集中发生在第2、4阶段，其中第2阶段1次，第4阶段3次。由此可见，魏晋南北朝时期鄂尔多斯高原各等级旱灾在各个阶段中分布并不均匀，随着时间的推移，中度旱灾和特大旱灾逐渐增加，大旱灾的发生频次递减。

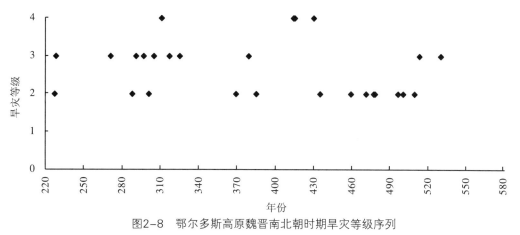

图2-8　鄂尔多斯高原魏晋南北朝时期旱灾等级序列

三、旱灾周期变化

干旱灾害的发生存在着一定的周期性和时间尺度。为了揭示鄂尔多斯高原魏晋南北朝时期发生干旱灾害的周期变化特点，本文应用Matlab软件，采用Morlet小波分析程序对研究区魏晋南北朝时期干旱灾害进行了周期分析，结果见图2-9和图2-10。图2-9为小波系数，小波系数实线部分＞0，表示干旱灾害发生较多，虚线部分＜0，表明干旱灾害出现较少。由图2-9可知，干旱灾害在多种时间尺度下存在着不同的变化，灾害变化结构复杂，小尺度短周期与大尺度长周期相互嵌套。在22～45年周期上震荡显著，干旱灾害经历了多→少14个循环交替，尺度中心在30年左右。在8～22年周期上震荡也较显著，经历了多→少28个循环交替，尺度中心在16年左右。在4～8年周期上干旱灾害循环交替现象较多。在4年以下尺度上，周期震荡剧烈，并无明显的规律可循。

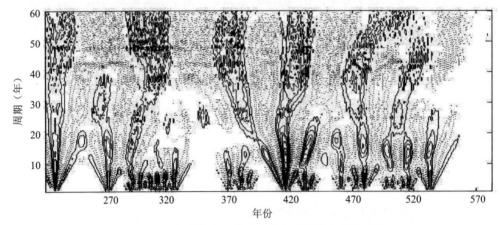

图2-9　鄂尔多斯高原魏晋南北朝时期旱灾小波系数

图2-10为魏晋南北朝时期高原发生干旱灾害的小波方差图，可以看到4个峰值，分别对应准5年、14年、48年和50年，说明该区魏晋南北朝时期干旱灾害有5年左右的短周期、14年左右的中周期、48～50年的长周期。其中5年的周期上方差值最大，说明该区魏晋南北朝时期干旱灾害的第一主周期是准5年，这对干旱灾害的防灾减灾工作有指导作用。

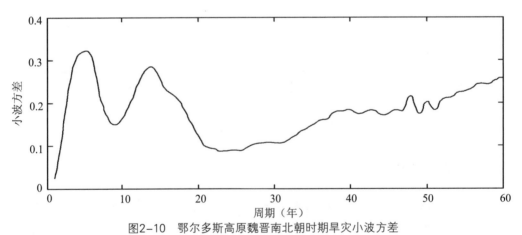

图2-10　鄂尔多斯高原魏晋南北朝时期旱灾小波方差

第三节　隋唐五代时期干旱灾害

一、旱灾发生频次

根据《中国三千年气象记录总集》[①]《中国灾害通史》[②]《西北灾荒史》[③]《中

① 张德二：《中国三千年气象记录总集》，江苏教育出版社，2004年。
② 袁祖亮：《中国灾害通史》，郑州大学出版社，2009年。
③ 袁林：《西北灾荒史》，甘肃人民出版社，1994年。

国气象灾害大典（陕西卷）》[1]《中国气象灾害大典（内蒙古卷）》[2]《中国气象灾害大典（宁夏卷）》[3]以及《隋书·五行志》[4]《隋书·食货志》[5]、《资治通鉴·隋纪》[6]《资治通鉴·唐纪》[7]《新唐书·五行志》[8]《旧唐书·五行志》[9]《新唐书·天文志》[10]《新唐书·列传》[11]《旧五代史·五行志》[12]《旧五代史·天文志》[13]等历史文献资料对鄂尔多斯高原隋唐五代时期干旱灾害的记载，在隋唐五代时期（581～960）的380年里，鄂尔多斯高原发生干旱灾害28次，平均每13.6年发生1次。由于历史文献记载前期不如后期完整，隋唐时期的旱灾显示较少，晚期的明代与清代记录详细，旱灾显示更为频繁。[14][15]

为了深入分析鄂尔多斯高原隋唐五代时期干旱灾害的时间变化，本书以20年为单位统计出高原该时期干旱灾害的发生频次，结果见图2-11。从图2-11中可以看出，该区隋唐五代时期的干旱灾害阶段性明显，旱灾频次变化可分为6个阶段。第1阶段为581～660年，发生旱灾8次，平均每10年发生一次，旱灾频次较高。第2阶段为661～680年，发生旱灾0次，旱灾频次最低。第3阶段为681～700年，发生旱灾3次，平均每6.7年发生一次，旱灾发生频次最高。第4阶段为701～820年，发生旱灾5次，平均每24年发生一次，旱灾发生频次较低。第5阶段为821～900年，发生旱灾10次，平均每8年发生一次，旱灾发生频次较高。第6阶段为901～960年，发生旱灾2次，平均每30年发生一次，旱灾发生频次较低。统计表明，第1、3、5阶段为高原干旱灾害高发期，第2、4、6阶段为旱灾低发期。总之，鄂尔多斯高原干旱灾害在隋唐五代早、中、晚期分布不均，发生次数随着年代的推进总体呈下降趋势。但在时间变化中也有阶段性的上升或下降，而且中间还有多个年份的间断，如在第1、3、5

① 翟佑安：《中国气象灾害大典·陕西卷》，气象出版社，2005年。

② 沈建国：《中国气象灾害大典·内蒙古卷》，气象出版社，2008年。

③ 夏普明：《中国气象灾害大典·宁夏卷》，气象出版社，2007年。

④ 魏徵：《隋书·五行志》，中华书局，1997年。

⑤ 魏徵：《隋书·食货志》，中华书局，1997年。

⑥ 司马光：《资治通鉴·隋纪》，中华书局，1956年。

⑦ 司马光：《资治通鉴·唐纪》，中华书局，1956年。

⑧ 欧阳修、宋祁：《新唐书·五行志》，中华书局，1975年。

⑨ 刘昫 等：《旧唐书·五行志》，中华书局，1987年。

⑩ 欧阳修、宋祁：《新唐书·天文志》，中华书局，1975年。

⑪ 欧阳修、宋祁：《新唐书·列传》，中华书局，1975年。

⑫ 薛居正：《旧五代史·五行志》，中华书局，1976年。

⑬ 薛居正：《旧五代史·天文志》，中华书局，1976年。

⑭ 奚秀梅、赵景波：《鄂尔多斯高原地区清代旱灾与气候特征》，《地理科学进展》2012年第9期。

⑮ 奚秀梅、赵景波：《陕西榆林地区明代旱灾与气候特征》，《自然灾害学报》2013年第3期。

阶段干旱灾害的年代分布是连续的，第2、4、6阶段则出现了多年无旱灾的记录，其中特别是第2阶段是一个无旱灾的时期。这种无旱灾的阶段可能与降水量增多有关，原因有待研究。

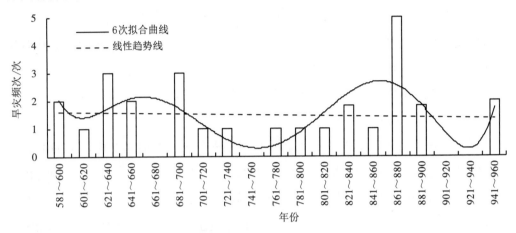

图2-11　鄂尔多斯高原隋唐五代时期旱灾频次变化

为了更加清晰地揭示鄂尔多斯高原隋唐五代时期干旱灾害发生的阶段性特征和变化趋势，本书以20年为单位，统计并做出鄂尔多斯高原隋唐五代时期干旱灾害发生频次的距平值变化图（图2-12）。图中距平值为正时，说明干旱灾害发生次数比每20年的平均值（1.5次）高，为负时说明干旱灾害发生次数比每20年的平均值低。图2-12显示第1、3、5阶段主要为正距平值，第2、4、6阶段均为负距平值，进一步表明第1、3、5阶段为高原干旱灾害高发期，第2、4、6阶段为灾害低发期。

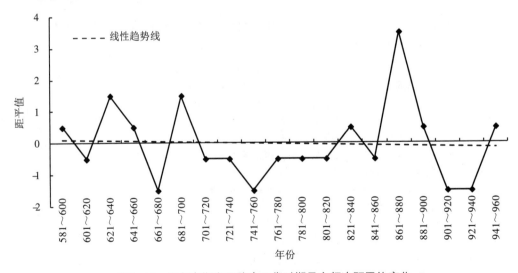

图2-12　鄂尔多斯高原隋唐五代时期旱灾频次距平值变化

二、旱灾发生等级

根据干旱灾害等级划分，对历史文献[1][2][3][4][5][6]以及《隋书·五行志》[7]《隋书·食货志》[8]《资治通鉴·隋纪》[9]《资治通鉴·唐纪》[10]《新唐书·五行志》[11]《旧唐书·五行志》[12]《新唐书·天文志》[13]《新唐书·列传》[14]《旧五代史·五行志》[15]《旧五代史·天文志》[16]等中记载的鄂尔多斯高原隋唐五代时期干旱灾害进行量化并统计，得出鄂尔多斯高原隋唐五代时期干旱灾害等级序列（图2-13）。

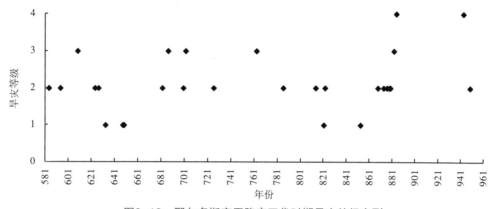

图2-13 鄂尔多斯高原隋唐五代时期旱灾等级序列

由统计结果（图2-13）可知，在隋唐五代时期（581～960）的380年间，该区发生干旱灾害28次，其中轻度旱灾5次，占旱灾总数的17.9%；中度旱灾16次，占旱灾总数的57.1%；大旱灾共5次，占旱灾总数的17.9%；特大旱灾2次，占旱灾总数的7.1%。统计结果显示，隋唐五代时期该区以中度旱灾为主，其次为轻度旱灾和大旱灾，特大

① 张德二：《中国三千年气象记录总集》，江苏教育出版社，2004年。
② 袁祖亮：《中国灾害通史》，郑州大学出版社，2009年。
③ 袁林：《西北灾荒史》，甘肃人民出版社，1994年。
④ 翟佑安：《中国气象灾害大典·陕西卷》，气象出版社，2005年。
⑤ 沈建国：《中国气象灾害大典·内蒙古卷》，气象出版社，2008年。
⑥ 夏普明：《中国气象灾害大典·宁夏卷》，气象出版社，2007年。
⑦ 魏徵：《隋书·五行志》，中华书局，1997年。
⑧ 魏徵：《隋书·食货志》，中华书局，1997年。
⑨ 司马光：《资治通鉴·隋纪》，中华书局，1956年。
⑩ 司马光：《资治通鉴·唐纪》，中华书局，1956年。
⑪ 欧阳修、宋祁：《新唐书·五行志》，中华书局，1975年。
⑫ 刘昫 等：《旧唐书·五行志》，中华书局，1987年。
⑬ 欧阳修、宋祁：《新唐书·天文志》，中华书局，1975年。
⑭ 欧阳修、宋祁：《新唐书·列传》，中华书局，1975年。
⑮ 薛居正：《旧五代史·五行志》，中华书局，1976年。
⑯ 薛居正：《旧五代史·天文志》，中华书局，1976年。

旱灾发生较少。

三、旱灾周期变化

认识干旱灾害发生的准周期尤其是第一主周期，对干旱灾害的防灾减灾工作意义很大。因此，我们应用Matlab软件，采用Morlet小波分析程序对研究区隋唐五代时期的干旱灾害进行了周期分析，结果见图2-14和图2-15。图2-14为小波系数，图中虚线为负等值线，代表干旱灾害偏少，实线为正等值线，代表干旱灾害偏多。由图2-14可知，不同时间尺度的干旱灾害发生情况存在差异，灾害变化结构复杂，小尺度短周期与大尺度长周期相互嵌套。在32～60年周期上震荡显著，干旱灾害经历了多→少→多11个循环交替，尺度中心在44年左右。在12～31年周期上震荡变化也较显著，经历了少→多→少27个循环交替，尺度中心在24年左右，并且直到960年旱灾偏少等值线仍未完全闭合，说明干旱灾害偏少的趋势有可能还将继续。在5～12年周期上干旱灾害有更多循环交替变化。在5年以下尺度上，周期震荡剧烈，并无明显的变化规律可循。

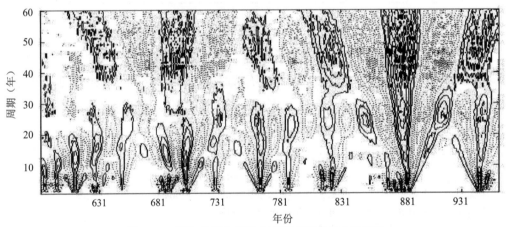

图2-14 鄂尔多斯高原隋唐五代时期旱灾小波系数

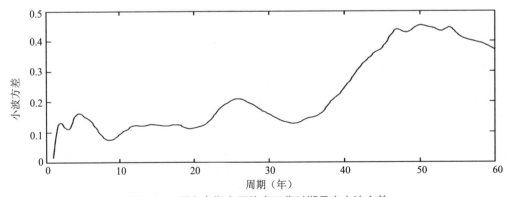

图2-15 鄂尔多斯高原隋唐五代时期旱灾小波方差

图2-15为小波方差图，可以看到5个峰值，分别对应准3年、5年、26年、47年和55年，说明该区隋唐五代时期的干旱灾害有3～5年的短周期、26年左右的中周期和47～55年的长周期。其中47～55年的周期上方差值最大，说明该区隋唐五代时期干旱灾害的第一主周期是准47～55年。

第四节　宋元时期干旱灾害

一、旱灾发生频次

根据《中国三千年气象记录总集》[1]《中国灾害通史》[2]《西北灾荒史》[3]《中国气象灾害大典（陕西卷）》[4]《中国气象灾害大典（内蒙古卷）》[5]《中国气象灾害大典（宁夏卷）》[6]以及地方志《宋史·五行志》[7]《宋史·食货志》[8]《资治通鉴·宋纪》[9]《宋会要辑·方域》[10]《文献通考·物异考》[11]《元史·五行志》[12]《续资治通鉴·元纪》[13]《元史·兵志·屯田》[14]《元史·食货志》[15]《元史·河渠志》[16]等历史文献资料对鄂尔多斯高原宋元时期干旱灾害的记载，在宋元时期（960～1368）的409年里，鄂尔多斯高原共发生干旱灾害97次，平均每4.2年发生一次，可谓干旱灾害发生频繁。

为了深入分析鄂尔多斯高原宋元时期干旱灾害的时间规律变化，本书以20年为单位统计出该时期干旱灾害的发生频次（图2-16），并把宋元时期409年分为以下3个阶段，分别在960～1099年、1100～1279年和1280～1368年。第1阶段发生旱灾37次，平

[1] 张德二：《中国三千年气象记录总集》，:江苏教育出版社，2004年。
[2] 袁祖亮：《中国灾害通史》，郑州大学出版社，2009年。
[3] 袁林：《西北灾荒史》，甘肃人民出版社，1994年。
[4] 翟佑安：《中国气象灾害大典·陕西卷》，气象出版社，2005年。
[5] 沈建国：《中国气象灾害大典·内蒙古卷》，气象出版社，2008年。
[6] 夏普明：《中国气象灾害大典·宁夏卷》，气象出版社，2007年。
[7] 脱脱、阿鲁图 等：《宋史·五行志》，中华书局，1985年。
[8] 脱脱、阿鲁图 等：《宋史·食货志》，中华书局，1985年。
[9] 司马光：《资治通鉴·宋纪》，中华书局，1956年。
[10] 徐松：《宋会要辑·方域》，中华书局，1957年。
[11] 马端临：《文献通考·物异考》，浙江古籍出版社，1988年。
[12] 宋濂、王祎：《元史·五行志》，中华书局，1976年。
[13] 毕沅：《续资治通鉴·元纪》，岳麓书社，1992年。
[14] 宋濂、王祎：《元史·兵志·屯田》，中华书局，1976年。
[15] 宋濂、王祎：《元史·食货志》，中华书局，1976年。
[16] 宋濂、王祎：《元史·河渠志》，中华书局，1976年。

均每3.5年发生一次，旱灾发生频次较高。第2阶段发生旱灾30次，平均每6.3年发生一次，旱灾发生频次最低。第3阶段发生旱灾30次，平均每2.9年发生一次，旱灾发生频次最高。由此可以看出，鄂尔多斯高原宋元早期和晚期旱灾较多，中期为旱灾较少发生期。

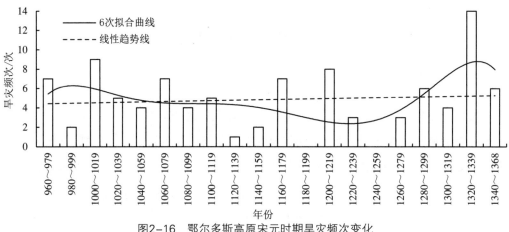

图2-16 鄂尔多斯高原宋元时期旱灾频次变化

在鄂尔多斯高原宋元时期发生的97次旱灾中，2年连旱9次，3年连旱3次，4年连旱3次，5年连旱1次，10年连旱1次。最为突出的是在晚期1322～1331年连续10年都发生了不同程度的旱灾，其中中度旱灾7次，轻度旱灾、大旱灾和特大旱灾各1次。史料记载："天历元年（1328）八月，陕西大旱，人相食。"[1]元文宗天历二年（1329），陕西、陇东等饥馑荐臻，饿殍枕藉，加以冬春之交，雨雪愆期，麦苗槁死，秋田未种，民庶遑遑，流移者众。陕西民相食，民有杀子以奉母者。再如宋太祖开宝七年（974）十一月丁亥，"秦、晋旱，免蒲、陕、晋、绛、同、解六州逋赋，关西诸州免其半"[2]。宋真宗大中祥符二年（1009）五月庚辰，"陕西旱，遣使祷太平宫、后土、西岳、河渎诸祠"[3]。这些史料都表明这一时期鄂尔多斯高原旱灾不仅频繁，且等级较高，严重影响了当地人民的生产生活，因此将这一时期确定为高原干旱灾害的集中爆发期，同时也说明鄂尔多斯高原宋元时期的旱灾具有连续发生的特点。

为了更加清晰地揭示鄂尔多斯高原宋元时期干旱灾害发生的阶段性特征和变化趋势，本书以20年为单位，统计并做出鄂尔多斯高原宋元时期干旱灾害发生频次的距平值变化图（图2-17）。图中距平值为正值时，说明干旱灾害发生次数较每20年4.9次的平均值高，为负时说明干旱灾害发生次数较每20年的平均值低。图2-17显示中期主要

① 宋濂等：《元史》卷五十，中华书局，1976年，第1071页。
② 脱脱、阿鲁图等：《宋史》卷三，中华书局，1985年，第43页。
③ 脱脱、阿鲁图等：《宋史》卷七，中华书局，1985年，第141页。

为负距平值，前期和晚期主要为正距平值，特别是晚期的正距平值与中期的负距平值差距较大，表明宋元时期中期干旱灾害发生频次显著低于平均值，早期和晚期干旱灾害发生频次一般高于平均值，表明宋元时期中期是干旱灾害低发期，早期和晚期是干旱灾害较多发生期。

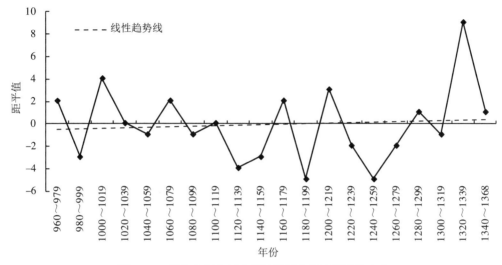

图2-17　鄂尔多斯高原宋元时期旱灾频次距平值变化

二、旱灾发生等级

依据干旱灾害的等级划分，对历史文献[1][2][3][4][5][6]以及《宋史·五行志》[7]《宋史·食货志》[8]《资治通鉴·宋纪》[9]《宋会要辑·方域》[10]《文献通考·物异考》[11]《元史·五行志》[12]《续资治通鉴·元纪》[13]《元史·兵志·屯田》[14]《元史·食货

① 张德二：《中国三千年气象记录总集》，江苏教育出版社，2004年。
② 袁祖亮：《中国灾害通史》，郑州大学出版社，2009年。
③ 袁林：《西北灾荒史》，甘肃人民出版社，1994年。
④ 翟佑安：《中国气象灾害大典·陕西卷》，气象出版社，2005年。
⑤ 沈建国：《中国气象灾害大典·内蒙古卷》，气象出版社，2008年。
⑥ 夏普明：《中国气象灾害大典·宁夏卷》，气象出版社，2007年。
⑦ 脱脱、阿鲁图等：《宋史·五行志》，中华书局，1985年。
⑧ 脱脱、阿鲁图等：《宋史·食货志》，中华书局，1985年。
⑨ 司马光：《资治通鉴·宋纪》，中华书局，1956年。
⑩ 徐松：《宋会要辑·方域》，中华书局，1957年。
⑪ 马端临：《文献通考·物异考》，浙江古籍出版社，1988年。
⑫ 宋濂、王祎.元史：《五行志》，中华书局，1976年。
⑬ 毕沅：《续资治通鉴·元纪》，岳麓书社，1992年。
⑭ 宋濂、王祎.元史：《兵志·屯田》，中华书局，1976年。

志》[①]《元史·河渠志》[②]等历史文献中记载的鄂尔多斯高原宋元时期干旱灾害进行量化并统计，得出鄂尔多斯高原宋元时期干旱灾害等级序列（图2-18）。

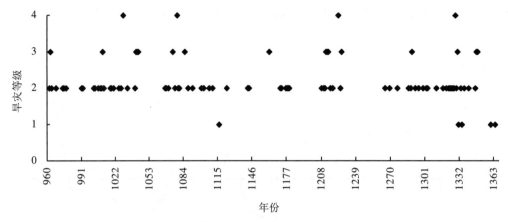

图2-18 鄂尔多斯高原宋元时期旱灾等级序列

由鄂尔多斯高原宋元时期干旱灾害统计结果（图2-18）可知，宋元时期（960～1368）的409年间，鄂尔多斯高原发生干旱灾害97次，轻度旱灾很少，仅发生了5次，占旱灾总数的5.2%；中度旱灾出现最频繁，发生了72次，占旱灾总数的74.2%；大旱灾发生了16次，占旱灾发生总数的16.5%；特大旱灾也很少，仅发生4次，占旱灾总数的4.1%。

上述统计结果显示，宋元时期高原以中度旱灾为主，轻度旱灾和特大旱灾发生较少。根据不同等级旱灾时间分布可知，宋元时期轻度旱灾大部分隔年或相隔多年发生，连年发生的情况很少。中度旱灾大多连年发生，隔年发生较少。大旱灾和特大旱灾多年发生一次，在宋元时期的早期和晚期这两个等级的旱灾出现较多。

三、旱灾周期变化

为了揭示鄂尔多斯高原宋元时期干旱灾害发生的周期变化特点，本文应用Matlab软件，采用Morlet小波分析程序对研究区宋元时期干旱灾害进行了周期分析，结果见图2-19和图2-20。图2-19为小波系数，可以清晰反映出宋元时期高原干旱灾害在平面上的强弱变化，图中虚线为负等值线，代表干旱灾害发生次数偏少，实线为正等值线，代表干旱灾害发生偏多。

① 宋濂、王祎：《元史·食货志》，中华书局，1976年。
② 宋濂、王祎：《元史·河渠志》，中华书局，1976年。

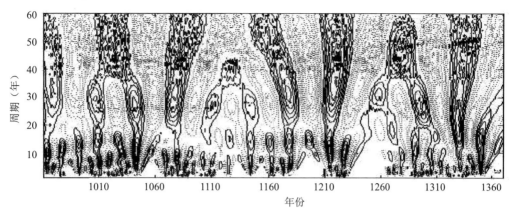

图2-19 鄂尔多斯高原宋元时期干旱灾害小波系数

由图2-19可见，旱灾在多种尺度下存在着不同的变化，灾害变化结构复杂，小尺度短周期与大尺度长周期相互嵌套。在5年以下的尺度上，周期震荡剧烈，并无明显的规律可循。随着时间尺度的增加，周期震荡趋于平缓，规律比较清晰。在22～37年周期上震荡显著，经历了多→少23个循环交替，尺度中心在28年左右。在40～59年周期上震荡也较显著，干旱灾害经历了多→少14个循环交替，尺度中心在49年左右，并且到1368年干旱灾害偏少等值线仍未完全闭合，表明干旱灾害减少的趋势有可能还将继续。该时期60年以上大尺度上周期变化不明显。

图2-20为小波方差图。在图中可以看到5个峰值，分别对应准3年、7年、11年、34年和56年，说明该区宋元时期干旱灾害有3～11年的短周期、34年左右的中周期和56年左右的长周期。其中34年的周期上方差值最大，说明鄂尔多斯高原宋元时期干旱灾害的第一主周期是准34年。

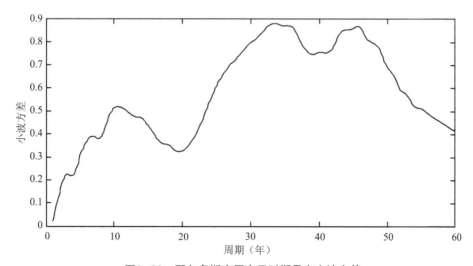

图2-20 鄂尔多斯高原宋元时期旱灾小波方差

四、旱灾与干旱气候事件

在鄂尔多斯高原宋元时期1322～1331年间，连续10年发生了旱灾，其中重度旱灾7次，轻度旱灾、大旱灾与特大旱灾各1次，表明这一阶段旱灾集中且等级较高。后续研究表明，干旱灾害特别是中度及等级更高的大旱灾的发生是年降水量减少造成的，是夏季风活动减弱的结果。因此，可确定这一阶段为干旱气候事件。

第五节　明代干旱灾害

一、旱灾发生频次

根据《中国三千年气象记录总集》[1]《中国灾害通史》[2]《西北灾荒史》[3]《中国气象灾害大典（陕西卷）》[4]《中国气象灾害大典（内蒙古卷）》[5]《中国气象灾害大典（宁夏卷）》[6]以及《明史·五行志》[7]《陕西通志》[8]《安定县志》[9]《山西通志》[10]《甘肃新通志》[11]《永宁州志》[12]等历史文献资料中对鄂尔多斯高原明代干旱灾害的记载，在明代（1368～1644）的277年里，鄂尔多斯高原发生干旱灾害142次，平均每1.9年发生一次。

为了更加准确地反映鄂尔多斯高原明代干旱灾害的变化特点，本节根据自然地理条件的差异，以乌拉特前旗—杭锦旗—乌审旗—靖边一线（分界点在西部地区）为界，将鄂尔多斯高原分为东部和西部，以20年为单位分别统计出高原东部和西部明代干旱灾害发生频次的阶段性变化（图2-21、2-22）。

由图2-21可知，高原东部明代发生旱灾114次，平均每2.4年发生一次，旱灾频次变化可分为4个阶段。第1阶段为1368～1427年，旱灾发生了9次，平均每6.7年发生一次，旱灾发生频次最低。第2阶段为1428～1547年，发生旱灾69次，平均每1.7年发生

① 张德二：《中国三千年气象记录总集》，江苏教育出版社，2004年。
② 袁祖亮：《中国灾害通史》，郑州大学出版社，2009年。
③ 袁林：《西北灾荒史》，甘肃人民出版社，1994年。
④ 翟佑安：《中国气象灾害大典·陕西卷》，气象出版社，2005年。
⑤ 沈建国：《中国气象灾害大典·内蒙古卷》，气象出版社，2008年。
⑥ 夏普明：《中国气象灾害大典·宁夏卷》，气象出版社，2007年。
⑦ 张廷玉：《明史·五行志》，中华书局，1974年。
⑧ 赵廷瑞、马理、吕柟：《陕西通志》，三秦出版社，2006年。
⑨ 曹晟：《安定县志》，成文出版社，1970年。
⑩ 山西省地方志编纂委员会：《山西通志》，中华书局，1993年。
⑪ 李迪：《甘肃新通志》，广陵古籍刻印社，1987年。
⑫ 姚启瑞：《永宁州志》，山西省图书馆，1881年。

一次，旱灾发生频次较高。第3阶段为1548～1627年，发生旱灾24次，平均每3.3年发生一次，旱灾发生频次较低。第4阶段为1628～1644年，发生旱灾12次，平均每1.4年发生一次，旱灾发生频次最高。表明该时期鄂尔多斯高原东部旱灾逐步增多，第1、3阶段为灾害低发期，第2、4阶段为灾害高发期。

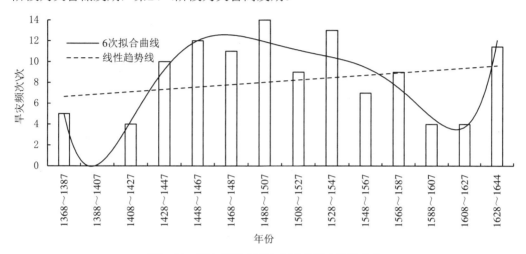

图2-21　鄂尔多斯高原东部明代旱灾频次变化

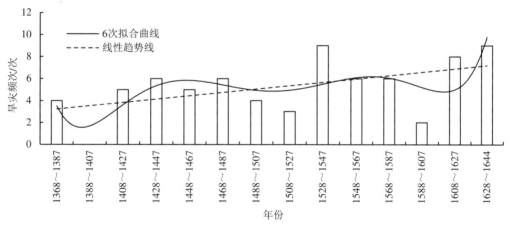

图2-22　鄂尔多斯高原西部明代旱灾频次变化

明代鄂尔多斯高原西部共发生旱灾72次，平均每3.8年发生一次。根据旱灾频次变化，可将旱灾发生频次划分为4个阶段。第1阶段为1368～1407年，发生旱灾4次，平均每10年发生一次，旱灾发生频次最低。第2阶段为1408～1487年，发生旱灾21次，平均每3.8年发生一次，旱灾发生频次较高。第3阶段为1488～1527年，发生旱灾7次，平均每5.7年发生一次，旱灾发生频次较低。第4阶段为1528～1644年，发生旱灾40次，平均每2.9年发生一次，旱灾发生频次最高。由此可见，鄂尔多斯高原西部明代时期旱灾发生频次显著上升，第1、3阶段灾害发生较少，第2、4阶段为灾害高发期。

为了清晰地揭示明代鄂尔多斯高原干旱灾害发生的阶段性特征和变化趋势，本书以20年为单位，统计并做出明代鄂尔多斯高原东部和西部旱灾发生频次的距平值变化图（图2-23、2-24）。图中距平值＞0，说明旱灾发生次数比平均值高，＜0说明旱灾发生次数比平均值低。图2-23显示高原东部第1、3阶段旱灾距平值均＜0，第2、4阶段的距平值绝大部分＞0，进一步表明第1、3阶段为旱灾低发期，第2、4阶段为旱灾高发。图2-24显示高原西部第1、3阶段旱灾距平值均＜0，第2、4阶段的距平值主要＞0，进一步揭示第1、3阶段为旱灾低发期，第2、4阶段为旱灾高发期。综上所述，明代鄂尔多斯高原东部和西部旱灾均呈现出高发期与低发期交替出现的变化特点。

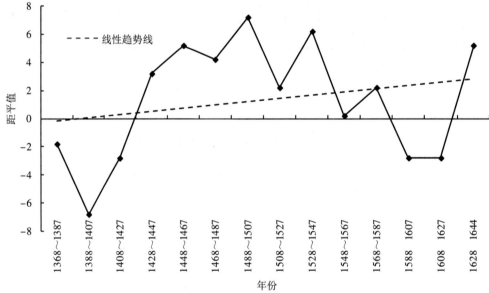

图2-23 鄂尔多斯高原东部明代旱灾频次距平值变化

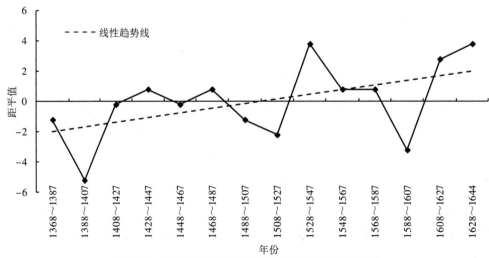

图2-24 鄂尔多斯高原西部明代旱灾频次距平值变化

二、旱灾发生等级

依据旱灾等级划分和统计方法，对历史文献[1][2][3][4][5][6]以及《明史·五行志》[7]《陕西通志》[8]《安定县志》[9]《山西通志》[10]《甘肃新通志》[11]《永宁州志》[12]等地方志中记载的鄂尔多斯高原明代旱灾进行量化并统计，得出明代鄂尔多斯高原东部和西部地区旱灾等级序列（图2-25、2-26）。

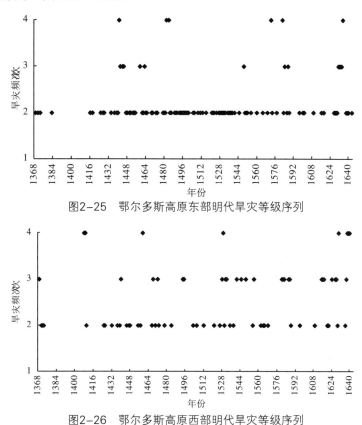

图2-25　鄂尔多斯高原东部明代旱灾等级序列

图2-26　鄂尔多斯高原西部明代旱灾等级序列

① 张德二：《中国三千年气象记录总集》，江苏教育出版社，2004年。
② 袁祖亮：《中国灾害通史》，郑州大学出版社，2009年。
③ 袁林：《西北灾荒史》，甘肃人民出版社，1994年。
④ 翟佑安：《中国气象灾害大典·陕西卷》，气象出版社，2005年。
⑤ 沈建国：《中国气象灾害大典·内蒙古卷》，气象出版社，2008年。
⑥ 夏普明：《中国气象灾害大典·宁夏卷》，气象出版社，2007年。
⑦ 张廷玉：《明史·五行志》，中华书局，1974年。
⑧ 赵廷瑞、马理、吕柟：《陕西通志》，三秦出版社，2006年。
⑨ 曹晟：《安定县志》，成文出版社，1970年。
⑩ 山西省地方志编纂委员会：《山西通志》，中华书局，1993年。
⑪ 李迪：《甘肃新通志》，广陵古籍刻印社，1987年。
⑫ 姚启瑞：《永宁州志》，山西省图书馆，1881年。

根据统计数据（图2-25）可知，在明代（1368～1644）的277年间，鄂尔多斯高原东部发生旱灾114次，其中轻度旱灾0次；中度旱灾96次，占旱灾总数的84.2%；大旱灾12次，占旱灾总数的10.5%；特大旱灾发生6次，占旱灾总数的5.3%。表明鄂尔多斯高原东部该时期以中度旱灾为主，其次为大旱灾和特大旱灾，无轻度旱灾发生。高原西部地区发生的72次旱灾（图2-26）中，轻度旱灾0次；中度旱灾发生共38次，占旱灾总数的52.8%；大旱灾26次，占旱灾总数的36.1%；特大旱灾发生8次，占旱灾总数的11.1%。统计结果表明，明代时期鄂尔多斯高原西部发生的旱灾以中度为主，其次为大旱灾，特大旱灾爆发较少，无轻度旱灾发生。

为了进一步查明鄂尔多斯高原明代不同时段的旱灾等级特征，我们把明代划分为早、中、晚三个时期（明代早期（1368～1435）为明朝国势最为强盛的时期，明代中期（1436～1582）为明朝国力由盛转衰的时期，明代晚期（1583～1644）为明朝由衰败最终走向灭亡的时期），并对高原发生的旱灾等级进行了统计。由统计结果可知，明代高原东部的旱灾主要集中发生在明朝中期，发生旱灾79次，平均每1.9年发生一次。该时期集中了中度旱灾的70.8%，大旱灾的50%，特大旱灾的83.3%。高原西部明代的旱灾主要集中发生在明朝晚期，61年间发生旱灾20次，平均每3.1年发生一次。该时期集中了大旱灾的38.5%，特大旱灾的50%。

旱灾，尤其是大旱灾及以上的危害更为显著，直接影响社会的经济发展，恶化人们的生存条件。我们把大旱灾及以上的划为重大旱灾，并对明代鄂尔多斯高原重大旱灾的具体情况进行了统计。由统计数据得出，明代277年间，高原东部共发生重大旱灾18次，平均每15.4年发生一次。其中明代早期没有发生重大旱灾。明代中期发生11次重大旱灾，占重大旱灾总数的61.1%，且这11次重大旱灾中83.3%为特大旱灾。明代晚期发生7次，占重大旱灾总数的38.9%。高原西部明代发生重大旱灾34次，平均每8.1年发生一次。明代早期共发生重大旱灾3次，占重大旱灾总数的8.8%。明代中期发生17次，占重大旱灾总数的50%。明代晚期发生14次，占重大旱灾总数的41.2%。

由上可见，明代中期为高原东部旱灾的频发期，也是重大旱灾的集中发生期。虽然高原西部明代晚期重大旱灾的次数略低于中期，但明代特大旱灾的一半都发生在这段时期内，可以说，明代晚期是高原西部旱灾的频发期，也是重大旱灾的集中爆发期。重大旱灾的频繁发生，对同时期的社会生产和人民生活造成严重危害，也加速了明王朝的灭亡。

三、旱灾季节变化

由于鄂尔多斯高原年降水较少，且季节分布不均，冬春少、夏秋多，同时年、季、月降水变率大，使得该区干旱灾害的发生具有明显的季节特征。为了查明干旱灾害发生的季节性，本书统计了历史文献[1][2][3][4][5][6]以及《明史·五行志》[7]《陕西通志》[8]《安定县志》[9]《山西通志》[10]《甘肃新通志》[11]《永宁州志》[12]等地方志中记载的明代鄂尔多斯高原东部和西部干旱灾害发生的季节。统计结果（图2-27）显示，明代鄂尔多斯高原东部共发生旱灾114次，有明确记载旱灾发生季节或月份的为80次，其中春季发生旱灾17次，夏季29次，秋季21次，冬季13次。高原西部明代发生的73次旱灾中，明确记载旱灾发生季节或月份的为42次，其中春季8次，夏季14次，秋季12次，冬季8次（图2-28）。由此可见，明代鄂尔多斯高原东部和西部的旱灾主要集中于夏季，秋季次之，春季和冬季较少。

鄂尔多斯高原夏季旱灾常发生于6月上中旬、7月下旬至8月上旬。虽然夏季降水是全年最多的，但此时农作物正处于抽穗、扬花的生长旺盛期，需水量大；同时气温也处于全年最高值，天气炎热，蒸发强烈，降水往往不能满足农作物生长的需要，极易发生旱灾，这也是本区多夏旱的原因。

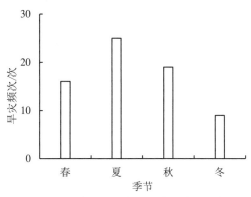 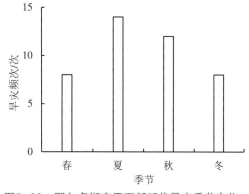

图2-27　鄂尔多斯高原东部明代旱灾季节变化　　图2-28　鄂尔多斯高原西部明代旱灾季节变化

[1] 张德二：《中国三千年气象记录总集》，江苏教育出版社，2004年。
[2] 袁祖亮：《中国灾害通史》，郑州大学出版社，2009年。
[3] 袁林：《西北灾荒史》，甘肃人民出版社，1994年。
[4] 瞿佑安：《中国气象灾害大典·陕西卷》，气象出版社，2005年。
[5] 沈建国：《中国气象灾害大典·内蒙古卷》，气象出版社，2008年。
[6] 夏普明：《中国气象灾害大典·宁夏卷》，气象出版社，2007年。
[7] 张廷玉：《明史·五行志》，中华书局，1974年。
[8] 赵廷瑞、马理、吕柟：《陕西通志》，三秦出版社，2006年。
[9] 曹晟：《安定县志》，成文出版社，1970年。
[10] 山西省地方志编纂委员会：《山西通志》，中华书局，1993年。
[11] 李迪：《甘肃新通志》，广陵古籍刻印社，1987年。
[12] 姚启瑞：《永宁州志》，山西省图书馆，1881年。

四、旱灾周期变化

为了揭示明代鄂尔多斯高原干旱灾害的周期变化特点，应用Matlab软件，采用Morlet小波分析程序对明代鄂尔多斯高原干旱灾害的周期特性进行分析，结果见图2-29和图2-30。图2-29为小波系数，可以清晰反映明代旱灾在平面上的强弱变化，实线代表旱灾年，虚线代表正常年。由图2-29可知，不同时间尺度的旱灾状况存在很大差异。在10年以下尺度上，周期震荡剧烈，并无明显的规律。随着时间尺度的增加，周期震荡趋于平缓，呈现的规律比较清晰。在25～38年周期上震荡显著，呈现多→少13个循环交替，尺度中心在29年左右。该时期70年以上大尺度上周期变化不明显。

图2-30为小波变换的小波方差，在图中可以看到4个峰值，分别对应准3a、8a、14a、42a左右。表明明代该区旱灾发生有3a、8a、14a左右的短周期，42a左右的长周期。其中42a的周期上方差值最大，说明明代该区旱灾的第一主周期是准42a，第二主周期是准14a。

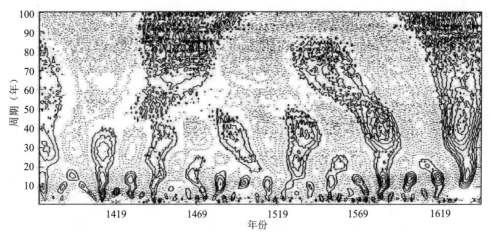

图2-29　鄂尔多斯高原明代旱灾小波系数

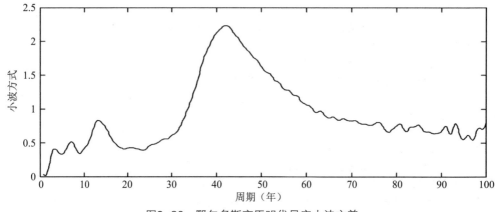

图2-30　鄂尔多斯高原明代旱灾小波方差

五、旱灾与干旱气候事件

一般而言，降水量越小旱灾发生的概率越大。区域内长期连续发生旱灾，说明该区年降水量持续偏少，是气候变干的表现之一。本书将持续旱灾5年以上、以大旱灾和特大旱灾为主的连年旱灾确定为干旱气候事件。干旱气候事件是引起大旱灾与特大旱灾连续发生的主要原因。通过资料分析发现，鄂尔多斯高原明代连续5年以上的旱灾共有5次，分别是1478～1486年、1493～1501年、1525～1533年、1580～1588年、1627～1640年，其中1627～1640年的旱灾持续了14年之久。这5个阶段连年发生干旱，并多为大旱灾，可以确定这5个阶段为5次干旱气候事件。气候专家张德二确定的中国历史上重大干旱事件中[①]，明代有4次，分别是1483～1485年、1527～1529年、1585～1589年和1638～1643年。这4次重大干旱气候事件与本书确定的鄂尔多斯高原的干旱气候事件中的4次时间基本一致，说明干旱气候事件已经是大范围的气候干旱。16世纪中期以后，该区频繁发生干旱气候事件，表明其气候趋于干旱化。明代为了军防，在鄂尔多斯高原南部的榆林地区修建的长城不断遭受风沙侵袭[②]，明宪宗成化二十一年（1485）陕西连岁大旱，百姓流亡殆尽，人相食。[③]这就充分证明了该区气候的干旱化是毛乌素沙地向南扩张的主要因素。该区干旱气候事件的发生与来自东南的夏季风活动弱和气候及水循环的异常有关。

连年的干旱加重了人民的苦难，民无以为食，导致人相食的惨状在史料中屡见不鲜。如明宪宗成化十八年（1482），"陕西大旱，饥，人相食"[④]。明毅宗崇祯七年（1634），"陕西去秋八月至本年二月不雨，大饥，人相食"。明毅宗崇祯八年（1635），"靖边大旱，赤地千里，民饥死者十之八九，人相食"。

① 张德二：《中国历史气候记录揭示的千年干湿变化和重大干旱事件》，《科技导报》2004年第8期。
② 黄银洲、王乃昂、何彤慧等：《毛乌素沙地历史沙漠化过程与人地关系》，《地理科学》2009年第2期。
③ 赵廷瑞、马理、吕柟：《陕西通志》，三秦出版社，2006年。
④ 袁林：《西北灾荒史》，甘肃人民出版社，1994年。

第六节 清代干旱灾害

一、旱灾发生频次

根据《中国三千年气象记录总集》[①]《中国灾害通史》[②]《西北灾荒史》[③]《中国气象灾害大典（陕西卷）》[④]《中国气象灾害大典（内蒙古卷）》[⑤]《中国气象灾害大典（宁夏卷）》[⑥]以及《安定县志》[⑦]《府谷县志》[⑧]《靖边县志》[⑨]《河曲县志》[⑩]《绥德州志》[⑪]《永宁州志》[⑫]《山西通志》[⑬]《榆林府志》[⑭]《陕西通志》[⑮]《延川县志》[⑯]《保德州志》[⑰]等历史文献资料中对鄂尔多斯高原清代干旱灾害的记载，在清代（1644～1911）的268年里，鄂尔多斯高原共发生干旱灾害170次，平均每1.6年发生一次，旱灾发生较频繁。

为了更加准确地反映清代鄂尔多斯高原干旱灾害的变化，本书依自然地理条件的差异，以乌拉特前旗—杭锦旗—乌审旗—靖边一线为界，将鄂尔多斯高原分为东部和西部，以20年为单位分别统计出高原东部和西部清代干旱灾害发生频次的阶段性变化（图2-31、2-32）。

---

① 张德二：《中国三千年气象记录总集》，江苏教育出版社，2004年。

② 袁祖亮：《中国灾害通史》，郑州大学出版社，2009年。

③ 袁林：《西北灾荒史》，甘肃人民出版社，1994年。

④ 翟佑安：《中国气象灾害大典·陕西卷》，气象出版社，2005年。

⑤ 沈建国：《中国气象灾害大典·内蒙古卷》，气象出版社，2008年。

⑥ 夏普明：《中国气象灾害大典·宁夏卷》，气象出版社，2007年。

⑦ 曹晟：《安定县志》，成文出版社，1970年。

⑧ 府谷县志编纂委员会：《府谷县志》，陕西人民出版社，1994年第146—148页。

⑨ 靖边县地方志编纂委员会：《靖边县志》，陕西人民出版社，1993年。

⑩ 河曲县志编纂委员会：《河曲县志》，山西人民出版社，1989年。

⑪ 孔繁朴、高维岳：《绥德州志》，成文出版社，1970年。

⑫ 姚启瑞：《永宁州志》，山西省图书馆，1881年。

⑬ 山西省地方志编纂委员会：《山西通志》，中华书局，1993年。

⑭ 李熙龄：《榆林府志》，上海古籍出版社，2014年。

⑮ 赵廷瑞、马理、吕柟：《陕西通志》，三秦出版社，2006年。

⑯ 延川县志编纂委员会：《延川县志》，陕西人民出版社，1999年。

⑰ 中共保德县委：《保德州志》，山西人民出版社，1990年。

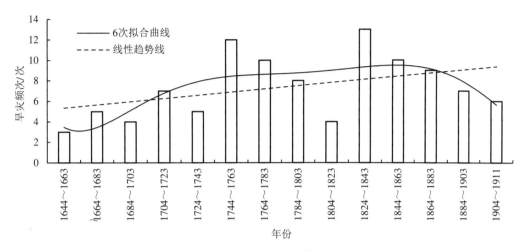

图2-31　鄂尔多斯高原东部清代旱灾频次变化

由统计结果（图2-31）可知，鄂尔多斯高原东部清代发生旱灾103次，平均每2.6年发生一次，旱灾频次变化显示分为4个阶段。第1阶段为1644～1743年，发生旱灾24次，平均每4.2年发生一次，旱灾发生的频次最低。第2阶段为1744～1783年，发生旱灾22次，平均每1.8年发生一次，旱灾发生的频次最高。第3阶段为1784～1823年，发生旱灾12次，平均每3.3年发生一次，旱灾发生的频次较低。第4阶段为1824～1911年，发生旱灾45次，平均每1.9年发生一次，旱灾发生的频次较高。图2-31中灾害频次的趋势线表明，清代从早期到晚期鄂尔多斯高原东部发生旱灾的频次逐渐增多，且分布很不均匀，第1、3阶段干旱灾害发生较少，第2、4阶段干旱灾害发生较多。

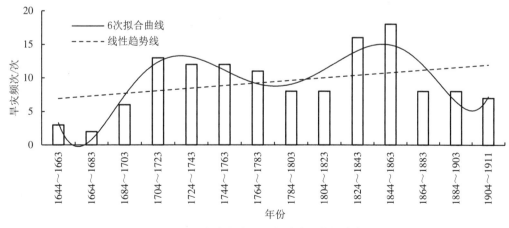

图2-32　鄂尔多斯高原西部清代旱灾频次变化

统计表明，鄂尔多斯高原西部清代发生旱灾132次，平均每2.1年发生一次，旱灾表现出明显的阶段性，可划分为5个阶段。第1阶段为1644～1703年，发生旱灾11次，平均每5.5年发生一次，旱灾发生频次最低。第2阶段为1704～1783年，发生旱灾48

次，平均每1.6年发生一次，旱灾发生频次较高。第3阶段为1784～1823年，发生旱灾16次，平均每2.5年发生一次，旱灾发生频次较低。第4阶段为1824～1863年，发生旱灾34次，平均每1.2年发生一次，旱灾发生频次最高。第5阶段为1864～1911年，发生旱灾23次，平均每2.1年发生一次，旱灾发生频次较低。由灾害频次的趋势线可知，从清代早期到晚期，鄂尔多斯高原西部的旱灾发生频率呈波动上升趋势，第1、3、5阶段为旱灾低发期，第2、4阶段为旱灾高发期。

鄂尔多斯高原清代晚期（道光元年至宣统三年，1821～1911）干旱灾害重于清代早期（顺治元年至嘉庆二十五年，1644～1820）。由统计结果（表2-1）可知，清代早期共177年，高原东部发生旱灾58次，平均每3.1年发生一次；高原西部发生旱灾73次，平均每2.4年发生一次。清代晚期共91年，高原东部发生旱灾45次，平均每2.0年发生一次；高原西部旱灾共发生59次，平均每1.5年发生一次。

表2-1　清代旱灾的时间分布表

地区	顺治	康熙	雍正	乾隆	嘉庆	道光	咸丰	同治	光绪	宣统
东部次数（次）	3	16	1	31	7	18	5	3	16	3
东部频次（a/次）	6.0	3.8	13	1.9	3.6	1.7	2.2	4.3	2.1	1.0
西部次数（次）	3	21	5	34	10	24	11	5	16	3
西部频次（a/次）	6.0	2.9	2.6	1.8	2.5	1.3	1.0	2.6	2.1	1.0

高原东部和西部晚期的旱灾频次均为早期的1.5倍。若从清代各朝旱灾发生的频次来看，晚期的灾害情况明显重于早期（表2-1）。清代晚期发生旱灾次数增多，除自然原因之外，还有深刻的社会原因，诸如吏治腐败、国库空虚、河道失修、滥垦滥伐、列强入侵、农民起义等，从而减弱了人们防灾抗灾能力。

为了清晰地揭示清代鄂尔多斯高原旱灾发生的阶段性特征和变化趋势，本文以20年为单位，统计并做出鄂尔多斯高原东部和西部清代旱灾发生频次的距平值变化图（图2-33、2-34）。图中距平值>0，说明旱灾次数高于每20年的平均值，<0说明旱灾次数低于每20年一次的平均值。图2-33显示高原东部第1、3阶段的距平值以<0为主，第2、4阶段旱灾距平值均>0，进一步表明第1、3阶段为高原东部的旱灾低发期，第2、4阶段是旱灾高发期。图2-34显示高原西部在第1、3、5阶段干旱灾害发生的距平值均<0，第2、4阶段的距平值主要>0，进一步说明第1、3、5阶段为高原西部的旱灾低发期，第2、4阶段为旱灾高发期。由上述分析可知，清代鄂尔多斯高原东部和西部旱灾发生均呈上升趋势，西部旱灾发生频次略高于东部，这可能与高原西部气候相比东部较干旱有一定的关系。

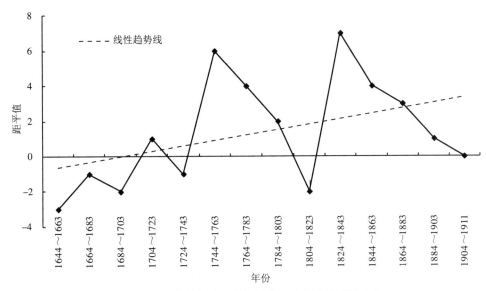

图2-33　鄂尔多斯高原东部清代旱灾频次距平值变化

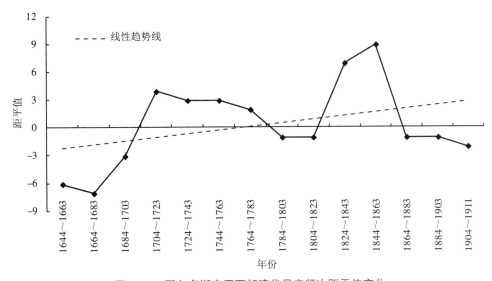

图2-34　鄂尔多斯高原西部清代旱灾频次距平值变化

二、旱灾发生等级

根据《中国三千年气象记录总集》[1]《中国灾害通史》[2]《西北灾荒史》[3]《中国气象灾害大典（陕西卷）》[4]《中国气象灾害大典（内蒙古卷）》[5]《中国气象灾害

---

[1] 张德二：《中国三千年气象记录总集》，江苏教育出版社，2004年。
[2] 袁祖亮：《中国灾害通史》，郑州大学出版社，2009年。
[3] 袁林：《西北灾荒史》，甘肃人民出版社，1994年。
[4] 翟佑安：《中国气象灾害大典·陕西卷》，气象出版社，2005年。
[5] 沈建国：《中国气象灾害大典·内蒙古卷》，气象出版社，2008年。

大典（宁夏卷）》[①]以及《安定县志》[②]《府谷县志》[③]《靖边县志》[④]《河曲县志》[⑤]《绥德州志》[⑥]《永宁州志》[⑦]《山西通志》[⑧]《榆林府志》[⑨]《陕西通志》[⑩]《延川县志》[⑪]《保德州志》[⑫]等历史文献资料中对鄂尔多斯高原清代干旱灾害的记载，对鄂尔多斯高原清代发生的旱灾进行量化统计，得出清代鄂尔多斯高原东部和西部旱灾等级序列（图2-35、2-36）。

统计结果（图2-35）表明，清代（1644～1911）268年间，鄂尔多斯高原东部发生的103次旱灾中，轻度旱灾0次；中度旱灾100次，占旱灾总数的97.1%；大旱灾2次，占旱灾总数的1.9%；特大旱灾仅1次，占旱灾总数的1.0%。由此可见，清代鄂尔多斯高原东部发生的旱灾主要是中度旱灾，大旱灾和特大旱灾次之，无轻度旱灾发生。高原西部清代发生132次旱灾（图2-36）中，轻度旱灾12次，占旱灾总数的9.1%；中度旱灾共109次，占旱灾总数的82.6%；大旱灾11次，占旱灾总数的8.3%；无特大旱灾发生。这表明清代时期鄂尔多斯高原西部发生中度旱灾最多，其次是轻度旱灾，最后为大旱灾，无特大旱灾。

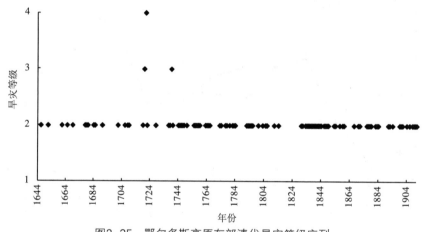

图2-35　鄂尔多斯高原东部清代旱灾等级序列

① 夏普明：《中国气象灾害大典·宁夏卷》，气象出版社，2007年。
② 曹晟：《安定县志》，成文出版社，1970年。
③ 府谷县志编纂委员会：《府谷县志》，陕西人民出版社，1994年，第146—148页。
④ 靖边县地方志编纂委员会：《靖边县志》，陕西人民出版社，1993年。
⑤ 河曲县志编纂委员会：《河曲县志》，山西人民出版社，1989年。
⑥ 孔繁朴、高维岳：《绥德州志》，成文出版社，1970年。
⑦ 姚启瑞：《永宁州志》，山西省图书馆，1881年。
⑧ 山西省地方志编纂委员会：《山西通志》，中华书局，1993年。
⑨ 李熙龄：《榆林府志》，上海古籍出版社，2014年。
⑩ 赵廷瑞、马理、吕楠：《陕西通志》，三秦出版社，2006年。
⑪ 延川县志编纂委员会：《延川县志》，陕西人民出版社，1999年。
⑫ 中共保德县委：《保德州志》，山西人民出版社，1990年。

清代鄂尔多斯高原东部和西部发生的旱灾均以中度频次高，占到旱灾总数的3/4还多，其他等级旱灾发生较少。该区清代随时间变化旱灾发生的等级分布不均匀。东部的中度旱灾发生的频次随时间变化而增加，大旱灾和特大旱灾集中发生在清代早期；西部的轻度旱灾发生则随时间变化而减少，中度旱灾发生频次则随时间变化先增后减，大旱灾以晚期最为明显。

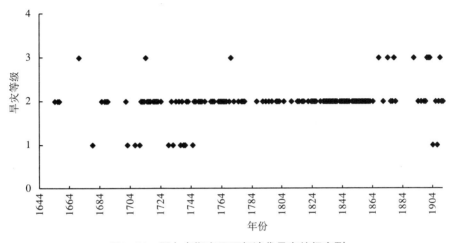

图2-36　鄂尔多斯高原西部清代旱灾等级序列

三、旱灾季节变化

作为气象灾害的一种，旱灾的发生本身就具有较强的季节性。清代鄂尔多斯高原东部发生的103次旱灾中，史书中载有"夏旱""秋旱"或载明"月份"的旱灾65次，其中春季15次，夏季22次，秋季21次，冬季7次（图2-37）。

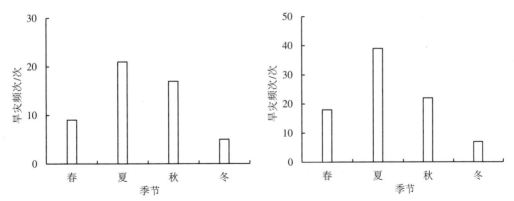

图2-37　鄂尔多斯高原东部清代旱灾季节变化　图2-38　鄂尔多斯高原西部清代旱灾季节变化

高原西部发生的132次旱灾中，载有"季节"或载明"月份"的旱灾87次，春季19次，夏季39次，秋季22次，冬季7次（图2-38）。可见，清代鄂尔多斯高原东部和西部发生的旱灾均集中于夏、秋两季，春季次之，冬季最少。夏、秋两季是鄂尔多斯高原雨养农业区夏季作物的生长期和收获期，也是牧草需水旺盛的时期，一旦降雨不及时或者没有有效降雨，加上高温炎热，势必造成农业生产的大幅度减产甚至绝收，民无以食，牛羊不养。特别是从大田播种的5月中下旬开始，到大田收获的9月中下旬，正值农作物生长和收获的关键时期，此时发生旱灾会对农业产生严重影响。这种季节性气象条件会加重旱灾灾情，给减灾救灾带来困难。

四、旱灾周期变化

气候变化的周期性规律是预测未来气候和气象灾害的重要依据，因此要重视对其的研究。为了更好地表现清代鄂尔多斯高原旱灾发生的周期特点，本文应用Matlab软件，采用Morlet小波分析程序对清代鄂尔多斯高原干旱灾害的周期变化特性进行分析，结果见图2-39和图2-40。图2-39为小波系数，可以明确反映清代鄂尔多斯高原上发生旱灾在平面上的强弱变化，图中虚线小于零的等值线，代表旱灾偏少，实线大于零的等值线，代表旱灾偏多。由图2-39可见，不同时间尺度的干旱灾害发生情况存在差异，灾害变化结构复杂，小尺度短周期与大尺度长周期相互嵌套。在10年以下尺度上，由于周期震荡剧烈，并无明显的规律可循。随着时间尺度的不断增加，周期震荡的波动变小且趋于平缓，呈现出比较清晰的变化规律。在18~33年周期上震荡显著，旱灾经历了多→少→多17个循环交替，尺度中心在25年左右，并且直到1911年旱灾偏多等值线仍未完全闭合，表明旱灾增多的趋势有可能还将继续。在34~60年周期上震荡也较显著，旱灾经历了多→少→多共9个循环交替，尺度中心在49年左右。该时期60年以上大尺度上周期变化不明显。

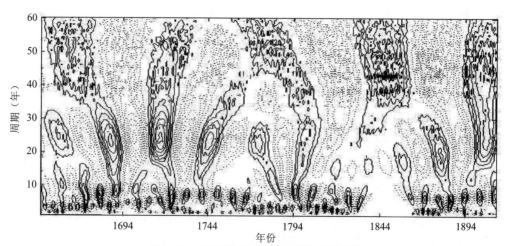

图2-39　鄂尔多斯高原清代旱灾小波系数

图2-40为小波变换的小波方差，在图中可以看到4个峰值，分别对应准4年、7年、25年、50年，说明清代该区旱灾具有4～7年的短周期，同时具有25年左右中周期和伴随着50年左右的长周期。其中25年的周期上方差值最大，说明清代该区旱灾的第一主周期是准25年，这对当地旱灾的防灾减灾工作具有重要参考价值。

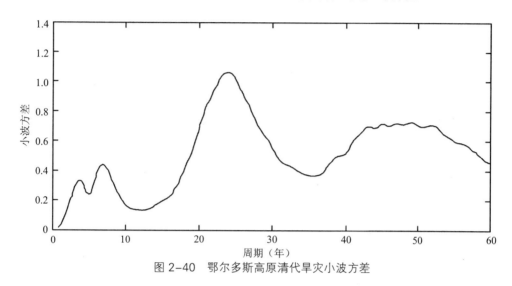

图 2-40　鄂尔多斯高原清代旱灾小波方差

五、旱灾与干旱气候事件

鄂尔多斯高原清代发生旱灾的5个阶段中，连年发生旱灾且多为中度旱灾和大旱灾的阶段分别是1706～1717年、1736～1742年、1744～1751年、1791～1797年、1829～1862年，其中1829～1862年的旱灾持续了34年之久。在此期间降水稀少，农牧业损失严重，干旱化较为明显，可以确定这5个阶段为5个干旱气候事件。据资料记载，研究区在干旱气候事件时期"雨泽愆期，黄水颇拮""雨泽不足，渠水不充""上年秋稼未登，春夏又复亢旱""井水全干，草木皆枯""人民饥不得食"。[1][2]清圣祖康熙十八年（1679）山西省保德县旱，至十九年荒，斗米三钱三分，民多逃亡，鬻男女者有之。[3]同年陕西省米脂县旱，连罹奇荒，人民逃窜过半。[4]通过对鄂尔多斯高原地区湖岸线变化的研究认为，该区气候在近千年以来有干旱化趋向，其中1850年前后是明显的干旱化发展时期。[5]如清文宗咸丰七年（1857）陕西省府谷

① 沈建国：《中国气象灾害大典·内蒙古卷》，气象出版社，2008年。
② 夏普明：《中国气象灾害大典·宁夏卷》，气象出版社，2007年。
③ 中共保德县委：《保德州志》，山西人民出版社，1990年。
④ 米脂县志编纂委员会：《米脂县志》，陕西人民出版社，1993年。
⑤ 史培军：《谈鄂尔多斯高原的环境演变》，《遥感信息》，1992年第3期。

县旱，⑥清德宗光绪二年（1876）陕西省府谷县旱，全境歉收①。因此，干旱气候事件在一定程度上促进了该区气候的干旱化。

六、鄂尔多斯高原与西海固地区清代旱灾的对比

本文中的西海固地区的资料主要来源于以下两部分。一部分是专业的地情及气象资料，包括《中国三千年气象记录总集》②《中国灾害通史》③《西北灾荒史》④《中国气象灾害大典（陕西卷）》⑤《中国气象灾害大典（内蒙古卷）》⑥《中国气象灾害大典（宁夏卷）》⑦《宁夏历史地理考》⑧《西海固史》⑨《固原地区志》⑩《隆德县志》⑪《彭阳县志》⑫《盐池县志》⑬《西吉文史资料》⑭《西夏天都海原文史》⑮⑭和《同心文史资料》⑯。本书在进行资料统计整理时，将一年中发生多次灾害的情况均按一次来统计。本节采用的是阳历公元纪年法：春季为阳历的2～4月，农历的一月至三月；夏季为阳历的5～7月，农历的四月至六月；秋季为阳历的8～10月，农历的七月至九月；冬季为阳历的11至次年的1月，农历的十月至十二月。

鄂尔多斯高原和宁夏西海固地区同处干旱、半干旱地区，地理位置相近，两地清代的旱灾是否具有相关性值得讨论。下文将鄂尔多斯高原清代和民国时期干旱灾害与宁夏西海固地区同时期的旱灾进行对比，以期揭示清代和民国时期鄂尔多斯高原旱灾的影响范围和影响强度，从而对该区清代和民国时期旱灾有更加清晰深刻的认识。

西海固地区位于宁夏回族自治区南部，是西吉、海原、固原、泾源、彭阳、隆德、同心及盐池8个国家级贫困县所在地区的统称。②全区属温带大陆性干旱–半干旱

① 府谷县志编纂委员会：《府谷县志》，陕西人民出版社，1994年，第146—148页。
② 张德二：《中国三千年气象记录总集》，江苏教育出版社，2004年。
③ 袁祖亮：《中国灾害通史·清代卷》，郑州大学出版社，2009年。
④ 袁林：《西北灾荒史》，甘肃人民出版社，1994年。
⑤ 翟佑安：《中国气象灾害大典·陕西卷》，气象出版社，2005年。
⑥ 沈建国：《中国气象灾害大典·内蒙古卷》，气象出版社，2008年。
⑦ 夏普明：《中国气象灾害大典·宁夏卷》，气象出版社，2007年。
⑧ 鲁人勇、吴忠礼、徐庄：《宁夏历史地理考》，宁夏人民出版社，1993年。
⑨ 徐兴亚：《西海固史》，甘肃人民出版社，2002年。
⑩ 沈克尼、杨旭红、马红薇：《固原地区志》，宁夏人民出版社，1994年。
⑪ 陈国栋：《隆德县志》，宁夏人民出版社，1976年。
⑫ 李文斌：《彭阳县志》，宁夏人民出版社，1996年。
⑬ 盐池县县志编纂委员会：《盐池县志》，宁夏人民出版社，1986年。
⑭ 马存林：《西吉文史资料》，西吉县政协文史资料编委会，2002年。
⑮ 李进兴：《西夏天都海原文史》，宁夏海原印刷厂，1995年。
⑯ 马振福：《同心文史资料》，宁夏人民出版社，2006年。

气候，年均气温为3～8℃，年均降水量200mm左右，降水多集中于6～9月，[1]全年干旱缺水，导致旱灾频发。

（一）旱灾频次差异

如前所述，在清代（1644～1911）的268年里，鄂尔多斯高原共发生干旱灾害170次，平均每1.6年发生一次，旱灾较为频繁，旱灾频次变化可分为5个阶段（图2-41）。第1阶段为1644～1703年，发生旱灾20次，平均每3.0年发生一次，旱灾发生频次最低。第2阶段为1704～1783年，发生旱灾61次，平均每1.3年发生一次，发生频次较高。第3阶段为1784～1823年，发生旱灾23次，平均每1.7年发生一次，发生频次较低。第4阶段为1824～1863年，发生旱灾37次，平均每1.1年发生一次，旱灾发生的频次最高。第5阶段为1864～1911年，发生旱灾29次，平均每1.7年发生一次，发生频次较低。

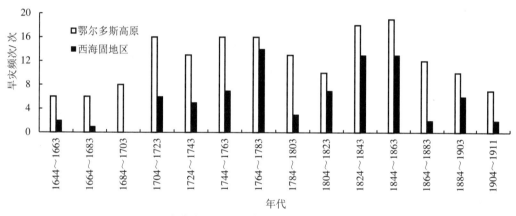

图2-41　鄂尔多斯高原和西海固地区清代旱灾频次变化对比

根据《中国三千年气象记录总集》[2]《中国灾害通史》[3]《西北灾荒史》[4]《中国气象灾害大典（陕西卷）》[5]《中国气象灾害大典（内蒙古卷）》[6]《中国气象灾害大典（宁夏卷）》[7]《宁夏历史地理考》[8]《西海固史》[9]《固原地区志》[10]《隆德县志》[11]

[1] 阎德仁、武智双、石瑾：《鄂尔多斯气象灾害与沙漠化防治对策》，《内蒙古林业科技》2005年第3期。
[2] 张德二：《中国三千年气象记录总集》，江苏教育出版社，2004年。
[3] 袁祖亮：《中国灾害通史·清代卷》，郑州大学出版社，2009年。
[4] 袁林：《西北灾荒史》，甘肃人民出版社，1994年。
[5] 翟佑安：《中国气象灾害大典·陕西卷》，气象出版社，2005年。
[6] 沈建国：《中国气象灾害大典·内蒙古卷》，气象出版社，2008年。
[7] 夏普明：《中国气象灾害大典·宁夏卷》，气象出版社，2007年。
[8] 鲁人勇、吴忠礼、徐庄：《宁夏历史地理考》，宁夏人民出版社，1993年。
[9] 徐兴亚：《西海固史》，甘肃人民出版社，2002年。
[10] 沈克尼、杨旭红、马红薇：《固原地区志》，宁夏人民出版社，1994年。
[11] 陈国栋：《隆德县志》，宁夏人民出版社，1976年。

《彭阳县志》[①]《盐池县志》[②]《西吉文史资料》[③]《西夏天都海原文史》[④]和《同心文史资料》[⑤]资料的记载可知，宁夏西海固地区清代共发生干旱灾害81次，平均每3.3年发生一次。西海固地区发生旱灾频次较鄂尔多斯高原低，根据旱灾频次变化可分为5个阶段（图2-41）。第1阶段为1644～1743年，发生旱灾14次，平均每7.1年发生一次，旱灾发生频次最低。第2阶段为1744～1783年，发生旱灾21次，平均每1.9年发生一次，旱灾发生频次较高。第3阶段为1784～1803年，发生旱灾3次，平均每6.7年发生一次，发生频次较低。第4阶段为1804～1863年，发生旱灾共33次，平均每1.8年发生一次，旱灾发生频次最高。第5阶段为1864～1911年，发生旱灾10次，平均每4.8年发生一次，发生频次居中。其中出现3年及3年以上连旱的有7次，分别为1719～1722年、1762～1772年、1775～1778年、1831～1838年、1845～1848年、1851～1857年和1898～1901年，表明这些小阶段旱灾更频繁。

为了更加清晰地揭示鄂尔多斯高原和西海固地区清代干旱灾害发生的阶段性特征和变化趋势，本书以20年为单位，统计并做出清代鄂尔多斯高原和西海固地区旱灾发生频次的距平值变化图（图2-42）。由距平图可知，鄂尔多斯高原和西海固地区清代第1、3、5阶段旱灾距平值均＜0，第2、4阶段的距平值主要＞0，进一步说明第1、3、5阶段为两地旱灾的低发期，第2、4阶段为旱灾高发期。这表明清代鄂尔多斯高原和西海固地区的旱灾相关性紧密，鄂尔多斯高原旱灾高发阶段也是西海固地区旱灾频发阶段。

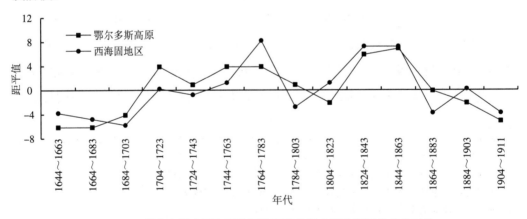

图2-42　鄂尔多斯高原和西海固地区清代旱灾频次距平值变化对比

---

① 李文斌：《彭阳县志》，宁夏人民出版社，1996年。
② 盐池县县志编纂委员会：《盐池县志》，宁夏人民出版社，1986年。
③ 马存林：《西吉文史资料》，西吉县政协文史资料编委会，2002年。
④ 李进兴：《西夏天都海原文史》，宁夏海原印刷厂，1995年。
⑤ 马振福：《同心文史资料》，宁夏人民出版社，2006年。

上述结果表明，清代鄂尔多斯高原的旱灾明显多于西海固地区，是西海固地区的2.1倍。从清代早期到晚期，两地区旱灾的变化趋势具有相似性，呈波动上升趋势，旱灾频次变化都可分为5个阶段，5个阶段划分的大致时间基本吻合，第1、3、5阶段为灾害低发期，第2、4阶段为灾害高发期。

（二）旱灾等级差异

如前文所述，在清代（1644～1911年）的268年里，鄂尔多斯高原共发生旱灾170次，其中轻度旱灾6次，占旱灾总数的3.5%；中度旱灾155次，占旱灾总数的91.2%；大旱灾8次，占旱灾总数的4.7%；特大旱灾1次，占旱灾总数的0.6%（图2-43a）。根据《中国三千年气象记录总集》[1]《中国灾害通史》[2]《西北灾荒史》[3]《中国气象灾害大典（陕西卷）》[4]《中国气象灾害大典（内蒙古卷）》[5]《中国气象灾害大典（宁夏卷）》[6]《宁夏历史地理考》[7]《西海固史》[8]《固原地区志》[9]《隆德县志》[10]《彭阳县志》[11]《盐池县志》[12]《西吉文史资料》[13]《西夏天都海原文史》[14]和《同心文史资料》[15]资料的统计可知，西海固地区清代发生的81次旱灾中，轻度旱灾7次，占旱灾总数的8.6%；中度旱灾63次，占旱灾总数的77.8%；大旱灾11次，占旱灾总数的13.6%；无特大旱灾发生（图2-43b）。

---

[1] 张德二：《中国三千年气象记录总集》，江苏教育出版社，2004年。

[2] 袁祖亮：《中国灾害通史·清代卷》，郑州大学出版社，2009年。

[3] 袁林：《西北灾荒史》，甘肃人民出版社，1994年。

[4] 翟佑安：《中国气象灾害大典·陕西卷》，气象出版社，2005年。

[5] 沈建国：《中国气象灾害大典·内蒙古卷》，气象出版社，2008年。

[6] 夏普明：《中国气象灾害大典·宁夏卷》，气象出版社，2007年。

[7] 鲁人勇、吴忠礼、徐庄：《宁夏历史地理考》，宁夏人民出版社，1993年。

[8] 徐兴亚：《西海固史》，甘肃人民出版社，2002年。

[9] 沈克尼、杨旭红、马红薇：《固原地区志》，宁夏人民出版社，1994年。

[10] 陈国栋：《隆德县志》，宁夏人民出版社，1976年。

[11] 李文斌：《彭阳县志》，宁夏人民出版社，1996年。

[12] 盐池县县志编纂委员会：《盐池县志》，宁夏人民出版社，1986年。

[13] 马存林：《西吉文史资料》，西吉县政协文史资料编委会，2002年。

[14] 李进兴：《西夏天都海原文史》，宁夏海原印刷厂，1995年。

[15] 马振福：《同心文史资料》，宁夏人民出版社，2006年。

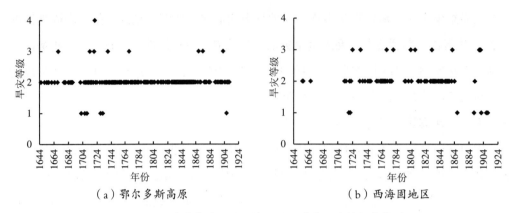

（a）鄂尔多斯高原　　　　　　　　（b）西海固地区

图2-43　鄂尔多斯高原和西海固地区清代旱灾等级变化对比

由此可知，从旱灾等级上看，鄂尔多斯高原和西海固地区中度旱灾发生频次最高，超过旱灾总数的3/4；大旱灾和特大旱灾发生较少，但两地大旱灾与特大旱灾发生频次存在显著差异。清代鄂尔多斯高原共发生大旱灾和特大旱灾9次，占旱灾总数的5.3%。西海固地区大旱灾和特大旱灾发生较多，为11次，占旱灾总数的13.6%，表明西海固地区清代的旱灾等级高于鄂尔多斯高原。

（三）旱灾季节差异

根据清代干旱灾害资料，对鄂尔多斯高原干旱灾害的发生月份和季节进行统计，得出该区清代的170次旱灾中，史书中载明"月份"或载有"夏旱""秋旱"的旱灾131次，其中春季27次，夏季55次，秋季38次，冬季仅11次（图2-44a）。可见在鄂尔多斯高原清代夏季发生旱灾最多，其次是秋季，春季和冬季最少。在西海固地区87次旱灾中，载明"月份"或载有"季节"的旱灾106次，冬旱最多，发生了49次，占旱灾总数的46.2%。其次是秋旱和夏旱，分别发生了22次和18次，占旱灾总数的20.6%和17.0%。春旱最少，发生11次，占旱灾总数的10.4%。两季连续的旱灾发生6次，占旱灾总数的

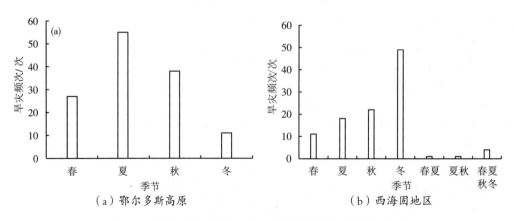

（a）鄂尔多斯高原　　　　　　　　（b）西海固地区

图2-44　鄂尔多斯高原和西海固地区清代旱灾季节变化对比

5.7%（图2-44b）。此外，季节性连旱也是西海固地区干旱灾害的重要类型。该区清代发生的主要连旱类型有春夏连旱、夏秋连旱、春夏秋冬四季连旱，其中春夏连旱和夏秋连旱各发生1次，均占全部旱灾的0.9%，全年连旱发生了4次，占全部旱灾发生的4.0%。

由上述可见，鄂尔多斯高原与西海固地区旱灾发生季节存在很大差异，西海固地区冬季旱灾最多，而鄂尔多斯高原地区则夏季旱灾最多。一般说来，夏季是北方地区旱灾发生的主要时期。西海固地区旱灾主要发生在冬季，一是与不同地区降水的季节性差异有关，二是很可能与不同地区生产方式和种植作物不同有关。

七、榆林地区与关中地区清代旱灾对比

榆林地区位于北纬36°57′～39°34′、东经107°28′～111°15′，在陕西省最北部，长城从东北向西南斜贯其中。本地区东隔黄河与山西省相望，北邻内蒙古自治区，西连宁夏回族自治区和甘肃省，南接延安市。[①] 全区总面积 $4.36×10^4 km^2$，辖2区10县，总人口约386万。地貌大体分为两部分，以长城为界北部为风沙草滩区，占总面积的42%；南部为黄土丘陵沟壑区，占总面积的58%。本区属暖温带和温带半干旱大陆性季风气候，四季分明，日照充足，日较差大，无霜期短，平均在134～169 天；年均气温10℃，年均日照数2593～2914 小时，年均降水量约400 mm，最低年降水量仅有165～275 mm。

关中平原亦即渭河中下游平原，介于陕北高原和秦巴山地之间，西起宝鸡，东到潼关，东西长约360km，东宽西窄，向西渐闭合成一峡谷，呈喇叭型分布。包括潼关、华阴、华县、渭南、临潼、蓝田、大荔、蒲城、富平、泾阳、三原、高陵、兴平、武功、扶风、岐山、凤翔、宝鸡、眉县、周至、户县、礼泉、乾县、长安以及西安市、咸阳市和宝鸡市共27个县（区）、市。关中平原地处亚欧大陆内部，距海洋较远，具有明显的大陆性季风气候特点，为暖温带半湿润气候，年均降水在550～700 mm，年均气温为12～13℃。[②] 由于降水不多且降水量的年际和年内季节分配不均，使得榆林地区和关中平原旱灾时有发生，对农业生产造成严重威胁。

（一）干旱灾害的频次对比

为了深入研究榆林地区和关中平原清代旱灾发生的时间变化规律，本书以每10 年作为单位整理统计了榆林地区和关中平原清代旱灾的发生频次。从统计结果（图2-45）可以看出，在清代（1644～1911年）的268 年里，榆林地区有明确记载的旱灾

---

① 陕西师范大学地理系：《陕西省榆林地区地理志》，陕西人民出版社，1987年。
② 陕西师范大学地理系：《西安市地理志》，陕西人民出版社，1988年。

次数为66次，平均每4.1年发生一次。据资料对旱灾发生的记载可以得出，榆林地区清代发生的旱灾可分为两个阶段。第1个阶段为1644～1829年，发生旱灾共30次，平均每6.2年发生一次，是旱灾发生较低的阶段。1830～1911年为第2个阶段，共发生旱灾36次，平均每2.3年发生一次，旱灾发生的频次较高，比第1个阶段明显增加，是旱灾发生较高的阶段。在此期间的1830～1839年、1900～1909年旱灾发生次数分别为9次、7次，这20年期间平均每1.3年发生一次旱灾，是旱灾极端多发阶段。

关中平原有明确记载的旱灾为89次，平均每3.0年发生一次。从旱灾的统计（图2-45）可以得出，关中平原清代旱灾也可分为两个阶段，分别为1644～1799年和1800～1911年，也是两个旱灾频次明显不同的阶段。在1644～1799年间的156年内，共发生旱灾44次，平均每3.5年发生一次，是该区旱灾发生较少时段。在1800～1911年的112年内，共发生旱灾45次，平均每2.5年发生一次，是旱灾发生较多时段。

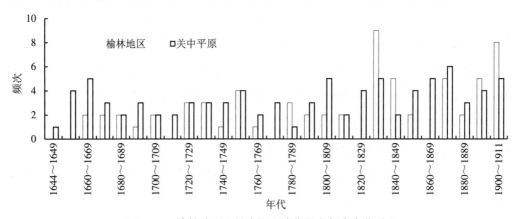

图2-45　榆林地区和关中平原清代旱灾频次变化对比

为进一步揭示旱灾变化特点，本文计算并做出了清代榆林地区和关中平原以10年为间隔的旱灾发生频次距平图（图2-46）。由距平图可知，在清代早期1644～1829年间，榆林地区旱灾距平值多半小于零，在晚期的1830～1911年间则主要大于零，说明榆林地区在清代早期时旱灾发生频次低于平均值，是旱灾少发阶段，而晚期较平均值高，是旱灾高发阶段。关中平原清代早期1644～1799年间，旱灾距平值大部分小于零，而在晚期1800～1911年间正值占绝对优势，表明关中平原清代早期旱灾发生频次较平均值低，而晚期比平均值高，这指示关中平原清代早期是旱灾较少发生期，晚期是旱灾多发期。两个地区清代旱灾发生的阶段性具有一致性，这表明旱灾发生也有较大范围的一致性。这是因为关中平原和榆林地区都是季风气候区，两个地区的降水都是夏季风带来的，只是榆林地区受到的夏季风降水影响较弱，降水来源的同源性决定了旱灾发生具有一定的同期性。

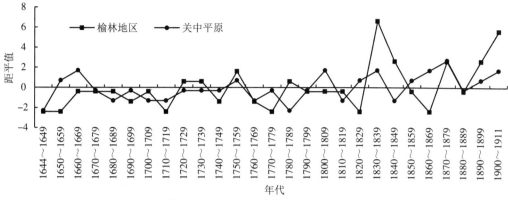

图2-46　榆林地区和关中平原清代旱灾频次距平值变化对比

（二）干旱灾害等级对比

从《西北灾荒史》[①]中对榆林地区、关中平原干旱灾害的记载（不包含只描述"陕西旱"的年份）资料的统计表明，榆林地区在清代（1644～1911）的268年里共发生干旱灾害66次，其中发生轻度旱22次，占旱灾频次总数的33.3%；中度干旱灾害发生38次，占旱灾频次总数的57.6%；大干旱灾害出现4次，占旱灾频次总数的6.1%；发生特大干旱灾害2次，占旱灾频次总数的3.0%（图2-47a）。由此可见，榆林地区清代中度旱灾发生频率最高，轻度旱灾发生的频率也较高，发生频率较低的是大旱灾和特大旱灾。

关中平原共发生干旱灾害89次，其中轻度干旱灾害29次，占旱灾发生总数的32.6%；发生中度干旱灾害最多，为41次，占旱灾频次总数的46.1%；大干旱灾害发生14次，占旱灾频次总数的15.7%；特大干旱灾害发生了5次，占旱灾频次总数的5.6%（图2-47b）。可知，关中平原清代中度旱灾的发生频率最高，轻度旱灾发生次之，再次之为大旱灾，发生频次最低的是特大旱灾。

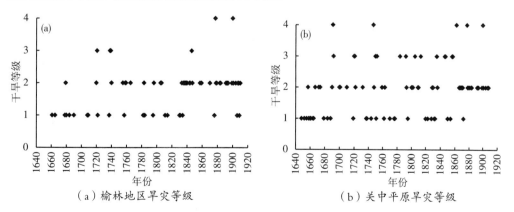

（a）榆林地区旱灾等级　　　　　　　（b）关中平原旱灾等级

图2-47　榆林地区与关中平原清代旱灾等级变化对比

[①] 袁林：《西北灾荒史》，甘肃人民出版社，1994年。

（三）榆林地区和关中平原清代旱灾分布的季节差异

由于关中平原总体降水较少，且季节分布不均，冬春少、夏秋多，再加上年、季、月降水变率大，使得该区旱灾具有明显的季节性特征，[1]榆林地区也是如此。

通过历史资料的统计得出（图2-48），在榆林地区清代（1644～1911）的268年里，春季发生旱灾11次，夏季19次，秋季多达26次，冬季为9次。可见在该时期榆林地区秋旱发生最多，夏旱次之，春旱和冬旱最少。关中平原春旱发生22次，夏旱和秋旱分别高达44次、42次，冬旱仅9次，表明关中平原清代旱灾发生频率最高在夏季，秋季次之，春季和冬季较少。由此可见，榆林地区旱灾发生季节与关中平原存在差异，榆林地区的秋旱略多于夏旱，关中平原的夏旱略多于秋旱。

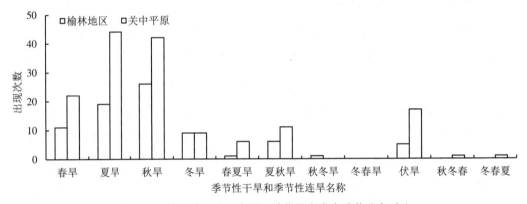

图2-48 榆林地区和关中平原清代旱灾发生季节分布对比

榆林地区和关中平原清代往往发生单季旱灾，但也存在连季旱灾。从图2-48可知，清代榆林地区春夏旱、秋冬旱分别发生1次，夏秋旱为6次，冬春旱没有发生，三季连旱中的秋冬春、冬春夏也均未出现。

由此可以得出，该时期榆林地区出现频率最高的连季旱灾是夏秋旱，其次为春夏旱和秋冬旱，但是发生频率都很低，三季连旱则没有出现。关中平原春夏旱、夏秋旱发生次数分别为6次和11次，秋冬旱和冬春旱均未发生，冬春夏和秋冬春旱灾各发生1次。由此可知，连季旱灾中，关中平原该时期发生最多的是夏秋旱，其次为春夏旱，三季连旱出现的概率则很低。伏旱，是指出现于7月中旬至8月中旬的干旱，榆林地区和关中平原清代也有伏旱发生。从图2-48可以得出，清代榆林地区和关中平原分别发生伏旱5次、17次，关中平原伏旱的发生较多，显著多于榆林地区。

（四）榆林地区和关中平原清代干旱灾害拟合分析

根据经典的最小二乘法原理，应用在其意义下的5次多项式拟合，直观地呈现出

① 袁林：《西北灾荒史》，甘肃人民出版社，1994年。

清代榆林地区和关中平原旱灾发生频次在5年尺度下的变化情况（图2-49）。由图2-49可知，清代榆林地区和关中平原干旱灾害频次呈现波动增加的趋势，并且可以分为早期干旱灾害较少发生期和晚期旱灾高发期两个阶段。虽然榆林地区和关中平原清代旱灾发生的阶段性总体是一致的，但是也存在一定差别，如关中平原清代早期的开始几年和晚期的最后几年旱灾比榆林地区略多，就是两地气候存在差别特别是降水量存在差异造成的。虽然关中平原和榆林地区都受来自海洋的夏季风的影响，但是关中平原纬度较低，受到的能带来降水的夏季风的影响比榆林地区显著，这就造成了关中平原的降水量比榆林地区明显多，发生旱灾的年份存在一定差别。

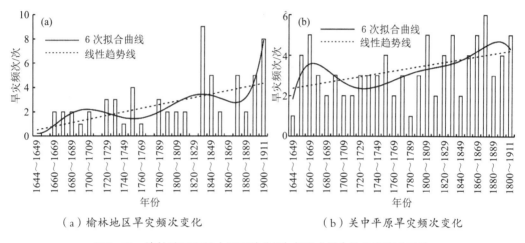

（a）榆林地区旱灾频次变化　　　　　　（b）关中平原旱灾频次变化

图2-49　榆林地区和关中平原清代5次多项式拟合的旱灾变化对比

八、榆林地区和关中平原清代旱灾的差异

（一）清代榆林地区和关中平原旱灾的频次与等级差异

在清代（1644～1911）的268年里，榆林地区共发生旱灾66次，关中平原有明确记载的旱灾次数为89次，清代关中平原的旱灾发生频次较榆林地区高，是榆林地区旱灾的1.3倍。从旱灾等级来看，虽然两个地区不同等级旱灾的分布具有相似性，均是中度旱灾和轻度旱灾发生较多，大旱灾和特大旱灾发生较少，但是两地大旱灾与特大旱灾存在差异。清代榆林地区大旱灾和特大旱灾共出现了6次，占旱灾发生总数的9.1%；关中平原的大旱灾和特大旱灾共发生了19次，占旱灾发生总数的21.3%；表明清代关中平原的灾情重于榆林地区。上述表明，清代关中平原的旱灾发生频次和等级都较榆林地区高和严重。如后述，这种差别与关中平原种植的作物比榆林地区需要更多的水有关。

（二）清代榆林地区和关中平原干旱灾害的季节差异

单季旱灾中，清代榆林地区秋季旱灾发生多于夏季，春季和冬季最少，关中平原则是夏季旱灾发生频次多于秋季，春、冬季和榆林地区一样出现旱灾情况较少。

连季旱灾中，榆林地区和关中平原也存在差异。虽然清代榆林地区和关中平原发生旱灾频率最高的连季旱灾均是夏秋旱，冬春旱较少，这其中榆林地区上述两种连季旱灾的发生频率都很低，分别为6次和1次，而关中平原则分别是榆林地区的2倍、近6倍，为11次、6次。至于三季连旱，榆林地区没有出现，关中平原有发生，但概率很低。清代关中平原发生伏旱的次数是榆林地区的3.4倍，明显多于榆林地区。

（三）榆林地区和关中平原清代旱灾的阶段差异

榆林地区和关中平原的清代旱灾都可以分为两个阶段，早期为旱灾少发期，晚期为旱灾多发期。但是榆林地区在早期的186年间，平均每6.2年发生一次旱灾；晚期的82年间，平均每2.3年发生一次旱灾。而关中平原在早期的156年里，平均每3.5年发生一次旱灾；在晚期的112年里，平均每2.5年发生一次旱灾。由此可知，榆林地区前后两个阶段的频次差异大于关中平原。

榆林地区早期和晚期大旱灾和特大旱灾分别发生3次，分别占旱灾发生总数的4.6%；关中平原早期大旱灾和特大旱灾共发生9次，占旱灾发生总数的10.1%，晚期出现10次，占旱灾总数的11.2%；表明榆林地区早期和晚期的旱灾等级相差不大，而关中地区晚期的旱灾等级略高于早期。

（四）榆林地区和关中平原清代旱灾差异原因

1.自然因素差异

榆林地区和关中平原清代旱灾发生不同的原因之一是下垫面的差异。由于农作物一般并不直接吸收大气降水，而是通过吸收由大气降水转化而来的土壤水维持其生长发育，因此林草茂盛的下垫面可以防止大气降水在短时间内以地表径流的形式流失，从而利于大气降水向土壤水的转化，并且对土壤水有很好的保护作用。尤其在干旱年份，这种作用显得尤为重要。清代榆林地区林草覆盖状况好于现在，而关中平原由于开发历史悠久，从石器时代开始该区的自然环境就已经受到人类活动的影响，到了清代的时候自然环境被破坏的程度远远大于榆林地区，所以在清代榆林地区旱灾发生的概率低于关中平原。

由于气候、地表等自然条件的差异，相应的榆林地区和关中平原种植的作物种类也不同，并且不同作物的生理机能和形态特征都有明显差别，因而其抗旱能力不同。譬如谷子、糜子、高粱、甘薯、马铃薯等抗旱力很强，其次是小麦、大麦、燕麦等，水稻的抗旱力则极弱。榆林地区多种植一些耐旱作物,主要是小米、谷子、高粱等,其抗旱能力较强,轻度旱灾一般对作物生长的影响较小。而关中平原多种植小麦、玉米,作物的抗旱能力远不及榆林地区种植农作物,一些轻微的旱灾都有可能对作物产生较大影响。这也是榆林地区清代发生旱灾少的原因之一。

根据对《中国三千年气象记录总集》[①]《中国灾害通史》[②]《西北灾荒史》[③]《中国气象灾害大典(陕西卷)》[④]《中国气象灾害大典(内蒙古卷)》[⑤]《中国气象灾害大典(宁夏卷)》[⑥]《宁夏历史地理考》[⑦]《西海固史》[⑧]《固原地区志》[⑨]《隆德县志》[⑩]《彭阳县志》[⑪]《盐池县志》[⑫]《西吉文史资料》[⑬]《西夏天都海原文史》[⑭]和《同心文史资料》[⑮]等资料的统计可知,一地旱灾的多少与该地耕作制度也有一定关系。榆林地区纬度较高,作物一年一熟。关中平原纬度较低,多为两年三熟或一年两熟,作物复种指数很高,为170%,高于陕西全省的135%,更远高于陕北的110%。若每亩产0.25 t,对应的需水量为$280 \times 10^4 \ m^3$,折合降水为400mm,则一熟制地区作物需要400mm的降水,两熟制地区作物生长需要800mm的降水。由现在榆林地区多年平均降水量在405mm左右,关中平原约为600mm判断,清代关中平原的水分不断亏损,且水分亏缺量可能大于榆林地区,比榆林地区更易发生旱灾。

2.人为因素差异

榆林地区清代以前的人口密度一直较低,在清代初期的雍正十三年(1735)时,陕北地区人口还比较稀疏,人口密度仅为1.68~4.97人/km²,至嘉庆二十五年(1820)才增至20.59~46.01人/km²。[⑯]人口在增长,但是农业生产技术并没有得到很

① 张德二:《中国三千年气象记录总集》,江苏教育出版社,2004年。
② 袁祖亮:《中国灾害通史·清代卷》,郑州大学出版社,2009年。
③ 袁林:《西北灾荒史》,甘肃人民出版社,1994年。
④ 翟佑安:《中国气象灾害大典·陕西卷》,气象出版社,2005年。
⑤ 沈建国:《中国气象灾害大典·内蒙古卷》,气象出版社,2008年。
⑥ 夏普明:《中国气象灾害大典·宁夏卷》,气象出版社,2007年。
⑦ 鲁人勇、吴忠礼、徐庄:《宁夏历史地理考》,宁夏人民出版社,1993年。
⑧ 徐兴亚:《西海固史》,甘肃人民出版社,2002年。
⑨ 沈克尼、杨旭红、马红薇:《固原地区志》,宁夏人民出版社,1994年。
⑩ 陈国栋:《隆德县志》,宁夏人民出版社,1976年。
⑪ 李文斌:《彭阳县志》,宁夏人民出版社,1996年。
⑫ 盐池县县志编纂委员会:《盐池县志》,宁夏人民出版社,1986年。
⑬ 马存林:《西吉文史资料》,西吉县政协文史资料编委会,2002年。
⑭ 李进兴:《西夏天都海原文史》,海原印刷厂,1995年。
⑮ 马振福:《同心文史资料》,宁夏人民出版社,2006年。
⑯ 赵尔巽、柯劭忞 等:《清史稿》,中华书局,1927年。

大的提高，因此增加粮食产量的主要途径就是扩大耕地面积，而耕地的增加是建立在砍伐森林、破坏植被的基础上的，森林的减少使水土涵养和调蓄水源的能力下降，可能会导致旱灾。相同的情况也存在于关中平原。作为中华民族的主要发祥地之一，关中平原在历史上尤其是自唐代以来长期处于人口密度大、增速快、人类活动频繁的状态，对环境造成巨大压力。在上述双重压力的影响下，导致清代关中平原自然环境十分脆弱，在旱年比榆林地区容易遭受旱灾。

导致两地旱灾差异的一个不可忽略的历史因素是战争频次的不同。关中平原曾是十三朝国都所在地，历史上该地区战事频繁，重要的战役有四十多起，大小战争数百起，这些均会破坏环境，加剧旱灾的发生。并且战争引起的社会动荡，会使水利失修，造成灌溉条件变差，从而使本地区抗灾能力变弱，在干旱年份更会加重致灾程度。与关中平原相比，在历史上榆林地区受战争的影响较小，相应的战争导致环境恶化带来的旱灾也较少。

关中平原清代旱灾多于榆林地区，可能也由于历史上对榆林地区的记载较少。在长达两千年的历史时期中，关中平原作为玉玺之地，史料记载非常丰富，这些历史资料对关中平原重大灾害均有比较详细的记载。而历史上，陕北黄土高原地区在三国至清代（220～1911）的1691年中，以农耕族——汉族为主导的民族从未完全占据该地区，相反，在这1691年中，非汉族主导的政权占据该地区的时间长达1127年。而这些非汉族主要以游牧、采集和狩猎为主，最终才逐渐转变为以农耕为主，这种迁徙式的生活方式势必不利于史料的记载。

第七节　民国时期干旱灾害

一、旱灾发生频次

根据《中国三千年气象记录总集》[①]《中国灾害通史》[②]《西北灾荒史》[③]《中国气象灾害大典（陕西卷）》[④]《中国气象灾害大典（内蒙古卷）》[⑤]《中国气象灾害大典

---

① 张德二：《中国三千年气象记录总集》，江苏教育出版社，2004年。
② 袁祖亮：《中国灾害通史》，郑州大学出版社，2009年。
③ 袁林：《西北灾荒史》，甘肃人民出版社，1994年。
④ 瞿佑安：《中国气象灾害大典·陕西卷》，气象出版社，2005年。
⑤ 沈建国：《中国气象灾害大典·内蒙古卷》，气象出版社，2008年。

（宁夏卷）》[①]以及《陕西省自然灾害简要纪实》[②]《府谷县志》[③]《靖边县志》[④]《绥德州志》[⑤]《永宁州志》[⑥]《山西通志》[⑦]《榆林府志》[⑧]《陕西通志》[⑨]《延川县志》[⑩]等历史文献资料中对鄂尔多斯高原民国时期干旱灾害的记载，在民国时期（1911～1949）的39年里，鄂尔多斯高原共发生干旱灾害36次，平均每1.1年发生一次。

为了更加准确地反映民国时期鄂尔多斯高原干旱灾害的变化，我们根据自然地理条件的差异，以乌拉特前旗—杭锦旗—乌审旗—靖边一线为界，将鄂尔多斯高原分为东部和西部，以5年为单位分别统计出高原东部和西部民国时期干旱灾害发生频次的阶段性变化（图2-50、2-51）。

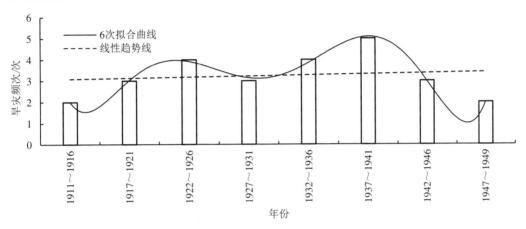

图2-50　鄂尔多斯高原东部民国时期旱灾频次变化

由统计结果（图2-50）可知，鄂尔多斯高原东部民国时期发生旱灾26次，平均每1.5年发生一次。根据旱灾发生频次变化，可将该区民国时期发生的旱灾分为3个阶段。第1阶段为1911～1921年，发生旱灾5次，平均每2.2年发生一次，旱灾发生频次最低。第2阶段为1922～1941年，发生旱灾16次，平均每1.2年发生一次，旱灾发生的频次最高。第3阶段为1942～1949年，发生旱灾5次，平均每1.6年发生一次，旱灾发生频次居中。由灾害趋势拟合线可知，民国时期高原东部的干旱灾害呈波动上升趋势，第

① 夏普明：《中国气象灾害大典·宁夏卷》，气象出版社，2007年。
② 《陕西历史自然灾害简要纪实》编委会：《陕西省自然灾害简要纪实》，气象出版社，2002年。
③ 府谷县志编纂委员会：《府谷县志》，陕西人民出版社，1994年。
④ 靖边县地方志编纂委员会：《靖边县志》，西安：陕西人民出版社，1993年。
⑤ 孔繁朴、高维岳：《绥德州志》，成文出版社，1970年。
⑥ 姚启瑞：《永宁州志》，山西省图书馆，1881年。
⑦ 山西省地方志编纂委员会：《山西通志》，中华书局，1993年。
⑧ 李熙龄：《榆林府志》，上海古籍出版社，2014年。
⑨ 赵廷瑞、马理、吕柟：《陕西通志》，三秦出版社，2006年。
⑩ 延川县志编纂委员会：《延川县志》，陕西人民出版社，1999年。

1、3阶段为旱灾低发期，第2阶段为旱灾高发期。

高原西部民国时期发生旱灾29次，平均每1.3年发生一次，旱灾频次变化可分为3个阶段（图2-51）。第1阶段为1911～1921年，发生旱灾5次，平均每2.2年发生一次，旱灾发生频次最低。第2阶段为1922～1946年，发生旱灾21次，平均每1.1年发生一次，旱灾发生频次最高。第3阶段为1947～1949年，发生旱灾3次，平均每1.0年发生一次，旱灾发生频次居中。由图中灾害发生频次的趋势线可见，清代早期和晚期高原西部旱灾发生较少，中期旱灾发生较多。

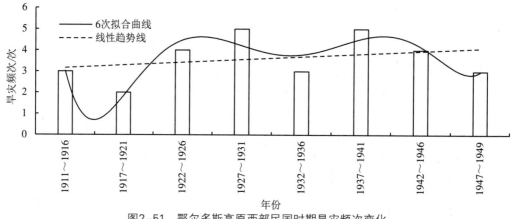

图2-51　鄂尔多斯高原西部民国时期旱灾频次变化

为了清晰地揭示鄂尔多斯高原民国时期干旱灾害发生的阶段性特征和变化趋势，本书以5年为单位，整理统计并做出民国时期鄂尔多斯高原东、西部旱灾发生频次的距平值变化图（图2-52、2-53）。图中距平值为正值时，说明旱灾发生次数较每5年发生一次的平均值高，小于零时说明旱灾发生次数较每5年发生一次的平均值低。图2-52显示高原东部第1、3阶段的距平值均小于零，第2阶段旱灾距平值大于零占绝对

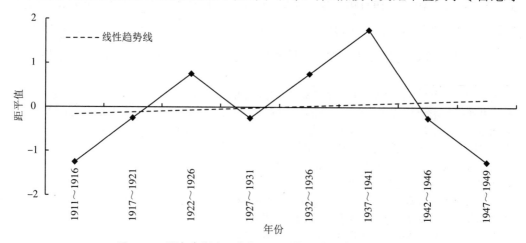

图2-52　鄂尔多斯高原东部民国时期旱灾频次距平值变化

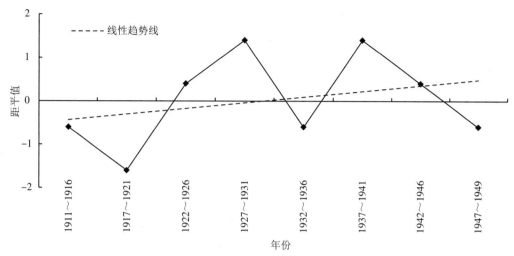

图2-53　鄂尔多斯高原西部民国时期旱灾频次距平值变化

优势，进一步揭示第1、3阶段是高原东部的旱灾低发期，第2阶段是旱灾高发期。图2-53显示高原西部第1、3阶段旱灾距平值均小于零，第2阶段的距平值以大于零为主，进一步表明第1、3阶段是高原西部的旱灾低发期，第2阶段为旱灾高发期。

上述表明，虽然民国时期延续时间较短，但是历史文献记录的旱灾变化却较为频繁。在不到40年里民国时期就发生了3个阶段的旱灾变化，每个阶段的平均时间只有十余年。在民国时期3个旱灾阶段中，早期阶段和晚期阶段持续时间短，分别有10年左右，中期阶段持续时间长，持续了20年左右。而且在鄂尔多斯高原东部地区和西部地区3个阶段的旱灾持续时间很接近，都是早期阶段和晚期阶段持续时间短，中期阶段持续时间长。这表明鄂尔多斯高原民国时期旱灾各阶段具有很强的非等时性，各阶段延续时间差异很大。

二、旱灾发生等级

虽然民国时期延续时间不长，但是这一时期对气象灾害记录更为重视，历史文献记录详细具体，对旱灾等级有关的记录更为可靠，为旱灾等级划分提供了可靠依据。根据《中国三千年气象记录总集》[1]《中国灾害通史》[2]《西北灾荒史》[3]《中国气象灾害大典（陕西卷）》[4]《中国气象灾害大典（内蒙古卷）》[5]《中国气象灾害大典

① 张德二：《中国三千年气象记录总集》，江苏教育出版社，2004年。
② 袁祖亮：《中国灾害通史》，郑州大学出版社，2009年。
③ 袁林：《西北灾荒史》，甘肃人民出版社，1994年。
④ 翟佑安：《中国气象灾害大典·陕西卷》，气象出版社，2005年。
⑤ 沈建国：《中国气象灾害大典·内蒙古卷》，气象出版社，2008年。

（宁夏卷）》①《宁夏历史地理考》②等历史文献资料中对鄂尔多斯高原民国时期发生旱灾的记载进行统计并量化，得出民国时期鄂尔多斯高原东部和西部旱灾等级序列（图2-54、2-55）。

统计结果表明（图2-54），民国时期（1911～1949）的39年间，在鄂尔多斯高原东部发生的26次旱灾中，轻度旱灾1次，占旱灾频次总数的3.9%；中度旱灾21次，占旱灾频次总数的80.7%；大旱灾2次，占旱灾频次总数的7.7%；特大旱灾共2次，占旱灾频次总数的7.7%。统计分析表明，民国时期高原东部主要为中度旱灾，其次为大旱灾和特大旱灾，轻度旱灾发生较少。在高原西部发生的29次旱灾中，无轻度旱灾发生；中度旱灾发生了23次，占旱灾总数的79.3%；大旱灾发生6次，占旱灾总数的20.7%；也无特大旱灾发生（图2-55）。数据显示该时期鄂尔多斯高原西部同样以中度旱灾为主，大旱灾次之，无轻度旱灾和特大旱灾发生。

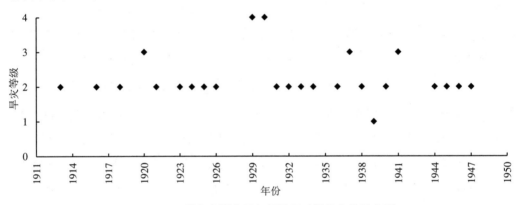

图2-54 鄂尔多斯高原东部民国时期旱灾等级序列

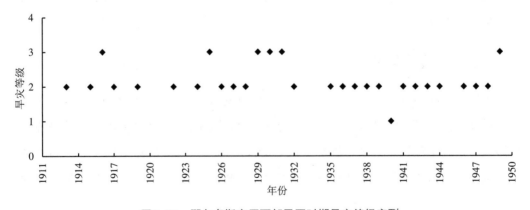

图2-55 鄂尔多斯高原西部民国时期旱灾等级序列

由上可见，从旱灾等级中可以发现民国时期鄂尔多斯高原东、西部均以中度旱灾

① 夏普明：《中国气象灾害大典·宁夏卷》，气象出版社，2007年。
② 鲁人勇、吴忠礼、徐庄：《宁夏历史地理考》，宁夏人民出版社，1993年。

为主,且中度旱灾发生次数占旱灾总数的3/4还多,其他等级旱灾发生较少。从时间分布上看,不同等级的旱灾分布并不均匀,尤以大旱灾和特大旱灾最为明显。东部的大旱灾和特大旱灾集中在民国晚期,西部的大旱灾则集中于早中期。

三、旱灾季节变化

鄂尔多斯高原处于大陆腹地,受季风气候影响,降水量冬春少、夏秋多,导致该区旱灾具有明显的季节性。为了说明旱灾在季节上的分布情况,我们统计了民国时期鄂尔多斯高原各季旱灾的发生频次。统计结果(图2-56、2-57)显示,民国时期鄂尔多斯高原东部有旱灾记载的26年中,史书中载明"月份"或载有"夏旱""秋旱"的旱灾共34次,其中春季10次,夏季16次,秋季8次,冬季0次。高原西部的29次旱灾记载中,载明"月份"或载有"季节"的旱灾共23次,春季10次,夏季11次,秋季2次,冬季0次。由此可见,民国时期鄂尔多斯高原东部和西部的旱灾均集中于春、夏两季,秋季次之,冬季均无旱灾发生。

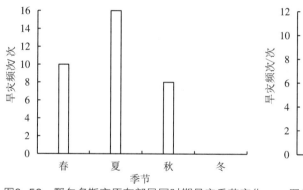
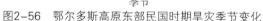
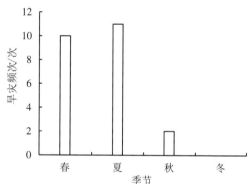

图2-56 鄂尔多斯高原东部民国时期旱灾季节变化　　图2-57 鄂尔多斯高原西部民国时期旱灾季节变化

四、旱灾周期变化

为了更清晰地揭示民国时期鄂尔多斯高原旱灾发生的周期性特点,本书应用Matlab软件,采用Morlet小波分析程序对民国时期鄂尔多斯高原旱灾的周期变化特性进行分析,结果见图2-58和图2-59。图2-58为小波系数,小波系数实线部分为正时,表示旱灾发生次数较多,为负时表明旱灾发生次数较少。由图2-58可见,旱灾在多种尺度下存在着部分差异,具有小尺度短周期与大尺度长周期相互嵌套的特点。在8~14年周期上震荡显著,旱灾经历了多→少→多共5个循环交替,并且到1949年旱灾偏多等值线仍未闭合,表明旱灾增多的趋势有可能还将继续。在1917~1920年、

1928～1933年、1942～1949年形成3个高能量震荡核（粗实线），是旱灾多发阶段。在1924～1927年、1937～1941年形成2个低能量震荡核（细虚线），旱灾较少。在2～4年周期上震荡也较显著，经历了多→少共19个循环交替。在2年以下尺度上，因周期震荡剧烈，无明显的规律可循。

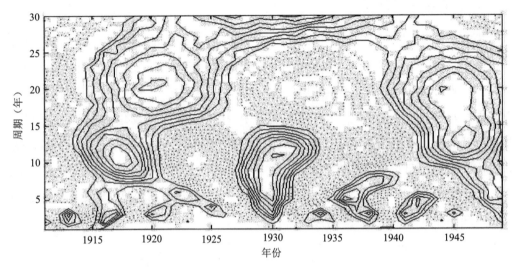

图2-58　鄂尔多斯高原民国时期旱灾小波系数

图2-59为小波方差，在图中可以看到5个峰值，分别对应准3年、6年、9年、14年和20年，说明民国时期该区旱灾有3～9年的短周期、14年的中周期和20年左右的长周期。其中9年的周期上方差值最大，说明民国时期该区旱灾的第一主周期是准9年，这对旱灾的防灾减灾工作有现实意义。

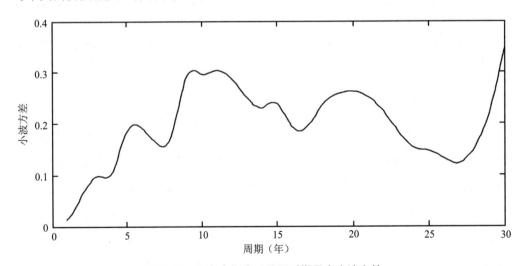

图2-59　鄂尔多斯高原民国时期旱灾小波方差

现代旱灾是过去旱灾的延续，民国时期距今较近，因此其旱灾发生周期可以作为现代旱灾预测的科学依据，也是预防旱灾和减少旱灾损失的重要参考依据。根据上文的周期分析结果，我们得知该区3～9年就会发生一次旱灾，14年左右可能会出现较大的旱灾，20年左右可能会出现更大的旱灾，会在3～9年和14年一次的基础上增加约20年周期的旱灾，这时的旱灾规模更大、等级更高，造成的危害更严重。因此，除在较小规模旱灾发生年做好减灾工作之外，还要做好旱灾发生之后第3～9年和14年前后可能发生旱灾的抗灾准备，并在约20年周期旱灾发生前的一定时间内，做好抗重度旱灾的准备，以减少旱灾造成的损失。鄂尔多斯高原处于季风边缘区、农牧交错带上，其环境脆弱且敏感。旱灾的发生提示我们，不合理的土地开发活动将加剧该区干旱化，干旱气候对该区生态环境的影响与沙漠化、草场退化密切联系在一起，最终会造成区域的生态环境灾难。因此，该区在利用开发土地过程中应谨慎行事。

五、旱灾与干旱气候事件

在鄂尔多斯高原东部1937～1941年间，连续5年发生了旱灾，其中有1次大旱灾，4次重度旱灾。在该区西部1927～1931年间和1937～1941年间，也分别连续5年发生了干旱灾害，其中以重度旱灾为多。这3个阶段旱灾发生频繁，且旱灾等级较高。如后所述，较高等级的旱灾是气候变干和年降水量减少引起的，将这3个阶段确定为干旱气候事件。

六、鄂尔多斯高原与西海固地区民国旱灾对比

（一）旱灾频次差异

如前所述，鄂尔多斯高原在民国时期（1911～1949）的39年里发生干旱灾害36次，平均每1.1年发生一次。根据旱灾频次变化，这一阶段高原旱灾频次变化可分为3个阶段（图2-60）。第1阶段为1911～1916年，发生旱灾3次，平均每2.0年发生一次，旱灾发生的频次较低。第2阶段为1917～1946年，发生旱灾30次，平均每1.0年发生一次，发生频次较高。第3阶段为1947～1949年，发生旱灾3次，平均每1.0年发生一次，发生频次较高。

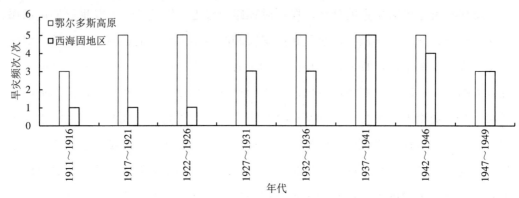

图2-60　鄂尔多斯高原和西海固地区民国时期旱灾频次变化对比

　　根据《中国三千年气象记录总集》[①]《中国灾害通史》[②]《西北灾荒史》[③]《中国气象灾害大典（陕西卷）》[④]《中国气象灾害大典（内蒙古卷）》[⑤]《中国气象灾害大典（宁夏卷）》[⑥]《宁夏历史地理考》[⑦]《西海固史》[⑧]《固原地区志》[⑨]《隆德县志》[⑩]《彭阳县志》[⑪⑪]《盐池县志》[⑫⑫]《西吉文史资料》[⑬⑬]《同心文史资料》[⑭⑮]和《西夏天都海原文史》[⑮⑭]资料的统计可知，宁夏西海固地区民国时期共发生干旱灾害21次，平均每1.9年发生一次，少于鄂尔多斯高原发生旱灾次数。根据旱灾频次变化，可将该区民国时期旱灾变化分为2个阶段。第1阶段为1911～1926年，发生旱灾3次，平均每5.3年发生一次，旱灾发生较少。第2阶段为1927～1949年，发生旱灾18次，平均每1.2年发生一次，旱灾发生频次显著增加，为旱灾多发阶段。其中1930～1934年、1937～1943年、1945～1949年期间发生的旱灾次数分别为5次、7次、5次，这19a间每年都有旱灾发生，为旱灾极端多发阶段（图2-60）。

　　上述结果表明，鄂尔多斯高原和宁夏西海固地区民国时期旱灾发生频次波动增

① 张德二：《中国三千年气象记录总集》，江苏教育出版社，2004年。
② 袁祖亮：《中国灾害通史》，郑州大学出版社，2009年。
③ 袁林：《西北灾荒史》，甘肃人民出版社，1994年。
④ 翟佑安：《中国气象灾害大典·陕西卷》，气象出版社，2005年。
⑤ 沈建国：《中国气象灾害大典·内蒙古卷》，气象出版社，2008年。
⑥ 夏普明：《中国气象灾害大典·宁夏卷》，气象出版社，2007年。
⑦ 鲁人勇、吴忠礼、徐庄：《宁夏历史地理考》，宁夏人民出版社，1993年。
⑧ 徐兴亚：《西海固史》，甘肃人民出版社，2002年。
⑨ 沈克尼、杨旭红、马红薇：《固原地区志》，宁夏人民出版社，1994年。
⑩ 陈国栋：《隆德县志》，宁夏人民出版社，1976年。
⑪ 李文斌：《彭阳县志》，宁夏人民出版社，1996年。
⑫ 盐池县县志编纂委员会：《盐池县志》，宁夏人民出版社，1986年。
⑬ 马存林：《西吉文史资料》，西吉县政协文史资料编委会，2002年。
⑭ 马振福：《同心文史资料》，宁夏人民出版社，2006年。
⑮ 李进兴：《西夏天都海原文史》，宁夏海原印刷厂，1995年。

加，民国早期为旱灾低发阶段，民国晚期为旱灾高发阶段。但鄂尔多斯高原的旱灾多于宁夏西海固地区，是西海固地区的1.7倍（图2-60）。

（二）旱灾等级差异

在鄂尔多斯高原民国时期（1911～1949）的39年里，共发生旱灾36次，其中轻度旱灾1次，占旱灾总数的2.8%；中度旱灾共发生了28次，占旱灾总数的77.8%；大旱灾发生5次，占旱灾总数的13.9%；特大旱灾发生2次，占旱灾总数的5.5%（图2-61a）。在西海固地区发生的21次旱灾中，轻度旱灾3次，占旱灾总数的14.3%。中度旱灾发生7次，占旱灾总数的33.3%；大旱灾发生了9次，占旱灾总数的42.9%；发生了2次特大旱灾，占旱灾总数的9.5%（图2-61b）。

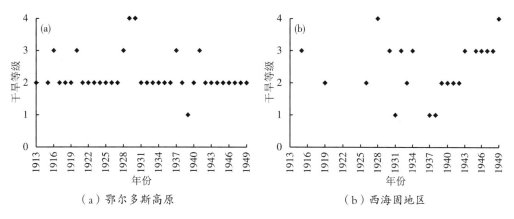

（a）鄂尔多斯高原　　　　　（b）西海固地区

图2-61　鄂尔多斯高原和西海固地区民国时期旱灾等级变化对比

从灾情上看，鄂尔多斯高原民国时期发生最多的是中度旱灾，占到旱灾总数的3/4还多，西海固地区大旱灾发生最多，占到旱灾总数的近1/2，并且两地大旱灾与特大旱灾的发生频次存在显著差异。鄂尔多斯高原民国时期一共出现了7次大旱灾和特大旱灾，占旱灾发生总数的19.4%。西海固地区共发生了11次大旱灾和特大旱灾，占旱灾发生总数的52.4%，表明该时期西海固地区的旱灾频次虽然比鄂尔多斯高原地区少，但旱灾等级高于鄂尔多斯高原地区。

（三）旱灾季节差异

通过历史资料的统计得出，在民国时期（1911～1949）的39年里，鄂尔多斯高原春季发生旱灾10次，夏季多达16次，秋季6次，冬季为0次（图2-62a）。可见在这一时期鄂尔多斯高原以夏季旱灾为最，春季次之，秋季较少。西海固地区的21次旱灾中，载明"月份"或载有"季节"的旱灾23次（图2-62b），夏旱最多，发生了8次，占旱灾总数的34.8%。其次是春旱和秋旱，分别发生了5次和3次，占旱灾总数的21.7%和13.0%。冬季没有旱灾发生。此外，季节性连旱也是西海固地区干旱灾害的重要类型。该区民国时期发生的主要连旱类型有春夏连旱、夏秋连旱、冬春连旱和春夏秋连旱，其中春夏连旱发生最多，占全部旱灾的13.0%，夏秋连旱和冬春连旱各发生1次，占全部旱灾的4.4%，春夏秋连旱发生2次，占全部旱灾的8.7%。由此可见，鄂尔多斯高原和西海固地区民国时期均是夏旱发生较多。夏季是农作物成熟、收获的季节，旱灾一旦发生，往往会造成严重的损失，因此在夏季要做好旱灾的监测和预防工作。

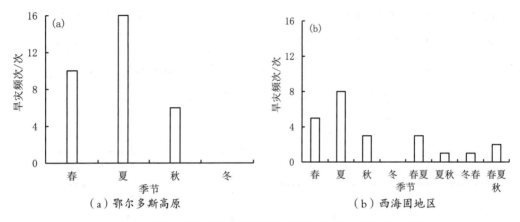

图2-62　鄂尔多斯高原和西海固地区民国时期旱灾季节变化对比

第八节　旱灾发生原因

一、鄂尔多斯高原历史时期干旱灾害统计分析

将鄂尔多斯高原历史时期干旱灾害进行统计，结果见表2-2。从表2-2的比较中可以看出，鄂尔多斯高原旱灾发生呈增长趋势。就旱灾发生总年数而言，其平均时间间隔越来越短，从27.6年降到1.1年，即发生频率越来越高。秦至民国年间，平均4.2年中就有1年发生旱灾。宋代至民国时期的990年中旱灾发生年为445年，平均2.2年中有1个旱灾年。如果只看明代至民国时期，582年中有348年发生旱灾，平均约1年半（1.6年）中就有1个旱灾年，真正是三年两旱。当然，这中间大概也包含有历史旱灾记载残缺的因素，越早缺失可能性越大。

表2-2　历代干旱灾害的次数及其频率比较

年代	时间	持续期（年）	旱灾次数（次）	旱灾频次（年/次）
秦汉	前221~220	442	16	27.6
魏晋南北朝	220~581	362	27	13.4
隋唐五代	581~960	380	28	13.6
宋元	960~1368	409	97	4.2
明代	1368~1644	277	142	2.0
清代	1644~1911	268	170	1.6
民国	1911~1949	39	36	1.1

　　鄂尔多斯高原发生旱灾有一定的阶段性，即经过一个旱灾低发阶段后，会进入旱灾高发阶段，这时旱灾频繁发生，而后又转入旱灾低发阶段，二者循环交替。本节将明代至民国时期高原旱灾发生年等级量化并进行统计，以较短时间内有3个以上大旱灾，或者有1个以上特大旱灾、毁灭性大旱灾为最低标准，直观加以判定，寻找到了6个相对显著的旱灾高发阶段，即1408~1410年、1439~1445年、1478~1486年、1580~1584年、1630~1638年和1928~1931年，平均97年中有1个旱灾高发阶段，也就是说，平均每100年就出现1个旱灾高发阶段。

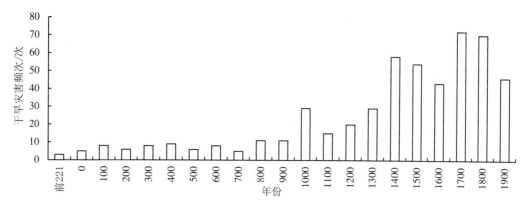

图2-63　鄂尔多斯高原历史时期旱灾发生频次

　　我们以100年为单位，整理并统计了历史时期旱灾发生频次，结果见图2-63。由图2-63可知，1400~1900 年是鄂尔多斯高原旱灾的集中爆发期，发生旱灾297次，占历代旱灾总数的57.6%。其中旱灾在15世纪出现 58次，16世纪54次，17世纪43次，18世纪72次，19世纪70次。18、19 世纪旱灾发生次数最多，每1.4年左右发生一次。

　　以上对鄂尔多斯高原历史时期干旱灾害所做的频次、阶段分析，有助于我们从整体上把握这一地区历史时期干旱灾害的发生状况和变化趋势。这种趋势是气候变化的反映，还是人口增长、人类活动对自然界影响增强而造成的结果，抑或二者兼而有之，下面将进一步讨论。

二、自然因素

（一）地质因素

　　从所处的宏观地理位置上看，鄂尔多斯高原地处六盘山以东，南有秦岭山脉为屏，东有吕梁山脉为障，北靠阴山山脉，西北部为贺兰山，构成了山体环列地形，区域闭塞地势明显。高原外围山体的屏障作用，阻碍了湿润空气向高原输送，使本区更趋干旱，生态环境更加敏感，容易暴发干旱灾害。

（二）气候因素

鄂尔多斯高原深处大陆腹地，远离海洋，为温带大陆性季风气候，降水少且集中。特别是到了夏季，因气温高、蒸发量大，所以一旦降水不足，就易形成伏旱。该区河川径流补给主要来源于降水，对降水具有很强的依赖性，当一年或连续几年大气降水明显匮乏时，往往会影响农业的正常生产，形成旱灾。这是鄂尔多斯高原旱灾发生的重要原因。但历史时期降水量的多寡与气候波动变化密切相关，因此，本书将着重分析旱灾与气候变化之间的关系。

1.鄂尔多斯高原历史时期气候变化分析

据竺可桢研究，在过去5000年的历史中我国东部地区气候主要经历了8个阶段，即4个寒冷期和4个温暖期。[①]第一个温暖期为仰韶文化时期及殷墟文化时期，时间范围为前3000～前1000年。该时期平均温度较现在高1～2℃，降水量丰富，渭河水量充足，流量大。第一个寒冷期为西周时期，时间范围为前1100～前770年。据孢粉分析发现，该时期乔木花粉明显减少，草木花粉急剧增多，显示温度比现在低。第二个温暖期为东周（春秋战国）和秦、西汉时期，时间范围为前770～公元元年。据《史记》之"秦本纪"记载，关中曾出现"桃冬花"，显示温度较高。第二个寒冷期为东汉、三国、晋和南北朝时期，时间范围在公元元～600年。《晋书》《魏书》记录"大霜，禾豆尽死""陨霜，杀桑麦"，表明该地区温度低于现今。第三个温暖期为600～1000年，相当于隋、唐和五代时期。该阶段气候温暖湿润，唐代帝王常前往华清宫、骊山等地避暑，反映当时温度较高。第三个寒冷期为1000～1200年，相当于北宋和南宋时期。该阶段温度比现今低1～2℃。考古人员发掘出的此阶段的人物俑，大多身着棉袍厚衣。第四个温暖期为南宋后期或元代早期，时间在1200～1300年。第四个寒冷期为元末和明、清时期，时间范围为1300～1900年。温暖期与寒冷期相互交替，组成了我国历史时期的气候变化序列。同时对1911年以来的气候资料分析后发现，随着工业的快速发展，人口剧增以及城市化的急速推进，使得近100年来我国气温呈不断波动上升趋势，据有关研究预测，到2100年气温将比1990年高2℃左右。[②]

鄂尔多斯高原气候变化与我国东部地区气候变化趋势基本一致，也呈现温暖→寒冷→温暖交替波动变化特征。鄂尔多斯高原在西汉、隋唐时期平均气温均高于现代1～2℃。东汉、魏晋南北朝时期、宋金元时期以及明清时期，平均气温均比现代低

---

① 竺可桢：《中国近五千年来气候变迁的初步研究》，《中国科学》1973年第2期。
② 施雅风：《全球变暖影响下中国自然灾害的发展趋势》，《自然灾害学报》1996年第2期。

1～2 ℃，降水量显著减少。[1]

2.气候变冷对旱灾的影响

本书对鄂尔多斯高原历史时期干旱灾害发生频次与气候变化进行了分析，结果见表2-3。由表2-3可知，该地区历史时期旱灾与气候波动变化有重要的相关性。

表2-3 历史时期鄂尔多斯高原旱灾与气候变化比较

年代	时间	特征气候	旱灾次数（次）	旱灾百分比（%）
秦、西汉	前221～公元元年	温暖	3	0.6
东汉、魏晋南北朝	公元元年～600	寒冷	42	8.1
隋唐五代	600～1000	温暖	35	6.8
北宋、南宋	1000～1200	寒冷	44	8.5
南宋后期、元代早期	1200～1300	温暖	20	3.9
元末、明、清	1300～1900	寒冷	327	63.4
清末、民国	1900～1949	变暖	45	8.7

从气温变化来看，公元元年～600年，相当于东汉和魏晋南北朝时期，温度比现今低1～2℃，该时期由于气温降低，降水减少，发生旱灾42次，占历史时期旱灾总数的8.1%。1000～1200年相当于北宋和南宋，为中国东部气候的第三个寒冷期，气温由距今0℃降低至-1.5℃，对应的旱灾一共发生44次，占旱灾总数的8.5%。1300～1900年对应于中国东部气候的第四个寒冷期，即明清小冰期阶段。此时期气候波动异常剧烈，气温极不稳定，干湿波动大，导致旱灾发生极度频繁，达327次，占历史时期旱灾总数的63.4%。综上，在公元元年～600年、1000～1200年和1300～1900年这3个气候寒冷阶段，旱灾发生总数占总体的80%。

前221～公元元年、600～1000年及1200～1300年，为中国东部气候的3个温暖期，旱灾相对较少，分别发生3、35和20次，占整个历史时期旱灾总数的0.6%、6.8%和3.9%。1900～1949年明清小冰期结束后，工业迅速发展，城市化水平大幅度提高，大量化石燃料燃烧，使得大气中二氧化碳含量增加，气温由低于现今1℃迅速上升，并达到现今水平，该时期旱灾数量略有上升，发生了45次，占整个历史时期旱灾总数的8.7%。

由此可看出，鄂尔多斯高原旱灾的出现往往与气候的异常波动有密切关系，气候寒冷期旱灾发生较多，温暖时期旱灾偏少。这也与徐国昌的研究相吻合。徐国昌认为中国干旱地区全新世以来的气候波动基本上都是暖与湿对应，冷与干对应。气候温暖

---

[1] 蒋复初、王书兵、傅建利等：《鄂尔多斯高原距今15ka以来环境演化》，《地质力学学报》2014年第2期。

有利于降水增多，气候寒冷则降水减少。[1]

3.降水量变化对旱灾的影响

历史上大旱灾和特大旱灾的发生，主要是由年降水量波动变化引起。当一年或连续几年的降水量明显减少时，极有可能发生干旱灾害，进而威胁农业生产，形成大旱灾或特大旱灾。[2]现代干旱年降水量的变化可为历史时期旱灾发生的原因提供可靠依据。发生大旱灾和特大旱灾时，通常会出现年降水量异常减少的情况。我们以甘肃环县旱灾与降水量的关系为例进行论证。环县近60年年平均降水量为427.9mm，而发生大旱灾的1980年，年降水量只有304.2mm，并且这种大旱灾持续了3年，1981年粮食大幅度减产，比1979年减产58%，环县北部的13个乡的夏田几乎绝收。根据庆阳和平凉的降水量变化可知，在发生大旱的1995年这两个地区的年降水量分别减少了209.3mm和136.2mm，1997年两地区的降水量都减少了200多毫米。甘肃省在1995年和1997年都发生了大旱灾，且春夏秋三季连旱，严重影响了当地的农业生产和人民生活。如1995年全省高达$187.06 \times 10^4 km^2$粮食受到旱灾影响，占全省粮播面积的63.9%。全省有300多万人、大量牲畜饮水极度困难，陇东和陇中有40多万人需翻山越岭到10～40km外拉水度日，每桶水价高达5～10元。[3]这表明大旱灾与特大旱灾的发生主要是年降水量显著减少导致的。

除了年降水量减少引起旱灾之外，年内降水量分配不均也是引起旱灾的重要原因。但降水高度集中于夏秋季又是旱涝灾害发生的重要因素。[4]清代陇东地区轻度旱灾及部分中度旱灾的发生主要是由降水季节分配不均所致。受地理环境和大气环流的影响，陇东地区降水量年内分配极不平衡，冬季干旱少雨，夏季湿润多雨，干湿季节明显。7、8、9三个月降水超过全年降水量的60%，且多以大暴雨或雷阵雨的形式降落。[5]"春旺夏旱秋雨多，大雨下在七八月"，充分表现了该地区降水量分配不均的状况。陇东地区4～9月是主要作物的生长期，期间需水量大。当作物需水期降水较少时，土壤中的水不能满足作物正常生长的需水量，就会出现干旱现象甚至发生旱灾。例如1961年，陇东地区发生了春旱。这一年陇东的降水量为688.2mm，属于降水量较多的一年，由于降水主要集中在夏秋两季，便出现了严重的春旱，陇东地区旱灾面积达$1446km^2$，占受灾面积$2333km^2$的62%，受灾人口124.3万人，粮食减产

① 陈家其：《近二千年中国重大气象灾害气候变化背景初步分析》，《自然灾害学报》1996年第2期。
② 宋春连：《干旱》，甘肃省气象局，2003年。
③ 白虎志、刘德祥：《甘肃气候影响评估（1951—2004）》，气象出版社，2005年。
④ 赵景波、李艳芳、董雯等：《关中地区干旱灾害研究》，《干旱区研究》2008年第6期。
⑤ 窦润吾：《陇东地区水土流失与地质作用初步分析》，《甘肃科技学报》2003年第8期。

$7500×10^4kg$。1974年平凉地区的降雨量为514.7mm，但因降水分布不均匀，出现了严重的秋季旱灾，7～8月降雨量接近历年最低值，秋粮在生长过程中受到了很大不利影响，造成了粮食亩产严重减产。[①]由此可以确定，年内降水不均是陇东地区的轻度旱灾和中度旱灾发生的主要原因。

（三）ENSO事件对旱灾的影响

1. ENSO事件对鄂尔多斯高原北部地区旱灾的影响

根据1955～2011年期间发生的厄尔尼诺/拉尼娜（El Nino/La Nina）事件和鄂尔多斯高原东缘三个站点（兴县、绥德、榆林）的气象资料，对近60年降水量和ENSO事件强度多项式拟合，获得两者的变化曲线（图2-64）。从图2-64可以看出，降水量的变化比较明显，在厄尔尼诺年该地区的降水量减少，在拉尼娜年该地区的降水量相对于厄尔尼诺年有所增加，但是相对于正常年依然是减少的。

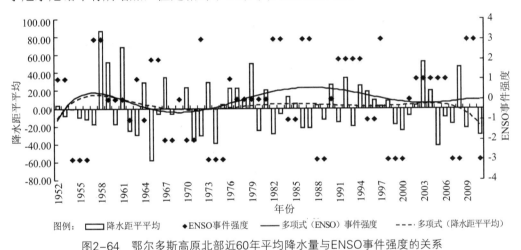

图2-64　鄂尔多斯高原北部近60年平均降水量与ENSO事件强度的关系

从这三个城市的降水变化来看，包头市在厄尔尼诺年的平均降水量（302.7mm）比正常年（329.8mm）减少27.1mm，而拉尼娜年的平均降水（305.1mm）比正常年减少24.7mm。呼和浩特市在厄尔尼诺年的平均降水（387.1mm）比正常年（418.3mm）减少31.2mm，拉尼娜年的平均降水（389.3mm）比正常年减少29mm。乌拉特中旗的厄尔尼诺年的平均降水（181.5mm）比正常年（220.9mm）减少39.4mm，而拉尼娜年的平均降水（202.8mm）比正常年减少18.1mm。综合以上三个城市的降水减少量，可以发现ENSO暖事件年相对于正常年而言，鄂尔多斯北部地区的平均降水量减少了32.6mm，和全国平均降水量的减少量（34mm）[①]相近。ENSO冷事件年时鄂尔多斯北部的平均降水量相对于正常年减少了23.9mm，和全国平均降水量的减少量（34mm）

———————
① 白虎志、刘德祥：《甘肃气候影响评估（1951—2004）》，气象出版社，2005年。

相比少减少了10.1mm。

鄂尔多斯北部地区年蒸发量是降水量的7～8倍，所以鄂尔多斯北部地区经常会出现十年九旱。根据鄂尔多斯北部的降水资料，按照《中国近五百年旱涝分布图集》给出的旱涝等级标准可得，ENSO事件会对鄂尔多斯北部地区旱涝灾害的发生造成不可忽视的影响。1951年来，鄂尔多斯北部共发生旱级以上旱灾（包括旱）23次，其中11次旱灾出现厄尔尼诺现象，即旱灾年份中出现厄尔尼诺事件的概率是0.48。

在该区所发生的23次旱灾中有6次出现在拉尼娜年份，出现拉尼娜的概率为0.26。可见厄尔尼诺事件的出现提高了该区干旱灾害出现的频率，即厄尔尼诺事件使得旱灾更易于发生。厄尔尼诺事件出现在华北地区、西南地区和西北东部地区时，这些地区的降水量普遍减少，而且降水减少量明显，只有东北等少数地区在该事件年降水量增多。

2. ENSO事件对鄂尔多斯高原东部地区旱灾影响

为了分析ENSO事件对鄂尔多斯高原东缘降水量的影响，笔者绘制了1955年以来发生的ENSO事件与该区历年降水距平百分率变化关系（图2-65）。从图2-65和对1955～2011年57年间统计资料统计分析得知，正常年（非厄尔尼诺年且非拉尼娜年）正距平10次，负距平4次；非厄尔尼诺年正距平21次，负距平14次；非拉尼娜年正距平19次，负距平17次。在厄尔尼诺年中正距平9次，负距平13次；拉尼娜年中正距平11次，负距平10次。57年平均降水量为442.2mm，正常年年均降水量为497.5mm，所有厄尔尼诺事件发生年年平均降水量为405.5mm，所有拉尼娜年年平均降水量为443.8mm。由此可见，ENSO事件的发生对鄂尔多斯高原东缘的降水都有减少作用，但减少程度不同。降水量在厄尔尼诺事件发生年会大幅减少，通常比正常年平均降水量要少92mm，比57年以来平均降水量减少36.7mm。拉尼娜发生年降水量比正常年均

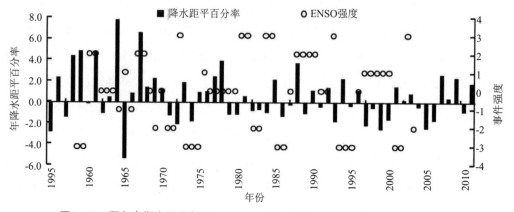

图2-65　鄂尔多斯高原北部1955～2011年间降水距平百分率与El/La事件关系

降水量少53.7mm，但比57年以来年平均降水量增多1.6mm。由此可见，厄尔尼诺事件和拉尼娜事件均会影响该区降水，但厄尔尼诺事件比拉尼娜事件对鄂尔多斯高原东部的降水减少影响程度大。

在我国普遍应用Z指数法对旱涝灾害的等级加以确定。Z指数是在假设降水量服从P－Ⅲ型分布的条件下，对降水量进行标准化处理后，将其概率密度函数转变为以Z为新变量的标准化正态分布，再由计算得到的Z指数来进行分级判断，进而确定旱涝灾害的等级。一般将Z值划分为下面7个旱涝等级：$Z>1.645$为重涝年，$1.037<Z\leq1.645$为大涝年，$0.842<Z\leq1.037$为偏涝年，$-0.842\leq Z\leq0.842$为正常年，$-1.037\leq Z<-0.842$为偏旱年，$-1.645\leq Z<-1.037$为大旱年，$Z<-1.645$为重旱年。

根据旱涝等级标准及Z指数法可知，在统计的57年中有8年为旱年，其中有1年为重旱年，有4年为大旱年，有3年为偏旱年，有11年为涝年，其中有3年为偏涝年，有5年为大涝年，有3年为重涝年。

从表2-4可知，厄尔尼诺和拉尼娜事件对该区旱灾影响显著。厄尔尼诺事件发生时该区多发生旱灾。进一步分析可知，在统计年，该区出现的8次旱灾中有5次为厄尔尼诺年，2次为拉尼娜年，其余1次为非厄尔尼诺、非拉尼娜年。厄尔尼诺事件出现在旱灾年份的概率为63%，拉尼娜事件出现在旱灾年份的概率为25%。由此可见，厄尔尼诺事件伴随旱灾发生的可能性大于拉尼娜事件伴随旱灾发生的可能，而拉尼娜事件伴随涝灾出现的可能性大。这一认识对预防鄂尔多斯高原东缘旱涝灾害具有重要指导作用。因此，在鄂尔多斯高原的厄尔尼诺年，要向该区农牧民做好宣传，做好预防旱灾的准备，减少旱灾可能造成的损失。

表2-4　鄂尔多斯高原东缘1955~2007年间旱涝灾害与El/La事件的对应关系

旱/涝年份	旱涝强度	El Nino/La Nina
1955	大旱	L
1958	大涝	E
1959	重涝	—
1961	大涝	—
1964	重涝	L
1965	重旱	E
1967	重涝	—
1972	大旱	E
1977	偏涝	—
1978	大涝	—
1981	偏涝	—

续表

旱/涝年份	旱涝强度	El Nino/La Nina
1988	大涝	L
1993	偏旱	E
1994	偏旱	E
1997	大涝	E
1999	大旱	L
2005	大旱	E
2006	偏旱	E
2007	偏涝	L

二、人为因素

人地关系失衡往往会造成灾害，气候的异常波动是灾害发生的导火线，而人类活动会加剧灾害，使灾情变得更为严重。从表2-2中可以看出，鄂尔多斯高原的干旱灾害，随着时代的发展有越演越烈的趋势。这除了自然气候的变迁因素外，与该地区的垦殖有极大的关系。

在历史记载中鄂尔多斯高原一度水草丰美，是游牧民族的理想家园。鄂尔多斯高原在周秦之际，林草茂盛，牲灵盈野。至两汉时期，虽然垦殖面积在扩大，草场面积不断缩小，但畜牧业仍在该地区占有举足轻重的地位。司马迁在《史记·货殖列传》中记载："天水、陇西、北地、上郡……西有羌中之利，北有戎翟之畜，畜牧为天下饶。"[1]赫连勃勃尝游契吴，升高而叹曰："美哉斯阜，临广泽而带清流。吾行地多矣，未有若斯之美。"[2]元代这里是蒙古人理想的乐园，传说成吉思汗在远征西夏时，途经此地看到这里美丽的草原和茂密的森林，竟忘情到失手掉落了马鞭，当从人去捡马鞭时，他不禁吟诵："花角全鹿栖息之所，戴胜鸟儿育雏之乡，衰落王朝振兴之地，白发老翁享乐之邦。"[3]虽然在某些历史阶段，如秦、汉、唐等朝代，国力强盛的中原王朝曾将中原农业文明播迁于此，但随着中原王朝不断衰落，游牧民族逐渐复归壮大，之前的农业生产迅速萎缩甚至不复存在。因此，在历史时期，鄂尔多斯高原地区基本上保持着自然草原景观，直到清代的农垦，这里开始出现了较大变化。

在满族建立全国政权之初，曾在鄂尔多斯地区实行严厉的封禁政策，因此在清顺治时期该区基本不存在土地开垦现象。到了康熙末年和雍正之初，由于人口快速增长

---

① 司马迁：《史记·货殖列传》，中华书局，1982年，第3262页。

② 崔鸿：《十六国春秋辑补》，中华书局，2020年，第777页。

③ 宝斯尔、杨勇、托娅：《鄂尔多斯历史与文化》，中央民族学院出版社，1989年，第72—73页。

和陕西、山西北部发生灾荒，大量贫民被迫到榆林以北的关外谋食，鄂尔多斯地区的垦民骤增，当地的封禁政策逐步便没那么严格。到了乾隆统治时期，对该区的开垦更加扩张。到了光绪末年，风雨飘摇的清政府已无计可施，为了增加国库收入，在蒙古地区以推行新政的名义施行放垦政策，从此，鄂尔多斯地区开始了有史以来规模最大的一次开垦。

由于地旷人稀，清代移民在种庄稼时往往不打井开渠用水灌溉，且不施肥料，经过几年耕作以后土地生产能力下降时就抛弃田地，另辟新地，原有树木也作为燃料烧掉，如此乱砍滥伐，开垦草地，使得土壤裸露地表。由于缺少植被的保护，土壤经过风蚀，沙尘到处飞扬，造成了严重的水土流失，并引发土地荒漠化。有研究认为，黄河中游的植被覆盖率，由春秋战国时期的53%，到秦汉时期的42%，再到唐宋时期的32%，从明清时期到新中国成立前期植被破坏加速，植被覆盖下降到了很低时期。[①]大片森林、草原被毁，加剧了该区旱灾的发生。

第九节　旱灾引发的环境效应与社会效应

水是生命起源的必要条件，更是万物得以生存发展的基本所需。长时间缺水导致的旱灾是人类发展历史中经常面临的主要自然灾害之一。纵观中国历史，旱灾对人民生产生活和中华文明所产生的影响与破坏比其他任何灾害要更为深远和严重。美籍华裔学者何炳棣在其关于中国人口历史的研究中曾说过："旱灾是最厉害的天灾。"

一、旱灾引生的环境效应

（一）生态环境恶化

旱灾会对环境产生极为严重的影响和破坏。比如，严重的旱灾会造成大量生物体腐烂，从而恶化水质，污染空气。同时，从人类发展历史的长河中不难看出，但凡有旱灾发生，都会加剧民众的贫困，引发饥荒。灾民为满足生存所需，啃树皮、吃草根，不断向已经不堪重负的环境索取食物，破坏当地植被，导致生态环境的恶化。如1928~1932年，鄂尔多斯高原南部连续数年发生大旱灾，滴雨未下，井泉干涸，树木枯萎，饥民遍野。由于当时延安灾情相比其他地区较轻，故绥德、米脂、横山一带的饥民逃荒到延安，在当地到处垦荒，黄土梁、峁也尽被耕种。20世纪20年代前，延安

---

① 延军平、黄春长、陈瑛：《跨世纪全球环境问题及行为对策》，科学出版社，1999年，第27—29页。

延河南北两侧广泛分布着天然次生林，而旱灾发生时大规模的垦荒行为使当地次生林屡次遭受破坏，黄土梁、峁地区的侵蚀量到50年代，已发展到平均每年流失土层大致为1厘米，平均森林覆盖率只有7%，水土流失非常严重。[①]

由于生态环境恶化，加重了干旱的致灾程度。由于旱灾所产生的直接影响和人类活动的进一步加剧，使生态环境进一步恶化，干旱的致灾程度也不断加重，形成了恶性循环。

（二）诱发其他灾害

旱灾，尤其是周期性暴发的特大旱灾，往往并不是一种孤立的现象，相伴而生的更有连锁反应和交织现象。旱灾的发生一方面会引发蝗灾、瘟疫等各种次生灾害，形成灾害链条，另一方面也与其他灾害如寒潮、台风、地震等同时或者相继出现，形成大旱、大寒、大风、大地震、大瘟疫交织群发的现象，进一步加重了对人类社会的危害。这种祸不单行的多样灾害并发的现象，被现今国内灾害学界称之为"灾害群发期"。如明朝崇祯末年和清朝光绪初年所发生的大旱和大饥荒，即分别处在我国当代自然科学工作者所发现的两大灾害群发期——"明清宇宙期"和"清末灾害群发期"的巅峰阶段。

二、旱灾引发的社会效应

（一）人口受到严重损失

旱灾产生的最严重影响应当是在人们生命财产安全方面。民以食为天，粮食是满足人类生存的基本需求。在漫长的农业文明时期，农业生产一度是"靠天吃饭"，以躬耕农亩为经济基础的农业文明中，旱灾往往导致粮食大量减产，严重时甚至颗粒无收，一旦遭遇大面积历时长的严重旱灾，留给人们的只有食不果腹和饿殍遍野的惨状。中国历史上，因旱灾引发的饥荒数不胜数，饿死者不计其数，尸横遍野、饿殍载道的景象在历史时期亦是屡见不鲜。史料典籍中记载的鄂尔多斯高原干旱对人口造成的惨烈影响更让人触目惊心，巨大灾荒下灾民们的生存状况堪称惨绝人寰。

以"丁戊奇荒"为例，光绪初年的"丁戊奇荒"为有史以来难遇之大旱，前后持续约4年之久，受灾最严重的是直隶和山东，而后灾情迅速延伸到山西、河南和陕西等地，苏北、皖北、陇东和川北等地区也受到影响。鄂尔多斯高原从1876～1879年连续4年也发生不同程度的旱灾，最严重的1877年，陕西、甘肃苦旱，秦历冬经春

---

① 延安市志编纂委员会：《延安市志》，陕西人民出版社，1994年。

及夏不雨，赤地千里，人相食，道殣相望，其鬻女弃男，指不胜屈，为百年来未有之奇。①清德宗光绪二年（1876）陕西省府谷县旱，全境歉收。此次大旱导致农产绝收，田园荒芜，全国因饥饿致死的人数竟多达一千万以上。

1928～1932年鄂尔多斯高原连续5年遭遇旱灾，其中1928年发生了大旱灾，1929年和1930年连续两年发生特大旱灾，树皮草根被数以万计的饥民掘食殆尽，众多家庭纷纷卖妻鬻女，可大多数人最终仍难免一死。据记载，1929年，"甘肃全省（去年）。被灾者总计达五十七县，灾民约四百五十七万人，死亡二百万人"②。人口的大量死亡和劳动人数的锐减，对农业生产的影响是巨大的，有些地方的人口甚至在灾后好长时间难以恢复到灾前水平。比如，横山县在灾前的1924年人口是125236人，灾荒中的1931年是75073人、13473户，而到1938年，即时隔6年后，人口才达到81354人、13516户，远远未达到灾前1924年的人口数。③

由于旱灾的影响，人口急剧下降；同时，社会动荡也会导致结婚率下降；而且处于灾荒中的人口由于营养不良，必然导致生育率的降低。因此，灾荒对人口增长的抑制作用远远超过直接造成的死亡人口数。

（二）粮价飞涨

旱灾是一种渐发性的自然灾害，影响时间长、范围广，因此旱灾对于社会粮食总量的影响是最为直接和明显的，进一步也会极大地影响到物品价格。旱灾过后，灾区由于粮食匮乏，极容易导致物价高涨，超出正常市场价格，违背了正常的商业交换规律。

比如庚子大旱期间，全国米价大致保持在每石一两三钱至一两八钱这个范围之内。按照当时官方规定的银一两兑换一千文、一石为十斗的比价换算，此时全国米价约为每斗一百三十文至一百八十文。据记载，当时鄂尔多斯高原南部的米脂由于旱灾斗米一两四钱，高出全国水平近10倍。④清康熙三十二年（1693）至三十七年（1698），山西省保德县俱夏旱，秋霜。斗米至四钱。⑤

再比如1928～1932年陕北大旱期间，粮食歉收，导致严重的粮荒，以至于"草根树皮掘剥殆尽，民甚以骨、木果腹"，粮价因此急剧上涨。陕北等灾区粮价较平时上涨10倍，小麦每230斤为1石，价65元，若在平时，不过5～6元而已。⑥人们为了求购

---

① 袁林：《西北灾荒史》，甘肃人民出版社，1994年。
② 袁林：《西北灾荒史》，甘肃人民出版社，1994年。
③ 横山县志编纂委员会：《横山县志》，陕西人民出版社，1996年。
④ 米脂县志编纂委员会：《米脂县志》，陕西人民出版社，1993年。
⑤ 中共保德县委：《保德州志》，山西人民出版社，1990年。
⑥ 延安市志编纂委员会：《延安市志》，陕西人民出版社，1994年。

粮食，几乎变卖了包括土地、房屋、衣物等所有值钱的东西，甚至卖儿鬻女。

（三）社会动荡

严酷的饥荒不仅制造了无数个人和家庭的悲剧，也给整个社会秩序带来巨大的冲击，进而导致王朝的崩溃更迭。历史上，大多数的社会动荡和农民起义，都是因此而起，最终危及政权稳定。正如邓拓指出："我国历史上累次发生的农民起义，无论其规模大小，时间久暂，无一不以荒年为背景，这实已成为历史的公例。"[①]而这样的动荡，多数是由旱灾引发的。

据我国可考的旱灾记载说，最早的大旱灾应该发生于距今3800多年的前1809年的伊洛河流域，即历史上所说的"伊洛竭而夏亡"。这一场大旱是中华历史长河中第一个集权王朝夏王朝覆灭的直接原因。随后也有类似事件发生，如"河竭而商亡，三川竭而周亡"。秦汉以来，长期的旱荒是历次王朝衰亡而农民揭竿起义的源首，且大都发生在长期旱荒的过程之中。从明清王朝至近代中国，干旱和其诱发的灾害导致的巨大灾难有愈演愈烈之势。

就以明朝为例，其王朝灭亡当然原因众多，但是，我们却不难注意到其最重要的导火线——明末那场大旱灾。明朝末年，大规模的旱灾暴发，由最初的小区域陕西、甘肃一带迅速席卷全国。《陕西通志》记载："熹宗天启二年至思宗崇祯二年，八年皆大旱不雨。崇祯六年米脂大旱，斗米千钱，人相食。"近五百年来最严重的干旱发生在崇祯十年至十七年（1637～1644），尤以1638～1641年为甚。1639年，山东、河南、山西、浙江皆发生了旱灾，进而导致饥荒出现，中国东半部全部陷入一片灾难中，至1641年饥馑遍及170余县。饥民无力抗御天灾，民变四起，各地起义风起云涌，于是乃有明熹宗天启二年（1622）时的白莲教之乱，明思宗时的张献忠和李自成之乱，以及关外满人的南下叩关。崇祯十七年（1644），李自成于西安称帝，同年，北京迎流寇入城，思宗死，明朝被李自成推翻。

到了清代，虽然清王朝的覆灭不是大旱荒直接导致的，但旱荒不断且规模大小不等、形式多样的饥民暴动此起彼伏，土匪活动猖獗，以致清政府在救荒过程中，必须一手拿粮，一手操刀，软硬皆施却往往不能应付，内部的动乱导致其根本上的国力空虚。旱灾的发生和肆虐，导致了食物极其缺乏，从内部瓦解了清王朝的统治基础，对其最终的灭亡起到了推波助澜的作用。

由此可见，干旱灾害所导致的严重饥荒对自然、个人和社会皆是灭顶之灾。它的

---

① 邓拓：《邓拓文集》第二卷，北京出版社，1986年，第106—107页。

危害是循序渐进的，一步步蚕食个体和社会整体，最终会使一个貌似强盛的国家在短时期内走向衰亡。因此，需要特别重视旱灾对经济和社会的影响。

历史发展到近现代社会，整个世界都已发生了翻天覆地的变化，人类已经从躬耕农亩的农业文明迈入机械化时代的工业文明，当代更是科学技术日新月异的时代，人类对自身生存的保障能力已经大大提高，即便是遇到严重的旱灾，地区性的粮食减产甚至颗粒无收，也不可能再造成食人这类恶性事件或是饿殍遍野的人间惨剧。但是一旦暴发干旱灾害，仍旧会对社会经济和人们日常生活造成十分深刻的负面影响，其波及范围之广、影响程度之深，依旧让人触目惊心。旱灾既是自然变异过程和社会变动过程彼此之间共同作用的产物，又是该地区自然环境和人类社会对自然变异的承受能力的综合反映。因此，保护自然环境，完善社会保障制度，建立新的包括针对旱灾在内的救荒制度或者灾害应急体系，依然是当代社会人类面临的重要而又艰巨的任务之一。

第三章　鄂尔多斯高原历史时期的洪涝灾害

　　鄂尔多斯高原位于我国西北地区，此地出现的洪涝灾害事件次数通常只是比干旱灾害发生的少一些。[①]这种灾害会造成两方面的影响：一是破坏了当地的自然环境；二是威胁到人类的经济发展，造成难以估计的损失，情况严重还会出现人员伤亡。洪涝灾害包含两部分，分别是洪水和雨涝。洪水指的是由于河水泛滥、冲垮堤坝、吞没田地所引起的灾害。雨涝是指雨水过多，因排水不畅导致低洼的地方积水所造成的灾害。这两种灾害时常交织在一起，不易区分，所以我们常把它们合并叫作洪涝灾害。研究区位于我国西北地区，属于两大季风同时会产生作用的边缘性地带，虽然总降水量较少，但受季风作用的影响，使得本地的降水事件主要发生在夏季，并且6、7、8三个月降水占全年总降水量的50%以上，夏季发生短时期连续暴雨或大范围暴雨，往往造成洪涝灾害。[②]鄂尔多斯高原也是黄土高原与风沙高原的过渡带，这一地域内的地表环境恶劣，植被覆盖范围小，水土极易流失，因此同纬度地区相同的降水量，在这里就易出现小区域的洪涝灾害。

　　目前，我国学者根据历史文献资料对关中平原等地历史时期洪涝灾害进行过许多

---

①　张德二：《中国历史气候记录揭示的千年干湿变化和重大干旱事件》，《科技导报》2004年第8期。
②　袁金梁：《鄂尔多斯高原水文特性》，《内蒙古水利》1995年第1期。

研究[1][2][3][4]，对关中现代洪涝灾害也进行了许多研究[5][6][7]，取得了许多重要成果。现已认识到，我国北方洪涝灾害的发生多与年降水量增加有关，其发生具有周期性。一般把洪涝灾害划分成3～4个等级序列。国外由于缺少历史文献的记载，主要是根据河流沉积物来研究历史时期洪水事件及其与气候变化的关系。[8][9][10][11][12][13]至今为止，前人对鄂尔多斯高原地区历史时期的洪涝灾害还没有进行过系统研究，也没有相关的研究成果发表。本章根据鄂尔多斯高原地区历史文献资料，通过多项式拟合分析、Matlab小波分析等方法，对该区历史时期洪涝灾害发生频次、等级、周期及原因等进行系统全面研究，以期对该区的洪涝防治提供可参考信息。

本章所使用的洪涝灾害资料来源于《中国三千年气象记录总集》[14]《中国灾害通史》[15]《西北灾荒史》[16]《中国气象灾害大典（陕西卷）》[17]《中国气象灾害大典（内蒙古卷）》[18]《中国气象灾害大典（宁夏卷）》[19]以及《陕西省自然灾害史料》[20]

① 赵景波、顾静、邵天杰：《唐代渭河流域与泾河流域涝灾研究》，《自然灾害学报》2009年第2期。
② 赵景波、王娜、龙腾文：《唐代泾河流域洪涝灾害研究》，《海洋地质与第四纪地质》2008年第3期。
③ 史念海：《黄河流域诸河流的演变与治理》，陕西人民出版社，1999年，第315—320页。
④ 甘枝茂、桑广书、甘瑞：《晚全新世渭河西安段河道变迁与土壤侵蚀》，《水土保持学报》2002年第2期。
⑤ 庞雷、陈文军：《渭河"2003·8"洪水分析》，《水资源研究》2004年第4期。.
⑥ 毛明策、王琦：《渭河流域近40 a来汛期降水特征分析》，《人民黄河》2010年第12期。
⑦ 杨明楠、朱亮：《陕西渭河流域水资源开发利用及问题分析》，《地下水》2010年第6期。
⑧ MacklinM G, Benito G, Gregory K J, et a1. Past hydrological events reflected in Holocene fluvial record of Europe. Catena, 2006, 66: l45-l54.
⑨ Michael J. Large floods and climatic change during the Holocene on the Ara River, cantral Japen. Geomorphology, 200 l, 39: 21-37.
⑩ James C. Sensitivity of modern and Holocene floods to climate change. Quatenlary Science Review, 2000, l9: 439-457.
⑪ Dionysia R. Sensitivity of flood events to global climate change. Journal of Hydroligy, l997, 191: 208-222.
⑫ Thorndycraft V R,Benito G. Late Holocene fluvial chronology of Spain: the role of climatic variability and human impact. Catena, 2006, 66: 34-41.
⑬ Starkel L, Soja R. Michczyn'ska D J. Past hydrological events reflected in the Holocene history of Polish rivers. Catena, 2006, 66: 24-33.
⑭ 张德二：《中国三千年气象记录总集》，江苏教育出版社，2004年。
⑮ 袁祖亮：《中国灾害通史·清代卷》，郑州大学出版社，2009年。
⑯ 袁林：《西北灾荒史》，甘肃人民出版社，1994年。
⑰ 翟佑安：《中国气象灾害大典·陕西卷》，气象出版社，2005年。
⑱ 沈建国：《中国气象灾害大典·内蒙古卷》，气象出版社，2008年。
⑲ 夏普明：《中国气象灾害大典·宁夏卷》，气象出版社，2007年。
⑳ 陕西省气象局气象台：《陕西省自然灾害史料》，陕西省气象局气象台出版，1976年。

《陕西历史自然灾害简要纪实》[①]《资治通鉴·唐纪》[②]《旧五代史·五行志》[③]《宋史·五行志》[④]《延川县志》[⑤]《靖边县志》[⑥]《绥德州志》[⑦]《米脂县志》[⑧]《保德州志》[⑨]等历史文献资料。本章统一使用公元纪年法，春季（阳历2～4月，对应农历正月至三月），夏季（阳历5～7月，对应农历四月至六月），秋季（阳历8～10月，对应农历七月至九月），冬季（阳历11～次年1月，对应阴历十至十二月）。

　　凡是因水量过多而给人们的生产、生活造成威胁和破坏的灾害，都可以列属于洪涝灾害的范畴。这里所谓的水量过多，是相对一般情况而言，是否形成洪涝灾害，则要看其是否给人类带来危害和破坏。文献资料中的记录多是对洪涝灾害的定性描述，而没有量化分级。本章为了便于研究，把描述当时发生洪涝灾害事件的文章通过制定标准的量化指标等进行量化和分级，其中的量化指标如当时灾害所带来的灾情危害程度高低、经历时间的长短、遍布区域的范围大小等，由此我们可以把本研究区所发生的洪涝灾害划分为以下3个等级。

　　第1级为轻度洪涝灾害。文献中有"水""大水""大雨""淫雨""河决"等模糊或简单记载，但未记载对当地农业和人民生活产生的影响。如"明世宗嘉靖十二年（1533）秋，绥德、米脂，淫雨"[⑩]。明世宗嘉靖四十三年（1564）八月，水，潍镇靖堡。清高宗乾隆二十六年（1761）（神木）雨，损城垣。[⑪]清高宗乾隆三十二年（1767），大水，无定河改道，冲刷盐地。[⑫]

　　第2级为中度洪涝灾害。文献中常记载有降雨持续时间较长、局部范围受灾、河水涨溢、民田被淹、淫雨害稼、减免某地水灾额赋等。比如"明英宗天顺八年（1464）秋，延安府淫雨害稼，饥。明宪宗成化十六年（1480）五月，榆林大风雨，毁城垣，移垣洞于其南"[⑬]。明孝宗弘治十六年（1503）榆林卫水灾，毁城垣，移垣

① 《陕西历史自然灾害简要纪实》编委会：《陕西历史自然灾害简要纪实》，气象出版社，2002年。
② 司马光：《资治通鉴·唐纪》，中华书局，1956年。
③ 薛居正：《旧五代史·五行志》，中华书局，1976年。
④ 脱脱等：《宋史·五行志》，中华书局，1985年。
⑤ 延川县志编纂委员会：《延川县志》，陕西人民出版社，1999年。
⑥ 靖边县地方志编纂委员会：《靖边县志》，陕西人民出版社，1993年。
⑦ 孔繁朴、高维岳：《绥德州志》，成文出版社，1970年。
⑧ 米脂县志编纂委员会：《米脂县志》，陕西人民出版社，1993年。
⑨ 中共保德县委：《保德州志》，山西人民出版社，1990年。
⑩ 孔繁朴、高维岳：《绥德州志》，成文出版社，1970年。
⑪ 神木县志编纂委员会：《神木县志》，经济日报出版社，1990年。
⑫ 米脂县志编纂委员会：《米脂县志》，陕西人民出版社，1993年。
⑬ 李熙龄：《榆林府志》，上海古籍出版社，2014年。

洞于其南五十步，免税粮。[1]明世宗嘉靖三十六年（1575），米脂、绥德，雨、水涨入城，害禾稼。[2]

第3级为重度洪涝灾害。文献中常记载有降雨时间长、强度大，大量民田被淹，城垣倒塌，有人畜死伤，受灾范围较广，几乎波及整个高原地区，对人民生命财产造成严重危害。如明万历二十六年（1598）五月十六日，府谷大雨不止，二十九日申时，河水泛滥，高涌数十丈，近岸民庐田地飘荡无存。[3]明穆宗隆庆四年（1570），六月二十一日子时，大雨水涨，冲坏南瓮城并民居数百家。[4]明熹宗天启六年（1626）大水与城齐，漂去南瓮城，没南关民数百家。[5]

第一节　唐代洪涝灾害

一、洪涝灾害发生频次

根据《中国三千年气象记录总集》[6]《中国灾害通史》[7]《西北灾荒史》[8]《中国气象灾害大典（陕西卷）》[9]《中国气象灾害大典（内蒙古卷）》[10]《中国气象灾害大典（宁夏卷）》[11]以及《陕西省自然灾害史料》[12]《陕西历史自然灾害简要纪实》[13]《资治通鉴·唐纪》[14]《旧五代史·五行志》[15]《新唐书·五行志》[16]《旧唐书·五行志》[17]《唐会要·水灾》[18]《新唐书·天文志》[19]等历史文献资料中对鄂尔多斯高原唐

① 李熙龄：《榆林府志》，上海古籍出版社，2014年。
② 袁林：《西北灾荒史》，甘肃人民出版社，1994年。
③ 张德二：《中国三千年气象记录总集》，江苏教育出版社，2004年。
④ （清）钟章元纂修：《清涧县志》，成文出版社，1970年。
⑤ 袁祖亮：《中国灾害通史》，郑州大学出版社，2009年。
⑥ 张德二：《中国三千年气象记录总集》，江苏教育出版社，2004年。
⑦ 袁祖亮：《中国灾害通史》，郑州大学出版社，2009年。
⑧ 袁林：《西北灾荒史》，甘肃人民出版社，1994年。
⑨ 翟佑安：《中国气象灾害大典·陕西卷》，气象出版社，2005年。
⑩ 沈建国：《中国气象灾害大典·内蒙古卷》，气象出版社，2008年。
⑪ 夏普明：《中国气象灾害大典·宁夏卷》，气象出版社，2007年。
⑫ 陕西省气象局气象台：《陕西省自然灾害史料》，陕西省气象局气象台出版，1976年。
⑬ 《陕西历史自然灾害简要纪实》编委会：《陕西历史自然灾害简要纪实》，气象出版社，2002年。
⑭ 司马光：《资治通鉴·唐纪》，中华书局，1956年。
⑮ 薛居正：《旧五代史·五行志》，中华书局，1976年。
⑯ 欧阳修、宋祁：《新唐书·五行志》，中华书局，1975年。
⑰ 刘昫：《旧唐书·五行志》，中华书局，1975年。
⑱ 王溥：《唐会要·水灾》，中华书局，1955年。
⑲ 欧阳修：《新唐书·天文志》，中华书局，1975年。

代洪涝灾害记载的资料统计得知，在唐代（618~907）的290年里，鄂尔多斯高原整个地区共出现过不同危害程度的洪涝灾害24次，平均12.0年发生一次。

为了更加准确地反映鄂尔多斯高原唐代洪涝灾害变化，本书依自然地理条件的差异，以乌拉特前旗—杭锦旗—乌审旗—靖边一线为界，把鄂尔多斯高原划分为东、西两个区域，以20年作为时间尺度单位分别统计高原东部和西部在唐代所记录的洪涝灾害的出现频次，同时分析其阶段性的变化特征，分析结果见图3-1、图3-2。

由图3-1可知，在唐代时期，研究区的东部地域共出现不同危害程度的洪涝灾害24次，平均12.1年发生一次。依据洪涝灾害发生频次的变化特征，可以把该区东部发生的洪涝灾害变化在时间上划分为5个阶段。第1阶段在640~679年，发生洪涝灾害3次，平均13.3年发生一次，洪涝灾害发生频次较高。第2阶段在680~699年，发生洪涝灾害0次。第3阶段在700~719年，发生洪涝灾害4次，平均为5.0年发生一次，洪涝灾害发生频次最高。第4阶段在720~739年，发生洪涝灾害0次。第5阶段在740~906年，发生洪涝灾害17次，平均为9.8年发生一次，洪涝灾害发生频次较高。上述统计结果表明，唐代研究区东部地域所记录的洪涝灾害出现频次，从唐朝初期到晚期在整体上呈现出上升态势，但其发展速度比较缓慢；同时还可以发现其灾害的发生具有高、低发期，分别为第1、3、5阶段和第2、4阶段。

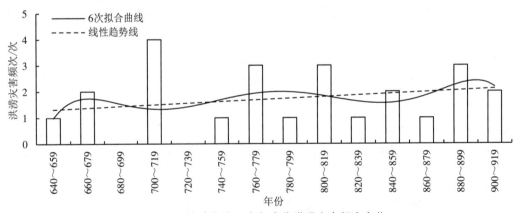

图3-1　鄂尔多斯高原东部唐代洪涝灾害频次变化

由图3-2可知，在唐代，研究区的西部地域共出现过不同危害程度的洪涝灾害21次，平均13.8年发生一次。依照其频次的变化规律特征，可以把该区唐代发生的洪涝灾害变化在时间上划分成5个阶段。第1阶段是640~679年，发生洪涝灾害共2次，平均20.0年发生一次，发生频次较高。第2阶段是680~699年，没有洪涝灾害发生。第3阶段是700~719年，发生洪涝灾害共3次，平均6.7年发生一次，频次最高。第4阶段是720~739年，没有洪涝灾害发生。第5阶段是740~906年，发生洪涝灾害共16

次，平均10.4年发生一次，发生频次较高。统计结果表明，唐时期的研究区西部地域所记录的洪涝灾害出现频次，从唐代初期到晚期在整体上呈现出上升态势，并且其发展比较显著，同时还可以发现其灾害的发生具有高发期和低发期，分别对应第1、3、5阶段和第2、4阶段。其中在第5阶段的740～906年间，中度洪涝灾害发生过10次，在该阶段灾害总数中的占比达到62.5%，显示第5阶段是该区唐代洪涝灾害的高强度期。

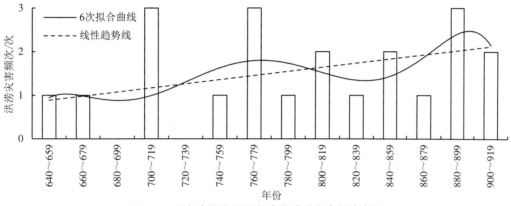

图3-2 鄂尔多斯高原西部唐代洪涝灾害频次变化

为了深层次地分析唐代鄂尔多斯高原洪涝灾害发生的阶段性特点及其变化规律，本书以20年作为时间尺度单位，统计出唐代这两地区的洪涝灾害发生频次距平值，同时做出其距平值变化图（图3-3、3-4）。图示中当距平值等于零时表示当时洪涝灾害的发生次数和20年的平均值相同，若距平值大于零则表示当时洪涝灾害的发生次数高于这个平均值，当距平值小于零则表示当时洪涝灾害的发生次数低于这个平均值。分析图3-3可知，研究区的东部地区有3个阶段的距平值是大于零的，说明这些时间段属

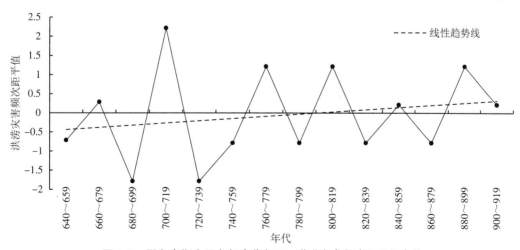

图3-3 鄂尔多斯高原东部唐代每20 a洪涝灾害频次距平值变化

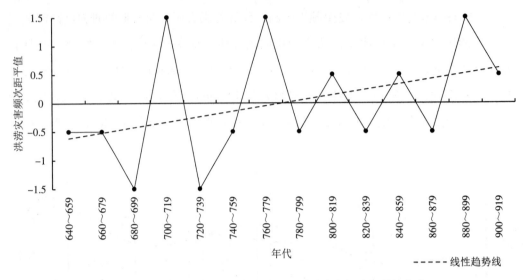

图3-4 鄂尔多斯高原西部唐代每20年洪涝灾害频次距平值变化

于洪涝灾害的高发时期；有2个阶段的距平值小于零，说明这2个洪涝灾害时段灾害的低发时期。由图3-4中的变化可知，研究区的西部地区有2个阶段的距平值小于零，说明这些时间段是灾害的低发时期；有3个阶段的距平值大于零，说明这些时间段是灾害的高发时期。综上所述，唐代鄂尔多斯高原的东、西两个区域洪涝灾害频次变化相似性较强，差异不大，但东部洪涝灾害略多于西部。

二、洪涝灾害季节变化

洪涝灾害大多是由降水引起的，洪涝灾害的出现与季节有很大的相关性。为了查明洪涝灾害发生的季节差异，本书统计了各种历史文献。由图3-5可得，研究区东部地区在秋季出现洪涝灾害的次数为13次，西部地区发生洪涝灾害的频次为12次。其次是夏季，东部地区出现洪涝灾害次数为8次，西部地区出现洪涝灾害次数为8次。排在第三位的为春季，东部地区出现洪涝灾害次数为2次，西部地区出现洪涝灾害次数为1次。冬季研究区没有洪涝灾害发生。由此可见，在唐代鄂尔多斯高原的洪涝灾害主要发生于夏秋两季。夏秋季夏季风活动频繁，强度较大，带来的降水较多，加之有时降水集中或多暴雨，是容易发生洪涝灾害的时期。

鄂尔多斯高原的降水量主要是夏季风带来的，少部分是当地的水循环和西风带来的。由于受夏季风活动的季节性变化影响，使得该区在夏季和秋季夏季风活动较频繁时期降水量较多，造成的洪涝灾害在这两个季节也较多。

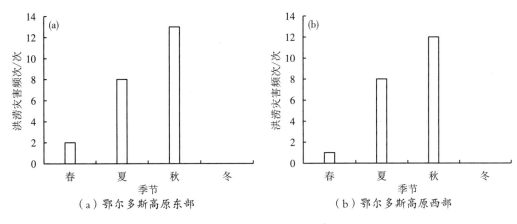

图3-5　鄂尔多斯高原唐代洪涝灾害季节分布

第二节　宋元时期洪涝灾害

由于宋元时期（960～1368年）洪涝灾害数据较少，统计与作图意义不大，我们使用文字叙述对鄂尔多斯高原地区的洪涝灾害进行分析。

一、宋元时期洪涝灾害频次

在这个时期的409年间，《陕西历史自然灾害简要纪实》[①]《延川县志》[②]《续资治通鉴·宋纪》[③]《宋史·食货志》[④]《宋史·太宗纪》[⑤]《宋史·天文志》[⑥]《元史·五行志》[⑦]《文献通考·物异考》[⑧]《元史·食货志》[⑨]《中国三千年气象记录总集》[⑩]等文献记载的鄂尔多斯高原发生洪涝灾害20次，平均每20.5年发生一次。根据洪涝灾害发生的时间阶段，将宋元时期的洪涝灾害期分为4个阶段。第1阶段为981～984年。史料载981年（宋太平兴国六年）鄜、延、宁州并三河水涨，溢入州

① 《陕西历史自然灾害简要纪实》编委会：《陕西历史自然灾害简要纪实》，气象出版社，2002年。
② 延川县志编纂委员会：《延川县志》，陕西人民出版社，1999年。
③ 司马光：《续资治通鉴·宋纪》，中华书局，1956年。
④ 脱脱等：《宋史·食货志》，中华书局，1985年。
⑤ 脱脱等：《宋史·太宗纪》，中华书局，1985年。
⑥ 脱脱等：《宋史·天文志》，中华书局，1985年。
⑦ 宋濂、王祎：《元史·五行志》，中华书局，1976年。
⑧ 马端临：《文献通考·物异考》，中华书局，2011年。
⑨ 宋濂、王祎：《元史·食货志》，中华书局，1976年。
⑩ 张德二：《中国三千年气象记录总集》，江苏教育出版社，2004年。

城，鄜州坏军营，六十三人溺死，延州坏仓库、军民庐舍千六百区；宁州坏州城五百余步，诸军营、军民舍五百二十区。983年（太平兴国八年）江、河、汉、谷、洛，水溢，溺死万计。第2阶段为1057～1111年。史料载1057年（宋嘉祐二年）河东沿边久雨，濒河之民多流移。1061年（嘉祐六年）银川、灵武大水，庐舍居民漂没甚多。第3阶段为1209～1265年。史料载1209年（宋嘉定二年）银川大雨，河水暴涨，居民溺死无数。1260年（宋景定元年）塞外大水。第4阶段为1324～1326年。史料载1324年（元泰定元年）七月，真定，河间、保定、广平等郡三十有七县大雨水五十余日，害稼。[⑧]1325（元泰定二年）鸣沙州大雨。

二、宋元时期洪涝灾害等级

此期间只发生过1次轻度洪涝灾害，在该阶段洪涝灾害总数的占比为5%；中度涝灾害发生过13次，占比为65%；重度涝灾害频发生6次，占比为30%。由此可见，宋元时期鄂尔多斯高原发生的涝灾害以中度为主，然后依次为重度和轻度。

三、宋元时期洪涝灾害发生季节

20次洪涝灾害中有2次发生在春季，7次发生在夏季，6次发生在秋季，1次发生在初冬，4次无月份记载。由此可看出，宋元时期夏秋季为鄂尔多斯高原洪涝灾害高发期。东南季风活动最强的时期是在夏季，来自海洋的夏季风是该区降水的重要来源，所以鄂尔多斯高原宋元时期的洪涝灾害主要发生在夏季。

第三节　明代洪涝灾害

一、洪涝灾害发生频次

根据《中国三千年气象记录总集》[①]《中国灾害通史》[②]《西北灾荒史》[③]《中国气象灾害大典（陕西卷）》[④]《中国气象灾害大典（内蒙古卷）》[⑤]《中国气象灾害

① 张德二：《中国三千年气象记录总集》，江苏教育出版社，2004年。
② 袁祖亮：《中国灾害通史》，郑州大学出版社，2009年。
③ 袁林：《西北灾荒史》，甘肃人民出版社，1994年。
④ 翟佑安：《中国气象灾害大典·陕西卷》，气象出版社，2005年。
⑤ 沈建国：《中国气象灾害大典·内蒙古卷》，气象出版社，2008年。

大典（宁夏卷）》①以及《明史·五行志》②《山西通志》③《陕西通志》④《甘肃新通志》⑤《延川县志》⑥《靖边县志》⑦《米脂县志》⑧《保德州志》⑨《绥德州志》⑩《河曲县志》⑪等历史文献资料中对鄂尔多斯高原明代洪涝灾害记载的资料统计得知，在明代（1368～1644）的277年里，研究区有记录的不同危害程度的洪涝灾害共发生66次，平均4.2年发生一次。

为了更加准确地反映鄂尔多斯高原明代洪涝灾害的变化，本书依自然地理条件的差异，以乌拉特前旗—杭锦旗—乌审旗—靖边一线为界，将鄂尔多斯高原划分为东、西两个区域，以20年为单位分别统计出高原东、西两部分在明时期洪涝灾害发生频次的阶段性变化，见图3-6、图3-7。

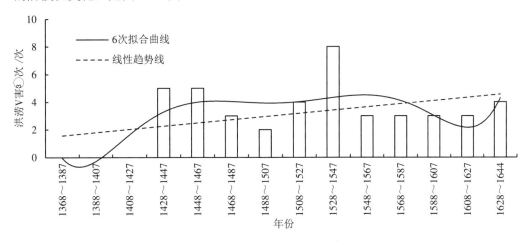

图3-6　鄂尔多斯高原东部明代洪涝灾害频次变化

由图3-6可知，鄂尔多斯高原东部地区在明代共发生洪涝灾害43次，平均6.4年发生一次。对统计数据进行分析得出，整个高原明代内的洪涝灾害出现频次变化具有明显的阶段性，可划分为5个阶段。第1阶段为1368～1427年，记录中没有洪涝灾害发生。第2阶段为1428～1467年，记录中发生洪涝灾害10次，平均4.0年发生一次，发生

① 夏普明：《中国气象灾害大典·宁夏卷》，气象出版社，2007年。

② 张廷玉：《明史·五行志》，中华书局，1974年。

③ 山西省地方志编纂委员会：《山西通志》，中华书局，1993年。

④ 赵延瑞、马理、吕柟：《陕西通志》，三秦出版社，2006年。

⑤ 升允：《甘肃新通志》，清宣统元年（1909）刻本。

⑥ 延川县志编纂委员会：《延川县志》，陕西人民出版社，1999年。

⑦ 靖边县地方志编纂委员会：《靖边县志》，陕西人民出版社，1993年。

⑧ 米脂县志编纂委员会：《米脂县志》，陕西人民出版社，1993年。

⑨ 中共保德县委：《保德州志》，山西人民出版社出版，1990年。

⑩ 孔繁朴、高维岳：《绥德州志》，成文出版社，1970年。

⑪ 河曲县志编纂委员会：《河曲县志》，山西人民出版社，1989年。

频次较高。第3阶段为1468～1507年，记录中发生洪涝灾害5次，平均8.0年发生一次，频次最低。第4阶段为1508～1547年，记录中出现洪涝灾害12次，平均3.3年发生一次，洪涝灾害频次最高。第5阶段为1548～1644年，记录中发生洪涝灾害16次，平均6.1年发生一次，发生频次较低。图3-6中发生灾害频次的趋势线表明，自明代的初期至末期，研究区的洪涝灾害出现的频次在整体上呈现出上升态势，且分布很不均匀，具有灾害低发期和高发期，分别对应第1、3、5阶段和第2、4阶段。其中第1阶段连续60年没有出现洪涝灾害，经查证史料，这一阶段旱灾总共发生过9次，平均6.7a发生1次，说明这一时期鄂尔多斯高原东部处于气候干燥期，洪涝灾害发生较少。

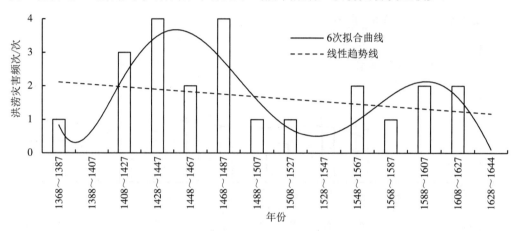

图3-7　鄂尔多斯高原西部明代洪涝灾害频次变化

由图3-7可知，研究区西部在明代文献记录中共发生不同危害程度的洪涝灾害23次，平均12年发生一次。

依照其频次的变化规律特征，可以把该区东部明代记录发生的洪涝灾害变化在时间上划分成4个阶段。第1阶段为1368～1407年，记录中发生洪涝灾害1次，平均40.0年发生一次，洪涝灾害发生频次最低。第2阶段为1408～1487年，记录中出现洪涝灾害13次，平均6.2年发生一次，发生频次最高。第3阶段为1488～1547年，记录中出现洪涝灾害2次，平均30.0年发生一次，灾害发生频次较低。第4阶段为1548～1644年，记录中出现洪涝灾害7次，平均13.8年发生一次，灾害发生频次较高。从图3-7中灾害发生频次的趋势线可以看出，鄂尔多斯高原西部在明代早、中期洪涝灾害发生频繁，明代晚期发生频次则明显降低。在第2阶段的1425～1482年间，洪涝灾害共发生12次，平均4.8年发生一次，出现1次4年连涝、3次2年连涝。该时期还发生重度洪涝灾害5次，在重度涝灾总次数中的占比为71.4%，由此可以确定该阶段是鄂尔多斯高原西部明代洪涝灾害的高发期与高强度期。

　　为了深层次地分析明代时期研究区洪涝灾害出现的阶段性特点及其变化规律，本书以20年作为时间尺度单位，统计并做出其距平值变化图（图3-8、图3-9），它比较直观地反映了洪涝灾害在时间上的高低变化。

　　图示中当距平值等于零时，表示当时洪涝灾害的出现次数和20年的平均值相同；若距平值大于零，则表示当时灾害事件的出现次数高于这个平均值。相反，当距平值小于零，则表示当时洪涝灾害的出现次数低于这个平均值。由图3-8中的变化可知，研究区的东部有2个阶段的距平值是大于零的，说明这些时间段是洪涝灾害的高发时期；有3个阶段的距平值是小于零，说明这些时段洪涝灾害的低发时期。从图3-9中的变化可知，研究区的西部地区有2个阶段的距平值是小于零的，说明这些时间段是洪涝灾害的低发时期；有2个阶段的距平值是大于零，说明这些时间段属于洪涝灾害的高发时期。

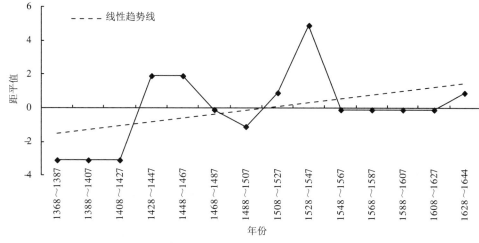

图3-8　鄂尔多斯高原东部明代洪涝灾害频次距平值变化

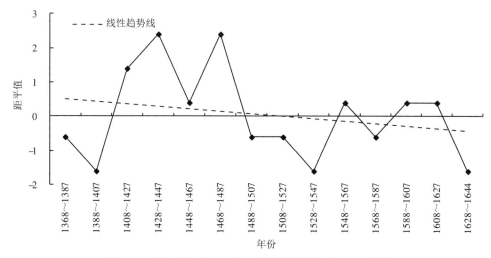

图3-9　鄂尔多斯高原西部明代洪涝灾害频次距平值变化

由上述分析可知，明代的鄂尔多斯高原东、西两地区洪涝灾害呈现出相反的变化趋势，即东部地区呈现出上升趋势，而西部地区呈现出下降趋势。东部洪涝灾害发生频次远高于西部，为西部的近两倍，这也间接表明明代高原西部气候比东部略干旱。

二、洪涝灾害发生等级

根据洪涝灾害等级划分标准和数理统计方法，对历史文献[1][2][3][4][5][6]以及《明史·五行志》[7]《山西通志》[8]《陕西通志》[9]《甘肃新通志》[10]《延川县志》[11]《靖边县志》[12]《米脂县志》[13]《保德州志》[14]《绥德州志》[15]《河曲县志》[16]等地方志中记载的鄂尔多斯高原明代洪涝灾害进行量化并统计，得出鄂尔多斯高原东部和西部明代洪涝灾害等级序列（图3-10、图3-11）。

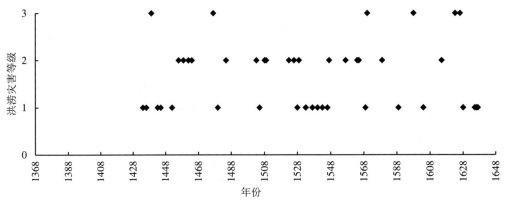

图3-10 鄂尔多斯高原东部明代洪涝灾害等级序列

① 张德二：《中国三千年气象记录总集》，江苏教育出版社，2004年。
② 袁祖亮：《中国灾害通史》，郑州大学出版社，2009年。
③ 袁林：《西北灾荒史》，甘肃人民出版社，1994年。
④ 瞿佑安：《中国气象灾害大典·陕西卷》，气象出版社，2005年。
⑤ 沈建国：《中国气象灾害大典·内蒙古卷》，气象出版社，2008年。
⑥ 夏普明：《中国气象灾害大典·宁夏卷》，气象出版社，2007年。
⑦ 张廷玉：《明史·五行志》，中华书局，1974年。
⑧ 山西省地方志编纂委员会：《山西通志》，中华书局，1993年。
⑨ 赵廷瑞、马理、吕柟：《陕西通志》，三秦出版社，2006年。
⑩ 升允：《甘肃新通志》，清宣统元年（1909）刻本。
⑪ 延川县志编纂委员会：《延川县志》，陕西人民出版社，1999年。
⑫ 靖边县地方志编纂委员会：《靖边县志》，陕西人民出版社，1993年。
⑬ 米脂县志编纂委员会：《米脂县志》，陕西人民出版社，1993年。
⑭ 中共保德县委：《保德州志》，山西人民出版社，1990年。
⑮ 孔繁朴、高维岳：《绥德州志》，成文出版社，1970年。
⑯ 河曲县志编纂委员会：《河曲县志》，山西人民出版社，1989年。

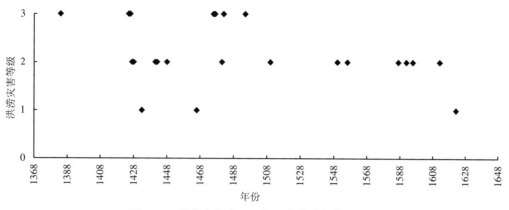

图3-11 鄂尔多斯高原西部明代洪涝灾害等级序列

由统计结果可知，鄂尔多斯高原在明朝（1368～1644）的277年间，东部地区的43次洪涝灾害中，轻度洪涝灾害共发生20次，在所发生的洪涝灾害总数中的占比为46.5%；中度洪涝灾害共发生17次，在洪涝灾害总数中的占比为39.5%；重度洪涝灾害共发生6次，在所发生的洪涝灾害总数中的占比为14.0%（图3-10）。由此可知，明代鄂尔多斯高原东部地区轻度洪涝灾害发生频次较多，其次为中度洪涝灾害，重度洪涝灾害发生较少。高原西部的23次洪涝灾害中，轻度洪涝灾害共发生3次，在所发生的洪涝灾害总数中的占比为23.1%。中度洪涝灾害共发生13次，在所发生的洪涝灾害总数中的占比为56.5%。重度洪涝灾害共发生7次，在所发生的洪涝灾害总数中的占比为30.4%（图3-11）。上述分析显示明代鄂尔多斯高原西部中度洪涝灾害发生较多，轻度洪涝灾害发生较少。

由上述分析可知，明代鄂尔多斯高原东部比西部洪涝灾害次数多，但西部洪涝灾害等级高于东部，西部中度洪涝灾害和重度洪涝灾害发生频率分别比东部的高17%和16.5%。

三、洪涝灾害季节变化

为了查明洪涝灾害发生的季节性，我们统计了历史文献[1][2][3][4][5][6]以及《明

① 张德二：《中国三千年气象记录总集》，江苏教育出版社，2004年。
② 袁祖亮：《中国灾害通史》，郑州大学出版社，2009年。
③ 袁林：《西北灾荒史》，甘肃人民出版社，1994年。
④ 翟佑安：《中国气象灾害大典·陕西卷》，气象出版社，2005年。
⑤ 沈建国：《中国气象灾害大典·内蒙古卷》，气象出版社，2008年。
⑥ 夏普明：《中国气象灾害大典·宁夏卷》，气象出版社，2007年。

史·五行志》^①《山西通志》^②《陕西通志》^③《甘肃新通志》^④《延川县志》^⑤《靖边县志》^⑥《米脂县志》^⑦《保德州志》^⑧《绥德州志》^⑨《河曲县志》^⑩等地方志中记载的明代鄂尔多斯高原东部和西部洪涝灾害发生的季节频次。统计结果显示，明代高原东部的43次洪涝灾害中，明确记载洪涝灾害发生月份或季节的有30次。夏、秋季各出现过7次、23次，但是春、冬两季都没有记录发生过洪涝灾害，其余次数无季节记载（图3-12）。明代时期的鄂尔多斯高原西部地区共发生23次洪涝灾害，有月份或季节记载的洪涝灾害14次，其中春季1次，夏季4次，秋季9次，冬季没有发生（图3-13）。由此可知，鄂尔多斯高原地区明代洪涝灾害较多发生的季节为夏、秋两季。

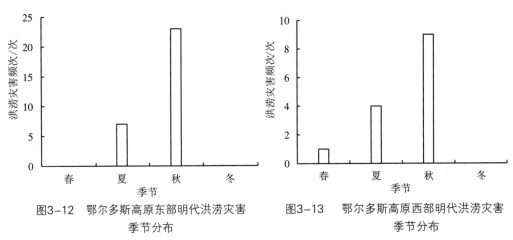

图3-12　鄂尔多斯高原东部明代洪涝灾害　　　图3-13　鄂尔多斯高原西部明代洪涝灾害
　　　　　　　季节分布　　　　　　　　　　　　　　　　　季节分布

　　研究区地理位置处于温带季风区的偏西地区，冬季由于受极地大陆气团控制，盛行风向为西北方向，而气候表现为寒冷干燥，并且该季节的降水量是一年中最少的。春季时，冷空气的影响势力逐渐减弱，夏季风的活动逐步增强，降水量比冬季明显增多，降水主要集中在夏季7～9月。这种降水集中的状况，也导致了洪涝灾害的季节分布比较集中，即洪涝灾害多发于夏、秋两季，而冬、春两季发生较少。

① 张廷玉：《明史·五行志》，中华书局，1974年。
② 山西省地方志编纂委员会：《山西通志》，中华书局，1993年。
③ 赵廷瑞、马理、吕柟：《陕西通志》，三秦出版社，2006年。
④ 升允：《甘肃新通志》，清宣统元年（1909）刻本。
⑤ 延川县志编纂委员会：《延川县志》，陕西人民出版社，1999年。
⑥ 靖边县地方志编纂委员会：《靖边县志》，陕西人民出版社，1993年。
⑦ 米脂县志编纂委员会：《米脂县志》，陕西人民出版社，1993年。
⑧ 中共保德县委：《保德州志》，山西人民出版社，1990年。
⑨ 孔繁朴、高维岳：《绥德州志》，成文出版社，1970年。
⑩ 河曲县志编纂委员会：《河曲县志》，山西人民出版社，1989年。

四、洪涝灾害周期变化

洪涝灾害是特定气候条件下发生的具有时间短、范围小、移动快等特点的河流水位暴涨事件，它的发生受气候变化的影响，具有一定的周期性。因此，本文应用Matlab软件，采用Morlet小波分析程序对研究区明代洪涝灾害进行了周期分析，结果见图3-14和图3-15。图3-14是小波变换的小波系数，可以清晰地反映明代洪涝灾害在平面上的强弱变化。

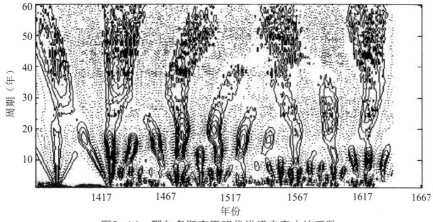

图3-14　鄂尔多斯高原明代洪涝灾害小波系数

图示中的虚线为负等值线，表示洪涝灾害偏少，实线为正等值线，表示洪涝灾害偏多。由图3-14可见，若时间尺度不同，则洪涝灾害发生的情况也不同。在10年以下的时间尺度上，周期震荡比较剧烈，不具备明显的规律。随着时间尺度的扩大，周期震荡幅度减小，有明显的规律循环。在12~28年周期上震荡显著，洪涝灾害经历了少→多25个循环交替，尺度中心在18年左右。在32~50年周期上震荡也较显著，洪涝灾害经历了多→少→多9个循环交替，尺度中心在40年左右。该时期在50年以上的大尺度上周期变化不明显。

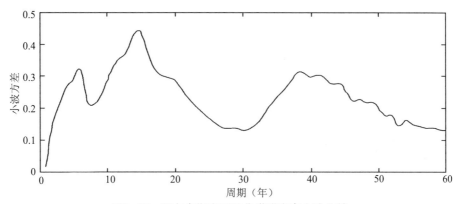

图3-15　鄂尔多斯高原明代洪涝灾害小波方差

图3-15为明代洪涝灾害的小波方差图，在图中可以看到3个峰值，分别对应准7年、15年和39年，指示明代鄂尔多斯高原洪涝灾害的短、中、长周期分别为7年左右、15年左右和39年左右。其中在15年的周期上方差值最大，说明该区明代洪涝灾害的第一主周期是准15年，这对洪涝灾害的防灾减灾工作有指导作用。

五、鄂尔多斯高原与延安地区明代洪涝灾害对比

（一）明代洪涝灾害等级对比

统计资料表明，延安地区在明代（1368～1644）的227年内共记录有不同危害程度大小的洪涝灾害事件37次，平均7.5年一次。依照这种灾害所带来的危害程度的高低和其遍布范围的大小，可以把延安地区在明代所发生的洪涝灾害在时间上划分为3个等级。根据图3-16可以看出，延安地区明代记录的轻度洪涝灾害共发生15次，在所发生的洪涝灾总数中占的百分比为40.5%；中度洪涝灾害共发生12次，在所发生的洪涝灾总数中占的百分比为32.4%；重度洪涝灾害共发生10次，在所发生的洪涝灾总数中占的百分比为27.1%（图3-16）。由此可知，明代延安地区记录的发生的洪涝灾害中，以轻度居多，其中中度发生频次较少，重度发生频次最少。

鄂尔多斯高原东部地区也以轻度洪涝灾害为主，其次为中度洪涝灾害，重度洪涝灾害发生较少，与延安地区具有基本相同的等级比例特点。而高原的西部地区，中度洪涝灾害比延安地区发生得多，轻度洪涝灾害比延安地区发生得少。

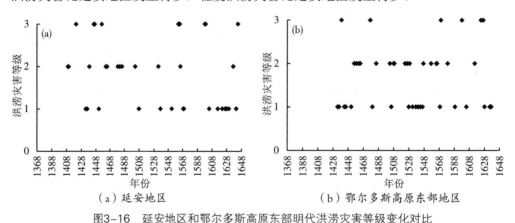

（a）延安地区　　　　　　　（b）鄂尔多斯高原东部地区

图3-16　延安地区和鄂尔多斯高原东部明代洪涝灾害等级变化对比

（二）洪涝灾害频次变化与阶段对比

为了深入分析明代延安地区洪涝灾害发生的阶段性特点及其变化规律，本书以20年作为时间尺度单位，统计洪涝灾害出现次数。

表3-1 延安地区明代洪涝灾害发生频次统计

年份	洪涝灾害频次	年份	洪涝灾害频次	年份	洪涝灾害频次
1368~1387	0	1468~1487	3	1568~1587	2
1388~1407	0	1488~1507	1	1588~1607	3
1408~1427	3	1508~1527	1	1608~1627	3
1428~1447	5	1528~1547	2	1628~1644	5
1448~1467	4	1548~1567	5		

其数据（表3-1）表明，延安地区在明代共记录出现不同程度的洪涝灾害37次，在1428~1447年、1548~1567年、1628~1644年间记录洪涝灾害出现次数较多，都是5次；在1488~1507年、1508~1527年间则较少，都是1次；在1368~1387年、1388~1407年间则没有发生此种灾害的记录。明代的研究区东部地区记录出现洪涝灾害的频次为43次，比延安地区的37次还多。而在西部地区的灾害频次为23次，比延安地区少许多。

依据明代的延安地区所发生的洪涝灾害的频次和最小二乘法意义下6次多项式的拟合曲线（图3-17）显示出，明代此地所发生的洪涝灾害分布拥有显而易见的阶段性规律，可以把这一时期发生的洪涝灾害的变化特点在时间上划分为4个阶段。第1阶段是1368~1407年，记录中没有发生洪涝灾害。第2阶段是1408~1487年，记录中洪涝灾害共出现过15次，在所发生的洪涝灾害总数中的占比为40.5%，平均5.3年发生一次，发生频次最高。第3阶段是1488~1547年，史料记录中共有4次洪涝灾害，在所发生的洪涝灾害总数中的占比为10.8%，平均15年发生一次，发生频次较低。第4阶段是

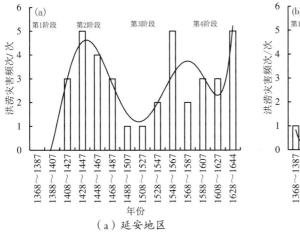
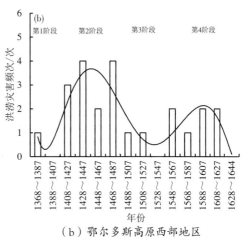

（a）延安地区　　　　　　　　　　（b）鄂尔多斯高原西部地区

图3-17 延安地区和鄂尔多斯高原西部明代洪涝灾害频次变化和对比

1548～1644年，记录中洪涝灾害共出现过18次，在所发生的洪涝灾害总数中的占比为48.6%，平均5.6年发生一次，发生频次较高。联系图3-16的分析和洪涝灾害的危害程度可得出，第2阶段的洪涝灾害以中度为主，第3阶段则以轻度和中度为主，第4阶段则是以轻度为主。由此可见，延安地区明代的洪涝灾害具有低发和高发两种不同的阶段，分别为第1、3阶段和第2、4阶段。

为了更深层地找出延安地区的洪涝灾害在明代发生的阶段性特征及其变化趋势，本书以20年作为时间尺度单位，统计计算其洪涝灾害频次的距平值与年份之间的变化关系（图3-18）。统计数据显示，延安地区在明代每20年洪涝灾害发生的平均频次为2.6次。图3-18中当距平值等于零时，表示当时洪涝灾害的出现次数和20年的平均值相同；若距平值大于零，则表示当时灾害的出现次数高于这个平均值；相反，当距平值小于零，则表示当时灾害的出现次数低于这个平均值。

由图3-18可以看出，延安地区明代所记录的不同危害程度洪涝灾害具有明显的波动变化趋势。第2阶段和第4阶段主要是正距平，说明这2个时段属于洪涝灾害的高发时期；第1阶段和第3阶段主要是负距平，说明这2个时段属于洪涝灾害的低发时期。依照图3-18中洪涝灾害发生频次的趋势线可以看出，延安地区在明代所发生的洪涝灾害频次变化在整体上呈现出显著的上升态势，表明延安地区明时期洪涝灾害从初期至晚期整体呈现出增加趋势。

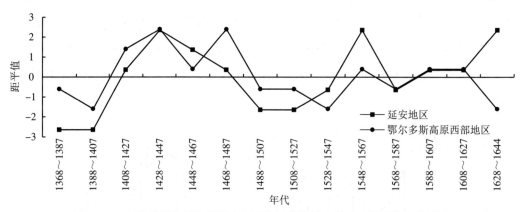

图 3-18 延安地区和鄂尔多斯高原西部明代洪涝灾害频次距平值变化对比

鄂尔多斯高原的东、西两区域在明代记录出现的洪涝灾害的次数变化可以分别划分成5个阶段和4个阶段，西部地区的4个阶段与延安地区的4个阶段很类似（图3-18），表明这两个地区明代洪涝灾害的发生有相同或相近的原因。

（三）洪涝灾害发生季节对比

通过对延安地区明代多种历史文献资料中记录出现的洪涝灾害的季节进行统计

（图3-19）可知，延安地区在明朝期间总共有37次洪涝灾害的发生记录，其中明确记载洪涝灾害发生月份或季节的有23次。在这之中，春、冬两季没有灾害发生记录，夏、秋两季分别有8次和15次，其余次数没有月份记载。由此可见，延安地区在明代记录出现的洪涝灾害主要发生的季节是秋季，然后是夏季，与鄂尔多斯高原东、西两个地区洪涝灾害发生季节基本相同（图3-19、图3-12、图3-13）。

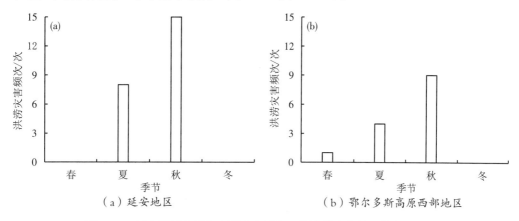

图3-19　延安地区和鄂尔多斯高原西部明代洪涝灾害的季节变化对比

第四节　清代洪涝灾害

一、洪涝灾害发生频次

根据《中国三千年气象记录总集》[1]《中国灾害通史》[2]《西北灾荒史》[3]《中国气象灾害大典（陕西卷）》[4]《中国气象灾害大典（内蒙古卷）》[5]《中国气象灾害大典（宁夏卷）》[6]以及《山西通志》[7]《靖边县志》[8]《绥德州志》[9]《中国气象灾害大典（山西卷）》[10]《山西自然灾害史年表》[11]《山西自然灾害》[12]《中国西部农业气

[1] 张德二：《中国三千年气象记录总集》，江苏教育出版社，2004年。
[2] 袁祖亮：《中国灾害通史·清代卷》，郑州大学出版社，2009年。
[3] 袁林：《西北灾荒史》，甘肃人民出版社，1994年。
[4] 翟佑安：《中国气象灾害大典·陕西卷》，气象出版社，2005年。
[5] 沈建国：《中国气象灾害大典·内蒙古卷》，气象出版社，2008年。
[6] 夏普明：《中国气象灾害大典·宁夏卷》，气象出版社，2007年。
[7] 山西省地方志编纂委员会：《山西通志》，中华书局，1993年。
[8] 靖边县地方志编纂委员会：《靖边县志》，陕西人民出版社，1993年。
[9] 孔繁朴、高维岳：《绥德州志》，成文出版社，1970年。
[10] 温克刚：《中国气象灾害大典·山西卷》，气象出版社，2005年。
[11] 张杰：《山西自然灾害史年表》，山西省出版事业管理处，1988年。
[12] 《山西自然灾害》编辑委员会编：《山西自然灾害》，山西科学教育出版社，1989年。

象灾害》[1]《内蒙古历代自然灾害史料续辑》[2]《内蒙古自然灾害通志》[3]《内蒙古历代自然灾害史料（上下册）》[4]等历史文献资料中对鄂尔多斯高原清代发生的洪涝灾害记载，统计得知，在清代（1644～1911）的268年内，研究区共发生不同程度危害的洪涝灾害168次，平均1.8年发生一次。

为了更加准确地反映鄂尔多斯高原清代洪涝灾害的变化，本节依自然地理条件的差异，以乌拉特前旗—杭锦旗—乌审旗—靖边一线为界，将鄂尔多斯高原分为东、西两个区域，把20年作为时间尺度单位，分别统计出两个区域在清代发生洪涝灾害频次的阶段性变化（图3-20、图3-21）。

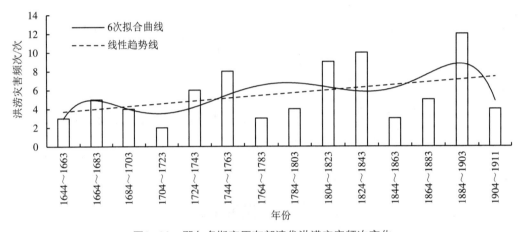

图3-20　鄂尔多斯高原东部清代洪涝灾害频次变化

由统计结果（图3-20）可知，高原东部地区清代共记录有不同程度危害的洪涝灾害达78次，平均3.4年发生一次。依据其频次变化，可以把清代所发生的所有洪涝灾害依照时间序列划分成6个阶段。第1阶段是1644～1723年，记录中出现洪涝灾害共14次，平均5.7年发生一次，灾害发生频次最低。第2阶段是1724～1763年，记录中出现洪涝灾害共14次，平均2.9年发生一次，灾害发生频次较高。第3阶段是1764～1803年，记录中出现洪涝灾害共7次，平均5.7年发生一次，灾害发生频次最低。第4阶段是1804～1843年，记录中出现洪涝灾害共19次，平均2.1年发生一次，发生灾害频次较高。第5阶段是1844～1883年，记录中出现洪涝灾害共8次，平均5.0年发生一次，频次较低。第6阶段是1884～1911年，记录中出现洪涝灾害共16次，

① 王建林：《中国西部农业气象灾害》，气象出版社，2003年。
② 内蒙古自治区人民政府参事室：《内蒙古历代自然灾害史料续辑》，内蒙古自治区人民政府参事室编印，1988年。
③ 刑野：《内蒙古自然灾害通志》，内蒙古人民出版社，2001年。
④ 《内蒙古历代自然灾害史料》编辑部：《内蒙古历代自然灾害史料（上下册）》，内蒙古历代自然灾害史料编辑部，1988年。

平均1.8年发生一次，灾害发生频次最高。根据图3-20中灾害发生频次的趋势线可以得知，高原东部地区在清代洪涝灾害的发生频次呈现出上升趋势，其发生频次在第1、3、5阶段整体较少，而在第2、4、6阶段整体较多。在第6阶段的1884～1903年间发生洪涝灾害12次，平均每1.7年发生一次，其中1889～1898年连续十年发生了不同程度的洪涝灾害。并且，该时期的12次洪涝灾害中有10次为中度洪涝灾害和重度洪涝灾害，占这一时期洪涝灾害总数的83.3%，由此说明这一时期为高原东部清代洪涝灾害的高发期。

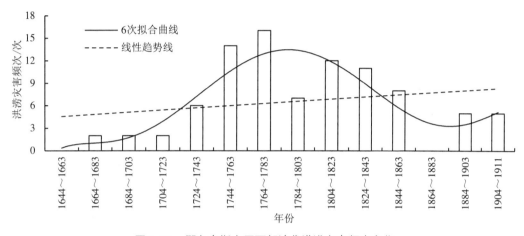

图3-21　鄂尔多斯高原西部清代洪涝灾害频次变化

由图3-21可以得知，记录中研究区西部地区在清时期出现过不同危害程度的洪涝灾害90次，平均2.9年一次。依据其频次变化特征，可以把清代高原西部所发生洪涝灾害依照时间序列划成3个阶段。第1阶段是1644～1743年，洪涝灾害记录有6次，平均16.7年发生一次，灾害出现频次最低。第2阶段是1744～1863年，洪涝灾害记录有74次，平均1.6年发生一次，灾害出现频次最高。第3阶段是1864～1911年，洪涝灾害记录有10次，平均4.8年发生一次，发生灾害频次较低。由统计结果可以看出，研究区西部地区在清代中期发生洪涝灾害的次数多，其中1744～1763年和1764～1783年分别发生14次、16次，发生频率为1.4年发生一次、1.2年发生一次，远超过了平均水平。

为了更加清楚地体现鄂尔多斯高原在清代的洪涝灾害发生的阶段性特点及其变化规律，本节以20年作为时间尺度单位，统计计算并做出相应的洪涝灾害发生频次的距平值变化趋势图（图3-22、图3-23）。图中当距平值等于零时，表示当时洪涝灾害的出现次数和20年的平均值相同；若距平值大于零，则表示当时洪涝灾害的出现次数高于这个平均值；相反，当距平值小于零，则表示当时洪涝灾害的出现次数低于这个平均值。图3-22表明东部第1、3、5阶段的距平值都小于零，而第2、4、6阶段的距平值都大于零，进一步表明研究区东部洪涝灾害具有低、高发期，分别为第1、3、5阶段与第2、4、6阶段。图3-23表明，高原地西部地区第1、3阶段的洪涝灾害距平值都小于零，第2阶段的距平值大于零，进一步揭示高原西部清代早期与晚期是洪涝灾害低发期，清代中期是洪涝灾害高发期。由上述分析可知，清代的鄂尔多斯高原东、西两个区域的洪涝灾害发生频次变化都呈现出上升态势，但洪涝灾害发生频次西部地区显著比东部地区要高。

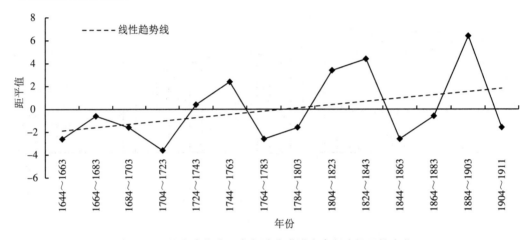

图3-22 鄂尔多斯高原东部清代洪涝灾害频次距平值变化

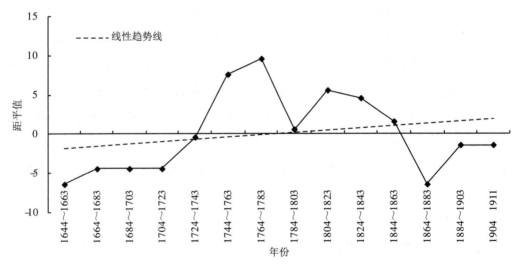

图3-23 鄂尔多斯高原西部清代洪涝灾害频次距平值变化

二、洪涝灾害发生等级

根据洪涝灾害所带来危害程度的不同进行等级划分和数理统计方法，对历史文献[1][2][3][4][5][6]以及《山西通志》[7]《靖边县志》[8]《绥德州志》[9]《中国气象灾害大典（山西卷）》[10]《山西自然灾害史年表》[11]《山西自然灾害》[12]《中国西部农业气象灾害》[13]《内蒙古历代自然灾害史料续辑》[14]《内蒙古自然灾害通志》[15]《内蒙古历代自然灾害史料（上下册）》[16]等资料中记载的鄂尔多斯高原清代发生的洪涝灾害进行量化并统计，得出鄂尔多斯高原东部和西部清代洪涝灾害等级序列（图3-24、图3-25）。

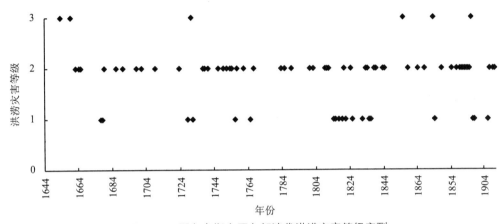

图3-24　鄂尔多斯高原东部清代洪涝灾害等级序列

① 张德二：《中国三千年气象记录总集》，江苏教育出版社，2004年。

② 袁祖亮：《中国灾害通史》，郑州大学出版社，2009年。

③ 袁林：《西北灾荒史》，甘肃人民出版社，1994年。

④ 翟佑安：《中国气象灾害大典·陕西卷》，气象出版社，2005年。

⑤ 沈建国：《中国气象灾害大典·内蒙古卷》，气象出版社，2008年。

⑥ 夏普明：《中国气象灾害大典·宁夏卷》，气象出版社，2007年。

⑦ 山西省地方志编纂委员会：《山西通志》，中华书局，1993年。

⑧ 靖边县地方志编纂委员会：《靖边县志》，陕西人民出版社，1993年。

⑨ 孔繁朴、高维岳：《绥德州志》，成文出版社，1970年。

⑩ 温克刚：《中国气象灾害大典·山西卷》，气象出版社，2005年。

⑪ 张杰：《山西自然灾害史年表》，山西省出版事业管理处，1988年。

⑫ 《山西自然灾害》编辑委员会编：《山西自然灾害》，山西科学教育出版社，1989年。

⑬ 王建林：《中国西部农业气象灾》，气象出版社，2003年。

⑭ 内蒙古自治区人民政府参事室：《内蒙古历代自然灾害史料续辑》，内蒙古自治区人民政府参事室编印，1988年。

⑮ 刑野：《内蒙古自然灾害通志》，内蒙古人民出版社，2001年。

⑯ 《内蒙古历代自然灾害史料》编辑部：《内蒙古历代自然灾害史料（上下册）》，内蒙古历代自然灾害史料编辑部，1988年。

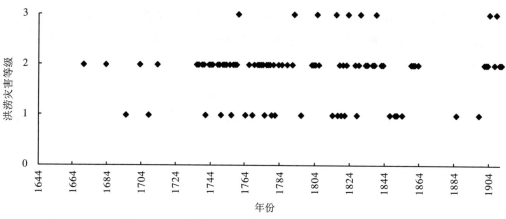

图3-25　鄂尔多斯高原西部清代洪涝灾害等级序列

由统计数据得出，在清代（1644～1911）的268年内，研究区的东部地域历史文献记载中共记录发生了不同危害程度的78次洪涝灾害，其中记录轻度洪涝灾害有19次，在洪涝灾害总数中的占比为24.4%；记录中度洪涝灾害有53次，在洪涝灾害总数中的占比为67.9%；重度洪涝灾害记录有6次，在洪涝灾害总数中的占比为7.7%。统计结果如图3-24显示，清代鄂尔多斯高原东部发生的洪涝灾害以中度为主，其次为轻度洪涝灾害，重度洪涝灾害发生较少。在高原西部的90次洪涝灾害中，轻度洪涝灾害有22次，在洪涝灾害总数中的占比为24.4%；中度洪涝灾害有59次，在洪涝灾害总数中的占比为65.6%；记录重度洪涝灾害有9次，在洪涝灾害总数中的占比为10.0%。统计与分析显示（图3-25），高原西部清代中度洪涝灾害发生较多，重度洪涝灾害发生较少。

由此可得，清代的鄂尔多斯高原东、西两部都是以中度洪涝灾害为主，中度洪涝灾害发生次数均超过了洪涝灾害总数的60%，然后是轻度洪涝灾害，重度洪涝灾害较少发生，其原因有可能是局部地区较长时间降雨而导致的小区域洪涝灾害。

三、洪涝灾害季节变化

由于鄂尔多斯高原雨季比较集中，所以暴雨的发生也相对较集中，因而洪涝灾害的季节分布具有集中性特点。为了查明洪涝灾害发生的季节性，本书统计了历史文献[1][2][3][4][5][6]以及《山西通志》[7]《靖边县志》[8]《绥德州志》[9]《中国气象灾害大典（山西卷）》[10]《山西自然灾害史年表》[11]《山西自然灾害》[12]《中国西部农业气象灾害》[13]《内蒙古历代自然灾害史料续辑》[14]《内蒙古自然灾害通志》[15]《内蒙古历代自然灾害史料（上下册）》[16]等资料中记载的清代鄂尔多斯高原东部和西部洪涝灾害的发生季节。统计数据（图3-26）表明，高原东部地区在清代共发生洪涝灾害78次，其中记录有准确月份或者具体季节的共68次，其中春、夏、秋季分别为2次、31次、35次，而冬季没有发生过洪涝灾害。统计（图3-27）表明，研究区西部地区在清代共发生洪涝灾害90次，其中记录有准确月份或者具体季节的洪涝灾害共59次，其中春、夏、秋季分别为5次、22次、32次，而冬季则没有洪涝灾害发生。以上分析说明夏、秋季是鄂尔多斯高原洪涝灾害的高发季节，因此在这一时期应做好洪涝灾害的预防工作，尽量减少洪涝灾害带来的损失。

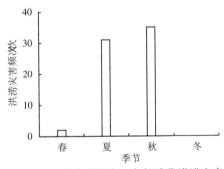

图3-26　鄂尔多斯高原东部清代洪涝灾害
季节分布

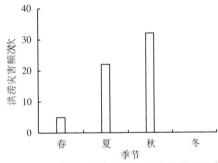

图3-27　鄂尔多斯高原西部清代洪涝灾害
季节分布

① 张德二：《中国三千年气象记录总集》，江苏教育出版社，2004年。

② 袁祖亮：《中国灾害通史》，郑州大学出版社，2009年。

③ 袁林：《西北灾荒史》，甘肃人民出版社，1994年。

④ 翟佑安：《中国气象灾害大典·陕西卷》，气象出版社，2005年。

⑤ 沈建国：《中国气象灾害大典·内蒙古卷》，气象出版社，2008年。

⑥ 夏普明：《中国气象灾害大典·宁夏卷》，气象出版社，2007年。

⑦ 山西省地方志编纂委员会：《山西通志》，中华书局，1993年。

⑧ 靖边县地方志编纂委员会：《靖边县志》，陕西人民出版社，1993年。

⑨ 孔繁朴、高维岳：《绥德州志》，成文出版社，1970年。

⑩ 温克刚：《中国气象灾害大典·山西卷》，气象出版社，2005年。

⑪ 张杰：《山西自然灾害史年表》，山西省出版事业管理处，1988年。

⑫ 《山西自然灾害》编辑委员会编：《山西自然灾害》，山西科学教育出版社，1989年。

⑬ 王建林：《中国西部农业气象灾害》，气象出版社，2003年。

⑭ 内蒙古自治区人民政府参事室：《内蒙古历代自然灾害史料续辑》，内蒙古自治区人民政府参事室编印，1988年。

⑮ 刑野：《内蒙古自然灾害通志》，内蒙古人民出版社，2001年。

⑯ 《内蒙古历代自然灾害史料》编辑部：《内蒙古历代自然灾害史料（上下册）》，内蒙古历代自然灾害史料编辑部，1988年。

四、洪涝灾害周期变化

影响较低、规模较小的灾害是短期的天气过程造成的，而影响较强、规模相对较大的灾害与大尺度气候变化息息相关。气候变化存在着一定的周期性，所以洪涝灾害的发生也会有周期变化规律。为了得出鄂尔多斯高原清代洪涝灾害的周期变化特点，本文应用Matlab软件，采用Morlet小波分析程序对研究区清代洪涝灾害进行了周期分析，结果见图3-28和图3-29。图3-28为小波变换中的小波系数，可以明确反映清代洪涝灾害在平面上的强弱变化。图示中的虚线为小于零的负等值线，表示洪涝灾害偏少；实线为大于零的正等值线，表示洪涝灾害偏多。从图3-28可见，若时间尺度不同则洪涝灾害发生的情况也不同，灾害变化结构复杂，不同尺度、不同周期存在相互嵌套的特征。在45~70年周期上震荡显著，洪涝灾害经历了多→少→多7个循环交替变化，尺度中心在59年左右。在21~40年周期上震荡也较显著，洪涝灾害经历了多→少13个循环交替，尺度中心在28年左右。在8~20年周期上洪涝灾害有更多的循环交替。在8年以下的时间尺度上，其周期震荡反应剧烈，波动明显，没有规律。

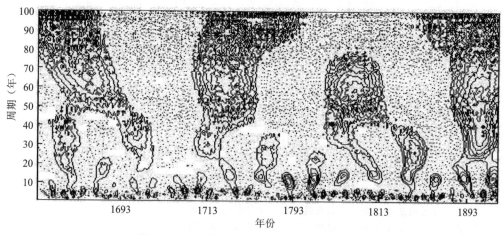

图3-28　鄂尔多斯高原清代洪涝灾害小波系数

图3-29为清代洪涝灾害的小波方差图，在图中可以看到3个峰值，分别对应准5年、13年和58~60年，说明此地在清代洪涝灾害的短、中、长周期分别为5年左右、13年左右和58~60年。其中在58年的周期上方差值最大，说明该区清代洪涝灾害的第一主周期是准58年。这对洪涝灾害的防灾减灾工作有指导作用。

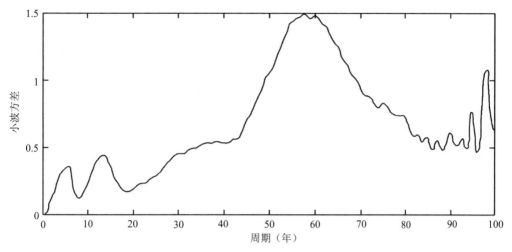

图3-29　鄂尔多斯高原清代洪涝灾害小波方差

五、清代洪涝灾害事件与气候事件

在清代的1889～1898年，鄂尔多斯高原东部连续10年发生了洪涝灾害，并且这一时期发生的洪涝灾害等级高，可以确定这一时期为洪涝灾害集中发生的洪涝灾害事件。后述表明，洪涝灾害，特别是高等级洪涝灾害常是由夏季风活动加强导致的年降水量增加造成的。由此可以确定，此地区在这一时期降水量增加，气候表现较为湿润，也指示一次湿润气候事件的出现。由于鄂尔多斯高原西部受夏季风影响较东部小，所以东部发生的洪涝灾害事件在西部不一定出现。

六、鄂尔多斯高原与延安地区清代洪涝灾害对比

（一）洪涝灾害等级对比

统计结果表明，在清代（1644～1911）延安地区共记录洪涝灾害50次，平均5.4年发生一次。依据洪涝灾害所带来的危害程度的高低和分布范围的大小，可以把该区在清代出现的洪涝灾害划分为3个级别。依据前述划分标准可知，延安地区在清代发生的轻、中、重度洪涝灾害分别发生12次、27次、11次，其所占比依次为24%、54%和22%。由（图3-30a）可见，延安地区在清代发生的洪涝灾害以中度为主，然后是轻度和重度。

如前面所述，鄂尔多斯高原东部（图3-30b）和西部也是以中度洪涝灾害为主，然后是轻度洪涝灾害，重度洪涝灾害发生的可能性较小，与延安地区洪涝灾害等级相近。

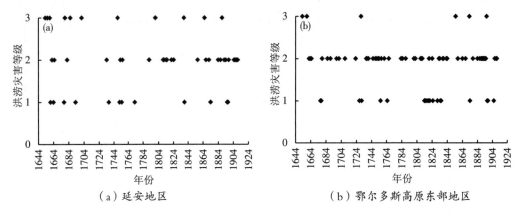

（a）延安地区　　　　　　　　　（b）鄂尔多斯高原东部地区

图3-30　延安地区和鄂尔多斯高原东部清代洪涝灾害等级变化对比

（二）洪涝灾害频次与阶段对比

洪涝灾害发生的区域对比对认识此类灾害的影响范围、造成的损失以及发生原因有重要意义。为了进一步查明清代延安地区发生洪涝灾害的阶段性特点及变化规律，在此以20年作为时间尺度单位，统计计算延安地区清代洪涝灾害出现频次的距平值，同时分析其距平值与年份之间的变化关系。统计结果（表3-2）显示，清代的延安地区共发生过34次不同程度的洪涝灾害：在1884～1903年、1904～1911年洪涝灾害发生最为频繁，频次分别为8次和6次；在1644～1663年、1664～1683年、1684～1703年、1744～1763年、1804～1823年、1824～1843年和1864～1883年洪涝灾害发生频次也较为频繁，频次为3～5次；1724～1743年、1764～1783年、1784～1803年和1844～1863年洪涝灾害发生较少，频次仅为1～2次；1704～1723年没有发生洪涝灾害。

表3-2　延安地区清代洪涝灾害发生频次

年份	洪涝灾害发生频次	年份	洪涝灾害发生频次	年份	洪涝发生灾害频次
1644～1663	5	1744～1763	5	1844～1863	1
1664～1683	5	1764～1783	1	1864～1883	4
1684～1703	3	1784～1803	2	1884～1903	8
1704～1723	0	1804～1823	5	1904～1911	6
1724～1743	2	1824～1843	3		

根据延安地区在清代发生过的洪涝灾害的频数与最小二乘法意义下6次多项式的拟合曲线（图3-31）可以分析得出，此地区在清代发生的洪涝灾害有明显的阶段性变化特点，可以把清代发生的洪涝灾害在时间上划分为以下7个阶段。第1阶段为1644～1703年，共发生洪涝灾害13次，占发生洪涝灾害总数的26.0%，平均4.6年发生一次，灾害发生频次高。第2阶段是1704～1743年，出现洪涝灾害2次，占发生洪涝灾害总数的4.0%，平均20年发生一次，发生频次低。第3阶段在1744～1763年，共发生

洪涝灾害5次，占发生洪涝灾害总数的10.0%，平均4年发生一次，发生频次高。第4阶段是在1764～1803年，发生洪涝灾害3次，在洪涝灾害总数中占6.0%，平均13.3年发生一次，发生频次低。第5阶段是在1804～1843年，共发生洪涝灾害8次，在洪涝灾害总数中占16.0%，平均5年发生一次，发生频次高。第6阶段是1844～1883年，发生洪涝灾害5次，在发生的洪涝灾害总数中占10.0%，平均8年发生一次，发生频次低。第7阶段是1884～1911年，发生洪涝灾害14次，在发生的洪涝灾害总数中占28.0%，平均2年发生一次，发生频次高。从图3-31的分析和洪涝灾害的危害程度可得，第1阶段发生的重度洪涝灾害居多，第2、3阶段发生的洪涝灾害以轻度和中度为主，第5、6、7阶段发生的洪涝灾害中度居多。可见，清代延安地区发生的洪涝灾害具有高低变化和阶段性，高发期为第1、3、5、7阶段，低发期为第2、4、6阶段。

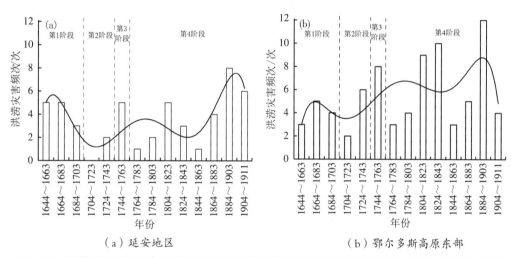

图3-31　延安地区和鄂尔多斯高原东部清代洪涝灾害每20年发生频次统计与6次多项式拟合曲线

为了进一步查明清代延安地区洪涝灾害阶段性特点及其变化规律，在此以20年作为时间尺度单位，统计计算清代在延安地区所发生洪涝灾害的频次距平值与相应年份之间的变化关系（图3-32）。延安地区清代每20年洪涝灾害发生的平均频次为3.6次。图3-32中当距平值等于零时，表示当时灾害的出现次数和20年的平均值相同；若距平值大于零，则表示当时洪涝灾害的出现次数高于这个平均值；相反，当距平值小于零，则表示当时洪涝灾害的出现次数低于这个平均值。由图3-32可以看出，清代延安地区所发生的洪涝灾害在年际中具有明显的波动变化趋势。第1、3、5、7阶段的距平值是以正距平为主，表明这几个阶段洪涝灾害发生的次数高于平均值，属于洪涝灾害的高发期。第2、4、6阶段洪涝灾害发生的次数低于平均值，属于洪涝灾害的低发期。根据图3-32洪涝灾害距平值变化可知，清代的延安地区所发生的洪涝灾害频次在整体上呈现出上升态势，表明从清朝初期到末期延安地区所发生的洪涝灾害呈现出逐渐增加的趋势。

研究区的东部地区在清代共记录洪涝灾害78次，西部地区记录发生了90次，比延安地区洪涝灾害明显多。这表明干旱的鄂尔多斯高原地区洪涝灾害也很频繁，这可能与干旱地区降雨集中有关。研究区东部在清代的洪涝灾害变化在时间上可划分为7个阶段（图3-31b），和同时期的延安地区所发生洪涝灾害变化阶段（图3-31a）基本相同，发生时段也一致。鄂尔多斯高原东部清代洪涝灾害距平值变化与延安地区清代洪涝灾害距平值变化也很吻合（图3-32），指示两个地区在清时期所记录的洪涝灾害具有相同形成因素。

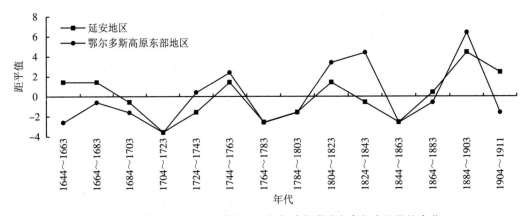

图3-32　延安地区和鄂尔多斯高原东部清代洪涝灾害频次距平值变化

（三）延安地区清代洪涝灾害季节变化

对延安地区清代洪涝灾害的发生季节进行统计（图3-33）可知，在延安地区清代记录发生的50次不同危害程度的洪涝灾害中，明确记载洪涝灾害发生月份或季节的有34次。其中，春季没有发生过洪涝灾害，夏季有12次，秋季有21次，冬季有1次，其余次数没有月份记载。由此可见，清代延安地区的洪涝灾害高发季节为秋季，然后是夏季，春、冬两季很少会出现洪涝灾害。

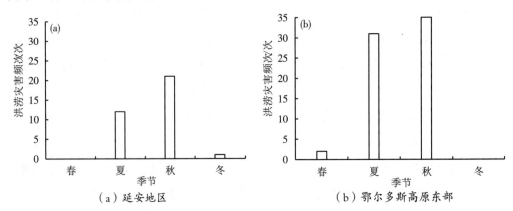

图3-33　延安地区和鄂尔多斯高原东部清代洪涝灾害季节变化对比

研究区在清代所记录的各种危害程度的洪涝灾害集中出现在秋季，其次是夏季，这与同时期的延安地区发生此种灾害的特点相一致。

七、鄂尔多斯高原与西海固地区清代洪涝灾害对比

一个地区出现的较长时间的洪涝灾，往往在附近地区也有所反映。西海固地区与鄂尔多斯高原邻近，在清代，鄂尔多斯高原发生的较长时间的洪涝灾害与西海固地区是否具有相关性值得研究。本书将鄂尔多斯高原在清代发生的洪涝灾害与西海固地区同时期发生的洪涝灾害进行了对比，以期揭示鄂尔多斯高原清代洪涝灾害的影响范围和影响强度，从而对高原清代发生的洪涝灾害有更加清晰深刻的认识。

（一）洪涝灾害频次与阶段对比

如前所述，在清代（1644～1911）的268年内，共记录鄂尔多斯高原发生过不同程度大小的洪涝灾害145次，平均1.8年发生一次。依照洪涝灾害频次的变化趋势特征，可以把该区在此时期发生的洪涝灾害在时间上划分为6个阶段。由图3-34可知，该区的洪涝灾害多发时段，常常也是西海固地区洪涝灾害多发时段。

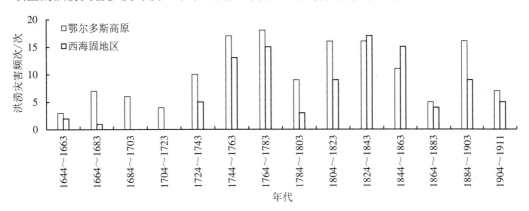

图3-34　鄂尔多斯高原和西海固地区清代洪涝灾害频次变化

根据《中国三千年气象记录总集》[①]《中国灾害通史》[②]《西北灾荒史》[③]《中国气象灾害大典（陕西卷）》[④]《中国气象灾害大典（内蒙古卷）》[⑤]《中国气象灾

[①] 张德二：《中国三千年气象记录总集》，江苏教育出版社，2004年。
[②] 袁祖亮：《中国灾害通史》，郑州大学出版社，2009年。
[③] 袁林：《西北灾荒史》，甘肃人民出版社，1994年。
[④] 翟佑安：《中国气象灾害大典·陕西卷》，气象出版社，2005年。
[⑤] 沈建国：《中国气象灾害大典·内蒙古卷》，气象出版社，2008年。

害大典（宁夏卷）》[①]《宁夏历史地理考》[②]《西海固史》[③]《固原地区志》[④]《隆德县志》[⑤]《彭阳县志》[⑥]《盐池县志》[⑦]《西吉文史资料》[⑧]《西夏天都海原文史》[⑨]和《同心文史资料》[⑩]资料的统计可知，清代的西海固地区共记录不同程度大小的洪涝灾害98次（图3-34），平均每2.7年发生一次，依据洪涝灾害出现频次的变化特点可划为成5个阶段。第1阶段是1644～1723年，共记录出现洪涝灾害3次，平均26.7年发生一次，灾害出现频次最低。第2阶段是1724～1783年，共记录出现洪涝灾害33次，平均每1.8年发生一次，灾害出现频次较高。第3阶段是1784～1803年，共记录出现洪涝灾害3次，平均每6.7年发生一次，灾害出现频次居中。第4阶段是1804～1863年，共记录出现洪涝灾害41次，平均每1.5年发生一次，灾害出现频次最高。第5阶段是1864～1911年，共记录出现洪涝灾害18次，平均每2.7年发生一次，灾害出现频次较高。

上述结果显示，清代在鄂尔多斯高原地区发生的洪涝灾害明显多于西海固地区，是西海固地区的1.5倍。自清代初期到末期，两地区发生洪涝灾害的变化特征具有相似性，均呈现出整体上波动上升态势。根据研究区的洪涝灾害频次变化特征可以在时间上划分成6个阶段，第1、3、5阶段属于洪涝灾害低发时期，第2、4、6阶段属于洪涝灾害高发时期。在西海固地区使用相同方法可以将其划分成5个阶段，显示该地区洪涝灾害也具有低发和高发两种不同的时期，分别为第1、3、5阶段和第2、4阶段，其中两地区前4个阶段的划分时间完全吻合，表明两地区清代的洪涝灾害具有一定的相关性。

我们把连续30年和超过30年没有出现洪涝灾害的这一时间段叫作无洪涝灾害时期，这些无灾时期能帮助我们认识鄂尔多斯高原和西海固地区洪涝灾害的相关性。由图3-34可以确定，在1668～1726年间，西海固地区连续59年没有出现洪涝灾害。鄂尔多斯高原在同时期，记录发生洪涝灾害15次，平均3.9发生一次；在研究区的西部地

① 夏普明：《中国气象灾害大典·宁夏卷》，气象出版社，2007年。
② 鲁人勇、吴忠礼、徐庄：《宁夏历史地理考》，宁夏人民出版社，1993年。
③ 徐兴亚：《西海固史》，甘肃人民出版社，2002年。
④ 沈克尼、杨旭红、马红薇：《固原地区志》，宁夏人民出版社，1994年。
⑤ 陈国栋：《隆德县志》，宁夏人民出版社，1976年。
⑥ 李文斌：《彭阳县志》，宁夏人民出版社，1996年。
⑦ 武树伟：《盐池县志》，宁夏人民出版社，1986年。
⑧ 马存林：《西吉文史资料》，西吉县政协文史资料编委会，2002年。
⑨ 李进兴：《西夏天都海原文史》，宁夏海原印刷厂，1995年。
⑩ 马振福：《同心文史资料》，宁夏人民出版社，2006年。

区记录的洪涝灾害仅6次，平均9.8年发生一次。西海固地区这一时期无洪涝灾害，鄂尔多斯高原特别是高原西部这一时期洪涝灾害发生也较少，进一步表明两地区在清代发生的洪涝灾害具有一定相关性。

为了深层次地分析出清代的鄂尔多斯高原和西海固两地区洪涝灾害发生所具有的阶段性特点以及变化规律，本书以20年作为时间尺度单位，统计清代这两地区的洪涝灾害发生频次，同时做出其距平值变化图（图3-35）。由距平图可知，清代这两个地区第1、3阶段洪涝灾害距平值以小于零为主，第2、4阶段的洪涝灾害距平值以大于零为主，进一步说明两地洪涝灾害的低发时期和高发时期分别为第1、3阶段和第2、4阶段。这表明清代鄂尔多斯高原洪涝灾害高发阶段也是西海固地区洪涝灾害频发阶段。

现代洪涝灾害是过去洪涝灾害的延续，清代距今较近，因此以上结论可以作为现代鄂尔多斯高原和西海固地区洪涝灾害预测的科学依据，也是预防洪涝灾害和减少洪涝灾害损失的重要参考依据。在宁夏西海固地区洪涝灾害频繁发生的年份，除了做好当地减灾工作外，还应做好鄂尔多斯高原可能发生洪涝灾害的抗灾准备，以避免在鄂尔多斯高原发生的洪涝灾害造成的损失。

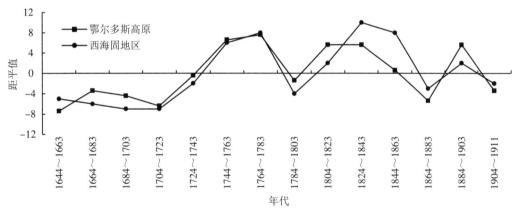

图3-35　鄂尔多斯高原和西海固地区清代洪涝灾害频次距平值变化

（二）洪涝灾害等级差异对比

如前所述，在清代（1644～1911）的268年内，鄂尔多斯高原共记录发生不同程度的洪涝灾害达145次，其中轻度洪涝灾害35次，在发生的洪涝灾害总数中所占百分比为24.1%；中度洪涝灾害为95次，在发生的洪涝灾害中所占百分比为65.5%；重度洪涝灾害为15次，在发生的洪涝灾害中所占百分比为10.4%（图3-36a）。根据历史文献所记载的洪涝灾害资料统计和等级划分可知，西海固地区发生的98次洪涝灾害中，轻度洪涝灾害12次，在发生的此种灾害中所占百分比为12.2%；中度洪涝灾害共77次，在发生的此种灾害中所占百分比为78.6%；重度洪涝灾害共9次，在发生的此种灾害中所占百分比为9.2%（图3-36b）。

由此可知，鄂尔多斯高原和西海固地区在清代中度洪涝灾害发生频次最高，鄂尔多斯高原中度洪涝灾害占发生的洪涝灾害总数的近2/3，西海固地区占总数的3/4还多，然后是轻度洪涝灾害，两地重度洪涝灾害均发生最少。

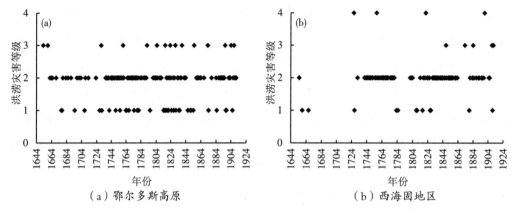

图3-36　鄂尔多斯高原和西海固地区清代洪涝灾害等级变化

（三）洪涝灾害季节差异对比

根据清代洪涝灾害资料，把一年中所发生的洪涝灾害按照月份逐月统计，并最终依季节进行记录。鄂尔多斯高原在清代发生的145次洪涝灾害中，史书中载有季节或载明月份的有116次，其中春、夏、秋季分别为7次、50次和59次，冬季没有发生，可见鄂尔多斯高原该时期夏季和秋季洪涝灾害发生较多，春季次之（图3-37a）。西海固地区有记录的98次洪涝灾害中，载有季节或载明月份的洪涝灾害有103次，其中冬季发生最多，达57次，占洪涝灾害总数的55.3%；其次是夏季和春季，分别发生了20次和15次，占洪涝灾害总数的19.4%和14.6%；秋季发生最少，仅有11次，占洪涝灾害总数的10.7%（图3-37b）。

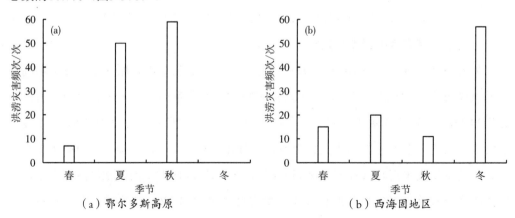

图3-37　鄂尔多斯高原和西海固地区清代洪涝灾害季节变化

由此可见，两地洪涝灾害的发生季节存在显著差异，鄂尔多斯高原秋季洪涝灾害发生频繁，而冬季是西海固地区洪涝灾害的高发季节，该季节的洪涝灾害占到了全年洪涝灾害总数的一半多。

第五节　民国时期洪涝灾害

一、洪涝灾害发生频次

根据《中国三千年气象记录总集》[1]《中国灾害通史》[2]《西北灾荒史》[3]《中国气象灾害大典（陕西卷）》[4]《中国气象灾害大典（内蒙古卷）》[5]《中国气象灾害大典（宁夏卷）》[6]以及《延川县志》[7]《靖边县志》[8]《绥德州志》[9]《米脂县志》[10]《榆林府志》[11]《山西通志》[12]《陕西通志》[13]《甘肃新通志》[14]《河曲县志》[15]《永宁州志》[16]等历史文献资料中对鄂尔多斯高原民国时期洪涝灾害记载的资料统计得知，在民国（1911～1949）的39年里，鄂尔多斯高原共记录有不同程度大小的洪涝灾害24次，平均1.6年发生一次，发生次数较频繁。

由于民国持续时间较短，分区统计不能全面地反映洪涝灾害的变化特征，因此本节不再进行分区，把5年作为时间尺度单位统计分析整个高原在民国时期洪涝灾害发生频次的阶段性变化特征趋势。由统计结果（图3-38）可知，在民国时期，该地区的洪涝灾害频次变化在时间上可以划分为5个阶段。第1阶段是1911～1920年，共记录出现此种灾害5次，平均2.0年发生一次，灾害出现频次较低。第2阶段是1921～1925

① 张德二：《中国三千年气象记录总集》，江苏教育出版社，2004.年。
② 袁祖亮：《中国灾害通史》，郑州大学出版社，2009年。
③ 袁林：《西北灾荒史》，甘肃人民出版社，1994年。
④ 翟佑安：《中国气象灾害大典·陕西卷》，气象出版社，2005年。
⑤ 沈建国：《中国气象灾害大典·内蒙古卷》，气象出版社，2008年。
⑥ 夏普明：《中国气象灾害大典·宁夏卷》，气象出版社，2007年。
⑦ 延川县志编纂委员会：《延川县志》，陕西人民出版社，1999年。
⑧ 靖边县地方志编纂委员会：《靖边县志》，陕西人民出版社，1993年。
⑨ 孔繁朴、高维岳：《绥德州志》，成文出版社，1970年。
⑩ 米脂县志编纂委员会：《米脂县志》，陕西人民出版社，1993年。
⑪ 陕西省榆林市地方志办公室：《榆林府志》，上海古籍出版社，2014年。
⑫ 山西省地方志编纂委员会：《山西通志》，中华书局，1993年。
⑬ 赵廷瑞、马理、吕柟：《陕西通志》，三秦出版社，2006年。
⑭ 升允：《甘肃新通志》，清宣统元年（1909）刻本。
⑮ 河曲县志编纂委员会：《河曲县志》，山西人民出版社，1989年。
⑯ 姚启瑞：《永宁州志》，山西古籍出版社，1996年。

年，共记录出现此种灾害4次，平均1.3年发生一次，灾害出现频次最高。第3阶段是1926～1930年，共记录出现此种灾害2次，平均每2.5年发生一次，灾害出现频次最低。第4阶段是1931～1940年，共记录出现此种灾害8次，平均每1.3年发生一次，灾害出现频次最高。第5阶段是1941～1949年，共记录出现此种灾害5次，平均1.8年发生一次，灾害出现频次较低。根据图3-38中洪涝灾害发生频次的趋势线可以看出，第1、3、5阶段洪涝灾害相对较少，第2、4阶段的洪涝灾害相对较多。在第4阶段的1931～1937年间发生了7年连涝，7次洪涝灾害中有3次为中度洪涝灾害、4次为重度洪涝灾害，其中重度洪涝灾害占到民国重度洪涝灾害总数的57.1%，表明此次洪涝灾害时间长、等级高，由此确定这一时期为民国时期鄂尔多斯高原洪涝灾害的集中暴发期。

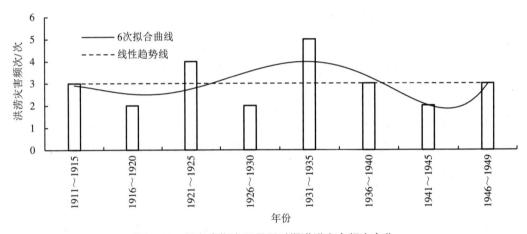

图3-38　鄂尔多斯高原民国时期洪涝灾害频次变化

　　为了深层次地分析鄂尔多斯高原民国时期洪涝灾害发生的阶段性特点及变化规律，本书以5年作为时间尺度单位，统计计算鄂尔多斯高原在民国时期洪涝灾害发生频次，同时做出其距平值变化见图3-39。当距平值等于零时，表示当时洪涝灾害的出现次数和5年的平均值相同；若距平值大于零，则表示当时洪涝灾害的出现次数高于这个平均值；相反，当距平值小于零，则表示当时洪涝灾害的出现次数低于这个平均值。图3-39表明，第1、3、5阶段距平值都是小于零的，第2、4阶段的距平值都是大于零的，进一步表明高原在民国时发生的洪涝灾害具有低发时期和高发时期，分别为第1、3、5阶段和第2、4阶段。

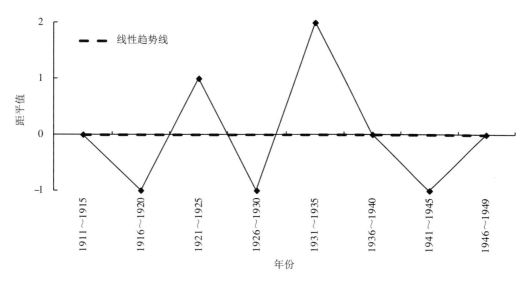

图3-39　鄂尔多斯高原民国时期洪涝灾害频次距平值变化

二、洪涝灾害发生等级

根据洪涝灾害危害程度的等级划分以及数理统计方法，对历史文献[1][2][3][4][5][6]以及《延川县志》[7]《靖边县志》[8]《绥德州志》[9]《米脂县志》[10]《榆林府志》[11]《山西通志》[12]《陕西通志》[13]《甘肃新通志》[14]《河曲县志》[15]《永宁州志》[16]等地方志中记载的鄂尔多斯高原民国时期发生的洪涝灾害进行量化并统计，得出鄂尔多斯高原民国时期洪涝灾害等级序列（图3-40）。由统计结果可知，民国时期（1911～1949）的39年间，鄂尔多斯高原文献记录共发生24次洪涝灾害，其中轻度洪涝灾害发生了5次，在所

① 张德二：《中国三千年气象记录总集》，江苏教育出版社，2004年。
② 袁祖亮：《中国灾害通史》，郑州大学出版社，2009年。
③ 袁林：《西北灾荒史》，甘肃人民出版社，1994年。
④ 翟佑安：《中国气象灾害大典·陕西卷》，气象出版社，2005年。
⑤ 沈建国：《中国气象灾害大典·内蒙古卷》，气象出版社，2008年。
⑥ 夏普明：《中国气象灾害大典·宁夏卷》，气象出版社，2007年。
⑦ 延川县志编纂委员会：《延川县志》，陕西人民出版社，1999年。
⑧ 靖边县地方志编纂委员会：《靖边县志》，陕西人民出版社，1993年。
⑨ 孔繁朴、高维岳：《绥德州志》，成文出版社，1970年。
⑩ 米脂县志编纂委员会：《米脂县志》，陕西人民出版社，1993年。
⑪ 陕西省榆林市地方志办公室：《榆林府志》，上海古籍出版社，2014年。
⑫ 山西省地方志编纂委员会：《山西通志》，中华书局，1993年。
⑬ 赵廷瑞、马理、吕柟：《陕西通志》，三秦出版社，2006年。
⑭ 升允：《甘肃新通志》，清宣统元年（1909）刻本。
⑮ 河曲县志编纂委员会：《河曲县志》，山西人民出版社，1989年。
⑯ 姚启瑞：《永宁州志》，山西古籍出版社，1996年。

发生的此种灾害总数中占20.8%；中度灾害共发生10次，在所发生的此种灾害总数中占41.7%；重度洪涝灾害共发生9次，在所发生的此种灾害总数中占37.5%（图3-40）。

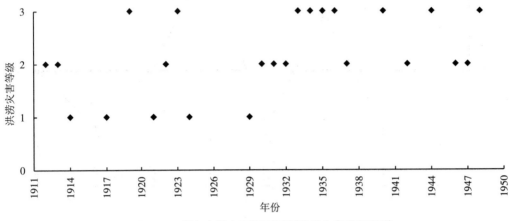

图3-40　鄂尔多斯高原民国时期洪涝灾害等级序列

洪涝灾害等级显示鄂尔多斯高原民国时期发生的洪涝灾害以中度为主，其次是重度洪涝灾害，而轻度洪涝灾害出现数量少。但从时间分布上看，不同等级洪涝灾害的分布略有差异，轻度洪涝灾害集中于民国早期，重度洪涝灾害集中在晚期。

三、洪涝灾害季节变化

鄂尔多斯高原民国时期的洪涝灾害呈现明显的季节差异，历史文献[1][2][3][4][5][6]以及《延川县志》[7]《靖边县志》[8]《绥德州志》[9]《米脂县志》[10]《榆林府志》[11]《山西通志》[12]《陕西通志》[13]《甘肃新通志》[14]《河曲县志》[15]《永宁州志》[16]等地方志中载明

① 张德二：《中国三千年气象记录总集》，江苏教育出版社，2004年。
② 袁祖亮：《中国灾害通史》，郑州大学出版社，2009年。
③ 袁林：《西北灾荒史》，甘肃人民出版社，1994年。
④ 翟佑安：《中国气象灾害大典·陕西卷》，气象出版社，2005年。
⑤ 沈建国：《中国气象灾害大典·内蒙古卷》，气象出版社，2008年。
⑥ 夏普明：《中国气象灾害大典·宁夏卷》，气象出版社，2007年。
⑦ 延川县志编纂委员会：《延川县志》，陕西人民出版社，1999年。
⑧ 靖边县地方志编纂委员会：《靖边县志》，陕西人民出版社，1993年。
⑨ 孔繁朴、高维岳：《绥德州志》，成文出版社，1970年。
⑩ 米脂县志编纂委员会：《米脂县志》，陕西人民出版社，1993年。
⑪ 陕西省榆林市地方志办公室：《榆林府志》，上海古籍出版社，2014年。
⑫ 山西省地方志编纂委员会：《山西通志》，中华书局，1993年。
⑬ 赵廷瑞、马理、吕柟：《陕西通志》，三秦出版社，2006年。
⑭ 升允：《甘肃新通志》，清宣统元年（1909）刻本。
⑮ 河曲县志编纂委员会：《河曲县志》山西人民出版社，1989年。
⑯ 姚启瑞：《永宁州志》，山西古籍出版社，1996年。

月份或季节的洪涝灾害有17次，其中农历九月发生洪涝灾害7次，农历七月4次，农历八月和十月各2次，农历四月和五月各1次，其他月份均无洪涝灾害记载。依据季节划分，该区春季发生洪涝灾害1次，夏季5次，秋季11次，冬季0次（图3-41）。

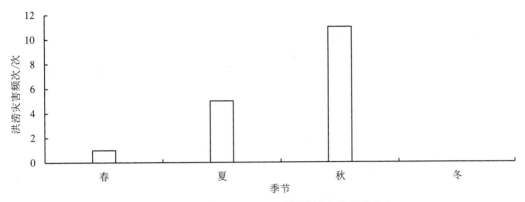

图3-41　鄂尔多斯高原民国时期洪涝灾害季节分布

　　上述分析表明鄂尔多斯高原民国时期洪涝灾害集中发生于7～10月，达15次，11～3月未出现洪涝灾害，由此可以明确得出该时期洪涝灾害发生的原因是夏季风增强导致相应的降水增多或集中。据统计，民国时期出现"淫雨成灾""霖雨为患""天雨连绵""暴雨迭降"等类似记载的有10次，说明民国时期记录出现洪涝灾害的年份降水量具有明显增多的特点。根据研究进一步得出，华北地区年降水量增多是由于极端性降水出现次数增加或者较长时间的连续性降水；同时，当东亚夏季风表现强势时，该年份的降水量就会明显增加，容易出现洪涝灾害，相反夏季风活动较弱时，该年份的降水量就会比同期正常年份的减少，形成旱情。[1]将《延川县志》[2]《靖边县志》[3]《绥德州志》[4]《米脂县志》[5]《榆林府志》[6]《山西通志》[7]《陕西通志》[8]《甘肃新通志》[9]《河曲县志》[10]《永宁州志》[11]等地方志中记载的有明确月份或季节的17次洪涝灾害按季节统计得知，该区夏秋季发生的洪涝灾害达16次。可见，

① 张德二：《中国三千年气象记录总集》，江苏教育出版社，2004年。
② 延川县志编纂委员会：《延川县志》，陕西人民出版社，1999年。
③ 靖边县地方志编纂委员会：《靖边县志》，陕西人民出版社，1993年。
④ 孔繁朴、高维岳：《绥德州志》，成文出版社，1970年。
⑤ 米脂县志编纂委员会：《米脂县志》，陕西人民出版社，1993年。
⑥ 陕西省榆林市地方志办公室：《榆林府志》，上海：上海古籍出版社，2014年。
⑦ 山西省地方志编纂委员会：《山西通志》，中华书局，1993年。
⑧ 赵廷瑞、马理、吕柟：《陕西通志》，三秦出版社，2006年。
⑨ 升允：《甘肃新通志》，清宣统元年（1909）刻本。
⑩ 河曲县志编纂委员会：《河曲县志》山西人民出版社，1989年。
⑪ 姚启瑞：《永宁州志》，山西古籍出版社，1996年。

由于民国时期的夏季风活动较活跃，进而表现在极端降水或持续性降水频繁发生，由此导致这一时期的洪涝灾害频发。所以，夏季风活动加强导致降水增多或集中是鄂尔多斯高原民国时期洪涝灾害经常性发生的重要驱动力。

四、洪涝灾害周期变化

认识洪涝灾害发生的准周期，尤其是第一主周期，对预防洪涝灾害意义很大。因此，本文应用Matlab软件，采用Morlet小波分析程序对研究区民国时期洪涝灾害进行了周期分析，结果见图3-42和图3-43。图3-42是小波变换函数中的小波系数，图中虚、实线分别为负、正等值线，分别代表洪涝灾害偏少和偏多两种情况。由图3-42可知，不同时间尺度的洪涝灾害发生情况存在差异。以3年作为时间尺度，发现无明显的规律。但是随着我们把时间尺度拉长，其周期震荡就越趋向平缓，这时其规律性的表现就比较清晰。在3～7年周期上震荡显著，呈现多→少13个循环交替，尺度中心在5年左右，并且到1949年洪涝灾害偏多，等值线仍然是开放状态，没有形成闭合曲线，由此说明洪涝灾害增多的趋势还将继续下去。在8～20年周期上震荡也较明显，洪涝灾害经历了多→少→多7个循环交替，尺度中心在10年左右。该时期在以20年作为时间尺度的周期变化不明显。

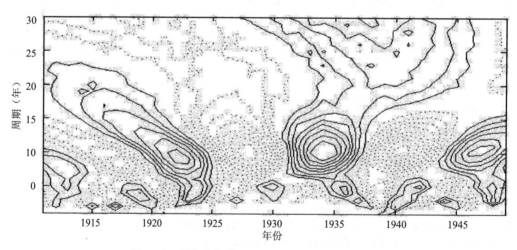

图3-42 鄂尔多斯高原民国时期洪涝灾害小波系数

图3-43为小波方差图，在图中可以看到3个峰值，分别对应准3年、5年和11年，说明鄂尔多斯高原民国时期的洪涝灾害有短、中、长三种周期的存在，其周期年限分别为3年左右、5年左右的和11年左右。其中11年的周期方差值最大，说明鄂尔多斯高原民国时期洪涝灾害的第一主周期是准11年，第二主周期是准3年。

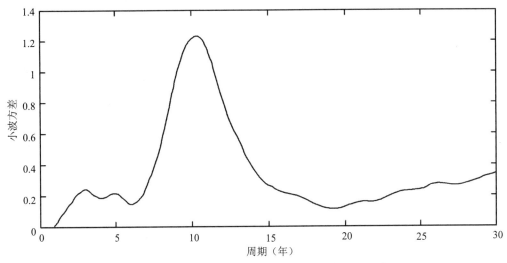

图3-43 鄂尔多斯高原民国时期洪涝灾害小波方差

五、洪涝灾害事件与气候事件

在鄂尔多斯高原民国时期1931～1937年连续7年发生洪涝灾害,其中中度、重度洪涝灾害分别出现了3次、4次,由此表明这一时期洪涝灾害出现数量多、等级高、危害大。我们将这一阶段确定为洪涝灾害事件。如后所述,高等级洪涝灾害是夏季风活动加强引起的年降水量增加造成的,由此可以推断出研究区在这一时期气候相对来说较为湿润,降水量相应有所增加,也指示一次湿润气候事件的出现。

六、鄂尔多斯高原与西海固地区民国时期洪涝灾害对比

（一）洪涝灾害频次差异

如前所述,在鄂尔多斯高原民国（1911～1949）的39年里,记录中发生洪涝灾害事件24次,平均1.6年发生一次,洪涝灾害发生较频繁,灾害频次变化可分为5个阶段（图3-44）。第1阶段为1911～1920年,记录中发生此种灾害5次,平均2.0年发生一次,洪涝灾害发生频次较低。第2阶段为1921～1925年,记录中发生此种灾害4次,平均1.3年发生一次,洪涝灾害出现频次最高。第3阶段为1926～1930年,记录中发生此种灾害2次,平均2.5年发生一次,洪涝灾害出现的频次最低。第4阶段为1931～1940年,记录中发生此种灾害8次,平均1.3年发生一次,洪涝灾害出现频次最高。第5阶段为1941～1949年,记录中发生此种灾害5次,平均1.8年发生一次,洪涝灾害出现频次较高。

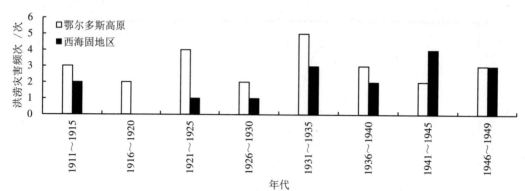

图3-44 鄂尔多斯高原和西海固地区民国时期洪涝灾害频次变化对比

根据对《中国三千年气象记录总集》[①]《中国灾害通史》[②]《西北灾荒史》[③]《中国气象灾害大典（陕西卷）》[④]《中国气象灾害大典（内蒙古卷）》[⑤]《中国气象灾害大典（宁夏卷）》[⑥]以及地方志等历史文献资料的统计可知，民国时期西海固地区共发生洪涝灾害16次，平均2.4年发生一次。依照洪涝灾害发生的数量变化特征，可以把该区民国时期发生的洪涝灾害在时间序列上划分成2个阶段：1911～1930年和1931～1949年。这是两个明显不同的阶段。图3-44显示，在1911～1930年的20年里，发生洪涝灾害4次，平均5年发生一次，洪涝灾害出现频次较低。在1931～1949年的19年里，发生洪涝灾害12次，平均1.6年发生一次，洪涝灾害出现频次较高。

为了深层次地分析民国时期鄂尔多斯高原和西海固地区洪涝灾害发生的阶段性特点及变化规律，本书以5年作为时间尺度单位，统计计算出民国时期这两地区的洪涝灾害发生频次距平值。由距平值可知，鄂尔多斯高原民国时期第1、3、5阶段的洪涝灾害距平值主要都小于零，第2、4阶段的距平值都大于零，进一步说明鄂尔多斯高原洪涝灾害具有低、高发期，分别为第1、3、5阶段和第2、4阶段。在民国早期的1911～1930年间，西海固地区洪涝灾害距平值大部分小于零，在晚期的1931～1949年间则以大于零为主，说明民国早期西海固地区洪涝灾害发生频次低于平均值，是洪涝灾害少发阶段，而晚期高于平均值，是洪涝灾害高发阶段。这表明民国时期鄂尔多斯高原和西海固地区的洪涝灾害相关性不大，这是因为洪涝灾害常常发生在较小范围内。

① 张德二：《中国三千年气象记录总集》，江苏教育出版社，2004年。
② 袁祖亮：《中国灾害通史》，郑州大学出版社，2009年。
③ 袁林：《西北灾荒史》，甘肃人民出版社，1994年。
④ 翟佑安：《中国气象灾害大典·陕西卷》，气象出版社，2005年。
⑤ 沈建国：《中国气象灾害大典·内蒙古卷》，气象出版社，2008年。
⑥ 夏普明：《中国气象灾害大典·宁夏卷》，气象出版社，2007年。

上述结果表明，鄂尔多斯高原民国时期的洪涝灾害明显多于西海固地区，是西海固地区的1.5倍。从民国早期到晚期，两地区发生洪涝灾害的时间变化存在较大差异，鄂尔多斯高原地区的洪涝灾害表现出逐年减少，西海固地区的洪涝灾害在整体上呈现出显著的增加态势。鄂尔多斯高原地区民国时期记录发生的洪涝灾害的数量变化在时间序列上可划分成5个阶段，依据洪涝灾害发生的多少可以划分为2个阶段，即灾害的低发阶段和高发阶段分别为第1、3、5阶段和第2、4阶段。西海固地区发生的洪涝灾害在时间上可分为2个阶段，第2阶段洪涝灾害发生频次比第1阶段灾害发生多。

（二）洪涝灾害等级差异对比

如前所述，在鄂尔多斯高原民国（1911～1949）的39年里发生了24次洪涝灾害，记录中发生轻度洪涝灾害5次，占总数的20.8%；中度洪涝灾害10次，占比为41.7%；重度洪涝灾害9次，占比为37.5%（图3-45a）。同时期在西海固地区发生的不同危害程度的16次洪涝灾害中，发生轻度洪涝灾害4次，占比为25%；中度洪涝灾害4次，占比为25%；重度洪涝灾害8次，占比为50%（图3-45b）。

由上可知，民国时期鄂尔多斯高原和西海固地区重度洪涝灾害发生频次较高，鄂尔多斯高原发生的重度洪涝灾害次数占到总数的近1/3，西海固地区占到总数的1/2，表明该时期尽管两地发生洪涝灾害频次存在较大差异，但灾害强度均较大。干旱地区预防气象灾害的能力较弱，这是发生洪涝灾害常常造成较为严重损失的因素之一。

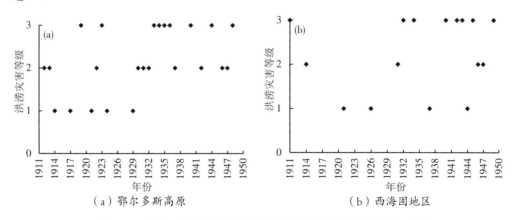

图3-45 鄂尔多斯高原和西海固地区民国时期洪涝灾害等级变化

（三）洪涝灾害季节差异

如前所述，鄂尔多斯高原民国时期发生的24次洪涝灾害中，史书中载有季节或载明月份的洪涝灾害有17次；其中在农历九月出现最多，达7次；其次为农历七月，发生4次；农历八月、十月各发生2次；农历四月和六月各1次。依季节划分，则洪涝灾害秋季出现11次，夏季5次，春季1次，冬季没有发生，可见在该时期鄂尔多斯高原秋季和夏季洪涝灾害发生较多（图3-46a）。西海固地区民国时期发生的16次洪涝灾害中：农历六月和八月各发生5次，农历七月发生4次，农历五月和九月各发生1次。按季节划分，夏季发生最多，达8次，占洪涝灾害总数的50%；其次是秋季和春季，分别发生了7次和1次，占洪涝灾害总数的43.7%和6.3%；冬季没有洪涝灾害发生（图3-46b）。

由此可见，民国时期鄂尔多斯高原和西海固地区洪涝灾害的发生季节具有相似性，夏秋季节为两地区洪涝灾害的高发阶段。

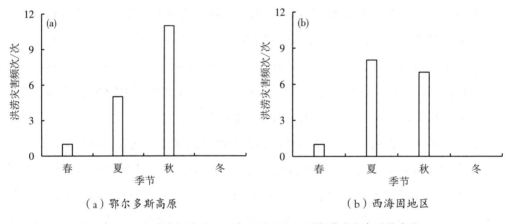

（a）鄂尔多斯高原　　　　　　　　（b）西海固地区

图3-46　鄂尔多斯高原和西海固地区民国时期洪涝灾害季节变化

第六节　洪涝灾害发生原因

无论是旱灾还是洪涝灾害都是在一定的自然环境条件和社会经济条件下发生的。自然环境中气候状况、水文特征、地形条件都可能是导致洪涝灾害发生的直接因素，人类活动的影响也常促使洪涝灾害的发生，甚至影响灾害的强度，发生的频率、范围等。

一、气候因素

根据《中国三千年气象记录总集》[①]《中国灾害通史》[②]《西北灾荒史》[③]《中国

---

① 张德二：《中国三千年气象记录总集》，江苏教育出版社，2004年。
② 袁祖亮：《中国灾害通史·清代卷》，郑州大学出版社，2009年。
③ 袁林：《西北灾荒史》，甘肃人民出版社，1994年。

气象灾害大典（陕西卷）》[①]《中国气象灾害大典（内蒙古卷）》[②]《中国气象灾害
大典（宁夏卷）》[③]以及《陕西省自然灾害史料》[④]《陕西历史自然灾害简要纪实》[⑤]
《资治通鉴·唐纪》[⑥]《旧五代史·五行志》[⑦]《新唐书·五行志》[⑧]《山西通志》[⑨]
《陕西通志》[⑩]《甘肃新通志》[⑪]《河曲县志》[⑫]等历史文献资料中对鄂尔多斯高原历
史时期洪涝灾害记载的资料统计得知，降水量的变化和洪涝灾害的出现两者之间有着
紧密的联系。通过分析现代洪水灾害特点，并研究其发生时的降水条件可知，较低等
级的轻度洪涝灾害发生的主要原因一般是由日降水量集中或短时间暴雨，而不是年降
水量增加引起的，只有很少数的轻度洪涝灾害是年降水量增加所导致。但是危害严重
的大洪涝灾害却很少是由短暂的降雨导致，其原因是夏、秋两季的降水在时间上持续
性长，有时春季也会发生霖雨，使得年降水量显著增多，然后形成洪涝灾害。由于鄂
尔多斯高原气象记录较少，我们以关中平原洪涝灾害发生与气候的关系作为实例进行
分析。从20世纪50年代算起，至今渭河经历过1954年、1966年、1981年、2003年4次
大洪水，其形成的原因是流域不同地区的降水量增加。2003年，渭河流域的关中段经
历了一轮长时间的降雨过程，断断续续达50天[⑬⑭]，所以那一年关中地区的年降水量比
往期多了280mm左右，形成了当年的大洪水。由此合理推断在历史时期，当降雨时间
持续50天或超过50天时，我们认为当时年份的降水量应该达到了800mm左右。

　　根据竺可桢先生对中国气候变迁史的研究[⑮]，从隋朝末期或唐朝初期（6世纪末）
开始，因为太阳辐射发生变化所带来的影响，使得那时中国的气候从干冷期转入暖湿
期，一直到8世纪末才结束。在此时期，暖冬现象多次出现，冬季不见雪的年份也有

① 翟佑安：《中国气象灾害大典·陕西卷》，气象出版社，2005年。
② 沈建国：《中国气象灾害大典·内蒙古卷》，气象出版社，2008年。
③ 夏普明：《中国气象灾害大典·宁夏卷》，气象出版社，2007年。
④ 陕西省气象局气象台：《陕西省自然灾害史料》，陕西省气象局气象台出版，1976年。
⑤ 《陕西历史自然灾害简要纪实》编委会：《陕西历史自然灾害简要纪实》，气象出版社，2002年。
⑥ 司马光：《资治通鉴·唐纪》，中华书局，1956年。
⑦ 薛居正：《旧五代史·五行志》，中华书局，1976年。
⑧ 欧阳修、宋祁：《新唐书·五行志》，中华书局，1975年。
⑨ 山西省地方志编纂委员会：《山西通志》，中华书局，1993年。
⑩ 赵廷瑞、马理、吕柟：《陕西通志》，三秦出版社，2006年。
⑪ 升允：《甘肃新通志》，清宣统元年（1909）刻本。
⑫ 河曲县志编纂委员会：《河曲县志》，山西人民出版社，1989年。
⑬ 蒋昕晖、霍世青、刘龙庆：《2003年渭河洪水特性分析》，《人民黄河》，2004年第1期。
⑭ 邢大韦、张玉芳、粟晓玲：《对2003年陕西渭河洪水的思考》，《水利与建筑工程学报》2004年第1期。
⑮ 竺可桢：《中国近五千年来气候变迁的初步研究》，《中国科学》1973年第2期。

14年，其具体表现就是冬季在长安附近可以赏梅，记载有多首咏梅诗，说明那时的气候暖，气温比现代高1~2℃，同时年降水量也比现在要多一些。[①]据王邨、王松梅等人的研究，从703年至840年，是近3000年来历时最长的多雨期。[②]由此可见，整个唐代都处在气候史上的暖湿时期，大范围较多的降水就会使得不同危害程度的洪涝灾害出现频率有所增加。但至唐朝末期时，气候再次发生较大转变，自然冷干气候再现，冻害、霜雪灾害出现的次数增多，所以这个时期的渭河流域出现洪涝灾害的次数就有所减少。

鄂尔多斯高原的水灾主要为洪灾，主要分布在夏、秋两季。由于受到东亚季风边缘的影响，当西太平洋副热带高压脊线移动到北纬30°左右右时，在副热带高压西侧偏南气流的携带下，印度洋和太平洋的水汽有时会大量输送到该区。这些潮湿的大气与沙漠上空干燥的大气形成鲜明的干湿对比，再加上沙漠边缘的特殊热力条件，使得该地区大气层结构变得极不稳定，因而产生剧烈的对流活动，形成局部地区特大暴雨。由于本区土质疏松，植被稀疏，地表裸露严重，若发生暴雨或大暴雨，往往形成特大洪水，造成损失严重的洪灾。

根据竺可桢等人的研究，宋代气候与唐代大不同，唐代为温暖湿润期，宋代气候变寒，在12世纪初期，我国整体性气候由暖转寒变化加剧，国都杭州降雪频繁且延至暮春，苏州运河常常结冰。此现象极为罕见地会在暖湿期出现，但是在当时那个时段，却不足为奇。12世纪结束不久，即13世纪初气温又开始回暖，这种暖气候的持续时间一直到13世纪后半叶。由此可知，宋元辽金时期（960~1368）经历了一段低温期后又经历了一小段较暖湿期。这一时期不是我国2000多年来的最暖期，也不是最冷期，气候波动不大，因此这段时期发生的洪涝灾害较其他时期少。

鄂尔多斯高原在明清两朝，尤其是清代，洪涝灾害发生次数、涉及范围都高于其他朝代。根据竺可桢、王绍武等人的研究[③④⑤⑥]可知，由于这一时期太阳黑子活动微弱，全世界范围在15~19世纪期间进入异常寒冷干燥期，特别是17世纪最寒（明末清初），15世纪中后期与19世纪比17世纪稍弱一些。这个时段的气候事件被欧洲专家学

① 竺可桢：《中国近五千年来气候变迁的初步研究》，《中国科学》1973年第2期。
② 王邨、王松梅：《近五千年来我国中原地区气候在降水方面的变迁》，《中国科学（B辑）》1987年第1期。
③ 竺可桢：《中国近五千年来气候变迁的初步研究》，《中国科学》1973年第2期。
④ 王邨、王松梅：《近五千年来我国中原地区气候在降水方面的变迁》，《中国科学（B辑）》1987年第1期。
⑤ 任振球：《中国近五千年来气候的异常期极其天文成因》，《农业气象与灾害》1986年第1期。
⑥ 王绍武：《小冰期气候的研究》，《第四纪研究》1995年第3期。

者称为"现代小冰期"，我国专家学者对此气候事件也有相应的命名，将其称为"明清小冰期"。这一阶段是我国2000多年来最冷的时期，年平均气温比现在低1~2℃，是一个更为寒冷干燥的时期，这种极其异常多变的气候环境往往导致水旱灾害、低温灾害发生频繁。

二、人为因素

移民屯边既造成生态环境破坏也造成洪涝灾害发生频次的改变。人类活动对灾害的影响是因不当的举措破坏了生态平衡而表现出来的。两汉是我国封建制巩固和强大时期，统治者都认识到"重农乃立国之本"，这样的重农思想有很大关系。为了巩固既得的统治地位，统治者就必须采用军队戍边和移民实边，如此一来，就会进行大规模的农业生产活动促进经济发展。这直接造成植被被破坏，从而使地表裸露，土壤和植被调节洪水的能力降低，导致了洪涝灾害的发生。

首先是军队戍边屯垦。西汉王朝面对匈奴的侵扰也多次采用军事行动，其中规模最大的一次是汉武帝时期，大将卫青、霍去病率兵北出云中、五原逐匈奴于数千里之外，使游牧民族向漠北迁移，造成这一地区游牧民族人口大为减少，而农耕民族人口增多。又据《汉书·食货志下》记载，元鼎六年（前110），大汉王朝最多的一次出动60万兵士，屯田于上郡、朔方、河西郡。这些做法不仅解决了粮食问题，而且对巩固边防、保证国家安全也起了十分重要的作用。但同时也开始对当地自然生态环境造成了破坏，森林被砍伐，荆棘榛莽被铲除，荒草原野被开垦，造成植被覆盖迅速减少，大地裸露日益严重，水土流失和沙漠化加重。①

其次是实行移民屯垦。汉文帝时期提出了移民屯田的办法，后来屯田的办法成为明确的制度。汉武帝时，为拓宽疆土，设置新的郡县，又有更大的举措。据《汉书·武帝纪》记载，元朔二年（前127），大将军卫青从匈奴手中夺回河南土地后，立即募民徙朔方10万人，到元狩四年（前119）又一次迁徙72.5万人。这些移民主要被迁往陇西、西北、西河、上郡等地。又据《汉书·地理志》所载略加推算，西汉末，平帝元始二年（2），陕北上郡有23个县，西河郡有36个县，北地郡有9个县，总人数达151.62万，相当于当时久以农业昌盛闻名的关中平原总人数的近1/2，从而使本区许多地方呈现一派田畴四布、人口繁衍的兴旺景象。如榆林市城北的古城滩就是西汉时上郡龟兹县城故址，以水草丰美、土宜畜牧而负盛名，到了西汉末年，已变为五谷丰

---

① 傅筑夫：《中国经济史论丛（续集）》，人民出版社，1988年，第80—81页。

登的产粮区。这些大规模从内地移民开垦农田的举措，会对本地区的农业生产带来不竭的动力并给农业发展带来推动作用，对于统一的多民族国家的形成和发展均有重要意义。然而过度的农业开发必然会给本区生态环境带来消极的影响。

通过上述的分析，榆林地区洪涝灾害频发，主要是由自然因素引发的，但是人类不当的活动也会导致此种灾害的发生更加频繁，同时也致使灾情更重。

第四章　鄂尔多斯高原历史时期的霜雪灾害

霜雪灾害一般由三种情况产生：一是由于地面气温的急剧降低，二是由于地面气温已经降到了某一特定较低情况，三是由于地面已经有了某一深度的积雪。霜雪灾害经常性出现，这就会影响到正常的农业和人类经济社会的发展等，[1]所以霜雪灾害的研究受到了国内外学者的重视，也取得了一些重要研究成果。国外学者Heinr等[2]、Bonsal等[3]和Easterling[4]研究发现，20世纪北欧、加拿大和美国的霜冻日数有减少的趋势。Zinoni等人对艾米利亚地区霜冻灾害风险进行了研究，建立了霜冻风险指标与数学模型。[5]Tachiiri等人利用遥感数据获得的标准化植被指数、雪水当量指数以及牲畜数量和死亡率，研究了蒙古国雪灾风险，用回归分析研究了气象灾害的形成机制。[6]

国外专家学者利用逐日最低气温进行统计分析，探究讨论了霜冻现象发生的趋势，从霜冻的年际变化、阶段性和变化周期研究霜冻的变化规律，[7]得出冻灾对当

---

① 孟万忠、赵景波、王尚义：《山西清代霜雪灾害的特点与周期规律研究》，《自然灾害学报》2012年第4期。

② Heino R, Brazdil R, Forland R, et al. Progress in the Study of Climate Extremes in Northern and Central Europe. Climatic Change, 1999, (42)：151-181.

③ Bonsal B R, Zhang X, Vincent L A, et al. Characteristics of Daily and Extreme Temperature over Canada. J Climate, 2001, 5 (14)：1959-1976.

④ Easterling D R. Recent Changes in Frost Days and Frostfree Season in the United States. Bull Amer Meteor Soc, 2002, 83(9)：1327-1332.

⑤ Zinoni F, Antolini G, Campisi T, et al. Characterisation of Emilia—Romagna region in relation with late frost risk. Physics and Chemistry of the Earth, 2002, (27):1091-1101.

⑥ Tachiiri K, Shinoda M, Klinkenberg B, et al. Assessing Mongolian snow disaster risk using livestock and satellite data. Journal of Arid Environments, 2008, 72:2251-2263.

⑦ Zinoni F, Antolini G, Campisi T, et al. Characterisation of Emilia—Romagna region in relation with late frost risk. Physics and Chemistry of the Earth, 2002, (27):1091-1101.

时的社会经济发展、农业生产、社会稳定、人口数量变化等方面产生了严重不利影响[1]。我国学者叶殿秀等通过霜冻气候统计指标进行研究，揭示了我国1961年到2007年的霜冻变化特征。[2]张雪芬等人利用商丘市气象资料与冬小麦观测资料对发生的晚霜冻灾害进行了模拟，实现了灾害损失的定量化评估。[3]钟秀丽等人研究了终霜日的变化，提出了预防霜冻对策。[4]前人对关中平原和山西等地区历史时期的霜雪灾害也做过一定的研究，已认识到关中平原明代霜雪灾害和山西近百年霜雪灾害存在阶段性和周期性变化。[5][6]

到目前为止，对鄂尔多斯高原历史上记录的霜雪灾害事件出现的数量、原因、规律的研究还不够，没有关注到此种灾害和气候事件两者之间具有的联系。鄂尔多斯高原历史时期自然环境变化非常明显，霜雪灾害的经常性出现就是其中的一个重要表现形式，因此探讨该地域的霜雪灾害对于找出此种灾害在该区出现的特点和规律，对揭示灾害和气候之间的联系等有重要科学意义。本章根据历史文献资料，通过多项式拟合分析和Morlet小波分析等方法，讨论研究区在历史时期记录的霜雪灾害的出现次数、灾情级别、发生季节、是否具有周期性以及出现的原因等，期望对该地区的霜雪灾害的预测和防治提供有效帮助和正确依据。

本章所使用的霜雪灾害资料来源于《中国三千年气象记录总集》[7]《中国灾害通史》[8]《西北灾荒史》[9]《中国气象灾害大典（陕西卷）》[10]《中国气象灾害大典（内蒙古卷）》[11]《中国气象灾害大典（宁夏卷）》[12]以及《中国气象灾害大典（山西

① Tachiiri K,Shinoda M,Klinkenberg B,et al.Assessing Mongolian snow disaster risk using livestock and satellite data[J].Journal of Arid Environments,2008,72:2251-2263.

② 叶殿秀、张勇：《1961—2007年我国霜冻变化特征》，《应用气象学报》2008年第6期。

③ 张雪芬、余卫东、王春乙：《WOFOST模型在冬小麦晚霜冻害评估中的应用》，《自然灾害学报》2006年第6期。

④ 钟秀丽、王道龙、李茂松：《冬小麦品种抗霜力鉴定与霜冻害防御新对策》，《自然灾害学报》2006年第6期。

⑤ 赵景波、邢闪、周旗：《关中平原明代霜雪灾害特征及小波分析研究》，《地理科学》2012年第1期。

⑥ 孟万忠、刘晓峰、王尚义：《近百年山西霜雪灾害时空特征地理研究》，《地理研究》2012年第12期。

⑦ 张德二：《中国三千年气象记录总集》，江苏教育出版社，2004年。

⑧ 袁祖亮：《中国灾害通史》，郑州大学出版社，2009年。

⑨ 袁林：《西北灾荒史》，甘肃人民出版社，1994年。

⑩ 翟佑安：《中国气象灾害大典·陕西卷》，气象出版社，2005.

⑪ 沈建国：《中国气象灾害大典·内蒙古卷》，气象出版社，2008年。

⑫ 夏普明：《中国气象灾害大典·宁夏卷》，气象出版社，2007年。

卷）》^①《山西自然灾害史年表》^②《山西自然灾害》^③《陕西自然灾害史料》^④《陕西历史自然灾害简要纪实》^⑤《中国西部农业气象灾害》^⑥《内蒙古历代自然灾害史料续辑》^⑦《内蒙古自然灾害通志》^⑧《内蒙古历代自然灾害史料（上下册）》^⑨《清涧县志》^⑩等历史文献资料。本章在进行资料整理统计时一律采用公历公元纪年法：春季为公历2～4月，对应农历一至三月；夏季为公历5～7月，对应农历四至六月；秋季为公历8～10月，对应农历七至九月；冬季为公历11～次年1月，农历十至十二月。

根据历史文献资料中对鄂尔多斯高原历史时期霜雪灾害的记载，依据灾害影响程度、危害程度以及持续时间等，同时参照前人的分级方法，并结合本研究的需要，将鄂尔多斯高原的霜雪灾害划分为以下3个等级^⑪。

第1级是轻度霜雪灾害。文献中有"霜""陨霜""寒""雪""大雪"等记载，但并未记载对人民生产、生活造成的影响，本章将这种霜雪灾害划分为轻度霜雪灾害。如"清高宗乾隆四十一年（1776），平罗等堡被霜"^{⑫⑬⑭}。

第2级是中度霜雪灾害。文献中记载有"陨霜杀禾""杀稼""谷菜俱冻""杀麦"等，且对农作物造成比较严重的影响，霜雪持续时间较长、受灾范围较大，政府"诏免租"等，本章将其划分为中度霜雪灾害。如"唐玄宗开元十二年（724）八月，潞、绥等州霜杀稼"^⑮"元世祖至元二十七年（1290）十月，以兴、松二州霜，免其地税"^⑯"元宁宗至顺三年（1332）八月，浑源、云内二州陨霜杀禾"^⑰"清高

① 温克刚：《中国气象灾害大典·山西卷》，气象出版社，2005年。
② 张杰：《山西自然灾害史年表》，山西省出版事业管理处，1988年。
③ 《山西自然灾害》编辑委员会：《山西自然灾害》，山西科学教育出版社，1989年。
④ 陕西省气象局气象台：《陕西省自然灾害史料》，陕西省气象局气象台，1976年。
⑤ 《陕西历史自然灾害简要纪实》编委会：《陕西历史自然灾害简要纪实》，气象出版社，2002年。
⑥ 王建林：《中国西部农业气象灾害》，气象出版社，2003年。
⑦ 内蒙古自治区人民政府参事室：《内蒙古历代自然灾害史料续辑》，内蒙古自治区人民政府参事室编印，1988年。
⑧ 刑野：《内蒙古自然灾害通志》，内蒙古人民出版社，2001年。
⑨ 《内蒙古历代自然灾害史料》编辑部：《内蒙古历代自然灾害史料（上下册）》，内蒙古历代自然灾害史料编辑部，1988年。
⑩ 钟章元：《清涧县志》，成文出版社，1970年。
⑪ 李茂松、王道龙、钟秀丽：《冬小麦霜冻害研究现状与展望》，《自然灾害学报》2005年第4期。
⑫ 王建林：《中国西部农业气象灾害》，气象出版社，2003年。
⑬ 内蒙古自治区人民政府参事室：《内蒙古历代自然灾害史料续辑》，内蒙古自治区人民政府参事室编印，1988年。
⑭ 刑野：《内蒙古自然灾害通志》，内蒙古人民出版社，2001年。
⑮ 欧阳修、宋祁：《新唐书·五行志》，中华书局，1975年。
⑯ 宋濂、王袆：《元史·食货志》，中华书局，1976年。
⑰ 宋濂、王袆：《元史·宁宗本纪》，中华书局，1976年。

宗乾隆二十二年（1757）（神木）秋禾被霜，成灾六七八九分不等"①"清高宗乾隆四十三年（1778）十二月，赈恤宁夏平罗等十七厅、州、县本年霜灾贫民，缓征额赋"②③④。

第3级是重度霜雪灾害。文献中有"大雪成灾""牲畜死亡""全无收""颗粒未收""连遭黑霜""积雪三尺""寒冻异常"等描述，且记载受灾范围较广，持续时间长，收成无望，有人畜死伤，人民生命财产受到重大损失，这样的霜雪灾害被归为重度霜雪灾害。如"明神宗万历十九年（1591）（清涧）延绥、榆林二卫所八月霜雹相继，禾苗尽死"⑤"明思宗崇祯四年（1631）（榆林）十一月，大雪，至明年正月不止，深丈余，人畜死者过半"⑥"清高宗乾隆二年（1737）十二月，边地陨霜独早，灵州沿边等堡播种最早者收成约有二分，其余全无收"⑦⑧⑨。

第一节　明代霜雪灾害

一、霜雪灾害发生频次

根据《中国三千年气象记录总集》⑩《中国灾害通史》⑪《西北灾荒史》⑫《中国气象灾害大典（陕西卷）》⑬《中国气象灾害大典（内蒙古卷）》⑭《中国气象灾害大典（宁夏卷）》⑮以及《明史·五行志》⑯《山西通志》⑰《陕西通志》⑱《甘肃新

① 神木县志编纂委员会编：《神木县志》，经济日报出版社，1990年。
② 王建林：《中国西部农业气象灾害》，气象出版社，2003年。
③ 内蒙古自治区人民政府参事室：《内蒙古历代自然灾害史料续辑》，内蒙古自治区人民政府参事室编印，1988年。
④ 刑野：《内蒙古自然灾害通志》，内蒙古人民出版社，2001年。
⑤ 钟章元：《清涧县志》，成文出版社，1970年。
⑥ 谭吉璁：《延绥镇志》，成文出版社，1970年。
⑦ 张德二：《中国三千年气象记录总集》，江苏教育出版社，2004年。
⑧ 袁祖亮：《中国灾害通史》，郑州大学出版社，2009年。
⑨ 袁林：《西北灾荒史》，甘肃人民出版社，1994年。
⑩ 张德二：《中国三千年气象记录总集》，江苏教育出版社，2004年。
⑪ 袁祖亮：《中国灾害通史》，郑州大学出版社，2009年。
⑫ 袁林：《西北灾荒史》，甘肃人民出版社，1994年。
⑬ 翟佑安：《中国气象灾害大典·陕西卷》，气象出版社，2005年。
⑭ 沈建国：《中国气象灾害大典·内蒙古卷》，气象出版社，2008年。
⑮ 夏普明：《中国气象灾害大典·宁夏卷》，气象出版社，2007年。
⑯ 张廷玉：《明史·五行志》，中华书局，1974。
⑰ 山西省史志研究整理：《山西通志》，中华书局，2008年。
⑱ 赵廷瑞、马理、吕柟：《陕西通志》，三秦出版社，2006年。

通志》[①]《延川县志》[②]《靖边县志》[③]《绥德州直隶州志》[④]《河曲县志》[⑤]《米脂县志》[⑥]《保德州志》[⑦]等历史文献资料中对鄂尔多斯高原明代霜雪灾害的记载资料统计可知，在明代（1368～1644）的277年内，鄂尔多斯高原共发生不同危害程度的霜雪灾害20次，平均13.9年发生一次，灾害发生频次较低。

为了更加准确地反映鄂尔多斯高原在明代发生的霜雪灾害的变化特点与阶段性，本书以20年作为时间尺度单位统计计算出高原明代霜雪灾害发生的频次，并分析其阶段性变化（图4-1）。由图4-1可知，明代鄂尔多斯高原的霜雪灾害频次变化具有明显的阶段性，可划分为4个阶段。第1阶段是1368～1427年，记录中发生此种灾害1次，平均60年发生一次，霜雪灾害出现频次最低。第2阶段是1428～1487年，记录中发生此种灾害6次，平均10年发生一次，霜雪灾害出现频次较高。第3阶段是1488～1587年，发生此种灾害4次，平均25年发生一次，霜雪灾害出现较低。第4阶段是1588～1644年，记录发生此种灾害9次，平均每6.3年发生一次，霜雪灾害出现最高。图4-1中灾害频次的趋势线表明，自明朝初期至末期，研究区的霜雪灾害出现的次数在整体上呈现出上升态势，且分布很不均匀，并具有低发和高发两种时期，分别为第1、3阶段和第2、4阶段。

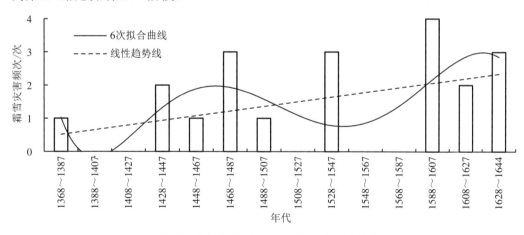

图4-1　鄂尔多斯高原明代霜雪灾害频次变化

为进一步查明鄂尔多斯高原明代霜雪灾害发生的阶段特点和变化规律，本书以

① 升允：《甘肃新通志》，清宣统元年（1909）刻本。
② 延川县志编纂委员会：《延川县志》，陕西人民出版社，1999年。
③ 靖边县地方志编纂委员会：《靖边县志》，陕西人民出版社，1993年。
④ 李继峤：《乾隆绥德州直隶州志》，绥德县委办公室，2014年。
⑤ 河曲县志编纂委员会：《河曲县志》，山西人民出版社，1989年。
⑥ 米脂县志编纂委员会：《米脂县志》，陕西人民出版社，1993年。
⑦ 中共保德县委：《保德州志》，山西人民出版社出版，1990年。

20年作为时间尺度单位，统计计算此时期这一地区出现霜雪灾害的频次距平值，同时做出其距平值的变化图（图4-2）。当距平值等于零时，表示当时灾害的出现次数和20年的平均值相同；若距平值大于零，则表示当时霜雪灾害的出现次数高于这个平均值；相反，当距平值小于零，则表示当时霜雪灾害的出现次数低于这个平均值。该图也表现出鄂尔多斯高原在明代时期霜雪灾害所具有的阶段性特征。从图4-2中可以看出，第1、3阶段霜雪灾害距平值主要都是小于零，第2、4阶段霜雪灾害距平值主要都是大于零，进一步表明该地区发生的霜雪灾害具有低发和高发两种时期，分别为第1、3阶段和第2、4阶段。

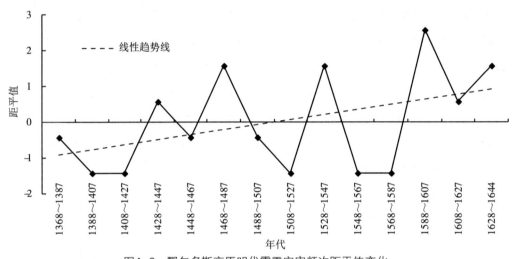

图4-2　鄂尔多斯高原明代霜雪灾害频次距平值变化

二、霜雪灾害发生等级

依照霜雪灾害造成的不同危害等级划分和数理统计方法，对历史文献[1][2][3][4][5][6]以及《内蒙古历代自然灾害史料（下册）》[7]《清涧县志》[8]《明史·五行志》[9]《山西

① 张德二：《中国三千年气象记录总集》，江苏教育出版社，2004年。
② 袁祖亮：《中国灾害通史》，郑州大学出版社，2009年。
③ 袁林：《西北灾荒史》，甘肃人民出版社，1994年。
④ 翟佑安：《中国气象灾害大典·陕西卷》，气象出版社，2005年。
⑤ 沈建国：《中国气象灾害大典·内蒙古卷》，气象出版社，2008年。
⑥ 夏普明：《中国气象灾害大典·宁夏卷》，气象出版社，2007年。
⑦ 《内蒙古历代自然灾害史料》编辑部：《内蒙古历代自然灾害史料（上下册）》，内蒙古历代自然灾害史料编辑部，1988年。
⑧ 钟章元：《清涧县志》，成文出版社，1970年。
⑨ 张廷玉：《明史·五行志》，中华书局，1974年。

通志》[1]《陕西通志》[2]《甘肃新通志》[3]《延川县志》[4]《靖边县志》[5]《绥德州直隶
州志》[6]《河曲县志》[7]等地方志中记载的鄂尔多斯高原明代霜雪灾害进行量化并统
计，得出鄂尔多斯高原明代霜雪灾害等级序列（图4-3）。

由结果可知，在明代（1368～1644）的277年内，鄂尔多斯高原共发生过20次不
同危害程度的霜雪灾害：其中轻度霜雪灾害4次，在灾害总数中的占比为20%；中度
霜雪灾害10次，在灾害总数中的占比为50%；重度霜雪灾害6次，在灾害总数中的占
比为30%。由此可见，鄂尔多斯高原在明代发生的霜雪灾害以中度为主，然后是重
度，轻度较少。分析图4-3可以得出，明朝初期、中期霜雪灾害发生不集中，呈分散
状态，而晚期霜雪灾害发生较集中。

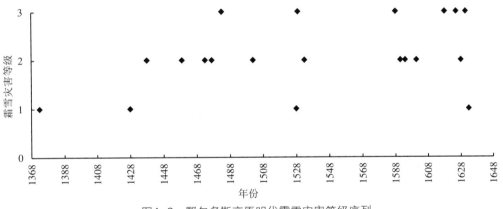

图4-3　鄂尔多斯高原明代霜雪灾害等级序列

三、霜雪灾害季节变化

鄂尔多斯高原明代的霜雪灾害呈现明显的季节差异，历史文献以及《内蒙古历
代自然灾害史料（上下册）》《清涧县志》《明史·五行志》《山西通志》《陕西通
志》《甘肃新通志》《延川县志》《靖边县志》《绥德州直隶州志》《河曲县志》
等地方志中载明月份的霜雪灾害15次，直接载明季节的霜雪灾害2次。通过资料统计
得知，霜雪灾害在八月份出现了8次，六月3次，三月、四月、七月和十一月各发生1
次，其他月份均无霜雪灾害记载。根据季节划分，该区春季出现霜雪灾害2次，夏季4

① 山西省史志研究院：《山西通志》，中华书局，2008年。
② 赵延瑞、马理、吕柟：《陕西通志》，三秦出版社，2006年。
③ 升允：《甘肃新通志》，清宣统元年（1909）刻本。
④ 延川县志编纂委员会：《延川县志》，陕西人民出版社，1999年。
⑤ 靖边县地方志编纂委员会：《靖边县志》，陕西人民出版社，1993年。
⑥ 李继峤：《乾隆绥德州直隶州志》，绥德县委办公室，2014年。
⑦ 河曲县志编纂委员会：《河曲县志》，山西人民出版社，1989年。

次，秋季8次，冬季1次（图4-4）。

由此可见，在明代，秋季是鄂尔多斯高原霜雪灾害的高发季节，霜雪灾害出现了8次，其原因和所造成的危害主要来自气温大幅度下降，进而干扰了即将要进行秋收作物的质量。其次为夏季，发生3次霜灾、1次雪灾，这个时期正处于作物生长的旺季，温度快速下降对各种农作物所造成的危害更加明显。在我们的认知中，夏季不会出现霜雪，更何况由霜雪造成的灾害，若出现霜雪灾害，则其主要原因是冬季风异常强的活动。再次之为春、冬两季，春季霜、雪两种灾各出现过1次，倒春寒极易影响到春季刚播种的农作物，导致最适成长期向后推迟，收获季作物又不能完全成熟，最终导致农作物产量下降。冬季时期的自然灾害主要是雪灾，因为持续性的降雪和低温会使农作物、牲畜群等受到异常低温威胁。该区海拔较高，加之纬度偏北，使得该区气温较低，这是霜雪灾害在该地区容易发生的自然原因之一。

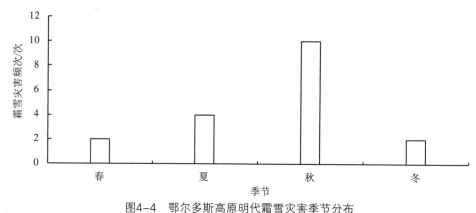

图4-4　鄂尔多斯高原明代霜雪灾害季节分布

四、霜雪灾害周期变化

霜雪灾害的发生在时间序列上存在一定的时间尺度、周期性。为了得出鄂尔多斯高原明代霜雪灾害的周期变化特点，本文应用Matlab软件，采用Morlet小波分析程序对研究区明代霜雪灾害进行了周期分析，结果见图4-5和图4-6。图4-5为小波变换的小波系数，小波系数实部是大于零，指示此种灾害出现数量多，相反为小于零，指示此种灾害出现数量少。从图4-5可见，此种灾害在不同时间尺度下具有各自的变化规律或趋势，灾害变化结构复杂，不同尺度、不同周期存在相互嵌套的特征。在31～50年周期上震荡显著，经历了少→多10个循环交替，尺度中心在43年左右。在15～29年周期上震荡也较显著，经历了少→多16个循环交替，尺度中心在20年左右。在7～13年周期上霜雪灾害有较多的循环交替变化。但是在7年以下的时间尺度上，其周期变化大，震荡强，不具有明显的规律。

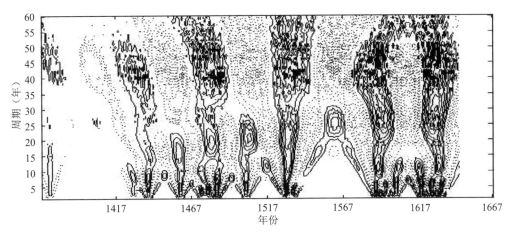

图4-5　鄂尔多斯高原明代霜雪灾害小波系数

　　图4-6为明代霜雪灾害的小波方差图，在该图中可以看到4个峰值，分别对应准3年、5年、11年和27年，说明鄂尔多斯高原地区明代霜雪灾害有3～5年的短周期、11年左右的中周期和27年左右的长周期。其中27年周期上方差值最大，说明该区明代霜雪灾害的第一主周期是准27年，这对霜雪灾害的防灾减灾很有现实意义。

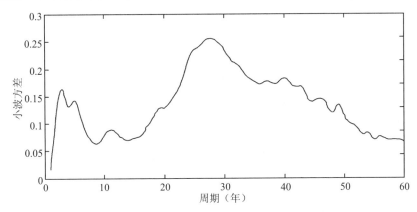

图4-6　鄂尔多斯高原明代霜雪灾害小波方差

第二节　清代霜雪灾害

一、霜雪灾害发生频次

　　根据《中国三千年气象记录总集》[①]《中国灾害通史》[②]《西北灾荒史》[③]《中国

① 张德二：《中国三千年气象记录总集》，江苏教育出版社，2004年。
② 袁祖亮：《中国灾害通史·清代卷》，郑州大学出版社，2009年。
③ 袁林：《西北灾荒史》，甘肃人民出版社，1994年。

气象灾害大典（陕西卷）》[①]《中国气象灾害大典（内蒙古卷）》[②]《中国气象灾害大典（宁夏卷）》[③]以及《清涧县志》[④]《延绥镇志》[⑤]《山西通志》[⑥]《陕西通志》[⑦]《甘肃新通志》[⑧]《延川县志》[⑨]《靖边县志》[⑩]《绥德州直隶州志》[⑪]《河曲县志》[⑫]《米脂县志》[⑬]等地方志中对鄂尔多斯高原清代霜雪灾害的记载资料统计可知，在清代（1644～1911）的268年内，鄂尔多斯高原共发生霜雪灾害67次，平均4.0年发生一次。

为了更加准确地反映鄂尔多斯高原清代霜雪灾害的变化，本书根据自然地理条件的差异，以乌拉特前旗—杭锦旗—乌审旗—靖边一线为界，将鄂尔多斯高原划分为东、西两部，以10年作为时间尺度单位分别统计出高原东、西部地区清代霜雪灾害发生的频次，并分析其阶段性变化特点（图4-7，图4-8）。

由统计结果（图4-7）可知，鄂尔多斯高原东部在清代共发生不同危害程度的霜雪灾害36次，平均7.4年发生一次。根据霜雪灾害频次变化，可将清代高原东部的霜雪灾害分为6个阶段。第1阶段为1644～1753年，记录中发生此种灾害11次，平均10年发生一次，霜雪灾害出现频次较低。第2阶段为1754～1773年，记录中发生此种灾害7次，平均2.9年发生一次，霜雪灾害出现频次最高。第3阶段为1774～1803年，记录中发生此种灾害1次，平均30年发生一次，霜雪灾害出现频次低。第4阶段为1804～1853年，记录中发生此种灾害10次，平均5年发生一次，霜雪灾害出现频次较高。第5阶段为1854～1883年，记录中发生此种灾害1次，平均30年发生一次，霜雪灾害出现频次最低。第6阶段为1884～1911年，记录中发生此种灾害6次，平均4.7年发生一次，灾害出现数量较高。根据图4-7中灾害发生频次的趋势线可以得出，自清代初期至末期，研究区东部地域出现的霜雪灾害频次整体上呈现出缓慢上升态势，依据其灾害发生的多少可以划为两类阶段，即灾害高发阶段和低发阶段，分别为第2、4、6阶段和第1、3、5阶段。

① 翟佑安：《中国气象灾害大典·陕西卷》，气象出版社，2005年。
② 沈建国：《中国气象灾害大典·内蒙古卷》，气象出版社，2008年。
③ 夏普明：《中国气象灾害大典·宁夏卷》，气象出版社，2007年。
④ 钟章元：《清涧县志》，成文出版社，1970年。
⑤ 谭吉璁：《延绥镇志》，成文出版社，1970年。
⑥ 山西省史志研究院：《山西通志》，中华书局，2008年。
⑦ 赵廷瑞、马理、吕柟：《陕西通志》，三秦出版社，2006年。
⑧ 升允：《甘肃新通志》，清宣统元年（1909）刻本。
⑨ 延川县志编纂委员会：《延川县志》，陕西人民出版社，1999年。
⑩ 靖边县地方志编纂委员会：《靖边县志》，陕西人民出版社，1993年。
⑪ 李继峤：《绥德州直隶州志》，绥德县委办公室，2014年。
⑫ 河曲县志编纂委员会：《河曲县志》，山西人民出版社，1989年。
⑬ 米脂县志编纂委员会：《米脂县志》，陕西人民出版社，1993年。

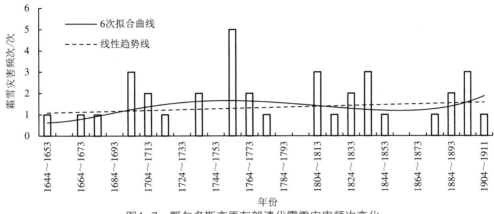

图4-7　鄂尔多斯高原东部清代霜雪灾害频次变化

鄂尔多斯高原西部清代文献记载中不同程度的霜雪灾害共39次（图4-8），平均6.9年发生一次。根据霜雪灾害频次变化，可以把鄂尔多斯高原西部在清代的霜雪灾害在时间序列上划分成5个阶段。第1阶段是1644～1743年，记录中发生此种灾害2次，平均50年发生一次，霜雪灾害出现频次最低。第2阶段是1744～1783年，记录中发生此种灾害15次，平均2.7年发生一次，霜雪灾害出现频次最高。第3阶段是1784～1813年，记录中发生此种灾害2次，平均15年发生一次，霜雪灾害出现频次较低。第4阶段是1814～1863年，记录中发生此种灾害18次，平均2.8年发生一次，霜雪灾害频次较高。第5阶段是1864～1911年，记录中发生此种灾害2次，平均24年发生一次，霜雪灾害出现频次较低。由此可见，在高原西部，此种灾害具有低发时期和高发时期，分别为第1、3、5阶段和第2、4阶段。由图4-8中灾害发生频次的趋势线可见，清代初期和晚期鄂尔多斯高原西部地域记录出现霜雪灾害数量相对不多，而在中期时的霜雪灾害出现数量相对较多。其中，早期1644～1723年连续80年没有霜雪灾害发生，间接反映这一时期气候比较温暖。

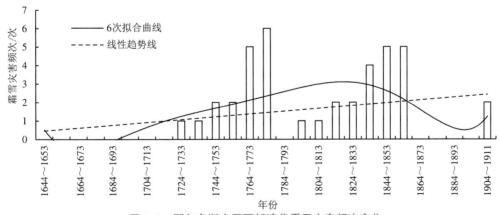

图4-8　鄂尔多斯高原西部清代霜雪灾害频次变化

为更深层次地探究该地区清代霜雪灾害出现的阶段性特点与变化规律，本节以10年作为时间尺度单位，统计计算出鄂尔多斯高原清代此种灾害出现次数的距平值，同时做出其距平值的变化图（图4-9、图4-10）。当距平值等于零时，表示当时灾害的出现次数和20年的平均值相同；若距平值大于零，则表示当时霜雪灾害的出现次数高于这个平均值；相反，当距平值小于零，则表示当时霜雪灾害的出现次数低于这个平均值。图4-9表明，研究区东部第1、3、5阶段霜雪灾害距平值主要都小于零，第2、4、6阶段的距平值是以大于零为主，进一步表明研究区东部霜雪灾害具有低、高发阶段，分别为第1、3、5阶段与第2、4、6阶段。图4-10表明研究区西部第1、3、5阶段霜雪灾害距平值主要都小于零，第2、4阶段的距平值都大于零，进一步表明研究区西部霜雪灾害具有低、高发阶段，分别为第1、3、5阶段与第2、4阶段。由上述分析可

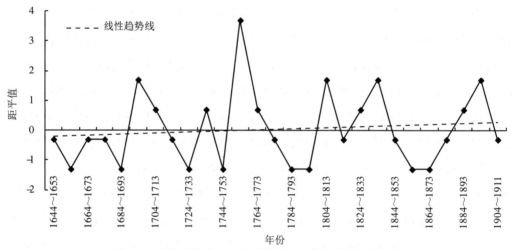

图4-9　鄂尔多斯高原东部清代霜雪灾害频次距平值变化

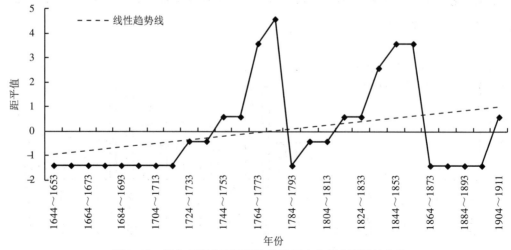

图4-10　鄂尔多斯高原西部清代霜雪灾害频次距平值变化

知，研究区清代东、西两个地域霜雪灾害的出现次数在整体上均呈现出上升态势，西部霜雪灾害的出现次数略高于东部，其原因可能与西部较东部寒冷有关。

二、霜雪灾害发生等级

根据霜雪灾害所带来危害程度的不同进行等级划分和数理统计，对历史文献[1][2][3][4][5][6]以及《清涧县志》[7]《延绥镇志》[8]《山西通志》[9]《陕西通志》[10]《甘肃新通志》[11]《延川县志》[12]《靖边县志》[13]《绥德州直隶州志》[14]《河曲县志》[15]《米脂县志》[16]等地方志中记载的鄂尔多斯高原清代霜雪灾害进行量化并统计，得出鄂尔多斯高原东部和西部清代霜雪灾害等级序列（图4-11、图4-12）。

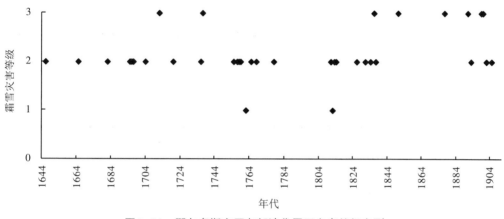

图4-11　鄂尔多斯高原东部清代霜雪灾害等级序列

由统计数据可知，在清代的268年内，鄂尔多斯高原东部共发生了不同危害程

① 张德二：《中国三千年气象记录总集》，江苏教育出版社，2004年。
② 袁祖亮：《中国灾害通史·清代卷》，郑州大学出版社，2009年。
③ 袁林：《西北灾荒史》，甘肃人民出版社，1994年。
④ 翟佑安：《中国气象灾害大典·陕西卷》，气象出版社，2005年。
⑤ 沈建国：《中国气象灾害大典·内蒙古卷》，气象出版社，2008年。
⑥ 夏普明：《中国气象灾害大典·宁夏卷》，气象出版社，2007年。
⑦ 钟章元：《清涧县志》，成文出版社，1970年。
⑧ 谭吉璁：《延绥镇志》，成文出版社，1970年。
⑨ 山西省史志研究院：《山西通志》，中华书局，2008年。
⑩ 赵廷瑞、马理、吕柟：《陕西通志》，三秦出版社，2006年。
⑪ 升允：《甘肃新通志》，清宣统元年（1909）刻本。
⑫ 延川县志编纂委员会：《延川县志》，陕西人民出版社，1999年。
⑬ 靖边县地方志编纂委员会：《靖边县志》，陕西人民出版社，1993年。
⑭ 李继峤：《绥德州直隶州志》，绥德县委办公室，2014年。
⑮ 河曲县志编纂委员会：《河曲县志》，山西人民出版社，1989年。
⑯ 米脂县志编纂委员会：《米脂县志》，陕西人民出版社，1993年。

度的霜雪灾害36次，其中轻度霜雪灾害2次，在所发生的此种灾害中所占百分比为5.6%；中度霜雪灾害26次，在所发生的此种灾害中所占百分比为72.2%；重度霜雪灾害8次，在所发生的霜雪灾害中所占百分比为22.2%（图4-11）。统计结果显示，清代鄂尔多斯高原东部发生的霜雪灾害主要是中度等级，这一等级的霜雪灾害次数占到了灾害总数的近3/4，其次为重度霜雪灾害，轻度霜雪灾害发生次数较少。在高原西部地区发生的39次霜雪灾害中，轻度灾害为11次，占比为28.2%，中度霜雪灾害27次，占比为69.2%；重度霜雪灾害1次，占比为2.6%（图4-12）。统计结果显示，在清代，研究区西部发生的霜雪灾害以中度为主，其次为轻度霜雪灾害，重度霜雪灾害极少发生。

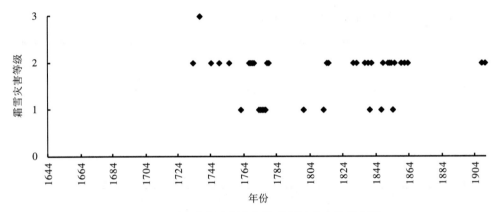

图4-12 鄂尔多斯高原西部清代霜雪灾害等级序列

三、霜雪灾害季节变化

气象灾害的发生往往具有较强的季节性。为了找出本研究区在清代出现的霜雪灾害发生的季节性，本书统计了历史文献[1][2][3][4][5][6]以及《清涧县志》[7]《延绥镇志》[8]《山西通志》[9]《陕西通志》[10]《甘肃新通志》[11]《延川县志》[12]《靖边县志》[13]《绥德州直隶州

① 张德二：《中国三千年气象记录总集》，江苏教育出版社，2004年。
② 袁祖亮：《中国灾害通史·清代卷》，郑州大学出版社，2009年。
③ 袁林：《西北灾荒史》，甘肃人民出版社，1994年。
④ 瞿佑安：《中国气象灾害大典·陕西卷》，气象出版社，2005年。
⑤ 沈建国：《中国气象灾害大典·内蒙古卷》，气象出版社，2008年。
⑥ 夏普明：《中国气象灾害大典·宁夏卷》，气象出版社，2007年。
⑦ 钟章元：《清涧县志》，成文出版社，1970年。
⑧ 谭吉璁：《延绥镇志》，成文出版社，1970年。
⑨ 山西省史志研究院：《山西通志》，中华书局，2008年。
⑩ 赵延瑞、马理、吕柟：《陕西通志》，三秦出版社，2006年。
⑪ 升允：《甘肃新通志》清宣统元年（1909）刻本。
⑫ 延川县志编纂委员会：《延川县志》，陕西人民出版社，1999年。
⑬ 靖边县地方志编纂委员会：《靖边县志》，陕西人民出版社，1993年。

志》①《河曲县志》②《米脂县志》③等地方志中记载的鄂尔多斯高原清代霜雪灾害发生的季节，可以准确得知其发生季节的霜雪灾害有70次，春、夏、秋、冬四季分别发生过5次、7次、30次、28次。在这些灾害中，雪灾共出现过8次，且都是在冬季。

统计数据说明研究区在清代霜雪灾害的多发季节是秋季，然后是冬季，夏、春两季几乎没有发生（图4-13、图4-14）。由此可见，在季节转换的秋冬和初夏之交，如果冬季风的势力过于强大，来得过早去得过晚，就可能发生气候异常事件，即气温连续性下降，当超过植物自身的承受能力时就会造成不可逆的伤害，形成灾情，所以霜雪灾害一般发生在秋、冬两季。

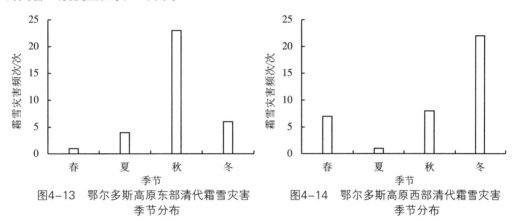

图4-13　鄂尔多斯高原东部清代霜雪灾害　　　图4-14　鄂尔多斯高原西部清代霜雪灾害
　　　　　　　季节分布　　　　　　　　　　　　　　　　　季节分布

研究区东部的霜雪灾害多发生在秋季（表4-1），而西部与东部区不同，西部的霜雪灾害集中出现在冬季，（表4-1），其原因是东、西两部气温明显有差异，西部气温较东部明显低。

表4-1　鄂尔多斯高原东部和西部清代霜雪灾害发生季节

地区	春季次数	夏季次数	秋季次数	冬季次数	合计次数
东部地区	1	4	23	6	34
西部地区	7	1	8	22	38
整个地区	5	7	30	28	70

四、霜雪灾害的周期变化

为了揭示鄂尔多斯高原清代霜雪灾害的周期变化特点并为霜雪灾害预测提供科学依据，本文采用Morlet小波分析法对鄂尔多斯高原清代霜雪灾害发生的时间序列进行了分析。图4-15是小波变换函数中的小波系数，由图4-15可知，高原霜雪灾害在不同

---

① 李继峤：《绥德州直隶州志》，绥德县委办公室，2014年。
② 河曲县志编纂委员会：《河曲县志》，山西人民出版社，1989年。
③ 米脂县志编纂委员会：《米脂县志》，陕西人民出版社，1993年。

时间尺度条件下具有各自不同的变化规律，灾害变化结构复杂，不同尺度、不同周期存在相互嵌套的特征。在41~60年周期上震荡显著，经历了少→多→少→多→少→多→少→多8个循环交替，并且至1911年霜雪灾害偏多，等值线仍处于未闭合状态，表明霜雪灾害增多的趋势在未来很有可能还将持续发展。在1693~1719年、1751~1780年、1820~1858年、1894~1911年形成4个高能量震荡核（粗实线），是霜雪灾害多发阶段。在1669~1690年、1722~1750年、1789~1819年、1859~1892年形成4个低能量震荡核（细虚线），霜雪灾害较少。在23~37年周期上震荡也较显著，霜雪灾害共经历少→多12个循环交替。在11~22年周期上霜雪灾害有更多的循环交替。在11年以下的时间尺度上，其周期变化大，震荡强，但不具有明显的规律。

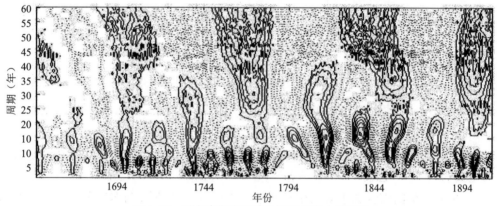

图4-15　鄂尔多斯高原清代霜雪灾害小波系数

图4-16为小波方差图，在图中可以看到4个峰值，分别对应准8年、16年、57年和59年，说明该地区清时期霜雪灾害具有短、中、长三种周期，分别为8年左右、16年左右和57~59年。其中59a的周期上方差值最大，说明该区清代霜雪灾害的第一主周期是准59年。认识霜雪灾害发生的准周期尤其是第一主周期，对霜雪灾害的防灾减灾工作有参考价值。

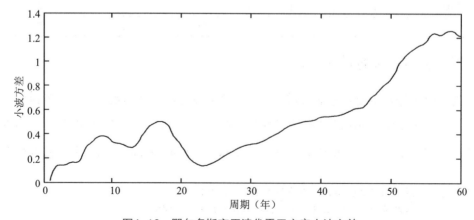

图4-16　鄂尔多斯高原清代霜雪灾害小波方差

五、霜雪灾害与灾害气候事件

根据研究区在清代所发生的霜雪灾害频率的高低、强弱可以发现有2个相对集中的阶段。第1个阶段是1764～1783年，在此期间共记录有12次霜雪灾害发生，包括5次轻度霜雪灾害、7次中度霜雪灾害。第2个阶段为1834～1863年，在此期间共记录有17次霜雪灾害，包括3次轻度霜雪灾害、12次中度霜雪灾害和2次重度霜雪灾害。因为在这2个时期，研究区的霜雪灾害频发，同时危害程度较高，所以我们将这两个时期确定为霜雪灾害爆发期。根据《中国三千年气象记录总集》[①]《中国灾害通史》[②]《西北灾荒史》[③]《中国气象灾害大典（陕西卷）》[④]《中国气象灾害大典（内蒙古卷）》[⑤]《中国气象灾害大典（宁夏卷）》[⑥]以及《清涧县志》[⑦]《延绥镇志》[⑧]《山西通志》[⑨]《陕西通志》[⑩]《甘肃新通志》[⑪]《延川县志》[⑫]《靖边县志》[⑬]《绥德州直隶州志》[⑭]《河曲县志》[⑮]《米脂县志》[⑯]记载，清乾隆二十四年（1777），十一月免银川、永宁、平罗等地额赋，并予赈恤。清高宗乾隆十四年（1779），平罗、银川、永宁，四月遭霜灾，被赈恤。清仁宗嘉庆十九年（1814），秋八月，（米脂）大霜，禾尽伤。时县有"麻长丈二驴莫缰，谷长八尺猪莫糠"之谣。清文宗咸丰五年（1855），十一月宁夏、灵武、平罗、永宁等十七厅、州、县被霜，免地方新旧额赋。清穆宗同治三年（1864），（河曲）旧城一带杏果诸树，八九月重开花，繁盛如春，渐结实，经霜乃落。清德宗光绪二十五年（1899），（靖边）七月下旬连遭黑霜。县民大饥，官绅倡捐并设借富赈贷之

① 张德二：《中国三千年气象记录总集》，江苏教育出版社，2004年。
② 袁祖亮：《中国灾害通史·清代卷》，郑州大学出版社，2009年。
③ 袁林：《西北灾荒史》，甘肃人民出版社，1994年。
④ 翟佑安：《中国气象灾害大典·陕西卷》，气象出版社，2005年。
⑤ 沈建国：《中国气象灾害大典·内蒙古卷》，气象出版社，2008年。
⑥ 夏普明：《中国气象灾害大典·宁夏卷》，气象出版社，2007年。
⑦ 钟章元：《清涧县志》，成文出版社，1970年。
⑧ 谭吉璁：《延绥镇志》，成文出版社，1970年。
⑨ 山西省史志研究院：《山西通志》，中华书局，2008年。
⑩ 赵廷瑞、马理、吕柟：《陕西通志》，三秦出版社，2006年。
⑪ 升允：《甘肃新通志》，清宣统元年（1909）刻本。
⑫ 延川县志编纂委员会：《延川县志》，陕西人民出版社，1999年。
⑬ 靖边县地方志编纂委员会：《靖边县志》，陕西人民出版社，1993年。
⑭ 李继峤：《乾隆绥德州直隶州志》，绥德县委办公室，2014年。
⑮ 河曲县志编纂委员会：《河曲县志》，山西人民出版社，1989年。
⑯ 米脂县志编纂委员会：《米脂县志》，陕西人民出版社，1993年。

法。由上可见，发生于此阶段的霜雪灾害所带来的危害是非常大的，严重威胁了人民的生产生活。经常性地出现霜雪灾害，是由气温降低并持续一段时间的低温所造成的。根据上文分析，将鄂尔多斯高原这2个霜雪灾害集中的时间段，即1764~1783年和1834~1863年确定为两次寒冷气候事件。

六、鄂尔多斯高原与西海固地区清代霜雪灾害对比

霜雪灾害属于我们日常生活中非常常见的气象灾害，一个地区出现较长时间的霜雪灾害，往往在附近地区也会有所反映。与鄂尔多斯高原邻近的宁夏西海固地区的霜雪灾害与研究区清代时期发生的规模大、等级高的霜雪灾害是否具有相关性值得研究。本节将对清代鄂尔多斯高原与西海固地区发生的霜雪灾害进行对比，以期发现清代研究区霜雪灾害发生的区域范围和原因。

（一）霜雪灾害频次差异

如前述，在清代的268年内，历史文献中记录鄂尔多斯高原地区不同危害程度的霜雪灾害共发生67次，平均4年发生一次。根据灾害发生频次变化，可分成5个阶段（图4-17）。第1阶段是1644~1743年，出现霜雪灾害共12次，平均8.3年发生一次，霜雪灾害出现频次最低。第2阶段是1744~1783年，出现霜雪灾害共19次，平均2.1年发生一次，灾害发生频次较高。第3阶段是1784~1823年，记录出现霜雪灾害共6次，平均6.7年发生一次，灾害发生频次居中。第4阶段是1824~1863年，记录出现霜雪灾害共21次，平均1.9年发生一次，灾害出现频次最高。第5阶段是1864~1911年，记录出现霜雪灾害共9次，平均5.3年发生一次，灾害发生频次较低。

根据对《中国三千年气象记录总集》[①]《中国灾害通史》[②]《西北灾荒史》[③]《中国气象灾害大典（陕西卷）》[④]《中国气象灾害大典（内蒙古卷）》[⑤]《中国气象灾害大典（宁夏卷）》[⑥]《宁夏历史地理考》[⑦]《西海固史》[⑧]《固原地区志》[⑨]《隆德

① 张德二：《中国三千年气象记录总集》，江苏教育出版社，2004年。
② 袁祖亮：《中国灾害通史·清代卷》，郑州大学出版社，2009年。
③ 袁林：《西北灾荒史》，甘肃人民出版社，1994年。
④ 翟佑安：《中国气象灾害大典·陕西卷》，气象出版社，2005年。
⑤ 沈建国：《中国气象灾害大典·内蒙古卷》，气象出版社，2008年。
⑥ 夏普明：《中国气象灾害大典·宁夏卷》，气象出版社，2007年。
⑦ 鲁人勇、吴忠礼、徐庄：《宁夏历史地理考》，宁夏人民出版社，1993年。
⑧ 徐兴亚：《西海固史》，甘肃人民出版社，2002年。
⑨ 沈克尼、杨旭红、马红薇：《固原地区志》，宁夏人民出版社，1994年。

县志》①《彭阳县志》②《盐池县志》③《西吉文史资料》④《西夏天都海原文史》⑤和《同心文史资料》⑥资料的统计可知，西海固地区在清代发生不同危害程度的大小霜雪灾害43次，平均6.2年发生一次。根据此种灾害出现数量的变化，可以把该区在清代发生的霜雪灾害在时间上划分为5个阶段（图4-17）。第1阶段为1644～1743年，记录出现霜雪灾害共2次，平均50年发生一次，灾害出现频次最低。第2阶段为1744～1783年间，记录出现霜雪灾害共13次，平均3.1年发生一次，灾害发生频次较高。第3阶段为1784～1823年，记录出现霜雪灾害共4次，平均10年发生一次，灾害发生频次最低。第4阶段为1824～1863年，记录出现霜雪灾害共15次，平均2.7年发生一次，灾害发生频次最高。第5阶段1864～1911年，记录出现霜雪灾害共9次，平均5.3年发生一次，灾害发生频次居中。

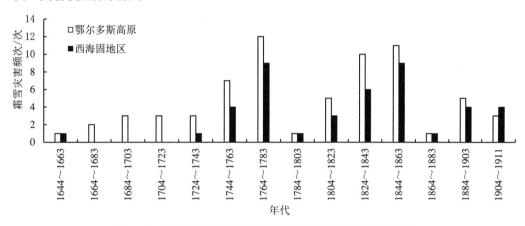

图4-17　鄂尔多斯高原和西海固地区清代霜雪灾害频次变化

上述结果显示，在清代研究区的霜雪灾害多于西海固地区，约是西海固地区的1.6倍。自清朝初期至晚期，鄂尔多斯高原和西海固地区的霜雪灾害呈现出显著波动上升态势。两地霜雪灾害出现的数量变化在时间上都可以划分成5个阶段，具有灾害的低、高发阶段，分别为第1、3、5阶段和第2、4阶段，且划分时间完全一致，表明两地区清代的霜雪灾害具有的紧密相关性。

鄂尔多斯高原和西海固地区清代霜雪灾害发生频次最高的是在1824～1863年间的第4阶段，其中1830～1855这26年期间，鄂尔多斯高原发生不同危害程度的霜雪

---

① 陈国栋：《隆德县志》，宁夏人民出版社，1976年。
② 李文斌：《彭阳县志》，宁夏人民出版社，1996年。
③ 武树伟：《盐池县志》，宁夏人民出版社，1986年。
④ 马存林：《西吉文史资料》，西吉县政协文史资料编委会，2002年。
⑤ 李进兴：《西夏天都海原文史》，内部资料，1995年。
⑥ 马振福：《同心文史资料》，宁夏人民出版社，2006年。

灾害17次，平均1.5年发生一次，同样在西海固地区这26年间记录了13次不同危害程度的霜雪灾害，灾害出现次数量较多，因而把该时期确定为两地霜雪灾害极端多发阶段。

我们把连续30年和超过30年没有出现霜雪灾害的这一时间段叫作无霜雪灾时期，这些无灾时期能帮助我们认识鄂尔多斯高原和西海固地区霜雪灾害的相关性。由图4-17可以确定在1649～1736年间，西海固地区连续87年没有发生霜雪灾害。同时期，鄂尔多斯高原发生了不同危害程度的霜雪灾害共10次，平均每8.7年发生一次。高原西部在1649～1736年间仅记录有霜雪灾害1次，平均每87年发生一次。说明在西海固地区无霜雪灾害发生的时期，鄂尔多斯高原地区特别是其鄂尔多斯高原西部出现的霜雪灾害也较少，进一步表明两地区在清代发生霜雪灾害紧密的相关性。

为了找出在清代鄂尔多斯高原和西海固地区霜雪灾害出现的阶段性特点和变化规律，本书以20年作为时间尺度单位，统计计算两地区在清代霜雪灾害出现数量的距平值，同时做出其距平值的变化图（图4-18）。由图4-18知，鄂尔多斯高原和西海固地区清代第1、3、5阶段霜雪灾害的距平值以负值为主，第2、4阶段的距平值都是大于零的，进一步说明这两地的霜雪灾害的出现具有低发阶段和高发阶段，分别为第1、3、5阶段和第2、4阶段。

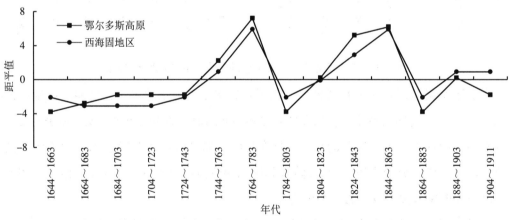

图4-18　鄂尔多斯高原和西海固地区清代霜雪灾害频次距平值变化

（二）霜雪灾害等级差异

根据霜雪灾害危害程度的等级划分以及数理统计方法，对历史文献以及地方志[1][2][3][4][5][6][7][8][9][10][11][12][13]中记载的鄂尔多斯高原和西海固地区清代霜雪灾害进行量化并统计，得出两地区清代霜雪灾害的等级序列（图4-19）。由霜雪灾害等级序列变化可知，在清代的268年内，鄂尔多斯高原发生不同危害程度的霜雪灾害共67次：其中轻度霜雪灾害共11次，在灾害总数中的占比为16.4%；中度霜雪灾害共48次，在灾害总数中的占比为71.6%；重度霜雪灾害共8次，在灾害总数中的占比为12.0%。图4-19a显示，鄂尔多斯高原在清代发生的霜雪灾害以中度为主，其次为轻度，重度发生较少。西海固地区出现不同危害程度的霜雪灾害共43次：其中轻度霜雪灾害共3次，在灾害总数中的占比为7%；中度霜雪灾害37次，在灾害总数中的占比为86%；重度霜雪灾害共3次，在灾害总数中的占比为7%。图4-19b显示，清代西海固地区发生的霜雪灾害以中度为主，轻度和重度霜雪灾害发生较少。

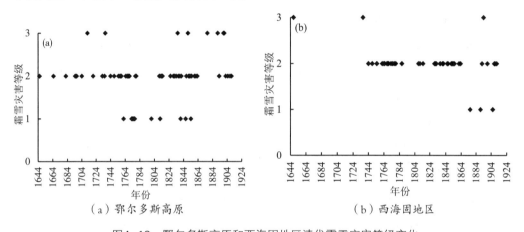

（a）鄂尔多斯高原　　（b）西海固地区

图4-19　鄂尔多斯高原和西海固地区清代霜雪灾害等级变化

为了进一步查明鄂尔多斯高原和西海固地区在清代不同时段的霜雪灾害等级特征，我们把清代划分为早、中、晚三个时期：清代早期（1644～1735）即清朝崛起

① 张德二：《中国三千年气象记录总集》，江苏教育出版社，2004年。
② 袁祖亮：《中国灾害通史·清代卷》，郑州大学出版社，2009年。
③ 袁林：《西北灾荒史》，甘肃人民出版社，1994年。
④ 翟佑安：《中国气象灾害大典·陕西卷》，气象出版社，2005年。
⑤ 沈建国：《中国气象灾害大典·内蒙古卷》，气象出版社，2008年。
⑥ 夏普明：《中国气象灾害大典·宁夏卷》，气象出版社，2007年。
⑦ 河曲县志编纂委员会：《河曲县志》，山西人民出版社，1989年。
⑧ 米脂县志编纂委员会：《米脂县志》，陕西人民出版社，1993年。
⑨ 鲁人勇、吴忠礼、徐庄：《宁夏历史地理考》，宁夏人民出版社，1993年。
⑩ 徐兴亚：《西海固史》，甘肃人民出版社，2002年。
⑪ 沈克尼、杨旭红、马红薇：《固原地区志》，宁夏人民出版社，1994年。
⑫ 陈国栋：《隆德县志》，宁夏人民出版社，1976年。
⑬ 李文斌：《彭阳县志》，宁夏人民出版社，1996年。

发展的时期，清代中期（1736～1850）即清朝国力最为鼎盛稳定的时期，清代晚期（1851～1911）即清朝转衰最终走向灭亡的时期；同时统计了两地区所出现的霜雪灾害的等级。由统计结果可知，清代的鄂尔多斯高原和西海固地区的霜雪灾害集中出现在清朝中期，这期间鄂尔多斯高原曾发生不同危害程度的霜雪灾害多达40次，平均2.8年发生一次。中期集中了该区域轻度霜雪灾害的90.9%、中度霜雪灾害的56.3%。西海固地区在清代中期出现了不同危害程度的霜雪灾害共26次，平均每4.4年发生一次，本地区中度霜雪灾害的67.6%集中发生在这一时期。

由此可知，从灾情看，清代鄂尔多斯高原和西海固地区中度霜雪灾害的发生频次最高，占到了灾害总数的近3/4，西海固地区甚至超过了3/4。从时间看，清代两地区的霜雪灾害特别是中度霜雪灾害集中暴发于中期的乾隆、嘉庆和道光年间。

（三）霜雪灾害季节差异

根据历史文献[1][2][3][4][5][6]以及地方志中的霜雪灾害资料，对1年内发生的霜雪灾害的次数依月份逐月统计记录。通过资料统计，鄂尔多斯高原清代载明月份的霜雪灾害共有67次（图4-20a），直接载明季节的霜雪灾害3次，其中十一月的霜雪灾害记录为17次，八月16次，十月、十二月各10次，七月5次，三月4次，四月和九月分别为2次，五月仅1次，其他月份均无霜雪灾害记载。依季节划分，该区霜雪灾害在春季发生5次；夏季发生7次；秋季发生次数最多，为30次；冬季发生28次；可见在该时期鄂尔多斯高原秋季和冬季霜雪灾害发生较多。在西海固地区有霜雪灾害记录的43年中，载有季节或载明月份的霜雪灾害有47次：其中冬季发生最多，达25次，在所发生的此种灾总数中的占比为53.2%；其次是夏季和春季，分别发生了10次和8次，在所发生的此种灾总数中占的百分比为21.3%和17%；秋季仅发生了4次，占霜雪灾害总数的8.5%（图4-20b）。

① 张德二：《中国三千年气象记录总集》，江苏教育出版社，2004年。
② 袁祖亮：《中国灾害通史》，郑州大学出版社，2009年。
③ 袁林：《西北灾荒史》，甘肃人民出版社，1994年。
④ 翟佑安：《中国气象灾害大典·陕西卷》，气象出版社，2005年。
⑤ 沈建国：《中国气象灾害大典·内蒙古卷》，气象出版社，2008年。
⑥ 夏普明：《中国气象灾害大典·宁夏卷》，气象出版社，2007年。

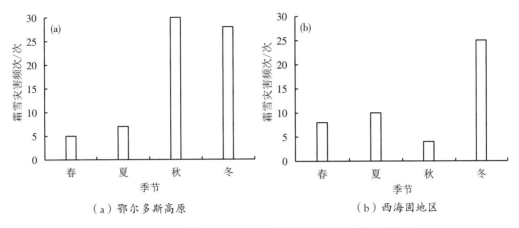

图4-20　鄂尔多斯高原和西海固地区清代霜雪灾害季节变化

（a）鄂尔多斯高原　　　　　　　（b）西海固地区

综上可知，在清代，鄂尔多斯高原和西海固地区发生霜雪灾害的季节具有相似性，多出现在冬季，不同于气候相对温暖的华北和关中地区。在华北和关中地区，霜雪灾害通常出现在作物生长和即将成熟的关键期，即春季开始时期和秋季中期，主要是由于气温突降幅度大，并且刚突破0℃时发生的冻害，为偏暖型弱低温冻害。但是在本研究中，鄂尔多斯高原和西海固两地区所发生的霜雪灾害并不是由前文所述那样造成的，而是此地在冬季时正常温度已处于0℃以下，由于迎来了更强劲的降温，使得本可以在地表土壤中越冬的冬小麦发生冻死冻伤等情况，这种冻害属强低温型冻害。因此这两个地区的霜雪灾害一旦发生，往往会干扰、威胁到农作物的正常生长，给当地的农业发展带来阻碍，影响当地人民的经济收入，因而在冬季要加强对鄂尔多斯高原和西海固地区霜雪灾害的预防。

第三节　民国时期霜雪灾害

一、霜雪灾害发生频次

根据《中国三千年气象记录总集》[1]《中国灾害通史》[2]《西北灾荒史》[3]《中国气象灾害大典（陕西卷）》[4]《中国气象灾害大典（内蒙古卷）》[5]《中国气象灾害大

① 张德二：《中国三千年气象记录总集》，江苏教育出版社，2004年。
② 袁祖亮：《中国灾害通史》，郑州大学出版社，2009年。
③ 袁林：《西北灾荒史》，甘肃人民出版社，1994年。
④ 翟佑安：《中国气象灾害大典·陕西卷》，气象出版社，2005年。
⑤ 沈建国：《中国气象灾害大典·内蒙古卷》，气象出版社，2008年。

典（宁夏卷）》[1]以及《山西通志》[2]《陕西通志》[3]《甘肃新通志》[4]《延川县志》[5]《靖边县志》[6]《河曲县志》[7]《米脂县志》[8]《永宁州志》[9]《榆林府志》[10]《绥德县志》[11]等历史文献资料中对鄂尔多斯高原民国时期霜雪灾害的记载资料统计可知，在民国（1911～1949）的39年里，鄂尔多斯高原共发生不同危害程度的霜雪灾害13次，平均3年发生一次，灾害发生较频繁。

　　由于民国持续时间较短，分区统计不能全面反映霜雪灾害的变化特征，因此本节不再进行分区，以5年作为时间尺度单位，统计整个研究区在民国时期的霜雪灾害的发生频次，并分析其所具有的阶段性变化特征（图4-21）。由统计结果可知，鄂尔多斯高原民国时期发生的霜雪灾害数量变化可以划分成6个阶段。第1阶段是1911～1915年，发生霜雪灾害2次，平均2.5年发生一次，灾害出现频次较高。第2阶段是1916～1925年，发生霜雪灾害2次，平均5年发生一次，灾害出现频次较低。第3阶段是1926～1935年，发生霜雪灾害5次，平均2年发生一次，灾害出现频次较高。第4阶段是1936～1940年，发生霜雪灾害1次，平均5年发生一次，灾害出现频次较低。第5阶段是1941～1945年，发生霜雪灾害3次，平均1.7年发生一次，灾害出现频次最高。第6阶段是1946～1949年，没有霜雪灾害的发生。根据图4-21中灾害发生频次的变化可以得出，民国时期研究区的霜雪灾害出现频次的变化呈现出多阶段波动的特点，进一步说明鄂尔多斯高原霜雪灾具有高、低发期，分别为第1、3、5阶段和第2、4、6阶段。在第3阶段的1929～1933年连续5年发生了霜雪灾害，其中轻度霜雪灾害发生了1次，中度和重度霜雪灾害各发生过2次，表明该阶段霜雪灾害持续时间较长、等级较高，由此确定这一时期为鄂尔多斯高原民国时期霜雪灾害的集中暴发期。

①　夏普明：《中国气象灾害大典·宁夏卷》，气象出版社，2007年。

②　山西省史志研究院：《山西通志》，中华书局，2008年。

③　赵延瑞、马理、吕栩：《陕西通志》，三秦出版社，2006年。

④　升允：《甘肃新通志》，清宣统元年（1909）刻本。

⑤　延川县志编纂委员会：《延川县志》，陕西人民出版社，1999年。

⑥　靖边县地方志编纂委员会：《靖边县志》，陕西人民出版社，1993年。

⑦　河曲县志编纂委员会：《河曲县志》，山西人民出版社，1989年。

⑧　米脂县志编纂委员会：《米脂县志》，陕西人民出版社，1993年。

⑨　姚启瑞：《永宁州志》，山西古籍出版社，1996年。

⑩　陕西省榆林市地方志办公室：《榆林府志》，上海古籍出版社，2014年。

⑪　中共绥德县委史志编纂委员会：《绥德县志》，三秦出版社，2003年。

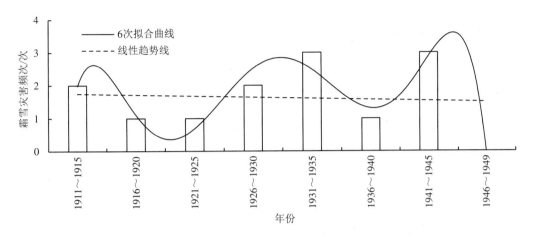

图4-21　鄂尔多斯高原民国时期霜雪灾害频次变化

为了更加深层次地分析鄂尔多斯高原民国时期霜雪灾害出现的阶段性特点及其变化规律，本节以5年作为时间尺度单位，统计计算出研究区民国时期霜雪灾害出现的频次距平值，同时做出其距平值的变化图（图4-22）。当距平值等于零时表示当时霜雪灾害的出现次数和5年的平均值相同；若距平值大于零，则表示当时霜雪灾害的出现次数高于这个平均值；相反，当距平值小于零，则表示当时霜雪灾害的出现次数低于这个平均值。图4-22显示第1、3、5阶段霜雪灾害距平值都是大于零，第2、4、6阶段霜雪灾害的距平值都是小于零，进一步表明鄂尔多斯高原霜雪灾害具有高发阶段和低发阶段，分别为第1、3、5阶段和第2、4、6阶段。

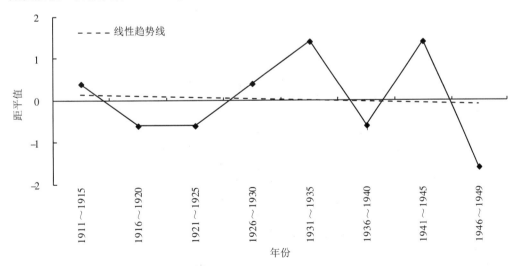

图4-22　鄂尔多斯高原民国时期霜雪灾害频次距平值变化

二、霜雪灾害发生等级

根据霜雪灾害危害程度的等级划分以及数理统计方法，对《中国三千年气象记录总集》[1]《中国灾害通史》[2]《西北灾荒史》[3]《中国气象灾害大典（陕西卷）》[4]《中国气象灾害大典（内蒙古卷）》[5]《中国气象灾害大典（宁夏卷）》[6]以及《山西通志》[7]《陕西通志》[8]《甘肃新通志》[9]《延川县志》[10]《靖边县志》[11]《河曲县志》[12]《米脂县志》[13]《永宁州志》[14]《榆林府志》[15]《绥德县志》[16]等资料中记载的鄂尔多斯高原民国时期霜雪灾害进行量化并统计，得出鄂尔多斯高原民国时期霜雪灾害等级序列（图4-23）。由图4-23可知，民国（1911～1949）的39年里高原发生轻度霜雪灾害1次，在霜雪灾害总数中占比为7.7%；发生中度霜雪灾9次，在霜雪灾害总数的占比为69.2%；出现重度霜雪灾害3次，在霜雪灾害总数中占比为23.1%。从灾情上看

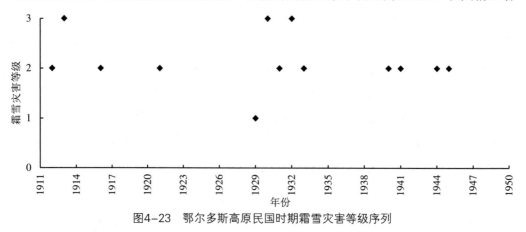

图4-23　鄂尔多斯高原民国时期霜雪灾害等级序列

① 张德二：《中国三千年气象记录总集》，江苏教育出版社，2004年。
② 袁祖亮：《中国灾害通史》，郑州大学出版社，2009年。
③ 袁林：《西北灾荒史》，甘肃人民出版社，1994年。
④ 翟佑安：《中国气象灾害大典·陕西卷》，气象出版社，2005年。
⑤ 沈建国：《中国气象灾害大典·内蒙古卷》，气象出版社，2008年。
⑥ 夏普明：《中国气象灾害大典·宁夏卷》，气象出版社，2007年。
⑦ 山西省史志研究院：《山西通志》，中华书局，2008年。
⑧ 赵延瑞、马理、吕梅：《陕西通志》，三秦出版社，2006年。
⑨ 升允：《甘肃新通志》，清宣统元年（1909）刻本。
⑩ 延川县志编纂委员会：《延川县志》，陕西人民出版社，1999年。
⑪ 靖边县地方志编纂委员会：《靖边县志》，陕西人民出版社，1993年。
⑫ 河曲县志编纂委员会：《河曲县志》，山西人民出版社，1989年。
⑬ 米脂县志编纂委员会：《米脂县志》，陕西人民出版社，1993年。
⑭ 姚启瑞：《永宁州志》，山西古籍出版社，1996年。
⑮ 陕西省榆林市地方志办公室：《榆林府志》，上海古籍出版社，2014年。
⑯ 中共绥德县委史志编纂委员会：《绥德县志》，三秦出版社，2003年。

研究区在民国时期发生的霜雪灾害的危害程度以中度居多，然后是重度灾害，轻度灾害发生较少。与其他较早时期的霜雪灾害相比，民国39年间霜雪灾害发生较为频繁，记载的发生月份和灾情也更为具体详细，表明这一时期对霜雪灾害的记录较为完整详细。这一时段，该区霜雪灾害等级较高，与此地年平均气温较低有关。此外，该区纬度偏北，容易受到冬季风的影响，也是霜雪灾害等级较高的原因。

三、霜雪灾害季节变化

在春秋季节转换时，非常容易发生霜雪灾害，致使土壤和植物表面温度持续降低，当低温下降一定程度，就会抑制植物生长甚至对其造成不可逆的伤害（包括死亡）。为了查明霜雪灾害发生的季节差异，本书统计了历史文献[1][2][3][4][5][6]以及《山西通志》[7]《陕西通志》[8]《甘肃新通志》[9]《延川县志》[10]《靖边县志》[11]《河曲县志》[12]《米脂县志》[13]《永宁州志》[14]《榆林府志》[15]《绥德县志》[16]等地方志中记载的民国时期鄂尔多斯高原发生霜雪灾害的季节频次。结果显示，历史资料中直接载明季节的霜雪灾害有2次，载明月份的有10次，其中六月和八月各记录霜雪灾害2次，三月、四月、五月、七月、九月和十一月各发生1次，其他月份均无霜雪灾害记载。按季节划分，该区春季发生霜雪灾害3次，夏季3次，秋季4次，冬季2次（图4-24）。

① 张德二：《中国三千年气象记录总集》，江苏教育出版社，2004年。
② 袁祖亮：《中国灾害通史》，郑州大学出版社，2009年。
③ 袁林：《西北灾荒史》，甘肃人民出版社，1994年。
④ 翟佑安：《中国气象灾害大典·陕西卷》，气象出版社，2005年。
⑤ 沈建国：《中国气象灾害大典·内蒙古卷》，气象出版社，2008年。
⑥ 夏普明：《中国气象灾害大典·宁夏卷》，气象出版社，2007年。
⑦ 山西省史志研究院：《山西通志》，中华书局，2008年。
⑧ 赵廷瑞、马理、吕柟：《陕西通志》，三秦出版社，2006年。
⑨ 升允：《甘肃新通志》，清宣统元年（1909）刻本。
⑩ 延川县志编纂委员会：《延川县志》，陕西人民出版社，1999年。
⑪ 靖边县地方志编纂委员会：《靖边县志》，陕西人民出版社，1993年。
⑫ 河曲县志编纂委员会：《河曲县志》，山西人民出版社，1989年。
⑬ 米脂县志编纂委员会：《米脂县志》，陕西人民出版社，1993年。
⑭ 姚启瑞：《永宁州志》，山西古籍出版社，1996年。
⑮ 陕西省榆林市地方志办公室：《榆林府志》，上海古籍出版社，2014年。
⑯ 中共绥德县委史志编纂委员会：《绥德县志》，三秦出版社，2003年。

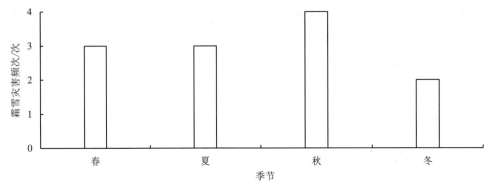

图4-24　鄂尔多斯高原民国时期霜雪灾害的季节分布

夏季一般不会出现雪灾。根据文献记载，可推测当时应是农历四月，按公历算应在夏至之前，即夏初时发生。夏季是植物生长迅速的关键期，入夏以后的大幅度降温对作物的正常生长会造成不可估量的影响。如果夏初时期出现霜雪灾害，主要是异常强的冬季风活动的结果。在冬季，冬季风活动加强，持续时间长，影响范围广，致使地面气温冷却至0℃以下，形成霜雪灾害。夏季本不应该出现霜雪灾害，但特强的冬季风异常活动就会导致气温降至0℃以下，造成在夏初出现霜冻灾害。

四、霜雪灾害周期变化

认识霜雪灾害发生的时间周期对霜雪灾害预防和预测具有重要实际意义，值得加强研究。霜雪灾害发生周期是人们非常重视的科学问题，研究方法有功率谱分析和小波分析方法。本节应用Matlab软件，采用Morlet小波分析程序对研究区民国时期霜雪灾害进行了周期分析，结果见图4-25和图4-26。图4-25是小波变换函数中的小波系数，图中虚、实线分别为负、正等值线，分别代表霜雪灾害偏少和偏多两种情况。由图4-25可知，此种灾害在不同时间尺度下具有各自的变化规律或趋势，灾害变化结构复杂，不同尺度、不同周期存在相互嵌套的特征。在5~16年周期上震荡显著，经历了多→少→多→少→多→少→多7个循环交替，尺度中心在9年左右，并且到1949年霜雪灾害偏多等值线仍处于开放状态，未完全闭合，说明霜雪灾害增多的趋势在未来很有可能还将持续下去。在3~5年周期上霜雪灾害有更多的循环交替。但是在3年以下的时间尺度单位上，其周期变化大，震荡强，不具有明显的周期规律。

图4-26为小波方差图，在图中可以看到3个峰值，分别对应准3年、7年和10年，说明此地民国时期的霜雪灾害有短、中、长三种类型的周期，分别为3年左右、7年左右和10年左右。其中10年的周期方差值最大，说明该区民国时期霜雪灾害的第一主周期是准10年，第二主周期是准7年。

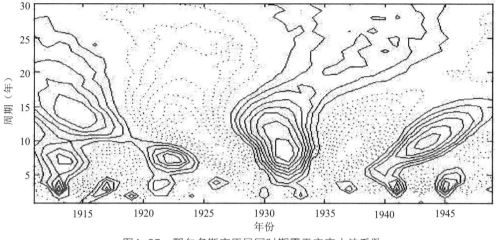

图4-25　鄂尔多斯高原民国时期霜雪灾害小波系数

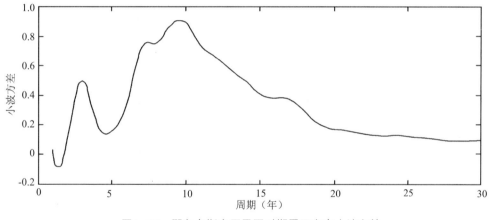

图4-26　鄂尔多斯高原民国时期霜雪灾害小波方差

由上述周期分析可见，鄂尔多斯高原民国时期霜雪灾害发生周期较短，反映了此地霜雪灾害出现的频繁性。因此，为了减少霜雪灾害给该区农业和牧业生产造成的损失，应该加强对该区3年、7年和10年周期霜雪灾害的预防。

五、鄂尔多斯高原与西海固地区民国时期霜雪灾害对比

（一）霜雪灾害频次差异

如前所述，在鄂尔多斯高原民国（1911～1949）的39年里，发生霜雪灾害13次，平均每3.0年发生一次，霜雪灾害发生较频繁，灾害频次变化可分为6个阶段（图4-27）。第1阶段是1911～1915年，出现霜雪灾害2次，平均每2.5年发生一次。第2阶段是1916～1925年，发生霜雪灾害2次，平均5年发生一次，灾害出现频次较高。第3阶段是1926～1935年，出现霜雪灾害5次，平均2年发生一次。第4阶段是

1936～1940年，出现霜雪灾害1次，平均5.0年发生一次。第5阶段是1941～1945年，记录出现霜雪灾害3次，平均1.7年发生一次。第6阶段是1946～1949年，没有记录出现霜雪灾害。

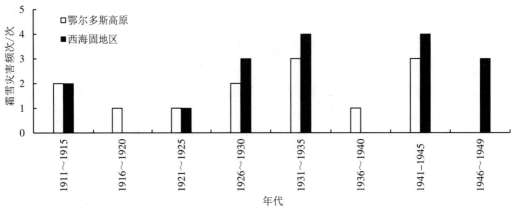

图4-27　鄂尔多斯高原和西海固地区民国时期霜雪灾害频次对比

　　根据对《中国三千年气象记录总集》[①]《中国灾害通史》[②]《西北灾荒史》[③]《中国气象灾害大典（陕西卷）》[④]《中国气象灾害大典（内蒙古卷）》[⑤]《中国气象灾害大典（宁夏卷）》[⑥]《宁夏历史地理考》[⑦]《西海固史》[⑧]《固原地区志》[⑨]《隆德县志》[⑩]《彭阳县志》[⑪]《盐池县志》[⑫]《西吉文史资料》[⑬]《西夏天都海原文史》[⑭]和《同心文史资料》[⑮]等的统计可知，西海固地区在民国时期共发生17次不同危害程度的霜雪灾害，平均2.3年发生一次，霜雪灾害频次变化可分为4个阶段（图4-27）。第1阶段为1911～1925年，文献记录霜雪灾害有3次，平均5年发生一次，灾害发生频次较低。第2阶段为1926～1935年，文献记录霜雪灾害有7次，平均1.4年发生一次，灾害频

① 张德二：《中国三千年气象记录总集》，江苏教育出版社，2004年。
② 袁祖亮.：《中国灾害通史》，郑州大学出版社，2009年。
③ 袁林：《西北灾荒史》，甘肃人民出版社，1994年。
④ 翟佑安：《中国气象灾害大典·陕西卷》，气象出版社，2005年。
⑤ 沈建国：《中国气象灾害大典·内蒙古卷》，气象出版社，2008年。
⑥ 夏普明：《中国气象灾害大典·宁夏卷》，气象出版社，2007年。
⑦ 鲁人勇、吴忠礼、徐庄：《宁夏历史地理考》，宁夏人民出版社，1993年。
⑧ 徐兴亚：《西海固史》，甘肃人民出版社，2002年。
⑨ 沈克尼、杨旭红、马红薇：《固原地区志》，宁夏人民出版社，1994年。
⑩ 陈国栋：《隆德县志》，宁夏人民出版社，1976年。
⑪ 李文斌：《彭阳县志》，宁夏人民出版社，1996年。
⑫ 武树伟：《盐池县志》，宁夏人民出版社，1986年。
⑬ 马存林：《西吉文史资》，西吉县政协文史资料编委会，2002年。
⑭ 李进兴：《西夏天都海原文史》，宁夏海原印刷厂，1995年。
⑮ 马振福：《同心文史资料》，宁夏人民出版社，2006年。

次较高。第3阶段为1936～1940年，没有记录霜雪灾害发生，灾害发生频次最低。第4阶段为1941～1949年，记录霜雪灾害有7次，平均1.2年发生一次，灾害发生频次最高。

综上可知，西海固地区民国时期的霜雪灾害多于鄂尔多斯高原，是鄂尔多斯高原的1.3倍。依据其频次变化，可以把鄂尔多斯高原民国时期的霜雪灾害依照时间序列划分成5个阶段，相比来说，第1、3、5阶段发生的霜雪灾害比第2、4阶段要少。西海固地区同时期的霜雪灾害依照时间序列划分成4个阶段，也具有灾害的低发时期和高发时期，分别为第1、3阶段和第2、4阶段。图4-27表明，两地区霜雪灾害变化的频次和阶段很相近，表明两地区在民国时发生的霜雪灾害具有重要的相关性。

在第2阶段的1929～1933年，鄂尔多斯高原连续5年发生了霜雪灾害，根据灾害的危害程度大小来分，在这之中轻度灾害只有1次、中度和重度灾害各2次，西海固地区连续4年发生了中度霜雪灾害；以上表明该阶段霜雪灾害持续时间较长、等级较高。文献记载"公元1933年，四月八日，大风雪，陇山雪厚盈尺，天寒如冬。五月初三，大雪，禾菜有冻损者。五月，天降雪灾，雨雪深一尺，严寒重甚，房内结冰，麦苗均行冻萎，树木落叶"，可见当时连续发生的霜雪灾害给当地人民的生产生活带来了严重影响，由此确定这一时期为鄂尔多斯高原和西海固地区民国时期霜雪灾害的集中暴发期。

在1914～1928年这15年期间，鄂尔多斯高原在文献记载中出现过2次中度霜雪灾害，平均7.5年发生一次，灾害发生频次较低；同时期，西海固地区间隔出现了2次轻度霜雪灾害：说明当鄂尔多斯高原地域的此种灾害处于低频出现时期，西海固地域此种灾害的出现也较少，综上可知两地区民国时期的霜雪灾害具有重要的相关性。

为了更加清楚地展现民国时期鄂尔多斯高原和西海固两个地区霜雪灾害发生的阶段性特点及其变化规律，本节以5年作为时间尺度单位，统计计算出民国时期这两地霜雪灾害出现的频次距平值，同时做出其距平值的变化图（图4-28）。由霜雪灾害距平图可知，在鄂尔多斯高原民国时期第1、3、5阶段距平值主要是小于零，第2、4阶段的距平值都大于零，进一步说明鄂尔多斯高原霜雪灾害的发生具有低发期和高发期，分别为第1、3、5阶段和第2、4阶段。在民国时期的1911～1925年、1936～1940年间，西海固地区霜雪灾害距平值大部分小于零，说明这两个时期西海固地区霜雪灾害出现的频次比平均值小，属于此种灾害的少发阶段；在1926～1935年、1941～1949年间则以大于零为主，说明霜雪灾害出现的频次比平均值高，属于此种灾害的高发阶段。

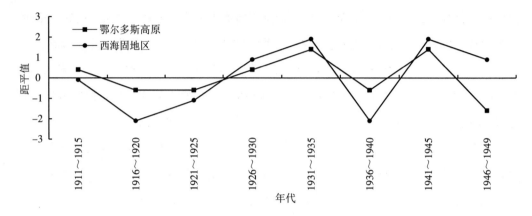

图4-28　鄂尔多斯高原和西海固地区民国时期霜雪灾害频次距平值对比

由前文可知，在清代和民国时期鄂尔多斯高原和西海固地区的霜雪灾害具有很重要的相关性。现代霜雪灾害是过去霜雪灾害的延续，清代和民国时期距今较近，因此以上结论可以作为现代两地区霜雪灾害预测的科学依据，同时还可以作为防灾、减灾的对照依据。当处于西海固地区霜雪灾害经常性出现的年份，除了当地要做好预防工作外，鄂尔多斯高原地区也要做好抗霜雪灾害的准备，以减少霜雪灾害造成的损失。

（二）霜雪灾害等级差异

在民国（1911～1949）的39年内，鄂尔多斯高原共记录发生不同程度大小的霜雪灾害13次：其中发生轻度霜雪灾害1次，在霜雪灾害总数的占比为7.7%；发生中度霜雪灾害9次，在霜雪灾害总数中的占比为69.2%；发生重度霜雪灾害3次，在霜雪灾害总数中的占比为23.1%。从灾情上看，鄂尔多斯高原民国时期的霜雪灾害以中度为主，其次为重度，轻度发生较少（图4-29a）。西海固地区民国时发生不同危害程度的霜雪灾害共17次：其中轻度霜雪灾害4次，在霜雪灾害中的占比为23.5%；中度霜雪灾害12次，在霜雪灾害中的占比为70.6%；重度霜雪灾害仅1次，在所发生的此种灾害中的占比为5.9%（图4-29b）。

由此可知，民国时期鄂尔多斯高原和西海固地区中度霜雪灾害发生频次最高，鄂尔多斯高原的中度霜雪灾害发生频次占总数的2/3多，西海固地区霜雪灾害频次占总数的近3/4。根据不同等级的霜雪灾害发生的时间分布特征可以推断出，两地区轻度霜雪灾害大多数是隔年或多年发生1次，中度霜雪灾害出现次数较多，重度霜雪灾害一般是多年发生1次，在研究时段的中后期霜雪灾害更为频繁。

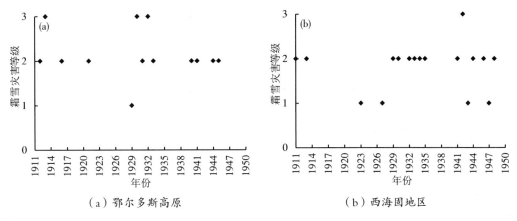

图4-29　鄂尔多斯高原和西海固地区民国时期霜雪灾害等级对比

（三）霜雪灾害季节差异

民国时期鄂尔多斯高原发生的13次霜雪灾害中，历史资料中直接载明季节的有12次，载明月份的10次，其中6月和8月各出现霜雪灾害2次，3月、4月、5月、7月、9月和11月各发生1次，其他月份均无霜雪灾害记载。依季节划分，该区春季发生霜雪灾害3次，夏季3次，秋季4次，冬季2次（图4-30a）。西海固地区的17次霜雪灾害中，史书中载有季节或载明月份的霜雪灾害13次，其中在农历五月发生4次，农历四月和八月各3次，农历六月、七月和九月各1次，其余月份均无发生。依季节划分，夏季霜雪灾害发生最多，达9次，在所发生的此种灾害总数中占69.2%。其次是秋季，共出现霜雪灾害4次，在所发生的此种灾害总数中占30.8%。该区春季和冬季没有霜雪灾害发生的记载（图4-30b）。

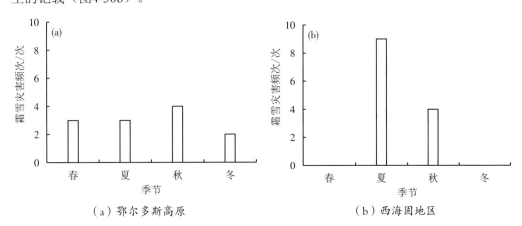

图4-30　鄂尔多斯高原和西海固地区民国时期霜雪灾害季节变化对比

由此可知，民国时期鄂尔多斯高原和西海固地区霜雪灾害的发生季节具有相似性，多出现于夏秋季。我国夏季在一般情况都不会出现霜雪，更何况是由霜雪引发的灾害，若是发生了霜雪灾害，很大的引发因素是冬季风异常活动导致的。夏季是植物生长迅速的关键期，入夏之后大幅度的降温会对正在生长的作物造成不可逆的伤害。

第四节　霜雪灾害发生的原因与温度

一、霜雪灾害成因类型

冷空气南下侵袭，导致降霜、雪或气温大幅度下降至 0 ℃以下，这是引发研究区出现霜雪灾害的主导因素。侵入鄂尔多斯的冷空气，分为西、中、东三路，其风向分别为西北、北、东北三个方向。西、中路的强冷空气势力很盛，容易因大幅度的降温导致平流霜灾，这是本研究区出现此种灾害的主要类型。根据霜雪灾害形成的原因，可将其分为以下四种类型。

（1）冬季异常变冷型。这类灾害主要发生在11月、12月、1月，因冬季过低的气温而形成。

（2）强冬季风早来型。这类灾害主要发生在 8 月、 9 月，由于强大的冬季风提前来临，导致该区出现大范围的霜雪灾害，对大秋作物产生严重的影响。

（3）冬季风回返变冷型。这类灾害主要发生在 3 月、 4 月，春季随着气温的迅速回升，冬季风减弱北退，但有时冬季风回返加强，产生大范围霜雪灾害，对小麦返青、果木开花和春播作物的生长极为不利。

（4）冬夏季风联合作用型。这类灾害主要发生在 5 月、 6 月，是冬夏季风共同作用的结果。在5~6月发生霜雪灾害危害更大，会造成冬小麦、春小麦、棉花、玉米等受冻成灾。

二、海拔高度与纬度因素

鄂尔多斯高原位于构造运动上升地区，海拔高度较大，海拔一般在1500~2000m，比平原地区海拔高出800~1200m，因此气温偏低。鄂尔多斯高原纬度较高，位于陕西北部或更北地区，纬度处在北纬37°38′~40°52′，较高的纬度也使得该区气温偏低。较低的年平均气温容易在降温时期出现霜雪灾害或霜冻灾害。该区较高的纬度使得该区距离冷空气来源较近，容易受到强冬季风的作用。来自蒙古—西伯利亚的冷空气在向东南运移的过程中，强度逐渐降低，越是靠近西北的地区，受其影响越严重。

三、气候因素

1.霜雪灾害发生气温

霜雪灾害包括霜冻灾害和雪灾两种，这两种灾害的出现有一个共同的前提就是低温，也就是说它们都发生在气温为0℃或0℃以下。清代研究区出现霜雪灾害的主要因素可能有以下两个：一是偏暖月份的冷空气活动，二是冬季持续性降雪、积雪或寒流引起的气温骤降至0℃以下。降霜是一种非常常见的天气现象，霜指的是当地表和近地面物体表面因为辐射冷却，其周围的空气也同时降温，若此时温度达到霜点以下，空气中的水汽含量过饱和，直接在地表和近地面物体表面凝华成白色的冰晶。霜的出现有两个必要条件，近地面温度为0℃或0℃以下，同时地表接触的空气相对湿度高，这两个条件缺一不可。观察发现，某时作物上并没有看见霜，但是作物却受到了霜害，这是由于近地面空气湿度小，这种灾害称之为"黑霜"，而把肉眼能见的白色冰晶称作"白霜"。

霜冻灾害属于一种可以带来严重危害的农业气象灾害。过早地出现初霜现象和过晚地出现终霜现象都可能会对农业生产造成损失，若霜冻灾害较强的话，可以造成作物的减产和死亡。正在生长活跃期的农作物遭到几个小时或更短的霜冻都会造成不可逆的伤害，即将收获的农作物也会由于一次早霜的来临使得其品质大幅下降。史书记载过多次本研究区遭受的毁灭性霜冻灾害。1290年（元世祖至元二十七年）十月，以兴、松二州霜，免其地税。[1]1591年（明神宗万历十九年）（清涧）延绥、榆林二卫所八月霜雹相继，禾苗尽死。[2]1737年（清高宗乾隆二年），榆林、横山、靖边等地，八月下旬，复遭霜冻，三四分收成。[3]1855年（清文宗咸丰五年），十一月宁夏、灵武、平罗、永宁等十七厅、州、县被霜，免地方新旧额赋。[4]1864年（清穆宗同治三年），（河曲）旧城一带杏果诸树，八九月重开花，繁盛如春，渐结实，经霜乃落。[5]公元1899年（清德宗光绪二十五年），七月榆林等地，降黑霜，秋禾冻萎，收成无望；七月下旬，连遭黑霜，县民大饥。[6]1910年（清宣统二年），八月二十一

---

① 宋濂、王祎：《元史·食货志》，中华书局，1976年。
② 钟章元：《清涧县志》，成文出版社，1970年。
③ 张德二：《中国三千年气象记录总集》，江苏教育出版社，2004年。
④ 张德二：《中国三千年气象记录总集》，江苏教育出版社，2004年。
⑤ 河曲县志编纂委员会：《河曲县志》，山西人民出版社，1989年。
⑥ 张德二：《中国三千年气象记录总集》，江苏教育出版社，2004年。

日，黑霜，一概黄萎。[1]

因为霜冻灾害的发生原理是一样的，现代的气象资料非常丰富，所以我们研究现代发生的霜冻灾害可以帮助我们认识历史时期研究区出现霜冻灾害的原因。根据《中国气象灾害大典（内蒙古卷）》对近代鄂尔多斯高原地区霜冻灾害的描述可知，偏暖月份的强冷空气南下、降雪引起的气温骤降到0℃以下是造成鄂尔多斯高原霜冻灾害的原因[2]。例如，1972年5月13～16日，受冷空气影响，大部分地区出现寒潮大风天气，风后气温骤降8～14℃，巴彦淖尔市等地出现春霜冻。1994年6月4～6日受一次冷空气影响，各地气温骤然下降，降温幅度8℃以上，6日晨，鄂尔多斯市出现霜冻，农作物受到严重伤害。根据这些情况可以确定，当处于偏暖月时，一次强冷空气的入侵，会使得当地气温迅速下降，若达到0℃以下就会出现降霜现象，形成霜冻灾害，这是本研究区出现这种灾害的原因之一。

研究区发生的雪灾可以在类型上分为白灾和暴风雪灾害，它们发生的温度显著低于0℃。出现白灾的主要原因是当时出现了积雪。若降雪量大并且发生时间短或集中，积雪厚度大，温度越低，则积雪持续时间越长。降雪量大，同时气温和地表温度都过低，会形成积雪且不易融化，积雪过厚，牧草被掩埋，食草牲畜食物草料短缺甚至无草可食，极易导致大面积的死亡现象，这种现象在牧业中称之为"白灾"。暴风雪，我们有时也称之为雪暴，此种灾害出现的主要原因是强烈的风、雪和降温耦合在一起，共同作用。暴风雪气象灾害，会在很短的时间内给当地造成巨大的经济损失，其中损失最为严重的就是牧民们的牲畜群。在历史文献资料中，我们可以找出本研究区发生的多次雪灾事件，损失相当严重。1712年（康熙五十一年），伊金霍洛旗，大雪成灾，民饥，牲畜死亡过半。[3]现在发生雪灾的情况可为历史时期雪灾发生原因提供可信依据。根据《中国气象灾害大典（内蒙古卷）》对近代鄂尔多斯高原地区雪灾的描述可知，造成鄂尔多斯高原雪灾的主要原因是强冷空气或强寒潮的活动。例如1967年，巴彦淖尔市北部牧区自当年11月下旬起连续降雪50余天，风雪交加，积雪较深，连续积雪日数达110～120天，交通阻塞，链轨拖拉机开路后不过半天又被雪封，仅开路费就需两万余元，越冬后幼畜死亡8.1万头（只），仔畜死亡5.4万头（只）。[4]1981年5月9～11日，内蒙古自治区中部地区出现以暴风雪为主的强寒潮

---

① 张德二：《中国三千年气象记录总集》，江苏教育出版社，2004年。
② 沈建国：《中国气象灾害大典·内蒙古卷》，气象出版社，2008年。
③ 沈建国：《中国气象灾害大典·内蒙古卷》，气象出版社，2008年。
④ 沈建国：《中国气象灾害大典·内蒙古卷》，气象出版社，2008年。

天气，风力最大达11级，降雪普遍在10～20mm，此次暴风雪给农牧区生产造成严重
损失。①

2.霜冻灾害在秋季发生较多的原因与温度

霜冻现象一般出现在农作物生长或成熟的关键期，主要是春、秋两季。由于本
研究区所处地理位置影响，霜冻灾害常出现在秋季，这点和相对温暖的地区不一样。
尤其是研究区的西部地域，霜冻灾害集中出现在冬季，造成这样的原因值得我们去探
究。阅读文献资料可知，本研究区在清代时期出现过多次霜冻灾害，灾情严重，被免
除赋税。在其他地区，如华北或关中等地，冬季降霜对农作物的伤害一般可以忽略不
计。而在更寒冷干旱的区域，大幅度的降温所形成的霜冻灾害，其影响比相对温暖的
地域要大。在较为温暖的地区，发生霜冻灾害的时间一般在春、秋两季，原因是这时
的正常气温高，突然大幅度降温至0℃左右时，就会对农作物产生冻害。但是在本研
究区不同，此地在清代的霜冻灾害一般出现在秋季，正常气温突然大幅度下降，就会
造成小麦冻死的现象。小麦叶片结冰受霜冻的临界叶温约为−6.4℃②，若最低叶温低
于这个临界叶温，那么叶片就会遭受不可逆的伤害，即使解冻后也不能恢复；若最低
叶温高于这个临界值，那么叶片在气温回升解冻时尚可以恢复其正常生长发育。传统
的小麦品种在低温致死的临界温度是−19～−17℃。③由此得知，清代时期的研究区在
秋季出现霜冻灾害时，其温度是在−6.4℃以下，甚至在−17℃以下。上述表明，本研
究区所发生的霜冻灾害是属于秋季强低温型冻害，和同时期相对较温暖地区所发生的
霜冻灾害不同。④因为研究区面积大，受地形等影响，同时期的西部气温比东部低，
所以冬季此种强低温型霜冻灾害一般发生在西部地区，但是东部地区在秋季弱低温型
霜冻灾害比冬季强低温型霜冻灾害发生的次数多。

① 沈建国：《中国气象灾害大典·内蒙古卷》，气象出版社，2008年。
② 李茂松、王道龙、钟秀丽 等：《冬小麦霜冻害研究现状与展望》，《自然灾害学报》2005年第4期。
③ 赵鹏、钟秀丽、王道龙 等：《冬小麦抗霜性与抗冻性的关系》，《自然灾害学报》2006年第6期。
④ 赵景波、陈颖、周旗：《关中平原清代霜雪灾害特点与周期研究》，《地球科学与环境学报》
　　2012年第3期。

第五章　鄂尔多斯高原历史时期的冰雹灾害

　　冰雹是指雹云形成之后降落下来的固态降水，其直径一般都在0.5cm之上。凡因冰雹降落，造成庄稼和其他财产损失，甚至导致人员伤亡，即称为冰雹灾害，也称雹灾。[①]我们国家是世界上雹灾出现较多的国家，并且很早就有了关于雹灾的文字记录。《说文》曰："雹，雨冰也。"《大戴礼》曰："阳之专气为霰，阴之专气为雹。霰、雹，一气之化也。"其中霰也为冰雹的一种，只是比普通的冰雹结构松软，落地易破碎。宋代以后典籍中又有人将冰雹称为"硬雨"。明清时期，这一称呼与雹子、冷蛋等一并成为民间对冰雹的习称。[②]

　　冰雹灾害是由强对流天气系统引起的一种剧烈的气象灾害。历史时期，与干旱灾害及洪涝灾害相比，虽然冰雹灾害影响范围小，但其来势猛、强度大，且常伴随狂风暴雨、急剧降温，破坏性很大，往往会带来严重的财产损失甚至造成人员受伤或死亡。每年由雹灾造成的经济损失难以估量，遇到重灾年时我国雹灾受灾面积可超过0.6km^2。目前在冰雹形成机制[③]、人工预防雹灾[④]、冰雹形成过程[⑤⑥⑦]、冰雹预测与预

---

① 袁林：《西北灾荒史》，甘肃人民出版社，1994年。
② 张德二：《中国三千年气象记录总集》，江苏教育出版社，2004年。
③ 葛润生、姜海燕、彭红：《北京地区冰雹气流结构的研究》，《应用气象学报》1998年第9期。
④ 王昂生：《冰雹灾害及人工防雹研究》，《地球科学进展》1990年第3期。
⑤ 赵红岩、杨瑜峰、赵庆云等：《西北区冰雹日气候分析及预测方法研究》，《地球科学进展》2007年第2期。
⑥ 徐良炎：《一九八七年我国的冰雹灾害》，《灾害学》1988第4期。
⑦ 郭恩铭：《一次降雹过程的分析》，《气象》1990年第11期。

报①②、冰雹区域分析③④⑤以及冰雹时空动态分析⑥等方面进行了许多研究。葛润生等⑦通过天气雷达观测资料、卫星云图及天气实况对冰雹天气过程进行了分析，认为北京雹暴中雹块的形成机制具有多样性。王昂生⑧对人工防雹进行了分析，指出我国人工防雹土炮逐渐被三七高炮代替，防雹对农业减灾起了重大作用。苏福庆等⑨对我国冰雹天气及预报进行了研究，指出可利用天气学、统计学、雷达及卫星云图等来预报雹暴。李加明⑩对我国冰雹的分布规律开展了研究，认为冰雹多发生在对流旺盛时期如午后到傍晚时段，按其在不同季节中的分布情况可以得出，雹灾的高发季为4月至10月，地形变化是冰雹发生的一个重要因素，地形起伏变化大易发生冰雹。王静爱等⑪对我国1990～1996年冰雹时空动态分布进行了分析，认识到我国雹灾的空间分布有东移和团块状发展的趋势，雹灾范围有向东、西北、南三个方向发展的态势。王文宇等⑫基于1949～1998年气象部门、政府减灾部门、新闻媒体等记录的雹灾信息，编制出了中国雹灾多发区总体分布格局图。姚俊英等⑬根据灰色理论和气象灾害普查资料对黑龙江省雹灾时空分布特征进行分析，并将黑龙江省划分为重雹灾区、中雹灾区、轻雹灾区和微雹灾区。何太蓉等⑭借助《中国气象灾害大典（重庆卷）》和《重庆市志·气象志》数据，研究揭示了重庆市110年来的雹灾时空分布特征。韩经纬等⑮应用内蒙古冰雹气象资料，对近年来内蒙古冰雹灾害发生的现状和成因、致灾因子等方面进行了分析评估。

① 苏福庆、曲金枝：《我国冰雹天气及预报研究进展》，《气象科技》1984年第3期。
② 郭恩铭：《西藏冰雹的观测》，《气象学报》1984年第1期。
③ 孙继松、石增云、王令：《地形对夏季冰雹事件时空分布的影响研究》，《气候与环境研究》2006年第1期。
④ 中央气象局气象台天气气候分析情报组：《我国冰雹的地理与时间分布》，《气象科技,》1976年第7期。
⑤ 李加明：《浅谈我国冰雹的分布规律及其保险对策》，《灾害学》1992年第7期。
⑥ 王静爱：《中国1990—1996年冰雹灾害及其时空动态分析》，《自然灾害学报》1999年第3期。
⑦ 葛润生、姜海燕、彭红：《北京地区冰雹气流结构的研究》，《应用气象学报》1998年第9期。
⑧ 王昂生：《冰雹灾害及人工防雹研究》，《地球科学进展》1990年第3期。
⑨ 苏福庆、曲金枝：《我国冰雹天气及预报研究进展》，《气象科技》1984年第3期。
⑩ 李加明：《浅谈我国冰雹的分布规律及其保险对策》，《灾害学》1992年第7期。
⑪ 王静爱：《中国1990—1996年冰雹灾害及其时空动态分析》，《自然灾害学报》1999年第3期。
⑫ 王文宇、王静爱：《基于三种信息源的中国冰雹灾害区域分异研究》，《地理研究》2001年第3期。
⑬ 姚俊英、孙爽、刘玉霞等：《黑龙江省冰雹灾害时空特征分析》，《黑龙江农业科学》2012年第4期。
⑭ 何太蓉、嵇涛、杨华：《重庆市110年来冰雹灾害的时空分布特征》，《重庆师范大学学报》（自然科学版）2013年第2期。
⑮ 韩经纬、王海梅、乌兰等：《内蒙古雷暴、冰雹灾害的评估分析与防御对策研究》，《干旱区资源与环境》2009年第7期。

到目前为止，由于资料等方面的原因，学术界尚未对鄂尔多斯高原历史时期发生的冰雹灾害做出系统而全面的统计分析。本章根据历史文献资料，通过多项式拟合分析和Morlet小波分析等方法，试图探讨鄂尔多斯高原历史时期冰雹灾害发生频次、等级、季节、周期、原因和灾害事件，希望可以给本地区的雹灾预防做出贡献，提供参考意见。

本章所使用的冰雹灾害资料来源于《中国三千年气象记录总集》[①]《西北灾荒史》[②]《中国灾害通史》[③]《中国气象灾害大典（陕西卷）》[④]《中国气象灾害大典（内蒙古卷）》[⑤]《中国气象灾害大典（宁夏卷）》[⑥]以及《（道光）清涧县志》[⑦]《（乾隆）绥德州直隶州志》[⑧]《明太祖实录》[⑨]《明史》[⑩]《明世宗实录》[⑪]《明孝宗实录》[⑫]《永和县志》[⑬]《（民国）米脂县志》[⑭]《明神宗实录》[⑮]《（道光）榆林府志》[⑯]《（民国）续修陕西通志稿》[⑰]《（雍正）敕修陕西通志》[⑱]《神木乡土志》[⑲]《府谷县志》[⑳]《（光绪）葭州志》[㉑]《（道光）神木县志》[㉒]《（民国）横山县志》[㉓]《（道光）安定县志》[㉔]《（光绪）靖边志稿》[㉕]等历史文献资料。本章在进

① 张德二：《中国三千年气象记录总集》，江苏教育出版社，2004年。

② 袁林：《西北灾荒史》，甘肃人民出版社，1994年。

③ 袁祖亮：《中国灾害通史》，郑州大学出版社，2009年。

④ 翟佑安：《中国气象灾害大典·陕西卷》，气象出版社，2005年。

⑤ 沈建国：《中国气象灾害大典·内蒙古卷》，气象出版社，2008年。

⑥ 夏普明：《中国气象灾害大典·宁夏卷》，气象出版社，2007年。

⑦ 钟章元：《（道光）清涧县志》，道光八年（1828）刻本。

⑧ 李继峤：《（乾隆）绥德州直隶州志》，乾隆四十九年（1784）刻本传抄本。

⑨ 黄彰健：《明太祖实录》，"中研院"史语所校印本，1962年。

⑩ 张廷玉：《明史》，中华书局，1974年。

⑪ 黄彰健：《明世宗实录》，"中研院"史语所校印本，1962年。

⑫ 黄彰健：《明孝宗实录》，"中研院"史语所校印本，1962年。

⑬ 王士仪：《永和县志》，清康熙四十九年（1710）刻本。

⑭ 严建章修，高照初纂：《（民国）米脂县志》，民国三十二年（1828）铅印本。

⑮ 黄彰健：《明神宗实录》，"中研院"史语所校印本，1962年。

⑯ 李熙龄：《（道光）榆林府志》，清道光二十一年（1841）刻本。

⑰ 杨虎城、邵力子、宋伯鲁、吴廷锡：《（民国）续修陕西通志稿》，民国二十三年（1934）铅印本。

⑱ 刘于义修，沈青崖纂：《（雍正）敕修陕西通志》，三秦出版社，2014年。

⑲ 佚名：《神木乡土志》，民国二十六年（1937）稿本。

⑳ 郑居中、麟书：《府谷县志》，清乾隆四十八年（1783）刻本。

㉑ 李昌寿：《（光绪）葭州志》，光绪二十年（1894）刻本。

㉒ 王致云修，朱墉纂：《（道光）神木县志》，道光二十一年（1895）刻本。

㉓ 刘济南、张斗山修，曹子正纂：《（民国）横山县志》，民国十八年（1929）榆林东顺斋石印本。

㉔ 姚国龄、宋楚山修，米毓璋纂：《（道光）安定县志》，道光二十六年（1846）刻本。

㉕ 丁锡奎修，白翰章、辛居乾纂：《（光绪）靖边志稿》，光绪二十五年（1899）刻本。

行资料整理统计时一律采用公历公元纪年法，春季为公历2～4月、农历一至三月，夏季为公历5～7月、农历四至六月，秋季为公历8～10月、农历七至九月，冬季为公历11～次年1月、农历十至十二月。

根据历史文献等各种材料对本地区历史时期冰雹灾害的记录，同时虑及其造成破坏灾害的范围大小、时间状况以及受灾情况等，并结合前人做出的分级方法，再遵循本研究的实际需要，本节把研究区的冰雹灾害分成以下3个级别。

第1级是轻度冰雹灾害。文献中有"雹""雨雹""冰雹""雷雹"等记载，但并未记载其对人民生产生活产生的影响，本文将这种冰雹灾害划分为轻度冰雹灾害。比如"明太祖洪武七年（1374）八月雨雹[①]；"明世宗嘉靖二十九年（1550）冬十月朔，榆林，大雷雹。""明穆宗隆庆二年（1568）五月，延绥大冰雹。"[②]"明毅宗崇祯十年（1637）四月，榆林、绥德，大雨雹。"[③④⑤]

第2级是中度冰雹灾害。文献中记载有"雹杀禾""杀稼"等对农作物造成比较严重的影响，雹灾持续时间较长、受灾范围较大，政府"诏免租"，本文将其划分为中度冰雹灾害。如"明太祖洪武三年（1370）六月乙酉，延安府雨雹伤稼，诏蠲其田租"[⑥]。"明英宗正统三年（1438）七月，陕北，雷雹大作，伤害禾稼。"[⑦⑧⑨]"明英宗正统三年（1438）西、延、平、庆、临、巩六府及秦、河、岷、金四州，自夏逮秋，大雨雹。"[⑩]

第3级是重度冰雹灾害。文献中有"雹相继""禾苗尽死""大如鸡卵""雹伤人""牛羊打死无数""屋宇树木多坏"等，描述了雹大、持续时间长，收成无望，有人畜死伤，人民生命财产受到重大损失，本文将这样的冰雹灾害归为重度冰雹灾害。如"明孝宗弘治八年（1495）五月庚戌，陕西庆阳府环县并庆阳卫雨雹，大者如盘，小者如碗，人畜有击死者"[⑪]。"明世宗嘉靖二十八年（1549）六月丁卯，陕西

① 钟章元：《（道光）清涧县志》，道光八年（1828）刻本。
② 李继峤：《（乾隆）绥德州直隶州志》，乾隆四十九年（1784）刻本传抄本。
③ 翟佑安：《中国气象灾害大典·陕西卷》，气象出版社，2005年。
④ 沈建国：《中国气象灾害大典·内蒙古卷》，气象出版社，2008年。
⑤ 夏普明：《中国气象灾害大典·宁夏卷》，气象出版社，2007年。
⑥ 黄彰健：《明太祖实录》，"中研院"语所校印本，1962年。
⑦ 翟佑安：《中国气象灾害大典·陕西卷》，气象出版社，2005年。
⑧ 沈建国：《中国气象灾害大典·内蒙古卷》，气象出版社，2008年。
⑨ 夏普明：《中国气象灾害大典·宁夏卷》，气象出版社，2007年。
⑩ 张廷玉：《明史》，中华书局，1974年。
⑪ 黄彰健：《明孝宗实录》，"中研院"史语所校印本，1962年。

延川县雨雹如斗，坏庐舍，伤人畜。"[1] "清世祖顺治十八年（1661）秋，清涧，雨冰雹，如鹅卵，有径尺者，积地数尺，牛羊打死无数，屋宇树木多坏。冬，清涧，雨雹，大如鹅卵，有径尺者，积数尺。"[2][3][4]

第一节　明代冰雹灾害

一、冰雹灾害发生频次

根据《西北灾荒史》[5]《中国三千年气象记录总集》[6]《中国灾害通史》[7]《中国气象灾害大典（陕西卷）》[8]《中国气象灾害大典（内蒙古卷）》[9]《中国气象灾害大典（宁夏卷）》[10]以及《（道光）清涧县志》[11]《（乾隆）绥德州直隶州志》[12]《明太祖实录》[13]《明史》[14]《明世宗实录》[15]《明孝宗实录》[16]《永和县志》[17]《（民国）米脂县志》[18]《明神宗实录》[19]《（道光）榆林府志》[20]等历史文献资料中对鄂尔多斯高原明代冰雹灾害的记载可知，在明代（1368～1644）的277年里，研究区共发生不同危害程度的冰雹灾害19次，平均14.6年发生一次。

由于研究区明代时期冰雹灾害发生较少，分区统计不能全面反映冰雹灾害的变化特征，因此本节不进行分区，以20年作为时间尺度单位统计整个高原明代的冰雹灾害的出现频次数，同时分析其发生频次的阶段性变化（图5-1）。

---

[1] 黄彰健：《明世宗实录》，"中研院"史语所校印本，1962年。
[2] 翟佑安：《中国气象灾害大典·陕西卷》，气象出版社，2005年。
[3] 沈建国：《中国气象灾害大典·内蒙古卷》，气象出版社，2008年。
[4] 夏普明：《中国气象灾害大典·宁夏卷》，气象出版社，2007年。
[5] 袁林：《西北灾荒史》，甘肃人民出版社，1994年。
[6] 张德二：《中国三千年气象记录总集》，江苏教育出版社，2004年。
[7] 袁祖亮：《中国灾害通史·清代卷》，郑州大学出版社，2009年。
[8] 翟佑安：《中国气象灾害大典·陕西卷》，气象出版社，2005年。
[9] 沈建国：《中国气象灾害大典·内蒙古卷》，气象出版社，2008年。
[10] 夏普明：《中国气象灾害大典·宁夏卷》，气象出版社，2007年。
[11] 钟章元：《（道光）清涧县志》，道光八年（1828）刻本。
[12] 李继峤：《（乾隆）绥德州直隶州志》，乾隆四十九年（1784）刻本传抄本。
[13] 黄彰健：《明太祖实录》，"中研院"史语所校印本，1962年。
[14] 张廷玉：《明史》，中华书局，1974年。
[15] 黄彰健：《明世宗实录》，"中研院"史语所校印本，1962年。
[16] 黄彰健：《明孝宗实录》，"中研院"史语所校印本，1962年。
[17] 王士仪：《永和县志》，清康熙四十九年（1710）刻本。
[18] 严建章修，高照初纂：《（民国）米脂县志》，民国三十二年（1943）铅印本。
[19] 黄彰健：《明神宗实录》，"中研院"史语所校印本，1962年。
[20] 李熙龄：《（道光）榆林府志》，清道光二十一年（1895）刻本。

　　由统计结果可知，整个鄂尔多斯高原明代发生的冰雹灾害频次变化具有明显的阶段性，可划分为下面5个阶段。第1阶段是1368～1387年，冰雹灾害共发生3次，平均6.7年发生一次，发生频次较高。第2阶段是1388～1487年，冰雹灾害仅发生1次，平均100年发生一次，灾害出现频次最低。该阶段除了自然发生的雹灾频次较低之外，雹灾记录的缺失也是重要原因。第3阶段是1488～1507年，冰雹灾害共发生4次，平均5年发生一次，灾害出现频次最高。第4阶段是1508～1567年，冰雹灾害共发生2次，平均30年发生一次，灾害出现频次较低。第5阶段是1568～1644年，冰雹灾害共发生9次，平均8.6年发生一次，雹灾发生频次较高。

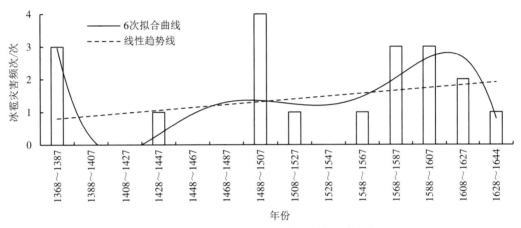

图5-1　鄂尔多斯高原明代冰雹灾害频次变化

　　图5-1冰雹灾害频次的趋势线表明，自明代初期至末期，研究区的冰雹灾害出现的频次在整体上呈现出波动上升态势，且分布很不均匀，其中第1、3、5阶段为雹灾高发阶段，第2、4阶段为雹灾低发阶段。

　　为了深层次分析明代鄂尔多斯高原冰雹灾害发生的阶段性特点及变化规律，本节以20年作为时间尺度单位，统计计算出鄂尔多斯高原明代的冰雹灾害发生频次距平值，同时做出其距平值变化图（图5-2）。当距平值等于零时，表示当时灾害的出现次数和20年的平均值相同；若距平值大于零，则表示当时灾害的出现次数高于这个平均值；相反，当距平值小于零，则表示当时灾害的出现次数低于这个平均值。图5-2显示第1、3、5阶段冰雹灾害距平值以大于零为主，第2、4阶段冰雹灾害的距平值都是小于零，进一步说明鄂尔多斯高原冰雹灾害具有高发期和低发期，分别为第1、3、5阶段和第2、4阶段。

二、冰雹灾害发生等级

根据冰雹灾害危害程度的等级划分以及数理统计方法，对历史文献[1][2][3][4][5][6]以及《（道光）清涧县志》[7]《（乾隆）绥德州直隶州志》[8]《明太祖实录》[9]《明史·五行志》[10]《明世宗实录》[11]《明孝宗实录》[12]《永和县志》[13]《（民国）米脂县志》[14]《明神宗实录》[15]《（道光）榆林府志》[16]等地方志中记载的鄂尔多斯高原明代冰雹灾害进行量化并统计，得出鄂尔多斯高原明代冰雹灾害等级序列（图5-3）。

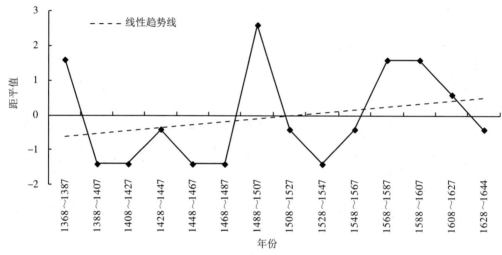

图5-2　鄂尔多斯高原明代冰雹灾害频次距平值变化

在明代（1368～1644）的277年内，鄂尔多斯高原共发生了19次冰雹灾害：其中轻度冰雹灾害共8次，在冰雹灾害总数的占比为42.1%；中度冰雹灾害共发生了7次，

① 袁林：《西北灾荒史》，甘肃人民出版社，1994年。
② 张德二：《中国三千年气象记录总集》，江苏教育出版社，2004年。
③ 袁祖亮：《中国灾害通史·清代卷》，郑州大学出版社，2009年。
④ 翟佑安：《中国气象灾害大典·陕西卷》，气象出版社，2005年。
⑤ 沈建国：《中国气象灾害大典·内蒙古卷》，气象出版社，2008年。
⑥ 夏普明：《中国气象灾害大典·宁夏卷》，气象出版社，2007年。
⑦ 钟章元：《（道光）清涧县志》，道光八年（1828）刻本。
⑧ 李继峤：《（乾隆）绥德州直隶州志》，乾隆四十九年（1784）刻本传抄本。
⑨ 黄彰健：《明太祖实录》，"中研院"史语所校印本，1962年。
⑩ 张廷玉：《明史》，中华书局，1974年。
⑪ 黄彰健：《明世宗实录》，"中研院"史语所校印本，1962年。
⑫ 黄彰健：《明孝宗实录》，"中研院"史语所校印本，1962年。
⑬ 王士仪：《永和县志》，清康熙四十九年（1710）刻本。
⑭ 严建章修，高照初纂：《（民国）米脂县志》，民国三十二年（1943）铅印本。
⑮ 黄彰健：《明神宗实录》，中研院史语所校印本，1962年。
⑯ 李熙龄纂修：《（道光）榆林府志》，清道光二十一年（1895）刻本。

在冰雹灾害总数的占比为36.8%；重度雹灾害发生了4次，在冰雹灾害总数的占比为21.1%。雹灾等级显示，明代鄂尔多斯高原发生的冰雹灾害以轻度为主，占到了雹灾总数的近一半，其次为中度雹灾，重度雹灾发生较少。从时间分布看，高原上的雹灾主要集中发生在明代中期和晚期。

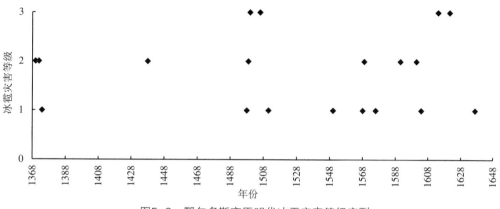

图5-3　鄂尔多斯高原明代冰雹灾害等级序列

三、冰雹灾害季节变化

作为一种气象灾害，冰雹灾害的出现与季节有很大的关联。为了查明雹灾发生的季节差异，本章统计了各种历史文献[1][2][3][4][5][6]以及《（道光）清涧县志》[7]《（乾隆）绥德州直隶州志》[8]《明太祖实录》[9]《明史》[10]《明世宗实录》[11]《明孝宗实录》[12]《永和县志》[13]《（民国）米脂县志》[14]《明神宗实录》[15]《（道光）榆林府志》[16]等地方志中记载的鄂尔多斯高原明代发生冰雹灾害的季节频次。统计数据显示，研究区

① 袁林：《西北灾荒史》，甘肃人民出版社，1994年。
② 张德二：《中国三千年气象记录总集》，江苏教育出版社，2004年。
③ 袁祖亮：《中国灾害通史》，郑州大学出版社，2009年。
④ 翟佑安：《中国气象灾害大典·陕西卷》，气象出版社，2005年。
⑤ 沈建国：《中国气象灾害大典·内蒙古卷》，气象出版社，2008年。
⑥ 夏普明：《中国气象灾害大典·宁夏卷》，气象出版社，2007年。
⑦ 钟章元：《（道光）清涧县志》，道光八年（1828）刻本。
⑧ 李继峤：《（乾隆）绥德州直隶州志》，乾隆四十九年（1784）刻本传抄本。
⑨ 黄彰健：《明太祖实录》，"中研院"史语所校印本，1962。
⑩ 张廷玉：《明史》，中华书局，1974年。
⑪ 黄彰健：《明世宗实录》，"中研院"史语所校印本，1962。
⑫ 黄彰健：《明孝宗实录》，"中研院"史语所校印本，1962。
⑬ 王士仪：《永和县志》，清康熙四十九年（1710）刻本。
⑭ 严建章修，高照初纂：《（民国）米脂县志》，民国三十二年（1943）铅印本。
⑮ 黄彰健：《明神宗实录》，"中研院"史语所校印本，1962。
⑯ 李熙龄：《（道光）榆林府志》，清道光二十一年（1895）刻本。

在明代出现的19次冰雹灾害当中，有月份或是季节记载的雹灾18次，在春、夏、秋、冬四季各出现过1次、9次、7次、1次（图5-4），表明鄂尔多斯高原夏、秋两季是雹灾的高发季节，而春季和冬季是雹灾发生次数较少的季节。

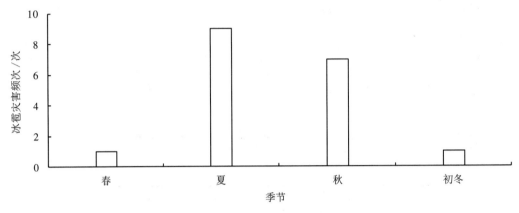

图5-4　鄂尔多斯高原明代冰雹灾害季节分布

四、冰雹灾害周期变化

冰雹灾害事件的出现在时间上具有多个时间尺度，表现出周期性。为了得出鄂尔多斯高原明代冰雹灾害的周期变化特点，本节应用Matlab软件，采用Morlet小波分析程序对研究区明代冰雹灾害进行了周期分析，结果见图5-5和图5-6。图5-5是小波变换函数中的小波系数，小波系数实部为正时，表示冰雹灾害发生频次多，为负时表明冰雹灾害发生频次少。由图5-5可知，鄂尔多斯高原冰雹灾害在不同时间尺度下具有不同的变化规律或趋势，灾害变化结构复杂，不同尺度、不同周期存在相互嵌套的特征。在35～58年周期上震荡显著，冰雹灾害经历了多→少→多→少→多→少→多→少→多→少10个循环交替，尺度中心在42年左右，并且到1644年冰雹灾害偏多等值线仍处于开放状态，未完全闭合，说明冰雹灾害增多的趋势在未来很有可能还将持续下去。在14～32年周期上震荡也较显著，形成了多→少→多21个循环交替，尺度中心在22年左右。在6～14年周期上冰雹灾害有更多的循环交替变化。以5年作为时间尺度单位时，其周期震荡剧烈，无明显的变化规律。

图5-6为明代冰雹灾害的小波方差图，在图中可以看到3个峰值，分别对应准6年、45年和50年，说明该区明代的冰雹灾害具有短、长两种类型的周期，分别为6年左右、45～50年。其中6年的周期上方差值最大，说明鄂尔多斯高原地区明代冰雹灾害的第一主周期是准6年，这对冰雹灾害的预防和减灾工作有重要参考价值。

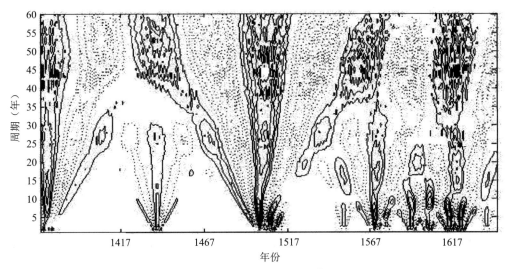

图5-5　鄂尔多斯高原明代冰雹灾害小波系数

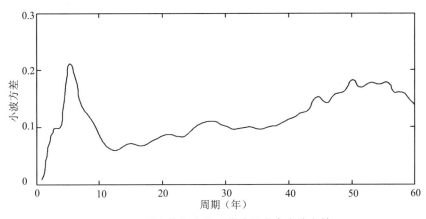

图5-6　鄂尔多斯高原明代冰雹灾害小波方差

五、鄂尔多斯高原与延安地区明代雹灾的对比

（一）明代冰雹灾害发生等级对比

统计记录表明，延安地区在明代（1368～1644）的277年内共记录有不同危害程度的冰雹灾害事件24次，平均11.5年发生一次。

依据冰雹灾害危害程度和分布范围，可以把延安地区明代发生的不同危害程度的冰雹灾害依照时间序列划分成3个等级。依据前述冰雹灾害划分标准可知，明代轻、中、重度冰雹灾害分别发生过6次、13次、5次，其占比分别为25%、54.2%和20.8%（图5-7）。由此可见，延安地区明代雹灾等级较高，危害较为严重，主要为中度冰雹灾害，其次为轻度冰雹灾害和重度冰雹灾害。

如前所述，鄂尔多斯高原明代冰雹灾害以轻度雹灾为主，轻度冰雹灾害占到了雹灾总数的近一半，其次为中度雹灾，重度雹灾发生较少。与延安地区以中重度雹灾为主相比，鄂尔多斯高原地区的冰雹灾害等级较低。

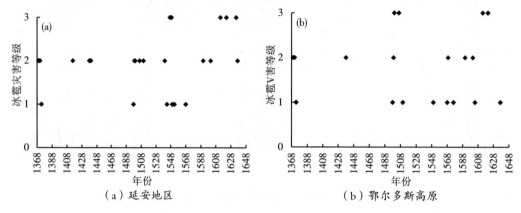

图5-7　延安地区和鄂尔多斯高原明代冰雹灾害等级变化对比

（二）明代冰雹灾害年际变化与阶段对比

为了得出延安地区在明代的冰雹灾害在时间上的变化规律特征，我们进行了更深入的研究，以20年作为时间尺度单位统计出冰雹灾害出现的频次。统计结果（表5-1）显示，在1368～1387年、1488～1507年、1528～1547年、1548～1567年间冰雹灾害发生较为频繁，频次为3～4次；在1408～1427年、1508～1527年、1568～1587年间，冰雹灾害发生较少，冰雹灾害频次仅为1次；在1388～1407年、1448～1467年、1468～1487年间没有发生冰雹灾害，为无雹灾阶段。

表5-1　延安地区明代发生的冰雹灾害频次

年份	冰雹灾害频次	年份	冰雹灾害频次	年份	冰雹灾害频次
1368～1387	3	1468～1487	0	1568～1587	1
1388～1407	0	1488～1507	4	1588～1607	2
1408～1427	1	1508～1527	1	1608～1627	2
1428～1447	2	1528～1547	3	1628～1644	2
1448～1467	0	1548～1567	3		

根据明代延安地区发生的冰雹灾害的频数与最小二乘法意义下6次多项式的拟合曲线（图5-8）可以分析得出，该地区的冰雹灾害在明代具有显著的阶段性变化特点，可以把明代发生的冰雹灾害在时间上划分成以下4个阶段。第1阶段是1368～1387年，发生冰雹灾害3次，平均6.7年发生一次，在冰雹灾害总次数中的占比为12.5%，雹灾出现频次最高。第2阶段是1388～1487年，共发生冰雹灾害3次，在灾害总次数中的占比为12.5%，平均33.3年发生一次，雹灾出现频次最低。第3阶段是1488～1567

年，共发生冰雹灾害11次，在灾害总次数中的占比为45.8%，平均7.3年发生一次，雹灾出现频次较高。第4阶段是1568～1644年，发生冰雹灾害7次，在灾害总次数中的占比为29.2%，平均11.4年发生一次，雹灾出现频次较低。

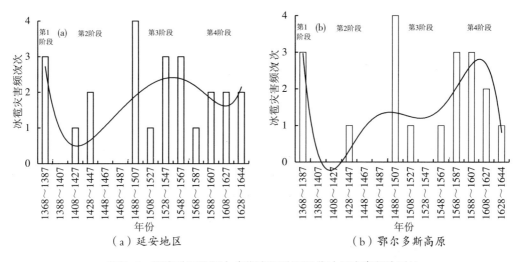

图5-8　延安地区和鄂尔多斯高原地区明代冰雹灾害频次对比

联系图5-8a的分析和冰雹灾害的危害程度可得，第1、2阶段的冰雹灾害以中度为主，第3阶段以轻度和中度为主，第4阶段则是以轻度和重度为主。由此可见，延安地区明代的冰雹灾害具有高发和低发两种时期，分别为第1、3阶段和第2、4阶段。由图5-8可以看出，延安地区明代记录出现的冰雹灾害从早期到晚期整体上呈现出波动增加的态势。

为了进一步揭示明代延安地区冰雹灾害所具有的阶段性特点及变化规律，在此以20年作为时间尺度单位，统计了延安地区明代冰雹灾害发生频次的距平值与年份之间的变化关系（图5-9）。统计表明，延安地区明代平均每20年发生1.7次冰雹灾害。在距平值变化图中，当距平值等于零时，表示当时灾害出现次数和20a的平均值相同；若距平值大于零，则表示当时灾害出现的次数高于这个平均值；相反，当距平值小于零则，表示当时灾害出现的次数低于这个平均值。由图5-9可以看出，延安地区明代冰雹灾害具有明显的波动变化趋势。第1阶段、第3阶段和第4阶段主要是正距平，说明第1阶段和第3阶段冰雹灾害发生的次数明显高于平均次数，是冰雹灾害的高发阶段。虽然第4阶段是正距平值，但正距平值较低，表明该阶段冰雹灾害也较少。第2阶段主要是负距平，说明在第2阶段冰雹灾害发生的次数低于平均次数，是冰雹灾害的低发阶段。

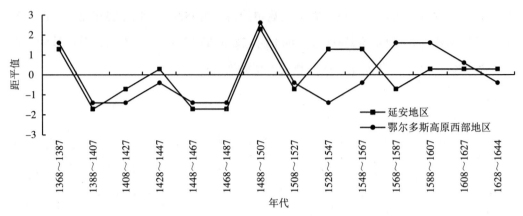

图5-9　延安地区和鄂尔多斯高原明代冰雹灾害频次距平值变化对比

如前所述，鄂尔多斯高原地区明代所发生的冰雹灾害也有明显的阶段性，在时间上可以划分成5个阶段，冰雹发生的时间阶段与延安地区大体相同（图5-8、图5-9），表明两个地区冰雹灾害的发生具有相同特点和基本相同的成因。

（三）明代冰雹灾害季节变化对比

根据对延安地区明代冰雹灾害的发生季节进行统计（图5-10a）可知，延安地区明代发生的24次冰雹灾害中，明确记载冰雹灾害发生月份或季节的有19次。其中，春季没有记录出现过冰雹灾害，夏、秋、冬季分别记录有12次、6次、1次。由此可见，延安地区在明代发生的冰雹灾害集中出现在夏季，然后是秋季。

鄂尔多斯高原地区冰雹灾害发生季节也是以夏季为主，其次为秋季（图5-10b），这与延安地区是相同的，表明两个地区发生冰雹的对流型天气的季节是一致的。

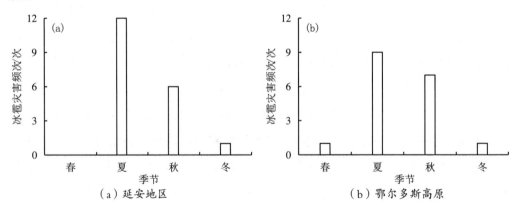

图5-10　延安地区和鄂尔多斯高原地区明代冰雹灾害季节变化对比

第二节　清代冰雹灾害

一、冰雹灾害发生频次

根据《中国三千年气象记录总集》[①]《西北灾荒史》[②]《中国灾害通史》[③]《中国气象灾害大典（陕西卷）》[④]《中国气象灾害大典（内蒙古卷）》[⑤]《中国气象灾害大典（宁夏卷）》[⑥]以及《（民国）米脂县志》[⑦]《（道光）榆林府志》[⑧]《（民国）续修陕西通志稿》[⑨]《（雍正）敕修陕西通志》[⑩]《神木乡土志》[⑪]《府谷县志》[⑫]《（光绪）葭州志》[⑬]《（道光）神木县志》[⑭]《（民国）横山县志》[⑮]《（道光）安定县志》[⑯]《（光绪）靖边志稿》[⑰]等历史文献资料中对鄂尔多斯高原清代冰雹灾害的记载可知，在清代的268年内，鄂尔多斯高原共发生过冰雹灾害115次，平均2.3年发生一次，雹灾发生频次较高。

为了更加准确地反映鄂尔多斯高原清代冰雹灾害的情况，本节依自然地理条件的差异，以乌拉特前旗—杭锦旗—乌审旗—靖边一线为界，将鄂尔多斯高原划分为东、西两部，以10年作为时间尺度单位分别统计出高原东、西部地区在清代冰雹灾害发生频次并分析其阶段性变化（图5-11、图5-12）。

① 张德二：《中国三千年气象记录总集》，江苏教育出版社，2004年。
② 袁林：《西北灾荒史》，甘肃人民出版社，1994年。
③ 袁祖亮：《中国灾害通史·清代卷》，郑州大学出版社，2009年。
④ 翟佑安：《中国气象灾害大典·陕西卷》，气象出版社，2005。
⑤ 沈建国：《中国气象灾害大典·内蒙古卷》，气象出版社，2008年。
⑥ 夏普明：《中国气象灾害大典·宁夏卷》，气象出版社，2007年。
⑦ 严建章修，高照初纂：《（民国）米脂县志》，民国三十二年（1943）铅印本。
⑧ 李熙龄纂修：《（道光）榆林府志》，清道光二十一年（1841）刻本。
⑨ 杨虎城、邵力子、宋伯鲁、吴廷锡：《（民国）续修陕西通志稿》民国二十三年（1934）铅印本。
⑩ 刘于义修，沈青崖纂：《（雍正）敕修陕西通志》，三秦出版社，2014年。
⑪ 佚名：《神木乡土志》，民国二十六年（1937）稿本。
⑫ 郑居中、麟书：《府谷县志》，清乾隆四十八年（1783）刻本。
⑬ 李昌寿：《（光绪）葭州志》，光绪二十年（1894）刻本。
⑭ 王致云修，朱墉纂：《（道光）神木县志》，道光二十一年（1895）刻本。
⑮ 刘济南、张斗山修，曹子正纂：《（民国）横山县志》，民国十八年（1929）榆林东顺斋石印本。
⑯ 姚国龄、宋楚山修，米毓璋纂：《（道光）安定县志》，道光二十六年（1846）刻本。
⑰ 丁锡奎修，白翰章、辛居乾纂：《（光绪）靖边志稿》，光绪二十五年（1899）刻本。

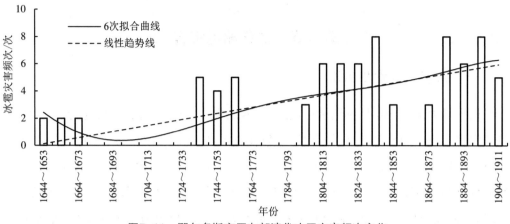

图5-11　鄂尔多斯高原东部清代冰雹灾害频次变化

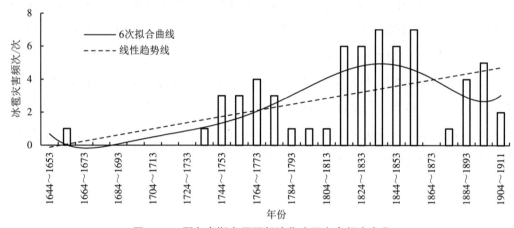

图5-12　鄂尔多斯高原西部清代冰雹灾害频次变化

由统计结果可知，鄂尔多斯高原东部在清代共发生不同危害程度的冰雹灾害82次，平均每3.3年发生一次，表明该区冰雹灾害很频繁。依照冰雹灾害出现的频次变化，可以把清代记录高原东部发生的冰雹灾害的变化划分成6个阶段。第1阶段是1644～1733年，记录中发生冰雹灾害6次，平均15年发生一次，冰雹灾害发生频次最低。第2阶段是1734～1763年，记录中发生冰雹灾害14次，平均2.1年发生一次，雹灾发生频次较高。第3阶段是1764～1803年，记录中发生冰雹灾害3次，平均13.3年发生一次，雹灾发生频次较低。第4阶段是1804～1843年，记录中发生冰雹灾害26次，平均1.5年发生一次，雹灾出现频次较高。第5阶段是1844～1873年，记录中发生冰雹灾害6次，平均5年发生一次，雹灾出现频次较低。第6阶段是1874～1911年，记录中发生冰雹灾害27次，平均1.4年发生一次，灾害出现频次最高。根据图5-11中灾害发生频次的趋势线可以得出，清代早期是高原东部雹灾低发期，晚期是雹灾高发期。其中在第6阶段的1880～1911年间，发生冰雹灾害23次，平均1.3年发生一次，其中重度雹灾8次，占这个阶段发生雹灾总次数的34.8%。由此可以确定，该阶段是鄂尔多斯高原东部冰雹灾害的高发期与高强度期，也是该区雹灾最严重的时期。

高原西部在清代共发生不同危害程度的冰雹灾害62次，平均4.3年发生一次，冰雹灾害频次变化可分为6个阶段。第1阶段是1644～1743年，记录中发生冰雹灾害2次，平均50年发生一次，冰雹灾害出现频次最低。第2阶段是1744～1783年，记录中发生冰雹灾害13次，平均3.1年发生一次，冰雹灾害出现频次较高。第3阶段是1784～1813年，记录中发生冰雹灾害3次，平均10年发生一次，冰雹灾害出现频次较低。第4阶段是1814～1863年，记录中发生冰雹灾害32次，平均1.6年发生一次，冰雹灾害出现频次最高。第5阶段是1864～1883年，记录中发生冰雹灾害1次，平均20年发生一次，冰雹灾害出现频次较低。第6阶段是1884～1911年，记录中发生冰雹灾害1次，平均2.5年发生一次，冰雹灾害出现频次较高。根据图5-12中冰雹灾害发生频次的趋势线可以看出，鄂尔多斯高原西部清代所发生的雹灾频次在整体上呈现出显著的上升态势。依据冰雹灾害发生的多少可以划分为两类时期，即雹灾的低发期和高发期，分别为第1、3、5阶段和第2、4、6阶段。

由上述分析可知，清代的研究区东、西两个部分冰雹灾害出现的频次在整体上均呈现出上升态势，东部地区的雹灾频次以及强度都明显超过西部地区。东部和西部冰雹灾害发生的阶段也较相似，即早期雹灾发生少，中、晚期雹灾发生频繁。在清代早期的1674～1733年间，高原东部和西部连续60年没有雹灾记录。该时期处于清朝的康乾盛世，是我国封建社会的最后一个鼎盛期，国泰民安，应该不会遗漏灾情记录。经查证史料，在这一阶段高原其他灾害均有详尽记载，发生干旱灾害32次、洪涝灾害17次、霜雪灾害和风灾各8次，说明这一时期确实没有遗漏灾情记录。因此我们把1674～1733年称为鄂尔多斯高原的无雹灾时期。

为了更深入地探究研究区清代冰雹灾害发生的阶段性特点与变化规律，本节以10年作为时间尺度单位，统计计算出研究区清代冰雹灾害发生频次的距平值，同时做出其距平值的变化图（图5-13、图5-14）。图中当距平值等于零时，表示当时灾害的出现次数和20年的平均值相同；若距平值大于零，则表示当时冰雹灾害的出现次数高于这个平均值；相反，当距平值小于零，则表示当时冰雹灾害的出现次数低于这个平均值。图5-13显示，鄂尔多斯高原东部第1、3、5阶段冰雹灾害距平值以小于零为主，第2、4、6阶段的冰雹灾害距平值以大于零为主，进一步表明研究区东部冰雹灾害具有高发期和低发期，分别为第1、3、5阶段与第2、4、6阶段。图5-14

表明，鄂尔多斯高原西部第1、3、5阶段灾害距平值都是小于零，第2、4、6阶段的距平值以大于零为主，进一步表明研究区西部冰雹灾害具有低、高发期，分别为第1、3、5阶段与第2、4、6阶段。这表明，鄂尔多斯高原冰雹灾害高发期与低发期交替变化特点明显。

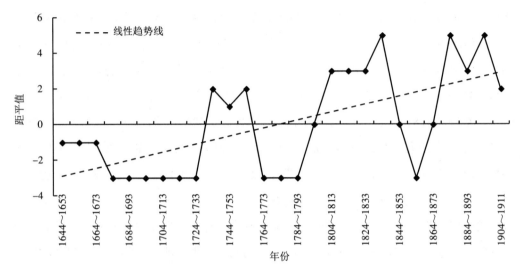

图5-13　鄂尔多斯高原东部清代冰雹灾害频次距平值变化

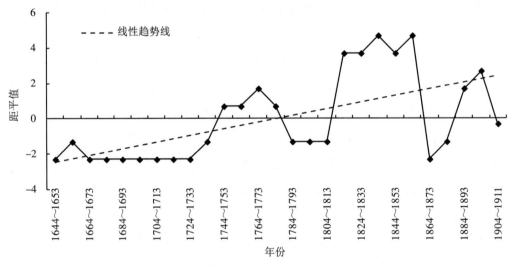

图5-14　鄂尔多斯高原西部清代冰雹灾害频次距平值变化

二、冰雹灾害发生等级

根据冰雹灾害带来危害程度的不同进行等级划分和数理统计，对历史文

献①②③④⑤⑥以及《（民国）米脂县志》⑦《（道光）榆林府志》⑧《（民国）续
修陕西通志稿》⑨《（雍正）敕修陕西通志》⑩《神木乡土志》⑪《府谷县志》⑫
《（光绪）葭州志》⑬《（道光）神木县志》⑭《民国横山县志》⑮《（道光）安
定县志》⑯《（光绪）靖边志稿》⑰等地方志中记载的鄂尔多斯高原清代冰雹灾
害进行量化并统计，得出鄂尔多斯高原东部和西部清代冰雹灾害等级序列（图
5-15、图5-16）。

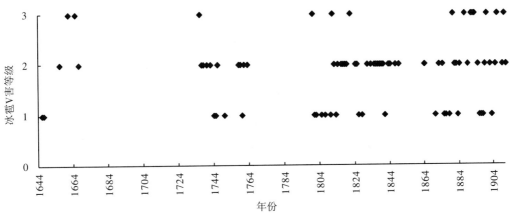

图5-15　鄂尔多斯高原东部清代冰雹灾害等级序列

由统计数据可知，在清代的268年内，研究区东部发生不同危害程度的82次冰雹灾害
中，轻度冰雹灾害24次，在灾害总数中的占比为29.3%；中度冰雹灾害44次，在灾害总数

① 袁林：《西北灾荒史》，甘肃人民出版社，1994。
② 张德二：《中国三千年气象记录总集》，江苏教育出版社，2004年。
③ 袁祖亮：《中国灾害通史·清代卷》，郑州大学出版社，2009年。
④ 翟佑安：《中国气象灾害大典·陕西卷》，气象出版社，2005年。
⑤ 沈建国：《中国气象灾害大典·内蒙古卷》，气象出版社，2008年。
⑥ 夏普明：《中国气象灾害大典·宁夏卷》，气象出版社，2007年。
⑦ 严建章修，高照初纂：《（民国）米脂县志》，民国三十二年（1943）铅印本。
⑧ 李熙龄：《（道光）榆林府志》，清道光二十一年（1895）刻本。
⑨ 杨虎城、邵力子、宋伯鲁、吴廷锡：《（民国）续修陕西通志稿》，民国二十三年（1934）铅
　印本。
⑩ 刘于义修，沈青崖纂：《（雍正）敕修陕西通志》，三秦出版社，2014年。
⑪ 佚名：《神木乡土志》，民国二十六年（1937）稿本。
⑫ 郑居中、麟书：《府谷县志》，清乾隆四十八年（1783）刻本。
⑬ 李昌寿：《（光绪）葭州志》，光绪二十年（1894）刻本。
⑭ 王致云修，朱墉纂：《（道光）神木县志》，道光二十一年（1895）刻本。
⑮ 刘济南、张斗山修，曹子正纂：《（民国）横山县志》，民国十八年（1929）榆林东顺斋石
　印本。
⑯ 姚国龄、宋楚山修，米毓璋纂：《（道光）安定县志》，道光二十六年（1846）刻本。
⑰ 丁锡奎修，白翰章、辛居乾纂：《（光绪）靖边志稿》，光绪二十五年（1899）刻本。

中的占比为53.6%；重度冰雹灾害14次，在灾害总数中的占比为17.1%（图5-15）。统计结果显示，高原东部清代发生的雹灾以中度居多，其次为轻度雹灾，重度雹灾出现较少。高原西部的62次冰雹灾害中，发生轻度雹灾11次，占雹灾总数的17.7%；中度雹灾43次，占雹灾总数的69.4%；重度雹灾8次，占雹灾总数的12.9%（图5-16）。统计结果揭示了清代鄂尔多斯高原西部中度雹灾发生较多，重度雹灾发生较少。

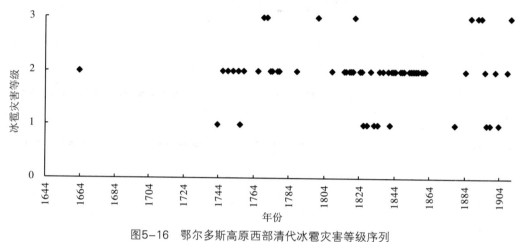

图5-16 鄂尔多斯高原西部清代冰雹灾害等级序列

三、冰雹灾害季节变化

根据历史文献[1][2][3][4][5][6]以及《（民国）米脂县志》[7]《（道光）榆林府志》[8]《（民国）续修陕西通志稿》[9]《（雍正）敕修陕西通志》[10]《神木乡土志》[11]《府谷县志》[12]《（光绪）葭州志》[13]《（道光）神木县志》[14]《（民国）横山县志》[15]

① 袁林：《西北灾荒史》，甘肃人民出版社，1994年。
② 张德二：《中国三千年气象记录总集》，江苏教育出版社，2004年。
③ 袁祖亮：《中国灾害通史·清代卷》，郑州大学出版社，2009年。
④ 翟佑安：《中国气象灾害大典·陕西卷》，气象出版社，2005年。
⑤ 沈建国：《中国气象灾害大典·内蒙古卷》，气象出版社，2008年。
⑥ 夏普明：《中国气象灾害大典·宁夏卷》，气象出版社，2007年。
⑦ 严建章修，高照初纂：《（民国）米脂县志》，民国三十二年（1943）铅印本。
⑧ 李熙龄纂修：《（道光）榆林府志》，清道光二十一年（1985）刻本。
⑨ 杨虎城、邵力子、宋伯鲁、吴廷锡：《（民国）续修陕西通志稿》，民国二十三年（1934铅印本。
⑩ 刘于义修，沈青崖纂：《（雍正）敕修陕西通志》，三秦出版社，2014年。
⑪ 佚名：《神木乡土志》，民国二十六年（1937）稿本。
⑫ 郑居中、麟书：《府谷县志》，清乾隆四十八年（1783）刻本。
⑬ 李昌寿：《（光绪）葭州志》，光绪二十年（1894）刻本。
⑭ 王致云修，朱墉纂：《（道光）神木县志》，道光二十一年（1895）刻本。
⑮ 刘济南、张斗山修，曹子正纂：《（民国）横山县志》，民国十八年（1929）榆林东顺斋石印本。

《（道光）安定县志》[①]《（光绪）靖边志稿》[②]地方志等资料可知，研究区东部地区的82次冰雹灾害中，直接载明月份的雹灾81次。资料统计显示，九月发生雹灾21次，八月18次，六月13次，七月达10次，十月、五月、四月和十一月分别发生8次、5次、4次和2次，其他月份均无雹灾记载。依据季节划分，该区春季发生冰雹灾害4次，夏季28次，秋季47次，冬季2次（图5-17）。高原西部的62次冰雹灾害中，直接载明月份的雹灾47次，其中七月、八月均发生9次，六月8次，九月7次，十月、十一月、五月和四月分别发生5次、4次、3次和2次，其余月份均无雹灾记载。依据季节划分，该区冰雹灾害春季发生2次，夏季20次，秋季达21次，冬季4次（图5-18）。

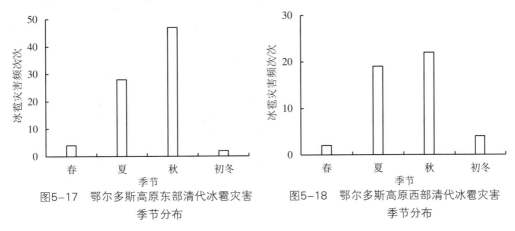

图5-17 鄂尔多斯高原东部清代冰雹灾害　　　图5-18 鄂尔多斯高原西部清代冰雹灾害
季节分布　　　　　　　　　　　　季节分布

由上述分析可以看出，四月至十一月是清代鄂尔多斯高原冰雹灾害暴发的集中时段，尤其是六月至九月，雹灾发生更加频繁。秋季冰雹暴发可能性最高，占全部比重的50%左右，其次是夏季，春、冬季很少会发生雹灾。冰雹的暴发时段，恰好与农作物的最佳生长时期和收获季节吻合，所以极易造成损失。

四、冰雹灾害周期变化

为了揭示鄂尔多斯高原清代冰雹灾害的周期变化特点，本书应用Matlab软件，采用Morlet小波分析程序对研究区清代冰雹灾害进行了周期分析，结果见图5-19和图5-20。图5-19是小波变换函数中的小波系数，可以明确反映清代冰雹灾害在平面上的强弱变化，图5-19中的虚、实线分别为负、正等值线，分别代表冰雹灾害偏少和偏多两种情况。由图5-19可知，冰雹灾害在不同时间尺度下具有不同的变化规律或趋势，灾害变化结构复杂，不同尺度、不同周期存在相互嵌套的特征。但是在9年以下的时

① 姚国龄、宋楚山修，米毓璋纂：《（道光）安定县志》，道光二十六年（1846）刻本。
② 丁锡奎修，白翰章、辛居乾纂：《（光绪）靖边志稿》，光绪二十五年（1899）刻本。

间尺度单位上，其周期变化大，震荡强，不具有明显的规律。随着时间尺度的增加，周期震荡幅度减小，可以看出明显的规律性。在10～21年周期上震荡显著，经历了多→少16个循环交替，尺度中心在16年左右。在22～43年周期上震荡也较显著，冰雹灾害经历了多→少13个循环交替，尺度中心在31年左右，并且到1911年冰雹灾害偏多，等值线仍处于开放状态，未完全闭合，说明冰雹灾害增多的趋势在未来很有可能还将持续下去。该时期在50年以上大尺度上周期变化不明显。

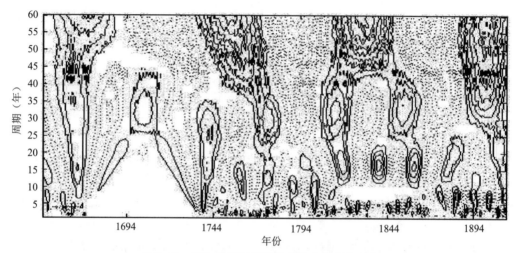

图5-19　鄂尔多斯高原清代冰雹灾害小波系数

图5-20为小波方差图，在图中可以看到3个峰值，分别对应准3年、7年和16年，说明该区清代的冰雹灾害有短、中、长三种类型的周期，分别为3年左右、7年左右和16年左右。其中16年的周期上方差值最大，说明该区清代冰雹灾害的第一主周期是准16年。认识到冰雹灾害发生的准周期，尤其是第一主周期，对冰雹灾害的防灾减灾工作有重要指导作用。

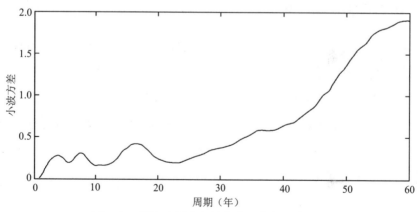

图5-20　鄂尔多斯高原清代冰雹灾害小波方差

五、清代雹灾事件

如前所述，鄂尔多斯高原东部在清代的1804～1843年发生冰雹灾害26次，平均1.5年发生一次；在1874～1911年发生雹灾27次，平均1.4年发生雹灾一次。这两个阶段属于冰雹灾害集中出现的阶段，而且冰雹灾害的等级高，以中度和重度雹灾为主，所以我们把鄂尔多斯高原东部这两个阶段发生的冰雹灾害称之为雹灾事件。在研究区西部地区清代的1814～1863年内，文献记载中出现了不同危害程度的冰雹灾害共32次，平均1.6年发生一次，也代表了1次雹灾事件。如后所述，在气候暖干阶段，雹灾发生较多，因此雹灾事件很可能代表了气候变暖干的趋势。

六、鄂尔多斯高原与延安地区清代雹灾的对比

（一）清代雹灾发生等级对比

统计结果表明，延安地区清代（1644～1911）共记录有不同危害程度的冰雹灾害62次，平均4.3年发生一次。依据冰雹灾害危害程度的高低和分布范围的大小，可以把延安地区在清代发生的冰雹灾害在时间序列上划分成3个等级。依据前述雹灾等级划分标准可以确定，清代轻、中、重度冰雹灾害分别为10次、42次、10次，分别占雹灾总数的16.1%、67.8%和16.1%（图5-21a）。可见，延安地区在清代主要遭受的是中度冰雹灾害，其次是轻度冰雹灾害和重度冰雹灾害。

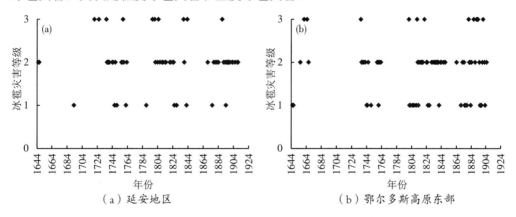

图5-21　延安地区和鄂尔多斯高原东部清代冰雹灾害等级变化

如前所述，鄂尔多斯高原东部和西部地区清代雹灾均以中度雹灾发生较多，重度雹灾和轻度雹灾发生较少（图5-21b），显示鄂尔多斯高原地区清代雹灾等级变化与延安地区总体相同。

（二）清代雹灾年际变化与阶段变化对比

为了更深层次地分析得出延安地区清代冰雹灾害在时间上的变化规律与特征，以20年作为时间尺度单位统计冰雹灾害总共发生的次数。统计结果（表5-2）显示，1744～1763年、1804～1823年、1824～1843年冰雹灾害最为频繁，冰雹灾害分别发生了11次、9次和8次。1724～1743年、1784～1803年、1864～1883年冰雹灾害较多，分别发生6次、4次和5次。1644～1663年、1684～1703年、1704～1723年、1904～1923年冰雹灾害分别发生为2次、1次、1次和3次。1664～1683年、1764～1783年、1844～1863年没有发生冰雹灾害。

表5-2　延安地区清代冰雹灾害发生次数统计

年份	冰雹灾害频次	年份	冰雹灾害频次	年份	冰雹灾害频次
1644～1663	2	1744～1763	11	1844～1863	0
1664～1683	0	1764～1783	0	1864～1883	5
1684～1703	1	1784～1803	4	1884～1903	12
1704～1723	1	1804～1823	9	1904～1923	3
1724～1743	6	1824～1843	8		

根据清代延安地区发生的冰雹灾害的频数与最小二乘法意义下6次多项式的拟合曲线（图5-22）可以分析得出，此地区的冰雹灾害在清代具有明显的阶段性变化特点，可以把清代发生的冰雹灾害在时间序列上划分成以下6个阶段。第1阶段是1644～1723年，记录出现此种冰雹灾害共4次，在发生的此种灾总数中所占比为6.5%，平均20年发生一次，灾害出现频次较低。第2阶段是1724～1763年，记录出现此种灾害共17次，在所发生的此种灾总数中的占比为27.4%，平均2.4年发生一次，灾害出现频率较高。第3阶段是1764～1803年，记录出现此种灾害共4次，在所发生的此种灾害总数中的占比为6.5%，平均10年发生一次，灾害出现频次较低。第4阶段是1804～1843年，共记录出现此种灾害17次，在所发生的此种灾害总数中的占比为27.4%，平均2.4年发生一次，灾害出现频次较高。第5阶段是1844～1883年，共记录出现此种灾害5次，在所发生的此种灾害总数中的占比为8.1%，平均8年发生一次，灾害出现频次较低。第6阶段是1884～1911年，共记录出现此种灾害15次，在所发生的此种灾总数中的占比为24.2%，平均每1.9年发生一次，灾害出现频次较高。联系图5-21的分析和冰雹灾害的危害程度可得，延安地区清代的冰雹灾害具有低发期和高发期两种时段，分别为第1、3、5阶段和第2、4、6阶段，其中高发阶段以中度冰雹灾害为主。

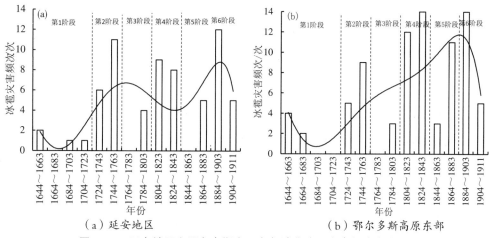

（a）延安地区　　　　　　　　　　　（b）鄂尔多斯高原东部

图5-22　延安地区和鄂尔多斯高原东部清代冰雹灾害频次变化对比

为了进一步查明在清代延安地区的冰雹灾害发生所具有的阶段性特点及其变化规律，在此以20年作为时间尺度单位，统计计算延安地区清代冰雹灾害出现频次的距平值，同时分析其距平值与年份之间的变化关系（图5-23）。清代每20年冰雹灾害发生的平均频次为4.6。图5-23中当距平值等于零时，表示当时灾害的出现次数和20a的平均值相同；若距平值大于零，则表示当时冰雹灾害的出现次数高于这个平均值；相反，当距平值小于零，则表示当时冰雹灾害的出现次数低于这个平均值。由图5-23可以看出，延安地区清代所记录发生的冰雹灾害在时间序列上具有明显的波动变化趋势。第1、3、5阶段主要是负距平，表明第1、3、5阶段冰雹灾害发生的次数低于平均次数，是冰雹灾害的低发阶段；第2、4、6阶段主要是正距平，表明第2、4、6阶段冰雹灾害发生的次数高于平均次数，是冰雹灾害的高发阶段。根据图5-22a的线性趋势线可知，延安地区清代冰雹灾害出现的次数在整体上呈现出上升态势，表明延安地区清代冰雹灾害从早期到晚期呈逐渐增加的趋势。

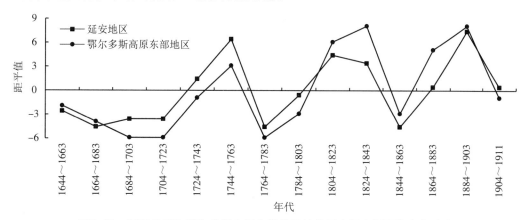

图5-23　延安地区和鄂尔多斯高原东部地区清代雹灾频次距平值变化对比

通过将延安地区清代雹灾与鄂尔多斯高原东部地区清代雹灾进行对比得知，两个地区清代冰雹灾害变化趋势很相近，从清代早期到晚期都呈现明显的增加趋势，变化的阶段性也基本相同（图5-22，图5-23）。由此可见，雹灾的发生有时也有较大范围的同时性。

（三）清代雹灾季节变化对比

虽然冰雹的发生常常局限在较小范围内，但是冰雹发生的季节具有明显的普遍性，这与冰雹的产生是空气垂向强对流造成的有关。延安地区紧靠鄂尔多斯高原地区，气候条件具有一定的相似性，两者冰雹灾害发生季节具有较大的共同性。通过对延安地区清代冰雹灾害的发生季节进行统计（图5-24a）可知，延安地区在清代发生的62次不同危害程度的冰雹灾害中，明确记载冰雹灾害发生月份或季节的有58次，其中，春季没有出现冰雹灾害，夏、秋、冬季分别发生了30次、26次、2次。由此可见，延安地区清代所发生的冰雹灾害集中出现在夏季，秋季的雹灾略低于夏季。

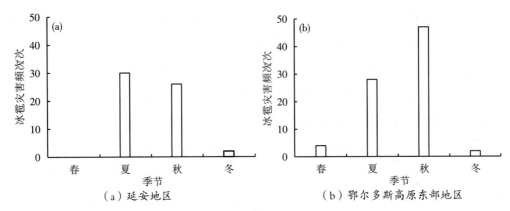

图5-24　延安地区和鄂尔多斯高原东部地区清代冰雹灾害季节变化对比

清代鄂尔多斯高原地区东部和西部地区遭受的雹灾都以秋季发生最多（图5-17，图5-18），其次是夏季。这与同时期的延安地区所遭受的雹灾主要发生在夏季存在一定差别，但是差别不是太大，延安地区秋季遭受雹灾也较多，与夏季接近。

第三节　民国时期冰雹灾害

一、冰雹灾害发生频次

根据《中国三千年气象记录总集》[①]《西北灾荒史》[②]《中国灾害通史》[③]《中国

---

① 张德二：《中国三千年气象记录总集》，江苏教育出版社，2004年。

② 袁林：《西北灾荒史》，甘肃人民出版社，1994年。

③ 袁祖亮：《中国灾害通史》，郑州大学出版社，2009年。

气象灾害大典（陕西卷）》[1]《中国气象灾害大典（内蒙古卷）》[2]《中国气象灾害大典（宁夏卷）》[3]以及《（民国）续修陕西通志稿》[4]《（道光）榆林府志》[5]《府谷县志》[6]《（民国）葭州志》[7]《神木县志》[8]《米脂县志》[9]《横山县志》[10]《靖边志稿》[11]等地方志中对鄂尔多斯高原民国时期冰雹灾害的记载统计可知，在民国（1911～1949）的39年里，研究区文献记载共发生不同危害程度的冰雹灾害22次，平均1.8年发生一次，冰雹灾害发生较频繁。

由于民国持续时间较短，分区统计不能全面反映冰雹灾害的变化特征，因此本节不再进行分区。本节以5年作为时间尺度单位，统计整个研究区在民国时期的冰雹灾害的次数，并分析其所具有的阶段性变化特征（图5-25）。由结果可知，鄂尔多斯高原民国时期冰雹灾害频次变化可划分为5个阶段。

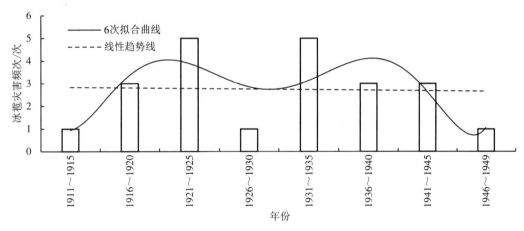

图5-25　鄂尔多斯高原民国时期冰雹灾害频次变化

第1阶段是1911～1915年，记录发生冰雹灾害1次，平均5年发生一次，雹灾出现频次较低。第2阶段是1916～1925年，记录发生冰雹灾害8次，平均1.3年发生一次，雹

① 瞿佑安：《中国气象灾害大典·陕西卷》，气象出版社，2005年。
② 沈建国：《中国气象灾害大典·内蒙古卷》，气象出版社，2008年。
③ 夏普明：《中国气象灾害大典·宁夏卷》，气象出版社，2007年。
④ 杨虎城、邵力子、宋伯鲁、吴廷锡：《（民国）《续修陕西通志稿》，民国二十三年（1934）铅印本。
⑤ 李熙龄：《（道光）《榆林府志》，清道光二十一年（1895）刻本。
⑥ 府谷县志编纂委员会：《府谷县志》，陕西人民出版社，1994年。
⑦ 陈琯、赵思明：《（民国）《葭州志》，民国二十二年（1933）石印本。
⑧ 神木县志编纂委员会：《神木县志》，经济日报出版社，1990年。
⑨ 米脂县志编纂委员会：《米脂县志》，陕西人民出版社，1993年。
⑩ 横山县志编纂委员会：《横山县志》，陕西人民出版社，1993年。
⑪ 靖边县地方志编纂委员会：《靖边志稿》，陕西人民出版社，1993年。

灾出现频次最高。第3阶段是1926～1930年，记录发生雹灾1次，平均5年发生一次，雹灾频次较低。第4阶段是1931～1945年，记录发生雹灾11次，平均1.4年发生一次，雹灾出现频次较高。第5阶段是1946～1949年，记录发生冰雹灾害1次，平均4a发生1次，灾害出现频次较低。根据图5-25中雹灾发生频次的趋势线可以得出，民国时期研究区的冰雹灾害出现频次的变化呈现出整体下降态势，进一步说明鄂尔多斯高原冰雹灾害具有低发期和高发期，分别为第1、3、5阶段和第2、4阶段。其中1918～1925年间连续8年发生了冰雹灾害，包括4次中度雹灾和4次重度雹灾。在1930～1937年间也连续8年发生了冰雹灾害，3次中度雹灾和5次重度雹灾。我们确定这两个时期为冰雹灾害暴发期。

为了更加深层次地分析研究区民国时期冰雹灾害出现的阶段性特点及其变化规律，本节以5年作为时间尺度单位，统计计算出研究区民国时期冰雹灾害出现的频次距平值，同时做出其距平值的变化图（图5-26）。当图中距平值等于零时，表示当时冰雹灾害的出现次数和5年的平均值相同；若距平值大于零，则表示当时冰雹灾害的出现次数高于这个平均值；相反，当距平值小于零，则表示当时冰雹灾害的出现次数低于这个平均值。图5-26显示第1、3、5阶段灾害距平值都小于零，第2、4阶段的距平值都大于零，进一步表明鄂尔多斯高原冰雹灾害具有低发时段和高发时段，分别对应为第1、3、5阶段和第2、4阶段。

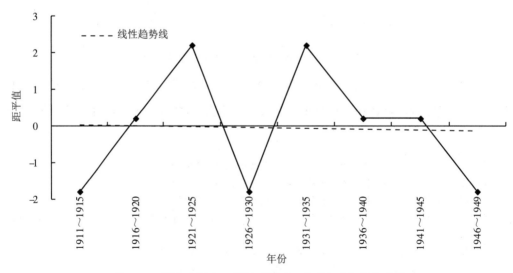

图5-26 鄂尔多斯高原民国时期冰雹灾害频次距平值变化

二、冰雹灾害发生等级

根据冰雹灾害危害程度的等级划分以及数理统计方法，对历史文献[1][2][3][4][5][6]以及《续修陕西通志稿》[7]《榆林府志》[8]《府谷县志》[9]《（民国）葭州志》[10]《神木县志》[11]《米脂县志》[12]《横山县志》[13]《靖边志稿》[14]等地方志中记载的鄂尔多斯高原民国时期冰雹灾害进行量化并统计，得出鄂尔多斯高原民国时期冰雹灾害等级序列（图5-27）。由结果可知，民国（1911～1949）的39年间，在鄂尔多斯高原发生的22次冰雹灾害中，轻度雹灾2次，在冰雹灾害总数中的占比为9%；中度雹灾8次，在冰雹灾害总数中的占比为36.4%；重度雹灾12次，在冰雹灾害总数中的占比为54.6%。从灾情上看鄂尔多斯高原民国时期发生的雹灾以重雹为主，占到了雹灾总数的一半多，其次为中度雹灾，轻度雹灾发生很少。从时间分布看，鄂尔多斯高原上的重度雹灾主要集中在民国中期和晚期，中度雹灾多发生在民国早期。

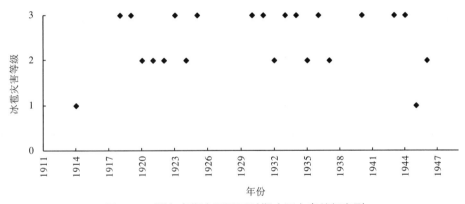

图5-27　鄂尔多斯高原民国时期冰雹灾害等级序列

① 袁林：《西北灾荒史》，甘肃人民出版社，1994年。
② 张德二：《中国三千年气象记录总集》，江苏教育出版社，2004年。
③ 袁祖亮：《中国灾害通史·清代卷》，郑州大学出版社，2009年。
④ 翟佑安：《中国气象灾害大典·陕西卷》，气象出版社，2005年。
⑤ 沈建国：《中国气象灾害大典·内蒙古卷》，气象出版社，2008年。
⑥ 夏普明：《中国气象灾害大典·宁夏卷》，气象出版社，2007年。
⑦ 杨虎城、邵力子、宋伯鲁、吴廷锡纂：《（民国）续修陕西通志稿》，民国二十三年（1934）铅印本。
⑧ 李熙龄：《（道光）榆林府志》，清道光二十一年（1895）刻本。
⑨ 府谷县志编纂委员会：《府谷县志》，陕西人民出版社，1994年。
⑩ 陈琯、赵思明纂修：《（民国）葭州志》，民国二十二年（1933）石印本。
⑪ 神木县志编纂委员会：《神木县志》，经济日报出版社，1990年。
⑫ 米脂县志编纂委员会：《米脂县志》，陕西人民出版社，1993年。
⑬ 横山县志编纂委员会：《横山县志》，陕西人民出版社，1993年。
⑭ 靖边县地方志编纂委员会：《靖边志稿》，陕西人民出版社，1993年。

三、冰雹灾害季节变化

雹灾发生具有明显的季节性,为了查明雹灾发生的季节差异,本节统计了历史文献①②③④⑤⑥和《(民国)续修陕西通志稿》⑦《(道光)榆林府志》⑧《府谷县志》⑨《(民国)葭州志》⑩《神木县志》⑪《米脂县志》⑫《横山县志》⑬《靖边志稿》⑭等地方志中记载的民国时期鄂尔多斯高原发生冰雹灾害的季节频次。统计结果是,鄂尔多斯高原民国时期发生在七月份的冰雹灾害达9次,其次是六月和八月,发生冰雹灾害次数较为相近,分别为3次和4次,而五月、九月和十月最少,仅1次。这表明民国时期高原降雹的季节以夏季和秋季为主,六月至八月为整个高原出现冰雹灾害的易发时段,这期间冰雹灾害出现次数约占总数的72.7%,其中七月份达到高峰值,占40.9%,春季和冬季则极少发生降雹(图5-28)。

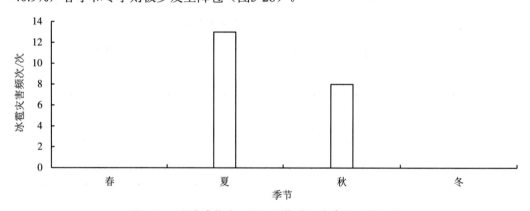

图5-28 鄂尔多斯高原民国时期冰雹灾害的季节分布

① 袁林:《西北灾荒史》,甘肃人民出版社,1994年。
② 张德二:《中国三千年气象记录总集》,江苏教育出版社,2004年。
③ 袁祖亮:《中国灾害通史·清代卷》,郑州:郑州大学出版社,2009年。
④ 翟佑安:《中国气象灾害大典·陕西卷》,气象出版社,2005年。
⑤ 沈建国:《中国气象灾害大典·内蒙古卷》,气象出版社,2008年。
⑥ 夏普明:《中国气象灾害大典·宁夏卷》,气象出版社,2007年。
⑦ 杨虎城、邵力子、宋伯鲁、吴廷锡:《(民国)续修陕西通志稿》,民国二十三年(1934)铅印本。
⑧ 李熙龄:《(道光)榆林府志》,清道光二十一年(1895)刻本。
⑨ 府谷县志编纂委员会:《府谷县志》,陕西人民出版社,1994年。
⑩ 陈珺、赵思明纂修:《(民国)葭州志》,民国二十二年石印本。
⑪ 神木县志编纂委员会:《神木县志》,经济日报出版社,1990年。
⑫ 米脂县志编纂委员会:《米脂县志》,陕西人民出版社,1993年。
⑬ 横山县志编纂委员会:《横山县志》,陕西人民出版社,1993年。
⑭ 靖边县地方志编纂委员会:《靖边志稿》,陕西人民出版社,1993年。

四、冰雹灾害周期变化

认识冰雹灾害发生的准周期尤其是第一主周期，对冰雹灾害的预防和减灾工作具有重要实际意义。因此，本节应用Matlab软件，采用Morlet小波分析程序对研究区民国时期冰雹灾害进行了周期分析，结果见图5-29和图5-30。图5-29是小波变换函数中的小波系数，图中虚、实线分别为负、正等值线，分别代表冰雹灾害偏少和偏多两种情况。由图5-29可知，鄂尔多斯高原冰雹灾害在不同时间尺度下具有不同的变化规律，冰雹灾害变化结构复杂，不同尺度、不同周期存在相互嵌套的特征。在7~21年周期上震荡显著，冰雹灾害经历了少→多→少→多→少→多6个循环交替，尺度中心在10年左右。在1911~1917年、1925~1931年、1937~1942年形成3个低能量震荡核（细虚线），表明这些时段冰雹灾害较少。在1918~1924年、1931~1937年、1942~1949年形成3个高能量震荡核（粗实线），是冰雹灾害多发阶段。在2~5年周期上冰雹灾害有更多的循环交替，但是在2年以下的时间尺度上，其周期变化大，震荡强，不具有明显的周期规律。

图5-30为小波方差图，在图中可以看到3个峰值，分别对应准3年、5年和10年，说明此地民国时期的冰雹灾害有短、中、长三种类型的周期，分别为3年左右、7年左右和10年左右；其中在10年的周期上方差值最大，说明鄂尔多斯高原地区民国时期冰雹灾害的第一主周期是准10年。

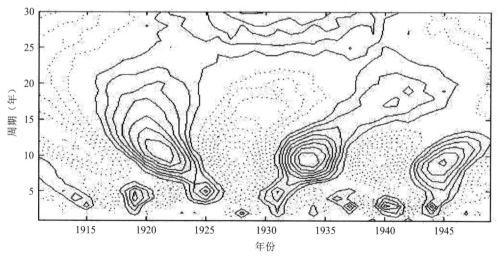

图5-29　鄂尔多斯高原民国时期冰雹灾害小波系数

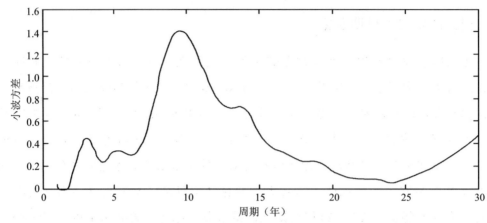

图5-30　鄂尔多斯高原民国时期冰雹灾害小波方差

现代雹灾是过去雹灾的延续，民国时期距今较近，因此其雹灾发生周期可以作为现代雹灾预测的科学依据，也是预防雹灾和减少雹灾损失的重要参考依据。根据上文的周期分析结果，我们得知该区3年左右就会发生1次雹灾，10年左右可能会出现更大的雹灾，会在3年1次的基础上增加约10年周期的雹灾，这时的雹灾规模更大，等级更高，造成的危害更严重。因此，除在较小规模雹灾发生年做好减灾工作之外，还要做好雹灾发生之后第3年前后可能发生雹灾的抗灾准备，并在约10年周期雹灾发生前的一定时间，做好抗重度雹灾的准备，以减少雹灾造成的损失。

五、民国时期的冰雹灾害事件

在1918～1925年连续8年发生冰雹灾害，且雹灾等级高，其中重度雹灾和轻度雹灾分别发生4次；在1931～1937年也连续8年发生了冰雹灾害，等级也很高，在这期间重度冰雹灾害就出现了5次，中度冰雹灾害出现了3次。在这两个阶段冰雹灾害发生频繁，比其他阶段频次高、等级高，可将这两个阶段称为冰雹灾害事件，也是冰雹灾害暴发阶段。

第四节　冰雹灾害发生条件和危害

一、冰雹灾害发生条件

（一）地形条件

冰雹云的源地大多位于山区和地形复杂的地区，如山脉的迎风坡、向阳坡，山脉与平原接壤的地带，山区通向平川的谷口区，两支山脉汇集的喇叭口地区，陆地与湖泊、河流接壤的上风区以及地表复杂、地势起伏高度大的山地和丘陵。[①]鄂尔多斯高原地势西部高于东南部，中西部高，四周低，全区海拔高度相差巨大，西部地区海拔高达1500～2000m，东部海拔最低地区仅为850m。这样的地势、地形为该区冰雹天气系统的形成提供了重要的条件。这里的沙地、沙漠、戈壁等裸露地面受到强烈的太阳辐射，使得空气形成强烈对流，致使此地易形成冰雹产生的条件。

（二）气象条件

鄂尔多斯高原形成冰雹天气的大尺度形势背景主要有蒙古冷低涡、高空冷低槽、高空西北气流和局地热对流等。其中蒙古冷涡形势下的冰雹天气持续时间长，影响范围大，且灾情比较严重。[②]另外冰雹天气与冷平流以及中小尺度天气系统紧密相连，冰雹的发生受这些天气系统的影响，随季节和地形而变化。

该区雹灾主要发生在夏、秋两季，这与本区夏、秋季常常出现特强大气不稳定有一定的关系。由于该区处于沙漠边缘，并且受东亚季风的影响，这两点共同造就了这里气候的特殊性，极易形成强烈的干湿差异和热力对比。在强烈的太阳辐射下，特别是有锋面、飑线等天气系统影响的时期，很容易产生冰雹天气。

（三）气候变化对冰雹灾害的影响

明清时期气候寒冷，又称"小冰期"[③]，这一时期多种自然灾害都比较频繁[④]，对经济与社会的影响很大，常被称之为灾害频发期。对华北、华东地区的气候冷暖期和自然灾害的相关性研究显示，暖期自然灾害较少，冷期较多。[⑤]为了查明研究区气候冷暖变化与雹灾的关系，本节根据葛全胜等2003年和刘晓宏等2004年依据树轮记录对过去近千年气候的重建结果[⑥⑦]，选取1644～1911年的气候冷暖变化阶段，并与鄂尔多斯高原西部清代的雹灾频次进行比较（表5-3）。从表5-3可以看出，清代气候温暖时期雹灾发生频次为每4年一次，气候寒冷期为每4.8年一次，表明气候偏暖促使雹灾发生。气候偏暖使得地面受热较强，对流作用加强，从而促使冰雹形成。

① 夏普明：《中国气象灾害大典·宁夏卷》，气象出版社，2007年。
② 夏普明：《中国气象灾害大典·宁夏卷》，气象出版社，2007年。
③ 王绍武：《小冰期气候的研究》，《第四纪研究》1995年第3期。
④ 王业键、黄莹珏：《清代中国气候变迁、自然灾害与粮价的初步考察》，《中国经济史研究》1999年第1期。
⑤ 王绍武：《小冰期气候的研究》，《第四纪研究》1995年第3期。
⑥ Ge Quansheng, Zheng Jingyun, Fang Xiuqi, et al. Winter half-year temperature reconstruction for the middle and lower reaches of yellow river and Yantzer river during past 2000 years. Holocene, 2003, 13(6): 933-940.
⑦ 刘晓宏、秦大河、邵雪梅等：《祁连山中部过去近千年温度变化的树轮记录》，《中国科学（D辑）》2004年第1期。

表5-3 鄂尔多斯高原清代气候冷暖变化和冰雹灾害频次比较

年代	气候特征	持续期/年	雹灾次数	频次	年代	气候特征	持续期/年	雹灾次数	频次
1644～1692	寒冷期	49	1	49	1693～1848	温暖期	156	39	4
1849～1911	寒冷期	63	22	2.8					

为了明晰研究区清代雹灾与气候干湿变化之间的关系，本节根据李钢等2004年对陕西1501～1950年气候干湿变化重建的结果，选取1644～1911年的气候干湿变化阶段，将其与研究区雹灾频次进行了对比（表5-4）。由表5-4知，在研究区清代的62次雹灾中，有37次出现在气候偏干的降水量较少阶段，25次出现在气候偏湿的降水量较多阶段，表明研究区清代雹灾和气候偏干有重要的一致性。气候偏干导致地表裸露，使得地面温度升高较快，利于对流作用增强和冰雹产生。

表5-4 鄂尔多斯高原西部清代气候干湿变化和冰雹灾害频次比较

年代	气候特征	持续期/年	雹灾次数	雹灾频次	年代	气候特征	持续期/年	雹灾次数	雹灾频次
1644～1710	偏干	67	1	67	1711～1800	偏湿	90	16	5.6
1801～1824	偏干	24	8	3	1825～1840	偏湿	16	9	1.8
1841～1911	偏干	71	28	2.5					

二、冰雹灾害的危害

由于空气强烈对流作用形成积雨云，降温使水汽凝结成小冰晶并逐渐变大，形成冰雹。虽然冰雹灾害发生的范围小、历经的时间短，但其来势急，会对农作物带来非常严重的破坏。明清时期科技发展水平有限，无法预测冰雹，因而一旦发生雹灾就会对农牧业生产造成严重的损失，甚至造成人、畜伤亡，树木、房屋受损。

冰雹灾害带来的危害包括这几个方面。一是砸伤农作物。对农作物来说，雹块下降时的机械破坏作用会使作物的枝叶、茎秆、果实遭受损伤而减产。晚春降雹主要对棉花、玉米、瓜菜等农作物的幼苗造成伤害，并会危害到冬小麦拔节孕穗以及果树开花结果等。夏季正是农作物生长的旺盛时期，降雹常伴有狂风骤雨，狂风会使成片的农作物出现倒伏现象，冰雹会砸伤叶片，重者砸断茎秆。在早秋时节出现的降雹主要威胁到玉米、荞麦、糜谷、棉花等秋季作物和高寒阴湿山区春小麦、青稞的灌浆成熟以及马铃薯块茎膨大生长成熟。

总的说来，若出现冰雹天气，农作物就会遭受到不同程度的损害，如不能继续正常生长，或直接死亡。在灌浆成熟期如果遇到冰雹灾害，会直接阻碍正常灌浆成熟而造成严重减产和品质变劣。在成熟期遇到冰雹灾害，可导致绝收等无法弥补的损失。对牧草而言，枣子大小的轻雹块可砸伤茎叶，造成优质牧草倒伏；核桃大小的中雹块能砸断茎秆，引起牧草生长发育的各种生理障碍，影响再；鸡蛋大小的重雹块会砸伤根茬，此外，较重的雹灾还会破坏农用机械设备、牧场设备。

二是雹灾可带来冷害影响。在出现冰雹灾害之前，天气一般会处于高温闷热状态，冰雹来临时，气温迅速降低，温差有7～10℃。这样强烈的降温会对处于生长关键期的各种农作物形成冷害，那些由于受到冰雹的冲击而形成的开放性伤口，其内部组织出现坏死，影响其恢复再生能力。一些降雹过程还伴有局部洪涝灾害，使损失更加严重。

三是雹灾可造成表土板结。在降雹过后，地面常出现雹坑累累，表层疏松状态的土壤受到质量较大的冰雹冲击，造成土壤板结，影响了作物幼苗的出土和根系的正常发育。尤其在春、夏两季，发生冰雹灾害之后，往往会出现干旱，加重了表层土壤的板结状况，更加严重地影响作物的正常生长发育。对牧区来说，草场植被受到严重损伤，一时难以再生。同时还破坏了草场生态平衡，有可能引起草原病虫害等。

第六章 鄂尔多斯高原历史时期的风灾

    在过去的研究中对历史时期的旱涝灾害进行了大量研究[①②]，对霜雪灾害也进行了一定研究[③]，但各地对历史时期的大风灾害研究极少。由于风灾常给人们造成巨大损失，所以国内外对现代风灾进行了很多研究[④⑤]。通常所说的大风指平均风力达到6级以上，瞬时风力达到8级或以上的风[⑥]。现代风灾一般可划分为下面3个等级。[⑦]第1级对应6～8级的普通大风，破坏的主要对象为农作物，但不会对工程设施造成破坏。第2级相当于9～11级的较强大风，不仅破坏地表植被，还会影响各种工程设施的正常使用。第3级是相当于12级及以上的超强大风，除了破坏地表植被之外，对工程设施、船舶、车辆等可造成严重破坏，威胁人民生命安全。这一风灾等级划分标准是本章风灾等级划分的参考根据。

    鄂尔多斯高原地处干旱地区，有沙漠和沙地发育，植被覆盖度较低，温差大，风灾较多。[⑧]该区最常见的风灾有风暴、沙尘暴、龙卷风等，其中危害最大的是沙尘

---

① 奚秀梅、赵景波：《陕西榆林地区明代旱灾与气候特征》，《自然灾害学报》2013年第3期。
② 李岩、赵景波：《开封清代洪涝灾害与发生类型研究》，《干旱区资源与环境》2010年第3期。
③ 孟万忠、赵景波、王尚义：《山西清代霜雪灾害的特点与周期规律研究》，《自然灾害学报》2012年第4期。
④ 张丽娟、郑红、周嘉 等：《哈尔滨市沙尘暴发生规律与成因分析》，《自然灾害学报》2005年第2期。
⑤ Whiteman C D, Doran J C. The relationship between overlying synoptic-scale flows and wind within a valley [J]. Journal of Applied Meteorology, 1993, 32(11): 1669-1682.
⑥ 张丽娟、郑红、周嘉 等：《哈尔滨市沙尘暴发生规律与成因分析》，《自然灾害学报》2005年第2期。
⑦ 宗宁、刘敏、陆敏：《上海市台风风灾风险评价》，《人民长江》2012年第23期。
⑧ 侯甬坚：《鄂尔多斯高原及其邻区历史地理研究》，三秦出版社，2008年，第246—248页。

暴。该区的大风灾害致使土壤沙化，对当地的生态环境、工农业生产造成极大危害。对鄂尔多斯高原历史时期风灾的研究目前尚未开展。为了揭示鄂尔多斯高原历史时期风灾发生规律，本章根据历史文献资料，通过多项式拟合分析等方法，探讨了该区历史时期风灾发生频次、等级、周期及原因，以便为减少风灾对人们的生产和生活造成的损失提供科学依据。

本章所使用的风灾资料主要来自《中国三千年气象记录总集》[1]《西北灾荒史》[2]《中国灾害通史》[3]《陕西省历史自然灾害简要纪实》[4]《中国气象灾害大典·陕西卷》[5]《中国气象灾害大典·内蒙古卷》[6]《中国气象灾害大典·宁夏卷》[7]《（民国）榆林县志》[8]《明孝宗实录》[9]《府谷县志》[10]《（雍正）陕西通志》[11]《延绥镇志》[12]《（嘉庆）延安府志》[13]《（民国）横山县志》[14]《乾隆绥德州直隶州志》[15]《（道光）安定县志》[16]《（道光）清涧县志》[17]《（民国）米脂县志》[18]《（光绪）葭州志》[19]等历史文献资料。在对资料分季进行统计时，统一采用公元纪年法，阳历2～4月为春季，阳历5～7月为夏季，阳历8～10月为秋季，阳历11～次年1月为冬季。

根据历史文献资料记载，以鄂尔多斯高原风灾持续时间、强度、受灾范围大小以及受影响程度的大小等为依据，将鄂尔多斯高原的风灾划分为轻度风灾、中度风灾和大风灾3个等级，大致相当于上述现代3个等级的风灾[20]。现代风灾等级主要是根据风速划分的，而历史文献记录的风灾缺少对风速的记录，因此两者等级不能完全对应。

① 张德二：《中国三千年气象记录总集》，江苏教育出版社，2004年。
② 袁林：《西北灾荒史》，甘肃人民出版社，1994年。
③ 袁祖亮：《中国灾害通史》，郑州大学出版社，2009年。
④ 《陕西历史自然灾害简要纪实》编委会：《陕西历史自然灾害简要纪实》，气象出版社，2002年。
⑤ 翟佑安：《中国气象灾害大典·陕西卷》，气象出版社，2005年。
⑥ 沈建国：《中国气象灾害大典·内蒙古卷》，气象出版社，2008年。
⑦ 夏普明：《中国气象灾害大典·宁夏卷》，气象出版社，2007年。
⑧ 张立德：《（民国）榆林县志》，民国十八年（1929）本。
⑨ 黄彰健：《明孝宗实录》，"中研院"史语所校印本，1962年。
⑩ 郑居中、麟书：《府谷县志》，清乾隆四十八年（1783）刻本。
⑪ 沈青崖：《（雍正）陕西通志》，华文书局股份有限公司，民国二十三年（1934）刊本。
⑫ 谭吉璁：《延绥镇志》，成文出版社，1970年。
⑬ 洪蕙：《（嘉庆）延安府志》，凤凰出版社，2007年。
⑭ 刘济南、张斗山修，曹子正：《（民国）横山县志》，民国十八年（1929）榆林东顺斋石印本。
⑮ 李继峤：《（乾隆）绥德州直隶州志》，清乾隆四十九年（1784）刻本传抄本。
⑯ 姚国龄、宋楚山修，米毓璋纂：《（道光）安定县志》，道光二十六年（1846）刻本。
⑰ 钟章元：《（道光）清涧县志》，道光八年（1828）刻本。
⑱ 严建章修，高照初纂：《（民国）米脂县志》，民国三十二年（1943）铅印本。
⑲ 李昌寿：《（光绪）葭州志》，光绪二十年（1894）刻本。
⑳ 宗宁、刘敏、陆敏：《上海市台风风灾风险评价》，《人民长江》2012年第23期。

第1级是轻度风灾。历史资料中仅记载了局部地区或个别地区发生大风，但没有记载其对生产生活的影响，本文将这种风灾划分为轻度风灾。比如"明世宗嘉靖二十九年（1550）三月二十三日巳时，风霾蔽天，昼晦如夜，人将寝，复霁视之，尚在申未间"[①]。"明神宗万历十二年（1584）又旱，风霾。"[②]

第2级是中度风灾。历史资料中记载有大风拔木毁屋现象，对人畜生产生活产生影响，导致缓征赋税，官府筹粮赈灾，本文将其划分为中度风灾。如"清同治二年（1863），缓征平罗、陇西、宁夏等二十厅、州、县被风地方新旧钱粮草束"[③④⑤]。"明神宗万历二十五年（1597）清明前一日，怪风拔木，吹人至三四十里，次日始回。"[⑥]"明思宗崇祯十六年（1643）正月朔，大风飘瓦，太白亘于西北。三月二日，两日相荡。"[⑦]"清圣祖康熙二十一年（1682）八月，大风，谷、菜俱冻。"[⑧]

第3级是大风灾。史料中记载大风导致人畜死亡，这样的风灾归为大风灾。如"明孝宗弘治十六年（1503）五月辛卯，陕西榆林大风雨雷雹，折木，撒城楼瓦，毁子城垣，移垣洞于其南五十步，震死墩军一家三人"[⑨]。"明穆宗隆庆元年（1567）二月，榆林、保宁、怀远等堡旗杆戈戟火出，有声。九月，刘家寨忽黑风自北地来，风过处失一老妪，寻三日不获。"[⑩]"明思宗崇祯元年（1628）塞县夏旱，狂风大作，槁苗因风拔尽。秋无获，民刈蓬蒿而食。"[⑪]

第一节 明代风灾

一、风灾发生频次

根据《中国三千年气象记录总集》[⑫]《西北灾荒史》[⑬]《中国灾害通史》[⑭]《陕西省

① 谭吉璁：《延绥镇志》，成文出版社，1970年。
② 《陕西历史自然灾害简要纪实》编委会：《陕西历史自然灾害简要纪实》，气象出版社，2002年。
③ 《陕西历史自然灾害简要纪实》编委会：《陕西历史自然灾害简要纪实》，气象出版社，2002年。
④ 翟佑安：《中国气象灾害大典·陕西卷》，气象出版社，2005年。
⑤ 沈建国：《中国气象灾害大典·内蒙古卷》，气象出版社，2008年。
⑥ 《陕西历史自然灾害简要纪实》编委会：《陕西历史自然灾害简要纪实》，气象出版社，2002年。
⑦ 中共绥德县委史志编纂委员会：《绥德县志》，三秦出版社，2003年。
⑧ 李继峤：《（乾隆）绥德州直隶州志》，乾隆四十九年（1784）刻本传抄本。
⑨ 黄彰健：《明孝宗实录》，"中研院"史语所校印本，1962年。
⑩ 沈青崖：《（雍正）陕西通志》，华文书局股份有限公司，民国二十三年（1934）刊本。
⑪ 洪蕙：《（嘉庆）延安府志》，凤凰出版社，2007年。
⑫ 张德二：《中国三千年气象记录总集》，江苏教育出版社，2004年。
⑬ 袁林：《西北灾荒史》，甘肃人民出版社，1994年。
⑭ 袁祖亮：《中国灾害通史》，郑州大学出版社，2009年。

历史自然灾害简要纪实》[①]《中国气象灾害大典·陕西卷》[②]《中国气象灾害大典·内蒙古卷》[③]《中国气象灾害大典·宁夏卷》[④]以及《（民国）榆林县志》[⑤]《明孝宗实录》[⑥]《府谷县志》[⑦]《（雍正）陕西通志》[⑧]《延绥镇志》[⑨]《（嘉庆）延安府志》[⑩]《（民国）横山县志》[⑪]《（乾隆）绥德州直隶州志》[⑫]《（道光）安定县志》[⑬]等地方志中对鄂尔多斯高原明代风灾的记载资料的统计可知，在明代（1368～1644年）的277年里，鄂尔多斯高原共发生风灾24次，平均每11.5年发生一次。

　　为了更加准确地反映鄂尔多斯高原明代风灾的变化，本章依自然地理条件的差异，以乌拉特前旗—杭锦旗—乌审旗—靖边一线为界，将鄂尔多斯高原分为东部和西部，以20年为单位分别统计出高原东部和西部明代风灾发生频次的阶段性变化（图6-1、图6-2）。

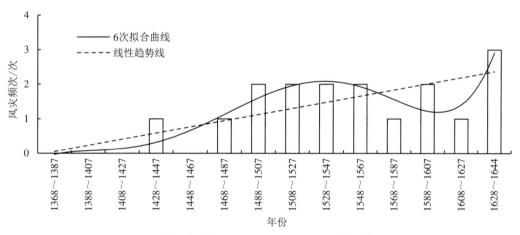

图6-1　鄂尔多斯高原东部明代风灾频次变化

　　由统计结果可知，明代高原东部发生风灾17次，平均每16.3年发生一次，频次变化分2个阶段。1368～1487年是第1阶段，发生风灾2次，平均每60.0年发生一次，风灾

① 《陕西历史自然灾害简要纪实》编委会：《陕西历史自然灾害简要纪实》，气象出版社，2002年。
② 翟佑安：《中国气象灾害大典·陕西卷》，气象出版社，2005年。
③ 沈建国：《中国气象灾害大典·内蒙古卷》，气象出版社，2008年。
④ 夏普明：《中国气象灾害大典·宁夏卷》，气象出版社，2007年。
⑤ 张立德：《（民国）榆林县志》，民国十八年（1929）本。
⑥ 黄彰健：《明孝宗实录》，"中研院"史语所校印本，1962年。
⑦ 郑居中、麟书：《府谷县志》，清乾隆四十八年（1783）刻本。
⑧ 沈青崖：《（雍正）陕西通志》，华文书局股份有限公司，民国二十三年（1934）刊本。
⑨ 谭吉璁：《延绥镇志》，成文出版社，1970年。
⑩ 洪蕙：《（嘉庆）延安府志》，凤凰出版社，2007年。
⑪ 刘济南、张斗山修，曹子正：《（民国）横山县志》，民国十八年（1929）榆林东顺斋石印本。
⑫ 李继峤：《（乾隆）绥德州直隶州志》，清乾隆四十九年（1784）刻本传抄本。
⑬ 姚国龄、宋楚山修，米毓璋：《（道光）安定县志》，道光二十六年（1846）刻本。

发生较少。第2阶段为1488～1644年，发生风灾15次，平均每10.5年发生一次，是风灾多发阶段。

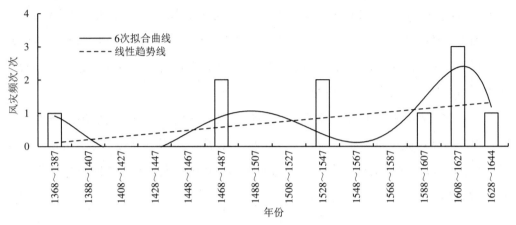

图6-2　鄂尔多斯高原西部明代风灾频次变化

高原西部发生风灾10次，平均每27.7年发生一次，风灾频次变化分4个阶段。第1阶段是低发阶段，时间是1368～1467年，发生风灾1次，平均100年发生一次。第2阶段在1468～1547年，发生风灾4次，平均每20年发生一次，为风灾频次较高的多发阶段。第3阶段在1548～1587年，未发生风灾，为风灾频次最低发生阶段。第4阶段在1588～1644年，发生5次，平均每11.4年发生一次，是风灾的多发阶段。

为了更加清晰地揭示明代鄂尔多斯高原风灾发生的阶段性特征和变化趋势，本节以20年为单位，统计并做出明代鄂尔多斯高原东部和西部风灾发生频次的距平值变化图（图6-3、图6-4）。图中正距平值说明风灾发生次数高于每20年一次的平均值，负

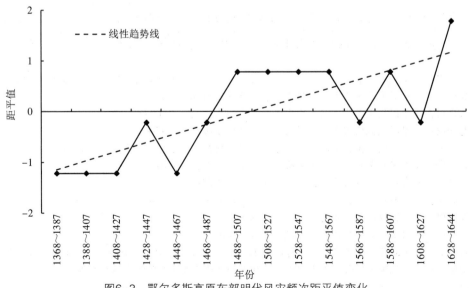

图6-3　鄂尔多斯高原东部明代风灾频次距平值变化

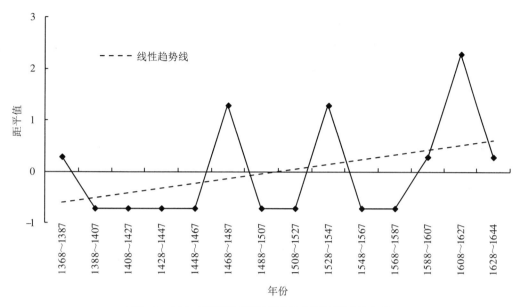

图6-4 鄂尔多斯高原西部明代风灾频次距平值变化

距平值说明风灾发生次数低于每20年一次的平均值。由图6-3可知，高原东部第1阶段风灾距平值均为负值，第2阶段距平值正值占绝对优势，进一步表明第1阶段为高原东部的风灾低发期，第2阶段为风灾高发期。图6-4显示高原西部第1、3阶段以负距平值为主，第2、4阶段主要为正距平值，进一步说明第1、3阶段为高原西部风灾低发期，第2、4阶段为风灾高发期，其中，第4阶段风灾发生频次最高。

二、风灾发生等级

依据风灾等级划分和统计方法，对历史文献[1][2][3][4][5][6][7]以及《（民国）榆林县志》[8]《明孝宗实录》[9]《府谷县志》[10]《（雍正）陕西通志》[11]《延绥镇志》[12]《（嘉

① 张德二：《中国三千年气象记录总集》，江苏教育出版社，2004年。
② 袁林：《西北灾荒史》，甘肃人民出版社，1994年。
③ 袁祖亮：《中国灾害通史》，郑州大学出版社，2009年。
④ 《陕西历史自然灾害简要纪实》编委会：《陕西历史自然灾害简要纪实》，气象出版社，2002年。
⑤ 翟佑安：《中国气象灾害大典·陕西卷》，气象出版社，2005年。
⑥ 沈建国：《中国气象灾害大典·内蒙古卷》，气象出版社，2008年。
⑦ 夏普明：《中国气象灾害大典·宁夏卷》，气象出版社，2007年。
⑧ 张立德：《（民国）榆林县志》，民国十八年（1929）本。
⑨ 黄彰健：《明孝宗实录》，"中研院"史语所校印本，1962年。
⑩ 郑居中、麟书：《府谷县志》，清乾隆四十八年（1783）刻本。
⑪ 沈青崖：《（雍正）陕西通志》，华文书局股份有限公司，民国二十三年（1934）刊本。
⑫ 谭吉璁：《延绥镇志》，成文出版社，1970年。

庆）延安府志》[①]《横山县志》[②]《（乾隆）绥德州直隶州志》[③]《（道光）安定县志》[④]等地方志中记载的明代鄂尔多斯高原风灾进行量化并统计，得出明代鄂尔多斯高原东部和西部风灾等级序列（图6-5、图6-6）。

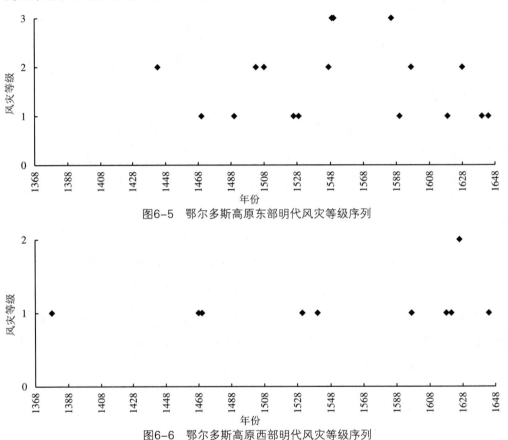

图6-5　鄂尔多斯高原东部明代风灾等级序列

图6-6　鄂尔多斯高原西部明代风灾等级序列

　　由统计可知，在明代（1368～1644）的277年间，鄂尔多斯高原东部发生的17次风灾中：轻度风灾8次，占风灾总数的47.1%；中度风灾6次，占风灾总数的35.3%；大风灾3次，占风灾总数的17.6%（图6-5）。由此可知明代鄂尔多斯高原东部地区发生的风灾以轻度为主，大风灾害发生较少。在高原西部发生的10次风灾中，轻度风灾发生9次，占风灾总数的90%；中度风灾1次，占风灾总数的10%；无大风灾（图6-6）。可知明代鄂尔多斯高原西部地区轻度风灾占大多数，无大风灾害发生。

　　从灾情上看，明代鄂尔多斯高原东部和西部均以轻度风灾为主，尤其是高原西部，

① 洪蕙：《（嘉庆）延安府志》，凤凰出版社，2007年。

② 刘济南、张斗山修，曹子正纂：《（民国）横山县志》，民国十八年（1929）榆林东顺斋石印本。

③ 李继峤：《（乾隆）绥德州直隶州志》，清乾隆四十九年（1784）刻本传抄本。

④ 姚国龄、宋楚山修，米毓璋纂：《（道光）安定县志》，道光二十六年（1846）刻本。

轻度风灾占到风灾总数的90%，其他等级风灾相对较少。从时间上看，不同等级的风灾分布具有相似性，均随时间的推移而增加，东部的大风灾主要集中在明代后半期。

三、风灾发生季节与原因

风灾是一种气象灾害，具有很强的季节性。明代（1368～1644）的277年间，鄂尔多斯高原东部有17年发生风灾，其中2年风灾发生的月份和季节记载不明确，分别为1526年和1590年。有月份或是季节记载的风灾15次，其中春季9次，夏季5次，秋季1次，冬季则为0次（图6-7）。表明春季和夏季是高原东部风灾的高发季节，秋、冬季风灾发生较少。

高原西部该时期的10次风灾均有明确的季节记载，其中春季4次，夏季6次，秋季和冬季均为0次（图6-8）。可知夏季和春季是高原西部风灾的频发季节，而秋、冬季是风灾的低发季节。

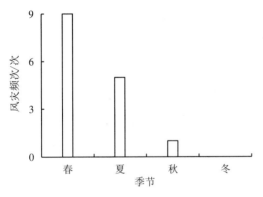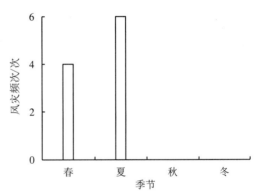

图6-7　鄂尔多斯高原东部明代风灾季节分布　　图6-8　鄂尔多斯高原西部明代风灾季节分布

综合来看，全区风灾主要发生在春、夏季，这是由春季的冬季风活动强和夏季空气不稳定造成的。据统计，寒潮在我国发生的时间主要是11～4月份，即冬、春和秋季末期，最为频繁的是春季的3～4月，且其发生次数超过了最寒冷的12～1月份（表6-1）。3～4月份由于蒙古高压气流开始衰退，强度减弱，暖气团渐渐侵入我国北方。为什么此时的寒潮反而比1月份和12月份更为频繁呢? 其主要原因是季风环流的演变。一般大规模季风环流系统具有两种较稳定的形态，即冬季和夏季形态。这两种环流形态在四季交替出现: 冬季形态以较短的春季为过渡变为夏季形态，夏季形态通过秋季形态转变为冬季形态。每年都会发生这种大气环流形式的转变。从多年状况来看，两次环流形式的转变，主要出现在6月和10月[1]，有时也会出现在5月和9月。[1]春季是

---

[1] 周淑贞、张如一、张超: 《气象学与气候学》，人民教育出版社，1997年。

其环流的调整时期，冷暖空气互相消长，更替频繁，天气系统转变较快，冷空气活动频繁，寒潮出现多，所以春季风的活动频率高。冬季，冷空气在我国大部分地区占绝对优势，冷空气下沉，天气形势较稳定，造成3～4月的冷空气活动较1月和12月份更为频繁，所以1月和12月出现大风天气的频率也就低于3～4月份。秋季亦为大气环流的调整时期。但在秋初，因气温较高，冷空气活动频次少；仅在秋末11月份，冬季风活动较为频繁，冷空气南下频繁，为寒潮高峰期。夏季，夏季风作用增强，冬季风退缩到高纬度地区，强冷空活动大大减弱，冷空气对我国影响很少，一般不会受寒潮侵袭。即使夏季偶尔有冷空气活动，但其强度很弱，影响范围小，很少出现西北风。

表6-1　1951～1976年寒潮统计表

月份	10	11	12	1	2	3	4	5
次数	3	29	16	17	22	27	20	1
百分比	2.2	21.5	11.9	12.6	16.2	20.0	14.8	7

因此可知，3～4月的春季出现西北风频率高，冬秋季末期也较高，而秋季早、中期和夏季西北风出现的频率相对低。不论是华北地区还是东北地区，不论是沙漠还是非沙漠，春季风速普遍都是最大的，这是由此时气温逐渐回升所致。自每年3月起，气温升速快，回升明显，例如华北地区每3～4天就升高1℃[1]。温度快速回升致使大气下层受热强烈。依判别大气稳定度公式$a=T_i-T/T_xg$得，当空气团温度高于周围气温时，即$T_i > T$，空气团受到向上的加速度而上升，空气变得不稳定；而当空气团温度低于周围气温时，即$T_i < T$，空气团将受到向下的加速度而下沉，则空气趋于稳定；当$T_i=T$时，则垂直运动不会发生。所以，春季气温回升，使下层空气获得加速度而上升，空气变得不稳定。这一过程加强了对流作用及湍流作用，有助风速的加大。在青藏高原、内蒙古和新疆等地，大于或等于8级的大风也多出现在春季4月。[2]从风速日变化也可得，空气不稳定时会出现最大风速。风速的日变化具有普遍规律，即在午后通常出现最大风速，最小风速一般在夜间和清晨出现。这种风速变化就是由空气的稳定性发生了变化所造成的。

鄂尔多斯高原地表植被覆盖度低，沙地与沙漠分布较广，裸露的地表导致该区夏季地表温差大，利于风的形成和风力作用。在沙地广泛分布的地区，夏季白天温度可达60～70℃，夜间温度下降幅度大。较大的温度差异会引起气压差加大，从而促进了空气运动，产生较强的风力作用和风灾。这就是造成高原风灾多发生在夏季的原因。

---

① 丁一汇、王绍武、郑景云 等：《中国气候》，科学出版社，2013年。
② 赵济：《中国自然地理》，人民教育出版社，1995年。

四、风灾周期变化

本章应用Matlab软件，采用Morlet小波分析程序对鄂尔多斯高原整个地区在明代
发生的风灾进行了周期分析，结果见图6-9和图6-10。图6-9为小波变换的系数，可以
明确反映明代风灾在平面上的强弱变化。图中虚线为负等值线，代表风灾偏少；实线
为正等值线，代表风灾偏多。由图6-9可见，不同时间尺度的风灾发生情况不同：在
8年以下尺度上，周期震荡剧烈，无明显规律；伴随着时间尺度的扩大，周期震荡趋
于平缓，规律较为清楚；在18～30年周期上震荡显著，风灾经历了少→多12个循环交
替，尺度中心在20年左右。在55～70年周期上震荡也较显著，风灾经历了多→少→多
→少→多→少→多7个循环交替，尺度中心在60年左右；该时期70年以上大尺度上周
期变化不明显。

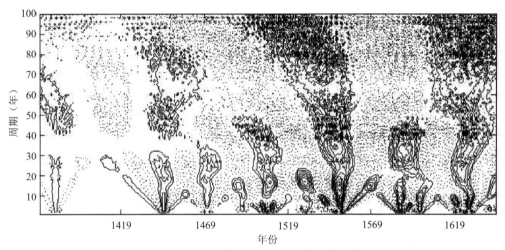

图6-9 鄂尔多斯高原明代风灾小波系数

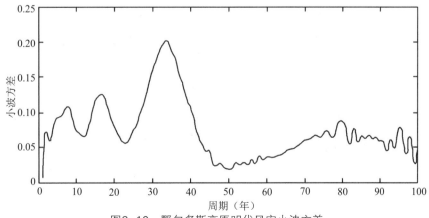

图6-10 鄂尔多斯高原明代风灾小波方差

图6-10为明代风灾的小波方差图。在图中可以看到3个峰值，分别对应准8年、16年和31年，说明明代该区的风灾短周期为8年左右，中、长周期分别为16年和31年左右。其中31年的周期上方差值最大，说明该区明代风灾的第一主周期是准31年。这对风灾的防灾减灾工作意义非常大。

第二节　清代风灾

一、风灾发生频次

根据《中国三千年气象记录总集》[①]《西北灾荒史》[②]《中国灾害通史》[③]《陕西省历史自然灾害简要纪实》[④]《中国气象灾害大典·陕西卷》[⑤]《中国气象灾害大典·内蒙古卷》[⑥]《中国气象灾害大典·宁夏卷》[⑦]以及《府谷县志》[⑧]《（嘉庆）延安府志》[⑨]《（乾隆）绥德州直隶州志》[⑩]《（道光）安定县志》[⑪]《（道光）清涧县志》[⑫]《（民国）横山县志》[⑬]《（民国）米脂县志》[⑭]《（光绪）葭州志》[⑮]等文献资料中对鄂尔多斯高原清代风灾的记载统计可知，鄂尔多斯高原在清代（1644～1911）268年里共发生风灾51次，平均5.3年发生一次，风灾较为频繁。

为了更加准确地反映清代鄂尔多斯高原风灾的变化，本节依自然地理条件的差异，以乌拉特前旗—杭锦旗—乌审旗—靖边为界线，将鄂尔多斯高原分为东部和西部，以20年为单位分别统计出高原东部和西部在清代风灾发生频次的阶段性变化（图6-11、图6-12）。

① 张德二：《中国三千年气象记录总集》，江苏教育出版社，2004年。
② 袁林：《西北灾荒史》，甘肃人民出版社，1994年。
③ 袁祖亮：《中国灾害通史》，郑州大学出版社，2009年。
④ 《陕西历史自然灾害简要纪实》编委会：《陕西历史自然灾害简要纪实》，气象出版社，2002年。
⑤ 翟佑安：《中国气象灾害大典·陕西卷》，气象出版社，2005年。
⑥ 沈建国：《中国气象灾害大典·内蒙古卷》，气象出版社，2008年。
⑦ 夏普明：《中国气象灾害大典·宁夏卷》，气象出版社，2007年。
⑧ 郑居中、麟书：《府谷县志》，清乾隆四十八年（1783）刻本。
⑨ 洪蕙：《（嘉庆）延安府志》，凤凰出版社，2007年。
⑩ 李继峤：《（乾隆）绥德州直隶州志》，清乾隆四十九年（1784）刻本传抄本。
⑪ 姚国龄、宋楚山修，米毓璋纂：《（道光）安定县志》，道光二十六年（1846）刻本。
⑫ 钟章元：《（道光）清涧县志》，道光八年（1828）刻本。
⑬ 刘济南、张斗山修，曹子正纂：《（民国）横山县志》，民国十八年（1929）榆林东顺斋石印本。
⑭ 严建章修，高照初纂：《（民国）米脂县志》，民国三十二年（1943）铅印本。
⑮ 李昌寿：《（光绪）葭州志》，光绪二十年（1894）刻本。

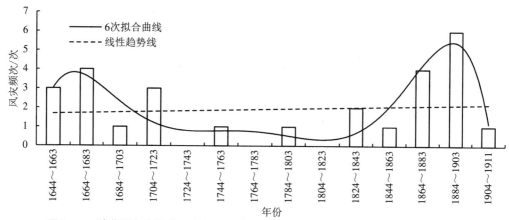

图6-11 清代鄂尔多斯高原东部风灾发生20年间隔频次年代统计和6次多项式拟合

由统计结果可知，清代鄂尔多斯高原东部共发生风灾27次，平均9.9年出现一次，其频次变化分为3个阶段。1644～1723年是第1阶段，发生风灾11次，平均7.3年发生一次，风灾发生较多。第2阶段对应1724～1863年，发生风灾5次，约28年出现一次，风灾发生最少。1864～1911年是第3阶段，发生风灾11次，约4.4年出现一次，风灾发生最多。

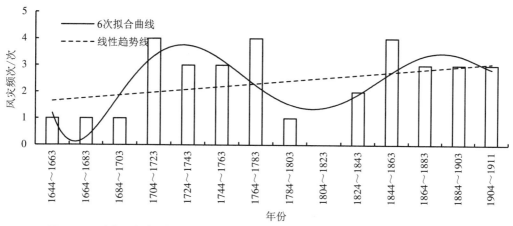

图6-12 清代鄂尔多斯高原西部风灾发生20年间隔频次年代统计和6次多项式拟合

清代高原西部发生风灾33次，平均8.1年出现1次，据其频次变化可分为4个阶段。第1阶段为1644～1703年，发生风灾3次，平均20年发生一次，风灾发生频次较低。1704～1783年为第2阶段，发生风灾14次，平均5.7年发生一次，风灾发生频次居中。第3阶段是1784～1843年，发生风灾3次，平均20年发生一次，风灾发生频次最低。第4阶段为1844～1911年，发生风灾13次，平均每5.2年发生一次，风灾发生频次最高。

为了清晰地揭示清代鄂尔多斯高原风灾的阶段性特征和变化趋势，本节以20年为单位，统计并做出清代鄂尔多斯高原东部和西部风灾发生频次的距平值变化图（图6-13、图6-14）。图中正距平值表示风灾发生次数高于每20年发生一次的平均值，小于零的距平值表示风灾发生次数低于每20年发生一次的平均值。图6-13表明高原东部第1、3阶段以大于零的距平值为主，第2阶段风灾距平值均小于零，进一步说明了第1、3阶段为高原东部风灾高发期，第2阶段为风灾低发期，其中第3阶段风灾频次最高。图6-14显示高原西部第1、3阶段风灾距平值均小于零，第2、4阶段均大于零，进一步显示鄂尔多斯高原西部第1、3阶段为风灾低发期，第2、4阶段为风灾高发期，其中第4阶段风灾频次最高。

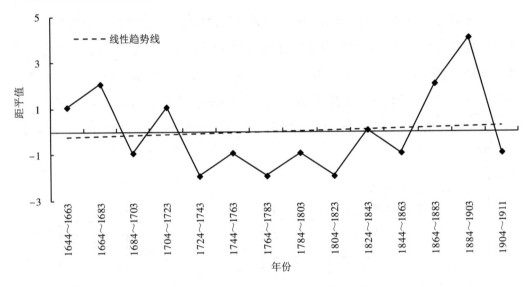

图6-13　鄂尔多斯高原东部清代风灾频次距平值变化

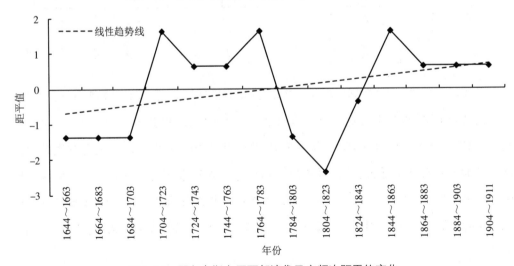

图6-14　鄂尔多斯高原西部清代风灾频次距平值变化

二、风灾发生等级

风灾等级不仅反映了风灾危害的大小，也反映了风灾的规模和成因。因此，科学地划分风灾等级是很重要的。依风灾等级划分和统计方法，对历史文献[1][2][3][4][5][6][7]以及《府谷县志》[8]《（嘉庆）延安府志》[9]《（乾隆）绥德州直隶州志》[10]《（道光）安定县志》[11]《（道光）清涧县志》[12]《（民国）横山县志》[13]《（民国）米脂县志》[14]《（光绪）葭州志》[15]等地方志记载的鄂尔多斯高原清代风灾进行量化并统计，得出清代鄂尔多斯高原东部和西部风灾等级序列（图6-15、图6-16）。

由图6-15和图6-16可知，清代（1644～1911）268年间，在鄂尔多斯高原东部发生的27次风灾中，轻度风灾出现15次，占风灾总数的55.6%；中度风灾发生了11次，占风灾总数的40.7%；大风灾仅发生1次，占其总数的3.7%（图6-15）。表明该时期鄂尔多斯高原东部发生的风灾以轻度为主，大风灾发生较少。

在鄂尔多斯高原西部发生的33次风灾中，轻度风灾发生了10次，占风灾总数的30.3%；中度风灾发生了22次，占风灾总数的66.7%；大风灾发生仅1次，占风灾总数的3.0%（图6-16）。表明清代鄂尔多斯高原西部发生的风灾以中度为主，很少出现大风灾。

---

① 张德二：《中国三千年气象记录总集》，江苏教育出版社，2004年。

② 袁林：《西北灾荒史》，甘肃人民出版社，1994年。

③ 袁祖亮：《中国灾害通史》，郑州大学出版社，2009年。

④ 《陕西历史自然灾害简要纪实》编委会：《陕西历史自然灾害简要纪实》，气象出版社，2002年。

⑤ 翟佑安：《中国气象灾害大典·陕西卷》，气象出版社，2005年。

⑥ 沈建国：《中国气象灾害大典·内蒙古卷》，气象出版社，2008年。

⑦ 夏普明：《中国气象灾害大典·宁夏卷》，气象出版社，2007年。

⑧ 郑居中、麟书：《府谷县志》，清乾隆四十八年（1783）刻本。

⑨ 洪蕙：《（嘉庆）延安府志》，凤凰出版社，2007年。

⑩ 李继峤：《（乾隆）绥德州直隶州志》，清乾隆四十九年（1784）刻本传抄本。

⑪ 姚国龄、宋楚山修，米毓璋纂：《（道光）安定县志》，道光二十六年（1846）刻本。

⑫ 钟章元：《（道光）清涧县志》，道光八年（1828）刻本。

⑬ 刘济南、张斗山修，曹子正纂：《（民国）横山县志》，民国十八年（1929）榆林东顺斋石印本。

⑭ 严建章修，高照初纂：《（民国）米脂县志》，民国三十二年（1943）铅印本。

⑮ 李昌寿：《（光绪）葭州志》，光绪二十年（1894）刻本。

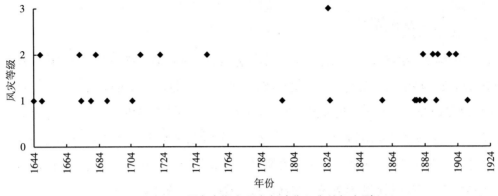

图6-15　鄂尔多斯高原东部清代风灾等级序列

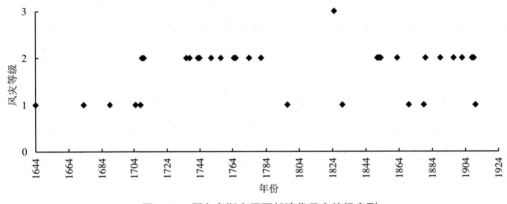

图6-16　鄂尔多斯高原西部清代风灾等级序列

由上可知，清代鄂尔多斯高原东部和西部各发生1次大风灾。经查证史料，这两次大风灾均发生于公元1825年，且等级高，波及范围广，严重影响了当地人民的生产生活。

三、风灾季节变化

为了查明风灾发生的季节性，本节统计了历史文献[1][2][3][4][5][6][7]以及《府谷县志》[8]

———————
① 张德二：《中国三千年气象记录总集》，江苏教育出版社，2004年。
② 袁林：《西北灾荒史》，甘肃人民出版社，1994年。
③ 袁祖亮：《中国灾害通史》，郑州大学出版社，2009年。
④ 《陕西历史自然灾害简要纪实》编委会：《陕西历史自然灾害简要纪实》，气象出版社，2002年。
⑤ 瞿佑安：《中国气象灾害大典·陕西卷》，气象出版社，2005年。
⑥ 沈建国：《中国气象灾害大典·内蒙古卷》，气象出版社，2008年。
⑦ 夏普明：《中国气象灾害大典·宁夏卷》，气象出版社，2007年。
⑧ 郑居中、麟书：《府谷县志》，清乾隆四十八年（1783）刻本。

《（嘉庆）延安府志》[①]《（乾隆）绥德州直隶州志》[②]《（道光）安定县志》[③]《（道光）清涧县志》[④]《（民国）横山县志》[⑤]《（民国）米脂县志》[⑥]《（光绪）葭州志》[⑦]等地方志中记载的清代鄂尔多斯高原东部和西部风灾的季节频次。统计结果显示，清代高原东部共发生风灾27年，其中有2年月份或季节记载不明确，分别为1648年和1672年。其余25年有月份或季节记载的风灾27次，其中春季13次，夏季6次，秋季8次，冬季0次（图6-17）。表明鄂尔多斯高原东部风灾的高发季节是春季，风灾的低发季节是冬季。

高原西部清代共发生风灾33年，有2年月份和季节记载不明确，为1708年和1709年。其余31年有月份或季节记载的风灾32次，其中春季16次，夏季11次，秋季3次，冬季2次（图6-18）。说明高原西部春季风灾发生较多，秋、冬季风灾较少。

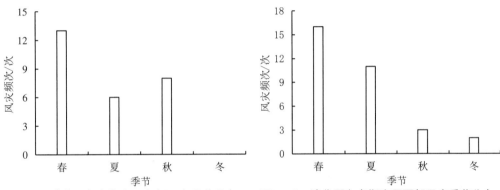

图6-17　清代鄂尔多斯高原东部风灾季节分布　　图6-18　清代鄂尔多斯高原西部风灾季节分布

四、风灾周期变化

应用Matlab软件，采用Morlet小波分析程序对研究区清代风灾进行周期分析，结果见图6-19和图6-20。图6-19为小波变换的系数图，图中虚线为负等值线，表示发生风灾次数偏少；实线为正等值线，表示风灾发生次数偏多。图6-19显示，在不同时间尺度上风灾发生情况不同。在15年以下尺度上，周期震动剧烈且无显著规律。伴着时间尺度的增加，周期震动趋于平缓，规律较为清楚。在15～35年周期上震荡显著，呈

① 洪蕙：《（嘉庆）延安府志》，凤凰出版社，2007年。
② 李继峤：《（乾隆）绥德州直隶州志》，清乾隆四十九年（1784）刻本传抄本。
③ 姚国龄、宋楚山修，米毓璋纂：《（道光）安定县志》，道光二十六年（1846）刻本。
④ 钟章元：《（道光）清涧县志》，道光八年（1828）刻本。
⑤ 刘济南、张斗山修，曹子正纂：《（民国）横山县志》，民国十八年（1929）榆林东顺斋石印本。
⑥ 严建章修，高照初纂：《（民国）米脂县志》，民国三十二年（1943）铅印本。
⑦ 李昌寿：《（光绪）葭州志》，光绪二十年（1894）刻本。

现少→多18个循环交替。该时期60年以上大尺度上周期变化不明显。

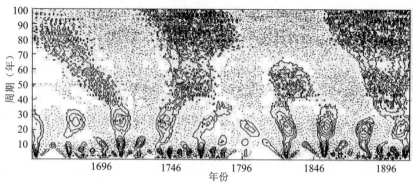

图6-19　鄂尔多斯高原清代风灾小波系数

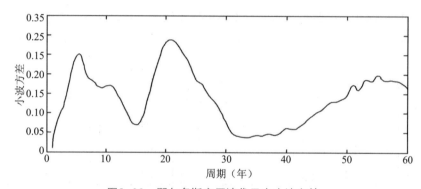

图6-20　鄂尔多斯高原清代风灾小波方差

图6-20为小波方差图，在图中可以看到2个峰值，分别对应准6年和23年，说明该区清代的风灾有6年左右的短周期和23年左右的长周期。其中方差值最大的在23a的周期上，表明清代该区风灾的第一主周期是准23年，第二主周期是准6年。认识风灾发生的准周期，尤其是第一主周期，对风灾的防灾减灾工作意义很大。

五、风灾暴发期

气象灾害频繁发生的阶段常被称为气象灾害事件。[1][2][3]本章把风灾持续数年发生的风灾阶段或年代间隔很短的风灾较集中的多个年份称之为风灾暴发期。在1708～1710年、1851～1853年、1878～1884年和1908～1910年，鄂尔多斯高原均出现3年以上的风灾连发现象，本章将这4个阶段作为4次风灾暴发期。从时间分布来看，研究区清代的风灾暴发期主要出现在清代晚期，如在1864～1903年间出现了1个风灾

① 奚秀梅、赵景波：《陕西榆林地区明代旱灾与气候特征》，《自然灾害学报》2013年第3期。
② 李岩、赵景波：《开封清代洪涝灾害与发生类型研究》，《干旱区资源与环境》2010年第3期。
③ 孟万忠、赵景波、王尚义：《山西清代霜雪灾害的特点与周期规律研究》，《自然灾害学报》2012年第4期，第40—47页。

暴发期。在风灾爆发期，不仅风灾发生较为频繁，风灾等级也较高，常给人们造成较为严重的损失。因此，应当加强对风灾暴发期的研究和预防。如后所述，风灾爆发期的发生与气候变冷伴随的降水减少及冬季风活动的加强有关。[1][2]降水减少导致植被覆盖度低和温差加大，这都促使风力的增强和风灾的发生。

第三节　民国时期风灾

一、风灾发生频次

根据《中国三千年气象记录总集》[3]《西北灾荒史》[4]《中国灾害通史》[5]《陕西省历史自然灾害简要纪实》[6]《中国气象灾害大典·陕西卷》[7]《中国气象灾害大典·内蒙古卷》[8]《中国气象灾害大典·宁夏卷》[9]以及《榆林市志》[10]《府谷县志》[11]《绥德县志》[12]《横山县志》[13]《清涧县志》[14]《米脂县志》[15]《（民国）葭州志》[16]《靖边县志》[17]《横山县志》[18]等地方志中对鄂尔多斯高原民国时期风灾的记载资料统计可知，在民国（1911～1949）的39年里，鄂尔多斯高原共发生24次风灾，平均每1.6年发生1次。

为了更加准确地反映民国时期鄂尔多斯高原风灾的变化，本节依自然地理条件的差异，以乌拉特前旗—杭锦旗—乌审旗—靖边一线为界，将鄂尔多斯高原分为东部和

① 张丽娟、郑红、周嘉等：《哈尔滨市沙尘暴发生规律与成因分析》，《自然灾害学报》2005年第2期。
② 王业键、黄莹珏：《清代中国气候变迁、自然灾害与粮价的初步考察》，《中国经济史研究》1999年第1期。
③ 张德二：《中国三千年气象记录总集》，江苏教育出版社，2004年。
④ 袁林：《西北灾荒史》，甘肃人民出版社，1994年。
⑤ 袁祖亮：《中国灾害通史》，郑州大学出版社，2009年。
⑥ 《陕西历史自然灾害简要纪实》编委会：《陕西历史自然灾害简要纪实》，气象出版社，2002年。
⑦ 翟佑安：《中国气象灾害大典·陕西卷》，气象出版社，2005年。
⑧ 沈建国：《中国气象灾害大典·内蒙古卷》，气象出版社，2008年。
⑨ 夏普明：《中国气象灾害大典·宁夏卷》，气象出版社，2007年。
⑩ 榆林市志编纂委员会：《榆林市志》，三秦出版社，1996年。
⑪ 府谷县志编纂委员会：《府谷县志》，陕西人民出版社，1994年。
⑫ 中共绥德县委史志编纂委员会：《绥德县志》，三秦出版社，2003年。
⑬ 横山县志编纂委员会：《横山县志》，陕西人民出版社，1993年。
⑭ 清涧县志编委会：《清涧县志》，陕西人民出版社，2001年。
⑮ 米脂县志编纂委员会：《米脂县志》，陕西人民出版社，1993年。
⑯ 陈琯、赵思明：《（民国）葭州志》，民国二十二年石印本。
⑰ 靖边县地方志编纂委员会：《靖边县志》，陕西人民出版社，1993年。
⑱ 横山县志编纂委员会：《横山县志》，陕西人民出版社，1993年。

西部，以5年为单位分别统计出高原东部和西部民国时期风灾发生频次的阶段性变化特点（图6-21、图6-22）。

由统计结果可知，民国时期高原东部发生风灾16次，平均每2.4年发生一次，可见风灾发生较为频繁。根据风灾频次变化，可将民国时期研究区发生的风灾划分为3个阶段。1911~1920年为第1阶段，发生风灾2次，平均每5年发生一次，风灾发生最少。第2阶段是1921~1940年，发生风灾11次，平均每1.8年发生一次，风灾发生最多。第3阶段风灾发生较少，对应1941~1949年，发生风灾3次，平均每3年发生一次，发生频次居中。

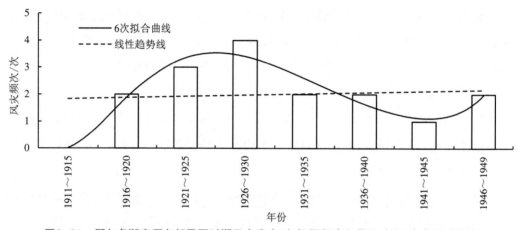

图6-21　鄂尔多斯高原东部民国时期风灾发生5年间隔频次年代统计和6次多项式拟合

民国时期高原西部发生风灾13次，平均每3年发生一次，其频次变化分为3个阶段。1911~1920年为第1阶段，发生风灾4次，平均每2.5年发生一次，风灾发生频次居中。第2阶段，对应1921~1930年，发生风灾1次，平均每10年发生一次，风灾频次最低。第3阶段是1931~1949年，发生风灾8次，平均每2.3年发生一次，风灾发生最多。

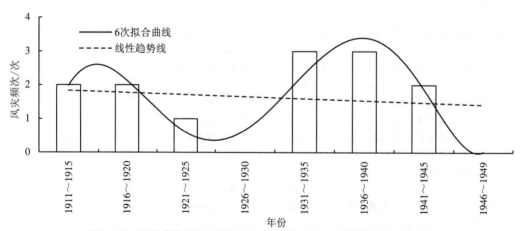

图6-22　鄂尔多斯高原西部民国时期风灾发生5年间隔频次年代统计

　　为了清晰地揭示民国时期鄂尔多斯高原风灾发生的阶段性特征和变化趋势，本章以5年为单位，统计并做出民国时期鄂尔多斯高原东部和西部风灾发生频次的距平值变化图（图6-23、图6-24）。图中距平值大于零表明风灾发生次数高于每5年发生一次的平均值，小于零表明风灾发生次数低于每5年的平均值。由图6-23可知民国时期高原东部第1、3阶段风灾距平值均小于零，第2阶段的距平值大于零，进一步表明高原东部第1、3阶段是风灾低发期，第2阶段是风灾高发期。由图6-24可知民国时期高原西部第1、3阶段风灾距平值主要大于零，第2阶段的距平值小于零，进一步表明了高原西部风灾高发期为第1、3阶段，风灾低发期为第2阶段。此外，由图6-23、图6-24中线性趋势线可知，民国时期鄂尔多斯高原东部和西部风灾发生趋势显著不同，高原东部风灾频次呈上升趋势，高原西部则呈下降趋势。

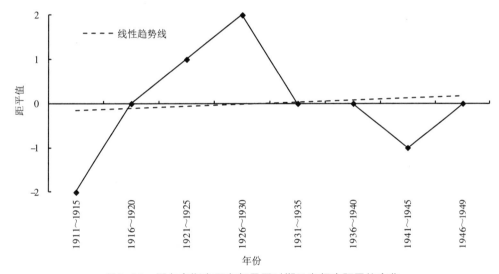

图6-23　鄂尔多斯高原东部民国时期风灾频次距平值变化

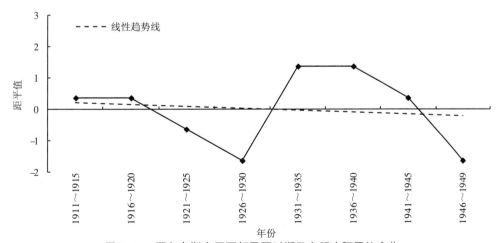

图6-24　鄂尔多斯高原西部民国时期风灾频次距平值变化

二、风灾发生等级

依风灾等级划分和统计方法，对历史文献[1][2][3][4][5][6][7]以及地方志中记载的民国时期鄂尔多斯高原风灾进行量化并统计，得出民国时期鄂尔多斯高原东部和西部风灾等级序列（图6-25、图6-26）。

统计结果显示，民国时期（1911～1949）鄂尔多斯高原东部发生16次风灾，其中轻度风灾6次，占风灾总数的37.5%；中度风灾10次，占风灾总数的62.5%；大风灾0次（图6-25）：说明民国时期高原东部以中度风灾为主，无大风灾发生。

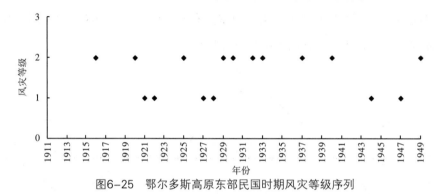

图6-25　鄂尔多斯高原东部民国时期风灾等级序列

高原西部的13次风灾中，轻度风灾1次，占风灾总数的7.7%；中度风灾12次，占风灾总数的92.3%；大风灾0次（图6-26）：说明该时期高原西部主要为中度风灾，其次为轻度风灾，无大风灾。

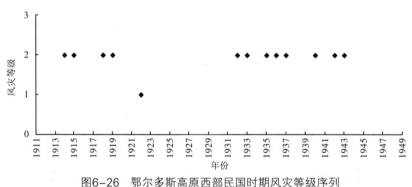

图6-26　鄂尔多斯高原西部民国时期风灾等级序列

①　张德二：《中国三千年气象记录总集》，江苏教育出版社，2004年。
②　袁林：《西北灾荒史》，甘肃人民出版社，1994年。
③　袁祖亮：《中国灾害通史》，郑州大学出版社，2009年。
④　《陕西历史自然灾害简要纪实》编委会：《陕西历史自然灾害简要纪实》，气象出版社，2002年。
⑤　翟佑安：《中国气象灾害大典·陕西卷》，气象出版社，2005年。
⑥　沈建国：《中国气象灾害大典·内蒙古卷》，气象出版社，2008年。
⑦　夏普明：《中国气象灾害大典·宁夏卷》，气象出版社，2007年。

由上可见，从灾情上看，民国时期鄂尔多斯高原东部和西部中度风灾发生次数均较多，占到风灾总数的2/3，高原西部中度风灾发生更加频繁。但从时间上看，两地区中度风灾的分布略有差异，高原东部集中于民国前半期，西部集中发生在民国后半期。在民国时期该地区东部和西部均没有发生大风灾。

三、风灾季节变化

据史料记载，鄂尔多斯高原东部民国时期共有16年发生风灾，其中载明月份或季节的风灾共计19次：春季和夏季分别是7、9次，秋季和冬季分别是3、0（图6-27）。据此可知夏季是高原东部风灾的高发季节，冬季是风灾的低发期。

鄂尔多斯高原西部民国时期共有13年发生风灾，其中有3年风灾发生月份和季节记载不明确，为1918年、1933年和1937年。其余10年有月份或季节记载的风灾11次：春季和夏季分别为6、4次，秋季和冬季分别是1、0（图6-28）。由此可以看出，春季是高原西部风灾的高发季节，秋、冬两季则风灾低发。

该区风灾主要发生在春季和夏季的原因已在明代风灾部分做了讨论，在此不再赘述。

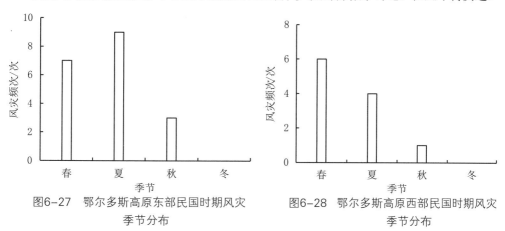

图6-27 鄂尔多斯高原东部民国时期风灾
季节分布
图6-28 鄂尔多斯高原西部民国时期风灾
季节分布

四、风灾周期变化

认识风灾发生的准周期尤其是第一主周期，对防灾减灾有指导意义。本文应用Matlab软件，采用Morlet小波分析程序对研究区民国时期风灾进行周期分析，结果见图6-29和图6-30。图6-29为小波变换的系数图，图中的虚线表示负等值线，代表风灾发生偏少；实线为正等值线，代表风灾发生偏多。由图6-29可知，在不同的时间尺度上风灾的发生情况不同。在3年尺度以下，周期震动剧烈，无明显规律。伴随着时间尺度的延长，周期震荡趋于平缓，规律较为清楚。在3～6年周期上震荡显著，呈现多

→少13个循环交替，尺度中心在5年左右，并且到1949年风灾偏多等值线仍未闭合，表明风灾增多的趋势有可能还将继续。在8～18年周期上震荡也较明显，风灾经历了多→少→多→少→多5个循环交替，尺度中心在14年左右。该时期18年以上尺度上周期变化不明显。

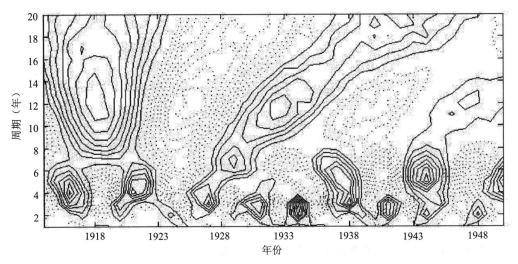

图6-29　鄂尔多斯高原民国时期风灾小波系数

图6-30为小波方差图，在图上可以看到2个峰值，分别对应准5年和12～14年，表明民国时期该地区的风灾分别有5年左右的短周期、12～14年的长周期。其中12～14年的周期上方差值最大，说明该地区民国时期风灾的第一主周期是准12～14年，第二主周期是准5年。

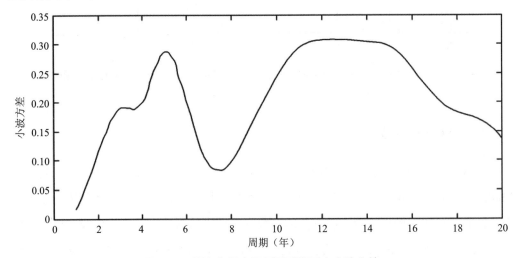

图6-30　鄂尔多斯高原民国时期风灾小波方差

第四节　风灾发生原因

一、自然因素

（一）地表物质组成因素

鄂尔多斯高原地表物质组成较粗，细砂为主的沙地面积广大，约占 $4 \times 10^4 km^2$。细砂为主的地表沙层持水性很差，使得地表沙层含水量很低。很低的地表沙层含水量不利于植被发育，造成地表植被覆盖率较低，这是该区风大风多的原因之一。裸露的地表使得地表温差较大，使得地表气压差较大，促使了风的产生和风力作用。

（二）气候因素

1.西风与冬季风的原因

鄂尔多斯高原地处北半球的盛行西风带内，常年受盛行西风控制。西风带是极锋活跃的地带，因此高原上常会出现移动性的气旋、反气旋自西向东运动。西风带强烈发展且快速东移的气旋，极易和锋面结合，形成锋面气旋，在气旋的前方发育暖锋云系，后方发育冷锋云系，其中气旋中的两个锋面附近，由于温度、气压差异较大，所以容易出现大风天气，并对研究区风灾产生一定作用。此外，冬季的北支西风气流在新疆与寒冷干燥的西伯利亚冷空气汇合，转为强劲的西北气流，使得我国冬季风的势力更大，间接影响研究区的风灾。

鄂尔多斯高原的风灾除受西风带的影响之外，更多受来自蒙古-西伯利亚冷高压的影响。该冷高压以冬季风或西北季风的形式影响高原地区。特别是在春季，西北季风活动频繁且强度较大，常给该区造成大风天气。在西北季风异常强时，就给该区带来风灾。[1][2][3][4]鄂尔多斯高原气候干燥，植被稀少，一旦有大风，极易形成沙尘暴天气。加上当地人们过度开发自然资源和过量开垦土地导致植被覆盖降低，地表裸露，使得地表易于受到风蚀。研究表明，我国北方包括鄂尔多斯高原现代沙尘暴的动力主要是强冷空气活动。从该区风向主要是西北风分析，冬季强风活动是风灾发生的主要原因。

---

① 张德二：《中国三千年气象记录总集》，江苏教育出版社，2004年。
② 袁林：《西北灾荒史》，甘肃人民出版社，1994年。
③ 翟佑安：《中国气象灾害大典·陕西卷》，气象出版社，2005年。
④ 沈建国：《中国气象灾害大典·内蒙古卷》，气象出版社，2008年。

2.清代小冰期对风灾的影响

明清时期气候寒冷，又称"小冰期"[①]，这一时期自然灾害比较频繁[②]。王业键等对华北、华东地区的气候冷暖期和自然灾害的相关性研究显示，暖期自然灾害较少，冷期较多。[③]为了查明研究区气候冷暖变化与风灾的关系，本章根据葛全胜等[④]和刘晓宏等[⑤]依据树轮记录对过去近千年气候的重建结果，选取1644～1911年的气候冷暖变化阶段，与鄂尔多斯高原清代的风灾频次进行比较（表6-2）。从表6-2可以看出，清代气候温暖时期风灾发生频次为7.8年发生一次，气候寒冷期为2.7～6.1年发生一次，表明气候偏暖期产生的风灾相对较少，气候偏冷期产生的风灾较多。

表6-2　鄂尔多斯高原清代气候冷暖变化和风灾频次比较

年代	气候特征	持续期/a	风灾次数	风灾频次	年代	气候特征	持续期/a	风灾次数	风灾频次
1644～1692	寒冷期	49	8	6.1	1693～1848	温暖期	156	20	7.8
1849～1911	寒冷期	63	23	2.7					

为了明晰研究区清代风灾与气候干湿变化之间的关系，本章根据李钢等[⑥]对陕西1501～1950年气候干湿变化重建的结果，选取1644～1911年的气候干湿变化阶段，将其与研究区风灾频次进行了对比（表6-3）。由表6-3知，在研究区清代发生的51次风灾中，有36次出现在气候偏干的降水量较少阶段，15次出现在气候偏湿的降水量较多阶段，表明研究区清代风灾与气候偏干相关。因为，气候偏干利于产生气压差，从而提高了风和风灾发生的概率。

表6-3　鄂尔多斯高原清代气候干湿变化和风灾频次比较

年代	气候特征	持续期/a	风灾次数	风灾频次	年代	气候特征	持续期/a	风灾次数	风灾频次
1644～1710	偏干	67	13	5.2	1711～1800	偏湿	90	12	7.5
1841～1911	偏干	71	23	3.1	1825～1840	偏湿	16	3	5.3

[①] 王绍武：《小冰期气候的研究》，《第四纪研究》1995年第3期。

[②] 王业键、黄莹珏：《清代中国气候变迁、自然灾害与粮价的初步考察》，《中国经济史研究》1999年第1期。

[③] 王业键、黄莹珏：《清代中国气候变迁、自然灾害与粮价的初步考察》，《中国经济史研究》1999年第1期。

[④] Ge Quansheng, Zheng Jingyun, Fang Xiuqi, et al. Winter half-year temperature reconstruction for the middle and lower reaches of yellow river and Yantzer river during past 2000 years. Holocene, 2003, 13(6): 933-940.

[⑤] 刘晓宏、秦大河、邵雪梅等：《祁连山中部过去近千年温度变化的树轮记录》，《中国科学（D辑）》2004年第1期。

[⑥] 李钢、王乃昂、程弘毅等：《利用10a尺度上的虫风灾异年频数（LUD）重建陕西过去450a气候干湿变化初步研究》，《干旱区地理》2004年第2期。

由前文可知，研究区清代在1864～1903年间风灾频次最高，出现了两个风灾暴发期。通过与北半球温度变化曲线对比得知，这两个风灾暴发期对应于中国东部的低温期[①]，也对应北半球的低温期[②]，同时对应于气候的干旱期。一般而言，鄂尔多斯高原气温的降低与冬季风的增强有密切关系，强劲的西北冬季风极易催生风灾极其发展。因此，气温降低时期的冬季风加强是导致鄂尔多斯高原清代晚期1864～1903年风灾暴发的主要原因。

二、人为因素

明末以来，内地人口迅速增加，人地矛盾愈演愈烈。陕北地区自然环境较差，耕地有限，大量贫民涌向鄂尔多斯高原，向当地人租地耕种。因此，在伊盟七旗境内，靠近黄河长城处，多有汉人足迹。这些外来的汉族移民大多是春出秋归，带有游农的性质。鸦片战争后，中国内地农业大都日益陷入危机之中，这时流入鄂尔多斯高原进行农垦的汉族移民数量大增。一些旅蒙商人与蒙古上层结合，也加入了租垦蒙地的行列，垦殖的范围不断扩大。到19世纪末，伊盟七旗的垦地已达9.5×10^4 ha。[③]清代是鄂尔多斯高原生态环境恶化最为严重的时期。《水经注》所记载的秦汉长城沿线的榆柳之林、《新唐书·裴延龄传》所记述的现今准格尔旗一带的松柏林木以及元代伊金霍洛旗地方的繁茂树木，在历经砍伐毁坏之后，都已消失。当时沙化发展速度惊人，边墙一线出现"沙高于墙"的情况。[④]塞上重镇榆林已是"城悬紫塞云常惨，地拥黄沙草不生"，城北的药王庙因流沙逼迫移基东山。在清代，沙化发展后期方才出现的新月形沙丘链也已普遍存在。原本清澈的无定河，到嘉庆年间，已是"水中沙流不定，人马践之如行幕上"[⑤]。

三、旱灾对风灾的影响

土壤水分的重要来源是降水，而土壤水分丧失的主要方式是蒸发，蒸发量的大小主要取决于热量的收支和水分的供应状况，一年内蒸发量的变化主要取决于气温和风

① Ge Quansheng, Zheng Jingyun, Fang Xiuqi, et al. Winter half-year temperature reconstruction for the middle and lower reaches of yellow river and Yantzer river during past 2000 years. Holocene, 2003, 13(6): 933-940.

② Mann M E, Bradley R S, Hughes M K. North hemisphere temperature during millennium: Inrerence, uncentainties and limitations. Geophyscical Research Letters, 1991, 26(6): 759-763.

③ 马波：《鄂尔多斯高原农业开发和生态变迁的回顾与反思》，《地域研究与开发》1992年第3期。

④ 马波：《鄂尔多斯高原农业开发和生态变迁的回顾与反思》，《地域研究与开发》1992年第3期。

⑤ 马波：《鄂尔多斯高原农业开发和生态变迁的回顾与反思》，《地域研究与开发》1992年第3期。

力的变化。降水一定或不变时，蒸发量越大，土壤水分损失越多，越容易引起干旱。根据文献《中国气象灾害大典·内蒙古卷》并依据本书第二章的旱灾等级划分标准，确定1965年为特大旱灾年，"该年是1949年以来风沙灾害损失最重的年份……各地沙尘暴天气多且势力强，损失严重。春季共出现大范围沙尘暴气候7次……而年末中西部地区先后出现两次大风沙尘暴天气……"1975年为大旱灾年，"春季鄂尔多斯市遭受风灾，损失严重。5月27～29日、6月14日鄂尔多斯市连刮两场大风，风力达8级，杭锦旗、鄂托克旗、乌审旗、伊金霍洛旗、东胜区等均遭风灾……"1976年中度旱灾年，"鄂尔多斯市入春后气温低、风沙大，大风日数比往年增加7次左右，从3月到6月刮了5级以上大风有60多次，乌审旗大风刮了41次，沙尘暴21次"。[1]

本文根据文献《中国气象灾害大典·内蒙古卷》[2]中内蒙古鄂尔多斯地区旱灾和风灾的记录，确定该区1961～2000年有风灾发生的年份共32个，且多数年份风沙灾害一年内多次发生，几乎每次大风天气都伴有不同程度的降温；并确定其中有25年同时发生旱灾。为了进一步分析旱灾与风灾的关系，本章利用SPSS软件做了鄂尔多斯地区1961～2000年旱灾与风灾的相关分析，结果表明，旱灾与风灾表现为显著的正相关，Pearson相关系数0.36，在0.05水平（双侧）上显著相关。可见，旱灾发生年份多风沙天气。

据前文分析可得，清代鄂尔多斯高原地区的气候特征共有六个循环交替，其年降水变化特征为：多→少→多→少→多→少，而蒸发量和风沙天气特征为：少→多→少→多→少→多，对应的时间大约为：1644～1700年、1701～1780年、1781～1820年、1821～1845年、1846～1875年、1876～1911年。所对应的阶段主要是风灾频繁的阶段。

---

① 沈建国：《中国气象灾害大典·内蒙古卷》，气象出版社，2008年。
② 沈建国：《中国气象灾害大典·内蒙古卷》，气象出版社，2008年。

第七章　鄂尔多斯高原东南部历史时期的蝗灾

历史上我国三大自然灾害是蝗、水和旱灾，重大蝗灾会影响到人们的生产、生活甚至生存。蝗虫属直翅目，丝角蝗科，成虫称为蝗，因其善飞，亦曰飞蝗，俗称蚂蚱或蚱蜢，幼虫称为蝻。我国发现三个亚科，即东亚飞蝗、亚洲飞蝗和西藏飞蝗，我国蝗灾主要由东亚飞蝗引发。蝗虫是一种以禾本科植物为主食的昆虫[①]，也是危害农作物的主要昆虫之一。蝗虫在中华大地肆虐了几千年，上演了一幕幕"飞蝗蔽空日无色，野老田中泪垂血"的人间惨剧。自秦以来，历代都对蝗灾极为重视，我们祖先在与蝗灾不断斗争的过程中积累了丰富经验。在我国，人们从未停止研究蝗灾的脚步，但之前的研究，都较偏重于其综合性及治蝗技术的研究[①②③]，对地区性蝗灾的关注较少。过去对榆林地区水、旱灾害研究较多[④⑤⑥]，已认识到该区旱涝灾害发生规律、等级、原因和指示的气候变化，但对蝗虫灾害很少或缺少研究。

本章对高原东南部榆林地区明代和清代的蝗灾进行研究，统计明代和清代该区蝗灾发生频次，并对其时间变化、等级划分、发生原因及造成危害进行探讨，以期为现代和未来蝗灾预防提供科学依据。

本章研究地区地处陕西省最北部鄂尔多斯高原东南部的榆林地区，长城从东北

---

① 马万明：《明清时期防治蝗灾的对策》，《南京农业大学学报》（社会科学版）2002年第2期。
② 郑云飞：《中国历史上的蝗灾分析》，《中国农史》1990年第4期。
③ 吴瑞芬、霍治国 等：《蝗虫发生的气象环境成因研究概述》，《自然灾害学报》2005年第3期。
④ 侯雨乐、赵景波：《两汉时期榆林地区干旱灾害初步研究》，《干旱区资源与环境》2009年第11期。
⑤ 奚秀梅、赵景波：《鄂尔多斯高原地区清代旱灾与气候特征》，《地理科学进展》2012年第9期。
⑥ 邵天杰、赵景波：《榆林地区明代洪涝灾害特征分析》，《干旱区资源与环境》2009年第1期。

向西南斜贯其中。该区东隔黄河与山西省相望，西连宁夏回族自治区和甘肃省，北邻内蒙古自治区，南接陕西省延安地区；下辖榆林、神木、府谷、佳县、米脂、绥德、吴堡、清涧、横山、子洲、靖边和定边等12个县（市），面积约$4.3×10^4 km^2$。榆林地貌基本以长城为界分两部分，北部占42%，是风沙草滩区；南部占58%，是黄土丘陵沟壑区。该区位于温带大陆性季风气候区，年均气温7.9～11.3℃，年均降水量300～500mm，全年蒸发量为2000～2500mm，四季分明。为了获得较为完整的蝗灾记录资料，在统计蝗灾文献时，把榆林周边的文献记录也统计在内。

第一节　榆林地区明代蝗灾

一、蝗灾发生的年代与季节

根据《清史稿》[①]《清实录》[②]和相关地方志对榆林地区清代蝗灾的记载（包含只描述陕西出现蝗灾的年份，该地区任一县有蝗灾记载均在计算之内，1年有多次蝗灾的按1次计算），在明代（1368～1644）的277年里，榆林地区共发生蝗灾16次（表7-1、图7-1）），平均17.3年发生一次。

表7-1　榆林地区明代蝗灾发生时间与等级

发生年份	发生地点	等级（本文确定）	灾情记录	资料来源
1506年	河曲	一级	旱蝗，北乡灾。	《河曲县志》[③]
1520年	绥德	二级	蝗虫蔽日。	《绥德州志》[④]
1520年	米脂	二级	蝗飞蔽日。	《米脂县志》[⑤]
1529年	米脂	三级	六月，蝗，大饥。	《安定县志》[⑥]
1532年	环县	一级	蝗。	《环县志》[⑦]
1535年	清涧	二级	蝗飞蔽日。	《清涧县志》[⑧]
1536年	绥德	二级	蝗蔽日。	《绥德州志》[⑨]
1537年	保德	三级	飞蝗蔽天，禾伤。民饥甚。	《保德州志》[⑩]

① 赵尔巽、柯劭忞 等：《清史稿》，中华书局，1927年。
② 中华书局：《清实录》，中华书局，2008年。
③ 河曲县志编纂委员会：《河曲县志》，山西人民出版社，1989年。
④ 曹世玉：《绥德文库·绥德州志》，中国文史出版社，2004年。
⑤ 米脂县志编纂委员会：《米脂县志》，陕西人民出版社，1993年。
⑥ 宋楚山：《安定县志》，成文出版社，1970年。
⑦ 《环县志》编纂委员会：《环县志》，甘肃人民出版社，1993年。
⑧ 钟章元：《清涧县志》，成文出版社，1970年。
⑨ 曹世玉：《绥德文库·绥德州志》，中国文史出版社，2004年。
⑩ 中共保德县委：《保德州志》，山西人民出版社，1990年。

续表

发生年份	发生地点	等级（本文确定）	灾情记录	资料来源
1611年	靖边	一级	蝗。	《延绥镇志》[①]
1611年	绥德	一级	蝗。	《绥德州直隶州志》[②]
1611年	清涧	一级	蝗。	《清涧县志》[③]
1616年	清涧	一级	旱，蝗。	《清涧县志》[④]
1616年	靖边	一级	旱，蝗。	《延绥镇志》[⑤]
1619年	靖边	一级	蝗。	《安定县志》[⑥]
1633年	延川	一级	境内有蝗。	《延川县志》[⑦]
1634年	延川	三级	飞蝗蔽天，不见天日。	《保安县志》[⑧]
1638年	环县	三级	蝗蝻蔽天，嗣食田禾殆尽。	《环县志》[⑨]
1639年	靖边	一级	蝗。	《延绥镇志》[⑩]
1639年	绥德	一级	蝗。	《绥德州志》[⑪]
1640年	靖边	三级	旱蝗交作，死者无算。	《靖边县志》[⑫]
1640年	环县	一级	蝗。	《环县志》[⑬]
1641年	环县	一级	蝗。	《环县志》[⑭]

　　为了更深入地探究明代榆林地区蝗灾的时间变化，本节以10年为单位统计了明代榆林地区蝗灾发生的频次。从统计结果（图7-1）可得出，明代榆林地区蝗灾变化可分为4个阶段。

　　第1个阶段在1368～1499年，该阶段没有蝗灾发生。第2阶段在1500～1539年，共发生蝗灾7次，平均5.7年发生一次，是蝗灾高发阶段。第3阶段在1540～1609年，该阶段无蝗灾发生。第4阶段为1610～1644年间，共发生蝗灾9次，平均3.9年发生一次，是蝗灾发生最频繁的阶段。榆林地区明代蝗灾主要发生在中后期，早期没有蝗灾或很

① 郑汝璧：《延绥镇志》，上海古籍出版社，2011年。
② 吴忠诰：《绥德州直隶州志》卷二岁征，海南出版社，2001年。
③ 钟章元纂修：《清涧县志》，成文出版社，1970年。
④ 钟章元纂修：《清涧县志》，成文出版社，1970年。
⑤ 郑汝璧：《延绥镇志》，上海古籍出版社，2011年。
⑥ （清）宋楚山：《安定县志》，成文出版社，1970年。
⑦ 延川县志编纂委员会：《延川县志》，陕西人民出版社，1999年。
⑧ 保安县志略校注编委：《保安县志》，三秦出版社，2003年。
⑨ 《环县志》编纂委员会：《环县志》，甘肃人民出版社，1993年。
⑩ 郑汝璧：《延绥镇志》，上海古籍出版社，2011年。
⑪ 吴忠诰：《绥德州直隶州志》卷二岁征，海南出版社，2001年。
⑫ 靖边县地方志编纂委员会：《靖边县志》，陕西人民出版社，1993年。
⑬ 《环县志》编纂委员会：《环县志》，甘肃人民出版社，1993年。
⑭ 《环县志》编纂委员会：《环县志》，甘肃人民出版社，1993年。

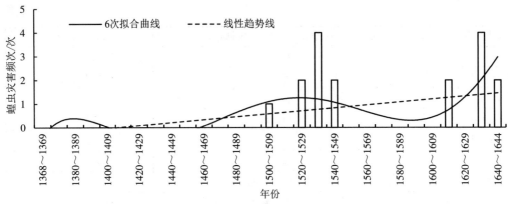

图7-1　榆林地区明代蝗虫灾害频次变化

少有蝗灾发生。在第2阶段和第4阶段，蝗虫灾害发生频繁，等级较高，可将这两个蝗虫灾害较为集中的阶段称为明代蝗灾暴发期。在蝗灾暴发期，蝗虫灾害对人们的生产和生活造成的危害大，甚至会导致饥荒。因此，应当加强对蝗灾暴发期的研究。通过研究蝗灾暴发期，可以为蝗灾防治提供科学依据，减少蝗灾造成的损失。

　　为了更清楚地提示明代榆林地区产生蝗灾的阶段性特征和变化趋势，本节以10年为单位，统计并做出明代榆林地区蝗灾的距平值变化（表7-2、图7-2）。图7-2显示第1、3阶段为负距平值，表明这两个阶段为蝗灾低发阶段或少发阶段。第2阶段和第4阶段为正距平值，说明这两个时期蝗灾高发。统计结果显示，在明代早期132年间没有蝗灾出现。这样的情况一是这一时期可能确定少有蝗灾发生，二是可能与当时人为记录缺失有关，究竟是哪个原因，还需要进一步分析。通过查阅历史文献资料可知，榆林地区明代早期的旱灾、洪涝灾害以及霜雪灾害偏少，但都有一定记录，表明当时对气象灾害的记录基本正常。因此，虽然不能排除该区明代早期史料记录蝗灾不全或存在缺失的问题，但是鄂尔多斯高原南部明代早期蝗灾很少主要不是人为记录缺失造成的，应当是当时蝗灾发生确实很少的显示。上述蝗灾发生的阶段变化清楚，蝗灾很少发生期的气候条件值得研究。旱涝灾害较少、降水分布较为均匀的时期易发生蝗灾，这反映蝗灾的阶段性也可能反映了气候的阶段性。

表7-2　榆林地区明代蝗虫灾害发生频次

年代	频次	年代	频次	年代	频次
1368-1369	0	1460-1469	0	1560-1569	0
1370-1379	0	1470-1479	0	1570-1579	0
1380-1389	0	1480-1489	0	1580-1589	0
1390-1399	0	1490-1499	0	1590-1599	0
1400-1409	0	1500-1509	1	1600-1609	0

续表

年代	频次	年代	频次	年代	频次
1410-1419	0	1510-1519	0	1610-1619	2
1420-1429	0	1520-1529	2	1620-1629	0
1430-1439	0	1530-1539	4	1630-1639	4
1440-1449	0	1540-1549	2	1640-1644	2
1450-1459	0	1550-1559	0		

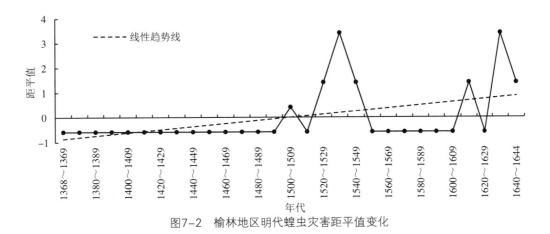

图7-2　榆林地区明代蝗虫灾害距平值变化

二、蝗灾发生的等级

根据文献中的定性描述（包含陕西出现蝗灾的年份），结合章义和对历史上蝗灾的分级尺度[①]及其他研究者的划分尺度，以蝗灾持续的时间、强度和受灾规模大小以及受影响程度的大小等为依据，将榆林地区明代的蝗灾划分为轻度蝗灾、中度蝗灾和重度蝗灾3个等级。

第1级为轻度蝗灾。历史资料中只是简单记载某些地区发生了蝗灾，且发生地点分散，区域不大，而未提及蝗灾对农业生产和百姓生活的影响，本文将这种类型划分为轻度蝗灾。如1633年《延川县志》记录，"1633年，延川县境内有蝗"[②]。《清涧县志》记录，"1616年旱蝗"[③]。

第2级为中度蝗灾。历史文献资料中记载两个或两个以上地区发生蝗虫灾害，蝗灾范围较广，并且有扩散区，危害也较大，蝗灾造成周边地区粮食歉收而免收赋税，官府筹粮赈灾，将其归于中度蝗灾。中度蝗灾危害较大，对农业或牧业生产和人

① 章义和：《中国蝗灾史》，安徽人民出版社，2008年，第50—51页。
② 延川县志编纂委员会：《延川县志》，陕西人民出版社，1999年。
③ 钟章元：《清涧县志》，成文出版社，1970年。

们的生活造成了显著不利影响。比如《米脂县志》卷一中记录，"1520年，蝗飞蔽日"[1]。《清涧县志》卷一中记录，"1535年，清涧，蝗飞蔽日"[3]。《绥德州志》卷一中记录，"1536年，绥德，蝗蔽日"[2]。

第3级为重度蝗灾。历史文献中记载了蝗灾影响规模较大，蝗虫迁飞频繁，产生扩散区，造成严重危害，致使粮食严重欠缺，百姓无以为食，疫病风行，引发更多的人员死亡，并且蝗灾有持续发生的趋势，将这样的蝗灾归为重度蝗灾。如《安定县志》记录，"1529年，米脂，六月，蝗，大饥"[3]。《保德州志》记录，"1537年，飞蝗蔽天，禾伤，民饥甚"[4]。《环县志》卷十纪事中记录，"1638年蝗蝻蔽天，嗣食田禾殆尽"[5]。

按以上的等级划分标准可知，在明代（1368～1644年）的277年里，榆林地区共发生蝗虫灾害16次（图7-3），其中轻度蝗灾8次，占蝗灾总数的50.0%；中度蝗灾3次，占蝗灾总数的18.8%；重度蝗灾5次，占蝗灾总数的31.2%。由此可知，明代榆林地区发生的蝗灾以轻度为主，重度蝗灾次之，中度蝗灾发生最少。虽然该区清代以轻度蝗灾为主，但是也不能忽视轻度蝗灾的危害。轻度蝗灾造成的损失较小，不易统计，这是缺少对轻度蝗灾损失进行评估的原因之一，实际上其对农业生产造成的损失也是存在的。

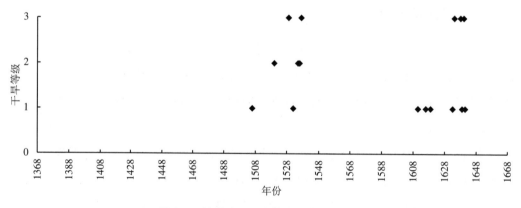

图7-3 榆林地区明代蝗虫灾害等级序列

① 米脂县志编纂委员会：《米脂县志》，陕西人民出版社，1993年。

② 曹世玉：《绥德文库》，中国文史出版社，2004年。

③ 宋楚山：《安定县志》，成文出版社，1970年。

④ 中共保德县委：《保德州志》，山西人民出版社，1990年。

⑤ 《环县志》编纂委员会：《环县志》，甘肃人民出版社，1993年。

第二节　榆林地区清代蝗灾

一、蝗灾发生的频次变化

根据《清史稿》[①]《清实录》[②]和相关方志对清代榆林地区蝗灾的记载（包含只描述陕西出现蝗灾的年份，该地区任一县有蝗灾记载均在计算之内，1年有多次蝗灾的按1次计算），在清代（1644～1911）的268年里，榆林地区共发生蝗灾16次（顺治年间3次，康熙年间2次，乾隆年间1次，道光年间2次，咸丰年间4次，同治年间1次，光绪年间3次），平均每16.8年发生一次。

为了更为深入地研究清代榆林地区蝗灾的时间变化，本节以10年为单位统计了清代榆林地区的蝗灾频次，将该时期蝗灾变化分为3个阶段（图7-4）。第1阶段为1644～1679年，共发生蝗灾4次，平均每9.0年发生一次，频次较高。第2阶段共发生蝗灾2次，对应1680～1829年，平均每75.0年发生一次，频次最低。1830～1911年为第3阶段，共发生蝗灾10次，平均每8.2年发生一次，频次最高。由此可得，清代榆林地区的蝗灾从早期到中期再到晚期表现出由多变少再变多的变化特点，中期为蝗灾少发期，早期和晚期为多发期。清代关中平原的蝗灾也分为3个阶段，蝗灾少发期也是中期，多发期也为早期和晚期。榆林地区蝗灾发生的3个阶段与关中平原地区清代蝗灾的3个阶段基本吻合，表明清代榆林地区蝗灾的发生与关中平原具有同步性，也表明榆林地区历史文献记载的蝗灾频次基本能够反应当时蝗灾的变化。在第3阶段1850～1879年，该区发生蝗灾7次，平均每隔4.3年发生一次，且后述的等级划分表明当时蝗灾等级高，影响范围大，因此我们将这一阶段作为清代蝗灾的大暴发期。

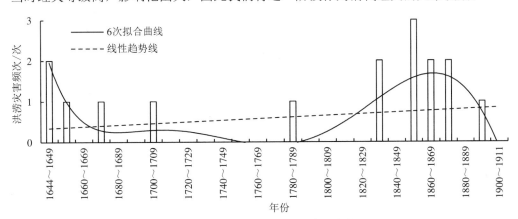

图7-4　榆林地区清代蝗虫灾害频次变化

---

① 赵尔巽、柯劭忞等：《清史稿》，中华书局，1927年。
② 中华书局：《清实录》，中华书局，2008年。

为了清楚地表现清代榆林地区蝗灾的阶段性特征和变化趋势，本节以10年为单位，统计并做出清代榆林地区蝗灾发生频次的距平值变化图（图7-5）。图7-5显示第1、3阶段灾害距平值以大于零为主，说明榆林地区蝗灾的高发期是清代早期和晚期；第2阶段的距平值小于零，说明榆林地区蝗灾低发期是清代中期。

据邓云特先生《中国救荒史》统计，全国在清代268年间共发生各等级蝗灾93次，每隔2.9年就会出现一次，居历史第2位，并且清代蝗灾的地区分布也呈现出不平衡的特点。[1]施和金在其《论中国历史上的蝗灾及其社会影响》中指出，清代蝗灾主要集中于河北、山东、河南三省（约占70%），其次是江苏、安徽和湖北，再次是山西和陕西，其余如内蒙古、甘肃和宁夏等仅是偶有发生。据施和金统计，陕西清代出现府州级蝗灾4次，县级蝗灾5次，总计9次，每隔29.8年发生一次，说明陕西清代蝗灾的发生相对较少。[2]因此，本节统计的榆林地区的蝗灾数据基本能够反映该区清代蝗虫灾害的变化阶段。总体而言，清代榆林地区蝗灾具有一定的波动性，略高于陕西整体的蝗灾发生频次，但与全国相比一直维持在较小频次。

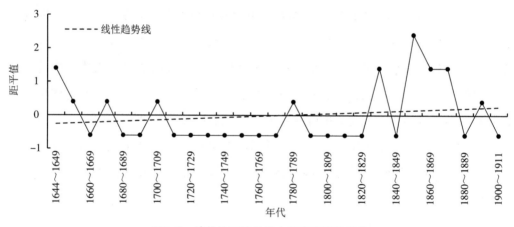

图7-5　榆林地区清代蝗虫灾害距平值变化

表7-3　榆林地区清代蝗虫灾害发生频次变化

年代	频次	年代	频次	年代	频次
1644~1649	2	1730~1739	0	1820~1829	0
1650~1659	1	1740~1749	0	1830~1839	2
1660~1669	0	1750~1759	0	1840~1849	0
1670~1679	1	1760~1769	0	1850~1859	3
1680~1689	0	1770~1779	0	1860~1869	2
1690~1699	0	1780~1789	1	1870~1879	2

① 邓云特：《中国救荒史》，商务印书馆，1993年。
② 施和金：《论中国历史上的蝗灾及其社会影响》，南京师范大学学报（社会科学版）2002年第2期。

续表

年代	频次	年代	频次	年代	频次
1700~1709	1	1790~1799	0	1880~1889	0
1710~1719	0	1800~1809	0	1890~1899	1
1720~1729	0	1810~1819	0	1900~1911	0

由表7-3可知，清代榆林地区蝗灾发生频次最高的是1850~1859年，发生频次居中的是1644~1649、1650~1659年、1670~1679年、1700~1709年、1780~1789年、1830~1839年、1860~1869年、1870~1879年和1890~1899年，发生频次最低即没有蝗灾发生的年份是1660~1669年、1680~1699年、1710~1779年、1790~1829年、1840~1849年、1880~1889年和1900~1911年。

我们将持续30年和更长时间没有发生蝗灾的时期称为无蝗灾时期，这些无蝗灾时期能帮助我们更好地了解清代榆林地区蝗灾的时间变化。由表7-3可以确定两个无蝗灾期，分别在1710~1779年和1790~1829年。这两个阶时期基本处于康乾盛世，国泰民安，一般不会遗漏灾情记录。另外从气候条件来看，这两个段都处于寒冷期中的相对温湿期[①]，不利于蝗虫生长，因此这应该是当时蝗灾发生很少的原因。

二、清代蝗灾发生的等级

依据本章第一节蝗灾的3个等级划分标准，对清代榆林地区的蝗灾进行分级。在清代（1644~1911）的268年里，榆林地区共发生蝗灾16次（图7-6），其中5次轻度蝗灾，占蝗灾总数的31.2%；8次中度蝗灾，占蝗灾总数的50.0%；3次重度蝗灾，占蝗灾总数的18.8%。因此可知，清代榆林地区中度蝗灾最多，重度蝗灾发生较少。

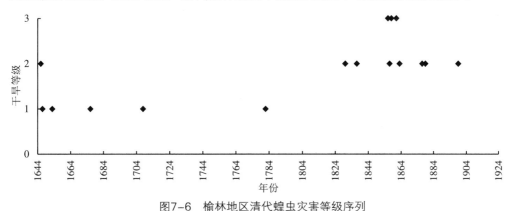

图7-6　榆林地区清代蝗虫灾害等级序列

① 竺可桢：《中国近五千年来气候变迁的研究》，《中国科学》1973年第2期。

清代榆林地区各等级蝗灾的发生时间分布也存在差别。经统计得，清代早期该区轻度蝗灾多发，中度蝗灾仅发生1次，重度蝗灾未出现。晚期轻度蝗灾明显减少，中度蝗灾和重度蝗灾明显增多，其中清代的3次重度蝗灾均出现于晚期的1856年后，说明清代晚期鄂尔多斯高原东南部榆林地区的蝗灾等级和规模明显大于早期和中期。

三、清代蝗灾发生的季节变化

榆林地区清代蝗灾也表现出明显的季节差异。史书中记载发生"夏蝗""秋蝗"或载明"月份"的蝗灾记录共11条（表7-4）。

表7-4　榆林地区清代蝗灾发生月份

农历月份	一	二	三	四	五	六	七	八	九	十	十一	十二
蝗灾次数	0	0	0	0	3	3	5	4	1	2	1	0

由表7-4知，这一时期榆林地区在农历七月发生蝗灾最多，达5次；其次为农历八月，发生4次；农历五月、六月各发生3次，农历十月2次，农历九月和十一月各1次。依季节划分，则夏蝗5次，秋蝗4次，夏蝗连着秋蝗1次，冬蝗1次。因此，榆林地区蝗灾主要集中于夏、秋两季，夏蝗数目略多于秋蝗。陆人骥曾统计了历史上我国蝗灾发生的季节，发现蝗灾最高发生月是农历六月，而后依次为农历四月、五月、七月和八月，且夏蝗发生次数要高于秋蝗。[①]由此表明榆林地区在清代的夏、秋蝗高发率与其他地区基本相似。

农谚曰："春播夏耕，秋收冬藏。"农忙季节主要在夏、秋两季，各种农作物生长最旺盛的阶段是夏季，春播作物的成熟季节是秋季，清代榆林地区多夏蝗和秋蝗，给农业带来严重损失，秋季的蝗灾甚至会直接毁灭农作物，使农民处于衣食无着的悲惨处境。

四、蝗灾的危害

蝗灾被称为"千年祸患"。纵观历史，我们不难发现数千年间蝗灾给我国人民带来了深重的苦难。民间曾长期流传着这样的谚语："蝗虫发生连四邻，飞在空中似黑云，落地吃光青稞物，啃平房檐咬活人。"明代徐光启也曾言："凶饥之因有三，曰水、曰旱、曰蝗。地有高卑，雨泽有偏被，水、旱为灾，尚多幸免之处，惟旱极而

---

① 陆人骥：《中国历代蝗灾的初步研究——开明版<二十五史>中蝗灾记录的分析》，《农业考古》1986年第1期。

蝗，数千里间，草木皆尽，或牛马毛、幡帜皆尽，其害尤惨，过于水、旱。"[①]清代榆林地区的蝗灾，严重制约当地人民的生产生活。

蝗灾会给农业带来致命的打击。旱作禾本科植物是蝗虫的主要食料。蝗虫最喜食的农作物是高粱、水稻、谷子等，低洼滩地的湿生植物如芦苇、稗草也是其喜欢的食物。榆林地区耐旱作物种植较多，主要是以小米、谷子、高粱等，均是蝗虫喜食的农作物。并且，该区蝗灾集中于夏、秋季，此时正是农作物生长和收获的季节。因此，蝗灾一旦发生，造成的损失首先是农作物的减产或绝收，严重时对农业生产的打击往往是毁灭性的，有时甚至会引发饥荒。清代榆林地区由于蝗灾造成粮食减产、官府筹粮赈灾的记载屡书不绝，如"清世祖顺治三年（1646）十月，免陕西延绥本年蝗灾伤额赋"[②]。"清宣宗道光十七年（1837），赈定边、葭州蝗灾贫民。"[③]"咸丰八年（1858）正月，贷陕西镇安、神木、府谷、米脂、吴堡五县被蝗、被旱灾民籽种口粮。"[④]其次，大范围内的蝗灾还会破坏生态环境。蝗虫食量大，被称为"饥虫"，欧阳修形容其为"口含锋刃疾风雨，毒肠不满疑常饥"。蝗虫还具有食性杂的特点，它不仅破坏农作物，不得已时也把树干、树叶和杂草作为食料，可谓"禾尽食草，草尽食树叶"。史籍中"田禾尽损""草木无遗"的蝗灾记载屡有出现。在蝗灾严重的年份，蝗虫来势凶猛，如风卷落叶般吃光大量农作物及芦苇等之后，严重缺食时，还会迅速吞食杂草、树叶等植物，间接致使树木枯死，大片农田因此而荒芜，大量水土因此而流失，导致生态环境渐趋恶化。

再者，严重的蝗灾会造成饥疫，从而导致社会动荡。蝗灾特别严重的年份，一年的庄稼几乎被蝗虫一扫而光，粮食失收势必会引起粮价上涨，从而扰乱正常的社会经济生活。并且在传统的农业社会，庄稼乃是农民的衣食所仰，农民颗粒无收、无法生存，不得不背井离乡、四处流亡，难免会有一部分饥饿平民迫于生存需要铤而走险、相聚为盗，造成社会秩序的混乱。尤其当蝗灾与旱灾相伴发生时，往往出现"赤地千里、哀鸿遍野、饿殍载道"及"人相食"的惨烈景象。蝗灾大多发生在夏、秋季，气温较高，饿死的人和动物的尸体极易腐烂，容易导致瘟疫的发生和蔓延。由统计知，在榆林地区清代的16个蝗灾年中，蝗灾相应年份发生饥荒的有4次，蝗灾发生后一年出现饥荒的有7次，两者合占蝗灾总数的68.6%。除了顺治四年（1647）的饥荒仅由蝗

---

① 徐光启：《农政全书》，上海古籍出版社，1979年。
② 中华书局：《清实录》，中华书局，2008年。
③ 宋伯鲁等修，吴廷锡等纂：《续修陕西通志稿》，民国二十三年（1934）。
④ 中华书局：《清实录》，中华书局，2008年。

灾所致，其余10次都发生于蝗灾与水灾或旱灾共发的年份。虽然饥荒的发生不全因蝗灾，然而蝗灾是饥荒的诱因之一，是毋庸置疑的。严重的饥荒发生年，统治者若未及时采取有力措施安抚、赈济灾民，处于生死边缘的民众往往会揭竿而起，蝗灾就会成为农民起义的导火索。

史书记载，在朝代更替过程当中，严重蝗灾常发生在一个朝代的末期，明末清初的特大蝗灾即是很好的例证。陕北地区从明神宗万历三十九年（1611）开始，就不断有旱灾和蝗灾发生，旱蝗相加，导致饥荒连年，农民无法忍受过重的赋税和徭役。崇祯年间，蝗灾已愈演愈烈。崇祯三年（1630），张献忠自称"八大王"，率领农民在陕西米脂十八寨起义。"公元1640年，陕西等地大旱，蝗，至冬大饥，人相食，草木俱尽，道殣相望。"①河南蝗虫不仅毁物，连人都成为攻击对象。②而此时，崇祯帝并没有采取积极的救灾措施，却在全力镇压李自成、张献忠起义军。天灾人祸交织，广大农村破败，农民身上无衣、口中无食，苦不堪言，纷纷加入起义军，起义队伍不断扩大，使得明王朝的覆灭成为必然趋势。

第三节　蝗灾发生的原因

一、降水与气温条件与蝗灾发生的关系

蝗灾作为一种重要的自然灾害，其发生、发展和消失是降水、温度等多种自然因素综合作用的结果。如前所述，清代榆林地区发生的16次蝗灾中，有12次是当地蝗虫引起的，仅有2次是由于东南部的蝗虫迁飞到该区所致，表明该区具备蝗虫猖獗的自然条件。下面从降水和气温两方面探讨产生蝗灾的条件。

首先，降水会影响到蝗灾的产生。生态学知识告诉我们，限制蝗虫分布的首要气候条件是湿度，世界上主要的蝗患地带，都是气候比较干燥的区域。③④一般来说，蝗虫喜旱怕湿，降水量大于1000mm的区域不适合蝗虫的生长发育。因为较多的降水以及温度大的空气会沾湿虫翅增加翅重，致使其飞行觅食不便而被饿死。研究还发现，降水对蝗虫虫卵有机械杀伤作用，强降水可直接杀死蝗卵，降低蝗虫繁殖率。榆林地区深居内陆，处于温带大陆性季风气候区，年均降水量约400mm，降水少且季节分配

① 中华书局：《明实录》，上海书店出版社，2015年。
② 袁枚：《子不语》，上海古籍出版社，2012年。
③ 陈正祥：《中国文化地理》，三联书店，1983年。
④ 孟艳霞：《明代山东蝗灾分布特征初探》，《菏泽学院学报》2009年第1期。

不均，大多以暴雨形式集中出现在夏季，这些均为蝗虫的生长繁殖提供了有利条件。

　　为了明晰蝗灾与降水量之间的关系，本文根据李钢等[①]对过去450年（即1501～1950）陕西气候干湿转变的重建，选取1644～1911年的干湿变化阶段，将其与蝗灾频次进行了比较（表7-5）。由表7-5可得，清代榆林地区的16次蝗灾中，在天气偏干降水量较少阶段发生了13次，仅有3次发生在天气偏湿降水量较多阶段，说明榆林地区清代蝗灾与气候偏干相关。

表7-5　榆林地区清代气候干湿变化和蝗灾频次比较

年代	气候特征	蝗灾频次	年代	气候特征	蝗灾频次
1644～1710	偏干	5	1711～1800	偏湿	1
1801～1824	偏干	0	1825～1840	偏湿	2
1841～1911	偏干	8			

　　同时蝗灾的发生还受当地降水季节分布的影响，《礼记·月令》中的"孟夏行春令，则蝗为灾"之说，就体现了这种联系。从降水的季节分布来看，春季榆林地区的降水仅占整年的14.5%，该地区春旱少雨的天气情况有利于越冬蝗卵的孵化，孕育了第一代蝗虫，若初夏雨期延迟，干旱少雨，极有可能产生大量夏蝗。榆林地区夏季降水虽然较多，集中了全年雨量的56.7%，然而由于夏季温度高、蒸发强烈，较少的降水一般不会对蝗卵产生威胁。在夏季的6、7月份，第一代蝗虫产卵，若直至夏末降水量仍较少，则有利于第二代蝗虫的羽化，易致使秋季蝗虫的肆虐。秋季该区的降水量仅次于夏季，占26.7%，若秋季该区雨期持续长且雨量大，则会不利于第二代蝗虫产卵越冬，次年夏季蝗灾暴发的可能性就会下降。

　　除降水外，榆林地区的气温适合蝗虫的生长发育。蝗虫属变温动物，在适宜温度范围内，气温每升高1℃，蝗虫生理生化速率约提高9.8%。[②]所以，气温会直接影响蝗虫的生长发育。最适宜蝗虫发育的温度为28～34℃，而且在整个生长期需要这种温度持续达到35天以上，方能完成发育与生殖。[③]夏季榆林地区的温度能满足上述条件，因而该区蝗灾多发生在夏季。由前文知，清代该区的蝗灾多发生在农历七月，因为农历七月不仅为第一代蝗虫羽化高峰末期，而且正好是夏末，温度较高。本节将榆林

---

① 李钢、王乃昂、程弘毅等：《利用10a尺度上的虫旱灾异年频数（LUD）重建陕西过去450a气候干湿变化初步研究》，《干旱区地理》2004年第2期。

② 倪绍祥、巩爱歧、王薇娟：《环青海湖地区草地蝗虫发生的生态环境条件分析》，《农村生态环境》2000年第1期。

③ 马世骏：《中国东亚飞蝗蝗区的研究》，科学出版社，1965年。

地区蝗灾发生年与王绍武统计的近千年我国华北和华东地区冷暖夏年份[①]进行对比，发现在该区清代发生的16次蝗灾中竟无一次发生在暖夏年，反而有两次——1647年和1653年产生的蝗灾发生于冷夏年，这表明夏季温度不是制约该区清代蝗灾最为关键的因素。蝗灾的发生还受冬季气温高低的影响。《礼记·月令》中的"仲冬行春令，则蝗为灾"，即指冬季若像春天般温暖，则翌年就极有可能发生蝗灾。明末清初的陆桴亭说："蝗白露后，生子于地，至来春惊蛰即出为蝻。"说明蝗虫一般以卵的形式在土壤中越冬，在来年的4月上、中旬日平均气温超过15℃后开始发育。蝗虫的越冬卵忍受低温的能力有一定限度，如果上一年冬季连续15天以上气温低于-10℃，虫卵就有可能被冻死。[②]一般来说，1月份平均气温较高的暖冬年份，越冬卵能够安全过冬，来年春夏之交时节，蝗虫极易大规模繁殖，暴发蝗灾的可能性较大；反之，冷冬，次年蝗虫肆虐的可能性会降低。

为了明确榆林地区清代蝗灾与暖冬的关系，本文在王绍武统计的近千年我国华北和华东地区冷暖冬年份表[③]的基础上，选取1644～1911年间的冷、暖冬年份，并逐个加1年，得出华北和华东地区1645～1912年的冷、暖冬次年表（表7-6），并用斜黑体标出了榆林地区的蝗灾年。由表7-6可得，在清代47个冷冬次年里，共出现蝗灾4次；17个暖冬次年里，出现蝗灾2次。蝗灾年和冷、暖冬次年的重叠概率分别为=0.09和=0.12，两者仅相差0.03，表明该区蝗灾与上一年暖冬之间并没有必然的因果关系。

通常认为，蝗灾暴发的两个最可能的气象诱因是当年干夏和上年暖冬。上述分析说明，清代榆林地区降水对蝗灾的影响要强于气温，降水量偏少年份出现蝗灾的可能性比暖冬次年发生蝗灾的可能性更大，所以在降水量偏少年尤其是夏季降水偏少时，一定要加强对蝗灾的预防。

表7-6　华北和华东地区1645～1912年冷暖冬次年表

冷冬次年										暖冬次年			
1653	1654	1655	1656	1657	1663	1666	1667	1671	1677	1661	1689	1694	1696
1684	1690	1691	1701	1715	1716	1745	1746	1750	1753	1703	1704	1766	1781
1761	1762	1763	1777	1796	1800	1810	1815	1820	1832	1787	1844	1847	*1857*
1833	1841	1842	1845	1846	1849	1852	*1858*	1860	*1861*	1867	1875	1890	*1899*
1862	1865	1878	*1879*	1885	1893	1894				1903			

注：表中斜黑体数字为蝗灾发生年。

① 王绍武：《近千年我国冬夏温度的变化》，《气象》1990年第6期。
② 张玉珍：《气象条件与蝗灾》，《北方园艺》2001年第5期。
③ 王绍武：《近千年我国冬夏温度的变化》，《气象》1990年第6期。

二、水灾、旱灾与蝗灾的联系

民谚曰："先淹后旱，蚂蚱连片。"一般而言，蝗灾的发生与水、旱灾害息息相关。尽管过去的研究已认识到蝗灾与干旱之间密切的关系，但哪种等级的旱灾对蝗灾影响最大，目前还不够清楚，下文即将对这一问题进行研究分析，并对蝗灾与水灾之间的关系进行深入探讨。

旱蝗是一对孪生姊妹，宋代苏轼诗云："从来旱蝗必相资，此事吾闻老农言。"明代徐光启也在《农政全书》中提出了"旱极而蝗"的说法。大量研究表明，蝗灾和旱灾相关性较高。杨振红认为："旱、蝗灾发生最为频密，两种灾害具有共发性特征。"[1]张建民先生也在其《灾害历史学》一书中指出："蝗灾的发生与旱灾有很高的相关性，大的蝗灾往往发生在干旱之后，旱蝗饥连接相随的记载很多。"[2]持相近看法的还有日本学者田村专之助，他认为蝗灾多发生于降水量低的时期，并在其专著《中国气象学史研究》中论证了其结论的正确性。[3]所以，我们将清代榆林地区蝗灾和旱灾的记录进行了统计对照（图7-7）。由图7-7可知，清代该区16次蝗灾中，有4次蝗灾前一年发生了旱灾，有7次蝗灾相应年份出现旱灾，二者共占蝗灾总数的68.8%。

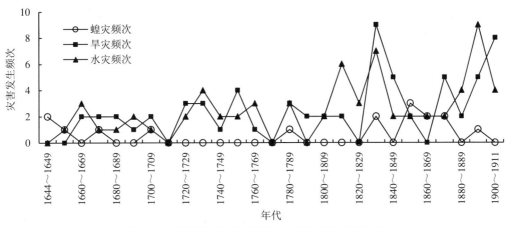

图7-7　榆林地区清代旱涝灾害与蝗虫发生频率对比

旱蝗密切相关主要是因为降水对蝗虫，尤其是对蝗卵的孵化会产生很多不利影响。东亚飞蝗是榆林地区主要的蝗虫种类，该区大部分蝗灾系其所致。该蝗虫通常在河岸、湖滨、淤滩、山麓以及田埂的土壤中产卵，这些地方的显著特点是旱溢无常，一般降水较少的季节是干涸的陆地，而在降水较多的季节则被水淹没。从蝗虫本身特

---

① 杨振红：《汉代自然灾害初探》，《中国史研究》1999年第4期。
② 张建民、宋俭：《灾害历史学》，湖南人民出版社，1998年，第123—126页。
③ 田村专之助：《中国气象学史研究》下卷，中国气象学史研究刊行会，1976年。

点来说，该区东亚飞蝗一般一年发育两代，农历六月是第一代羽化高峰，农历八月约为第二代羽化高峰。农历六、八两月也是该区旱灾的多发期。在蝗虫羽化的夏、秋两季，频繁而又持续的干旱使黄河及其支流在该区境内的流量减少，河滩水位下降，致使大片荒地暴露，这些地区继而成为蝗虫的适生区，为产生蝗灾提供了有利条件。

仔细查看清代鄂尔多斯高原东南部榆林地区的蝗灾资料可得，发生蝗灾之前不一定会有旱灾出现。如顺治三年（1646）、四年和十年发生蝗灾就未出现旱灾。马世骏在《中国东亚飞蝗蝗区的研究》一书中提出，"初卵化的幼蝻不能在低于35%的相对湿度中发育，过干的表土不适合飞蝗产卵，已产在土壤内的蝗卵如无适宜的水分供给也不能正常发育"[1]，说明适度的干旱有利于蝗虫的生长发育，而过度的干旱则会不利于蝗虫的生长。所以，蝗灾发生的先决条件并不是旱灾，旱灾程度的高低才是决定性因素。清代在该区发生的16次蝗灾中，有11次蝗灾与旱灾有关，其中出现在轻度旱灾年或其后的有4次，出现在中度旱灾年或其后的有6次，仅1877年的1次发生于特大旱灾年，之外的5次大旱灾和特大旱灾年均无蝗灾出现。所以，蝗灾暴发的有利条件是轻度旱灾和中度旱灾。

马世骏认为除了旱灾，水灾亦与蝗灾相关联。[2]从图7-7可以看出，在榆林地区清代的16次蝗灾中，蝗灾发生前一年出现涝灾的有4次，蝗灾相应年份发生涝灾的有1次，两者共占31.3%。在这5次涝灾中，轻度涝灾有3次，中度涝灾有2次。这些充分表明清代该区的蝗灾与适度的涝灾有一定联系。因为涝灾后，地势较低的洼地积水，退水后出现大面积的潮湿地带，地面板结，成为蝗虫孵化的理想摇篮。[3]并且水患过后的河滩可为蝗虫的喜食植物芦苇提供优良的生长环境，确保了蝗虫的食物来源。优良的孵化环境和充足的食料，为蝗灾的发生奠定了基础。然而如果雨水过多，蝗卵或因水淹或因霉菌感染而大量死亡，因而不能成灾。[4]

当代有关研究得出，如果某年发生水灾，来年接着发生旱灾的情况下，极易发生蝗灾。[5]由图7-7知，清代该区早期和晚期产生蝗灾频率高与当时出现水、旱灾害频率高的记载是相吻合的。榆林地区清代也有这样的例证，如"乾隆四十六年（1781），

---

① 马世骏：《中国东亚飞蝗蝗区的研究》，科学出版社，1965年。
② 马世骏：《中国东亚飞蝗蝗区的研究》，科学出版社，1965年。
③ 高冬梅：《建国以来我国蝗灾防治工作的历史考察》，河北师范大学学报（哲学社会科学版）2005年第1期。
④ 吴瑞芬、霍治国、卢志光 等：《蝗虫发生的气象环境成因研究概述》，《自然灾害学报》2005年第3期。
⑤ 勾利军、彭展：《唐代黄河中下游地区蝗灾分布研究》，《中州学刊》2006年第3期。

榆林地区南部大水入市"①。"乾隆四十七年（1782）秋，绥德、清涧、米脂、吴堡，旱。"②

由以上分析知，清代榆林地区蝗灾与水、旱灾害具有相伴发生的特点，蝗灾一般与水、旱灾害同步或出现于水、旱灾害之后，并且蝗灾与旱灾具有更高的一致性。轻度、中度旱灾和涝灾最有利于蝗虫生长，可能会导致蝗灾暴发，大旱和特大干旱反而会抑制蝗虫的生长，因此在轻度、中度旱灾年和涝灾年份要加强对蝗灾的预防。

三、人类活动对蝗灾发生的影响

人类不当的活动特别是对植被的过度砍伐也加重了蝗灾的发生。陕北植被在明清时期遭到大规模破坏。从秦王政十七年（前230）至清初（1661）的1900年间，陕北人口数量在多数时间内不超过70万人，在人口较少的东汉初、西晋、元代时期，口更是少至10万左右。而到了清代，陕北人口飞跃上升，至咸丰年间人口总数已接近200万。③随着人口的快速增多，从顺治年间开始，清政府先后颁布了一系列垦荒屯田令，鼓励人民开垦荒地，增加粮食产量。虽然这种权宜之计对安定流民、稳定政权有积极作用，但在当时的生产力条件下，粮食产量的增加是通过增加耕地实现的，而耕地的增加则是建立在对自然植被的狂开滥垦之上。研究发现，黄河中游森林覆盖率，自秦汉时的42%，下降至唐宋时的32%，从明清到新中国成立前期已下降至3%。④植被的减少，加剧了黄土高原的水土流失，一方面使得旱灾和涝灾激增，蝗灾的发生随之增多；另一方面，更多泥沙被卷入黄河，加剧了黄河的泛滥，涝灾后黄河沿岸的潮湿地带又为孕育蝗虫提供了温床，增加了蝗灾暴发的机率。

清代榆林地区发生蝗灾的频次也与国家乱治有密切关系。首先战争带来最直接的后果就是对生态环境不可逆转的破坏。战乱导致大量森林遭到砍伐、农田荒芜，使得大片土地裸露，扩大了蝗虫的繁殖地。一旦发生蝗灾，仅仅依托少数人力治蝗是难以实现的，需要依赖国家的力量。在战争年代，治蝗工作不能顺利展开，小范围蝗灾不能扼制便极易扩大规模，因而成灾较多。清代早期，统治者忙于稳定政权，无力关注治蝗事宜，所以早期蝗灾发生频繁。及至康熙初年，才先后平定三藩之乱，击败沙俄侵略，基本稳定国内形势。清代中期，尤其是康熙至乾隆时期，统治者励精图治，十

---

① 钟章元：《（道光）清涧县志》，道光八年（1828）。
② 孔繁朴修，高维岳纂：《绥德直隶州志》，光绪三十一年（1905）。
③ 曹树基：《中国人口史》，复旦大学出版社，2000年。
④ 延军平、黄春长、陈瑛：《跨世纪全球环境问题及行为对策》，科学出版社，1999年。

分重视农业生产、也就会大力治理灾害,所以该阶段蝗灾发生较少,即使出现也发生在较小范围。从咸丰年间开始,国家战乱不断,特别是到了光绪年间,日薄西山的清王朝临近灭亡,统治者忙于维持风雨飘摇的政权,在出现蝗虫的年份无暇集中精力组织灭蝗工作,造成蝗灾加剧。

四、鄂尔多斯高原东南部榆林地区清代蝗灾起源

追溯蝗灾起源对于认识蝗灾发生规律和减少蝗灾损失至关重要。虽然过去对陕西历史时期蝗灾及蝗灾起源的研究较少,但若历史文献记录够详细具体,那么确定造成蝗灾的起源也并非难事。根据我们掌握的资料,可将蝗灾起源分为当地起源、省内其他县市起源和省外起源3种。一般而论,将范围在1~2个县或几个县范围的较小规模的蝗灾归为当地起源,范围较大的跨地区的蝗灾归为外地区起源或外省起源的。

清代榆林地区的16次蝗灾中,最早的出现在顺治三年（1646）,文献中分别记载"榆林地区北部,蝗"[①],"米脂,蝗"[②],"六、七月,绥德飞蝗蔽天"[③]。一年以后,榆林又有蝗灾发生。顺治十年（1653）十一月,府谷发生蝗灾。康熙年间,榆林地区有明确记载的蝗灾分别发生在康熙十五年（1676）和四十七年（1708）。但这两次蝗灾的范围均较小,前者仅限于府谷,后者发生在绥德境内。乾隆四十七年（1728）,绥德又一次出现蝗灾。道光十年（1830）,陕西飞蝗入境。道光十七年（1837）,陕北发生蝗灾,主要发生在榆林地区的定边和佳县。咸丰六年（1856）,"陕西七月有蝗自东方来,飞行蔽日"[④]。咸丰七年（1857）、八年（1858）和十一年（1861）陕西先后发生蝗灾,榆林地区也在劫难逃。此次蝗灾覆盖范围大,且连续发生,严重影响了当地的收成和政府的赋税收入。同治二年（1863）五月,陕西又一次发生蝗灾。光绪年间,对榆林地区有影响的蝗灾分别发生于光绪三年（1877）、五年（1879）和二十五年（1899）,其中光绪三年的蝗灾出现于当年西北发生毁灭性大旱的背景下,使人民在饱受旱荒的同时,也遭受着蝗害之苦,又一次将人民推向了生死边缘,更是对当时以农为本的社会的巨大冲击。

根据上述资料分析可知,榆林地区有约12次的蝗灾是局限在1~2个县小范围内的蝗灾,是当地生长的蝗虫造成的;发生在1830年和1856年的蝗灾规模较大,史料有

① 李熙龄:《榆林府志》,道光二十一年（1841）。
② 高照煦:《米脂县志》,光绪三十三年（1907）。
③ 吴忠诰修,李继峤纂:《绥德州直隶州志》,乾隆十九年。
④ 宋伯鲁等修,吴廷锡等纂:《续修陕西通志稿》,民国二十三年。

明确记载蝗虫来自省外东南，可确定这次蝗灾是从省外迁移来的蝗虫造成的；发生在
1858年和1861年的蝗灾规模也较大，虽然史料没有明确记录蝗虫来自省外，但据规模
推断来自省外的可能性很大。尽管对1858年和1861年的蝗灾起源还不确定，但由于起
源省外的蝗灾少，所以不影响对蝗灾起源的整体认识。

第八章　鄂尔多斯高原历史时期的沙漠化

沙漠化是荒漠化的一种类型，严重影响着人类生存和社会经济发展。我国是世界上沙漠化最严重的国家之一，因沙漠化造成的土地资源损失很大。全国沙漠、戈壁和沙漠化土地面积约为$165.3 \times 10^4 km^2$，其中人类活动导致的现代沙漠化土地约为$37.0 \times 10^4 km^2$。[①]这些沙漠化土地集中分布在北方干旱、半干旱和部分半湿润区，从东北经华北到西北形成一条不连续的弧形分布带，以贺兰山以东的半干旱区更为集中。[②]一般认为，沙漠化指干旱、半干旱及半湿润地区人类不合理的活动与脆弱的生态环境综合作用所导致的土地退化，表现为土地生产力下降、土地资源丧失、地表呈现类似沙漠景观。[③④]全球土地沙漠化发展的速率不断加快，20世纪60～70年代每年为$1560 km^2$，80年代为$2100 km^2$，90年代达到了$2460 km^2$[⑤]。

据研究，毛乌素沙地沙漠化严重，面积约占鄂尔多斯高原面积的2/3。因此，毛乌素沙地的沙漠化可以代表鄂尔多斯高原的沙漠化，而鄂尔多斯高原的沙漠化也主要是毛乌素沙地扩张表现出来的。

毛乌素，在蒙古语中意为"坏水"，其名源于陕北靖边县海则滩乡毛乌素村。最早的毛乌素地区，仅指从定边孟家沙窝到靖边高家沟乡的一片连续沙带，也称小毛乌素沙带，后来将陕北长城沿线和鄂尔多斯高原东南部连续分布的沙地统称为毛乌素沙地。

为了清楚认识该区沙漠化的范围，需要简要介绍毛乌素沙地的概况。毛乌素沙

① 朱震达：《世界沙漠化研究的现状及其趋势》，《世界沙漠研究》1982年第2期。
② 赵景波、罗小庆、邵天杰：《荒漠化与防治教程》，中国环境出版社，2014年。
③ 朱震达：《世界沙漠化研究的现状及其趋势》，《世界沙漠研究》1982年第2期。
④ 赵景波、罗小庆、邵天杰：《荒漠化与防治教程》，中国环境出版社，2014年。
⑤ Gaafar karrar, Daniel Stiles：《全球沙漠化的现状与趋势》，《世界沙漠研究》1985年第4期。

地位于高原的中部与南部，海拔1200～1500m。①西、北、东三面被黄河环绕，东南背倚黄土高原，西北向库布齐沙漠、腾格里沙漠敞开，处在戈壁向黄土高原的过渡地带。根据王立祥2004年的实际考察研究，毛乌素沙地的具体界线是东部大致以包神铁路为界（局部已经越过包神铁路向东发展，可能已经接近准格尔旗境内沙圪堵），南部至陕西榆林长城一线以北（局部已经跨越长城一线南侧），西部至石嘴山—吴忠黄河一线以东（宁夏境内黄河以西地区属腾格里沙漠），北部以109国道与库布齐沙漠相分割，至准格尔沙圪堵—东胜—杭锦旗南—鄂托克旗北—石嘴山一线。②在行政上则位于内蒙古的伊克昭盟、陕北榆林地区与宁夏东南盐池地区的三角地带。③关于行政区划，经中科院、北京大学等有关单位的专家在20世纪50年代到60年代的考察，认为其范围包括三省区的十一个旗县的部分或全部，总面积为$4 \times 10^4 km^2$。④

1981年由国家林业部主持陕、宁、内蒙古三省区综合治理毛乌素沙地，将该地区沙漠范围又重新确定为约$7 \times 10^4 km^2$，各旗县分别为内蒙古伊克昭盟的伊金霍洛旗、乌审旗、鄂托克旗、杭锦旗、东胜市、准格尔旗，陕西省榆林市的神木县、榆阳区、横山县、靖边县、定边县、佳县、府谷，以及宁夏的盐池县、灵武县、陶乐县。⑤根据国家林业局2005年公布的1994～1996年间的沙漠化普查结果，毛乌素沙地总面积约为$7.8 \times 10^4 km^2$。

第一节　鄂尔多斯高原沙漠化研究现状

20世纪50年代，严钦尚等从流动沙地形成与植被的关系出发，率先提出毛乌素沙地的形成为就地起沙，认为人类活动的强烈影响引发了植被破坏致使地下伏沙活化，在风力作用下古沙翻新，堆积成新的沙丘。⑥以彼得洛夫为代表的苏联专家，对我国的干燥区进行了综合自然地理考察，得出结论："中国目前所有的大片流动沙地的形成基本上都是由于人类不合理的活动。"

因以上的研究都是基于当时的自然地理环境特征，人类活动的强烈干预在半干旱

---

① 北京大学地理系：《毛乌素沙区自然条件及其改良利用》，科学出版社，1983年。
② 北京大学地理系：《毛乌素沙区自然条件及其改良利用》，科学出版社，1983年。
③ 北京大学地理系：《毛乌素沙区自然条件及其改良利用》，科学出版社，1983年。
④ 北京大学地理系：《毛乌素沙区自然条件及其改良利用》，科学出版社，1983年。
⑤ 张文彬：《内蒙古自治区伊克昭盟毛乌素沙地农牧业资源调查及区划》，内蒙古人民出版社，1989年，第7—26页。
⑥ 严钦尚：《陕北榆林定边间流动沙丘及其改造》，《科学通报》1954年第11期。

草原区引起环境变化等土地退化过程是很普遍的，因此毛乌素沙地是纯粹的"人造沙漠"的观点在这一时期形成。然而随着对区域地质特征，尤其是第四纪地质研究的深入，已有充分的事实证明毛乌素沙地在人类影响之前就存在。

在历史上沙地的大部分地区都是水草丰美，但现在水热条件比西部好的东南部沙地也发现了大规模的流动沙丘，沙漠化过程活跃，导致耕地和草场普遍风蚀粗化或为流沙所侵占，居民点、交通、水利工程及其他农牧业设施均遭受风沙危害，土地肥力下降，最终导致可利用土地资源丧失。[1][2]这些都对该区域的经济与社会发展和人民生活带来不良乃至十分严重的后果，也使得生态平衡遭受破坏，风沙频发，自然环境趋于恶化。

毛乌素沙地对我国具有十分重大的生态意义，是我国重要的生态屏障。该地区成为我国的生态屏障源于两个重要的原因。一是西伯利亚干燥寒冷的西北风与温暖湿润的东南风相遇成为亚洲东部的气象要素。我国北方大部分地区受该气候带的影响。毛乌素沙地处于蒙古—西伯利亚反气旋高压中心，因此该地区对阻击干燥的蒙古—西伯利亚西北风前进有重要作用，可以缓减北旱南涝的状况。二是毛乌素沙地地处特殊的地理位置。该地区西北方有阿拉善戈壁荒漠、沙子流动性很强的腾格里沙漠以及库布齐沙漠，这些戈壁荒漠生态条件极其脆弱，很容易发生沙漠化扩展。毛乌素沙地具有阻击沙漠化继续向东南扩展的作用。如果毛乌素沙地沙漠化严重扩展，就意味着沙漠化东移南下，严重影响到我国华北地区、东北地区及南方地区的可持续发展。所以，该区域的生态环境关系到我国的生态状况和经济可持续发展，成为我国的重要生态屏障。

毛乌素沙地是我国干旱草原和荒漠草原地区最大的流动沙地，它的荒漠化问题在该区域的研究中一直占据重要地位。

一、20世纪50～70年代的沙漠化研究

1949年以来，我国学者对鄂尔多斯高原的沙漠化开展了部分研究。严钦尚研究了陕北榆林、定边之间的流动沙丘，认为其形成不过是近300年发生的事情，主要形成于人类历史时期。[3] "文革"时期，对鄂尔多斯高原的研究陷入低潮。侯仁之根据历史上人类活动情况，提出毛乌素沙地沙丘活化和古沙翻新与人类活动密切相关的看法。[4]这一时期处在研究的早期阶段。由于这一阶段缺少对古风成沙的调查研究，没

---

① Gaafar karrar, Daniel Stiles：《全球沙漠化的现状与趋势》，《世界沙漠研究》1985年第4期。
② 朱震达：《中国北方沙漠化现状及发展趋势》，《中国沙漠》1985年第3期。
③ 严钦尚：《陕北榆林定边间流动沙丘及其改造》，《科学通报》1954年第11期。
④ 侯仁之：《从红柳河上的古城废墟看毛乌素沙漠的变迁》，《文物》1973年第1期。

有认识到第四纪时期发生的自然成因的沙漠化和沙漠曾经出现的问题，关于该区沙漠化成因获得的主要认识是人类活动产生的。

二、20世纪80年代的沙漠化研究

80年代以来，本地区的荒漠化问题成为学术界关注的焦点，许多相关学科都开展了研究，使得对于本区沙漠化的认识日趋深入。但关于毛乌素沙地的沙漠化成因问题一直存在不同看法，直到现在仍然存在争议。一种观点认为，毛乌素沙地形成年代很久，在第四纪初期就已出现，形成的主导因素是气候变化，次要因素或诱导因素是人类活动。如董光荣等1983年对榆林附近含有10层的第四纪古风成沙的黄土剖面进行了研究，认为毛乌素沙地至少在70万年前就已出现，甚至在更早的第四纪初以来始终断续存在，其演化模式不是直线形地往单一流沙方向发展，而是呈现、扩大与固定、缩小乃至生草成壤的一系列正、逆变化过程。[1]李保生1988年对榆林城黄土剖面中的18层风成沙和毛乌素沙地的现代风成沙进行了粒度分析和对比，认为古风成沙粒度成分与该区现代沙丘粒度成分极为相近，得出毛乌素沙地在第四纪初期就已出现，而且随着第四纪气候的冷暖变化发生了多次的进退，现代的少漠化是过去沙漠化的发展延续。[2]李保生的研究表明，至少在100万年前，毛乌素沙地就已出现。另一种观点认为，历史时期毛乌素沙地的荒漠化与人类活动有关。如朱震达在1989年的研究中认为，毛乌素沙地的荒漠化土地乃是历史时期由于过度的人类活动破坏砂质草原形成。[3]史念海1980年提出，该区沙漠不是地质时期形成的，而是历史时期人类活动的产物。[4]另外还有一种介于上述两者之间的观点，如史培军1981年[5]、杨根生等[6]1987年研究认为，鄂尔多斯地区的荒漠化随空间尺度的不同其成因也不同，千年尺度的荒漠化与流沙固定、半固定的演化规律是气候干湿转化的产物，百年尺度的荒漠化过程的增强与削弱的主要原因则是气候的干、湿变化，人类不合理地利用沙地是沙漠化的诱导和增强因素，几十年尺度的流沙扩展与固定、半固定则是气候干湿波动和人类活动诱导与增强共同相互作用的产物。这一时期对该区沙漠化治理也进行了研究，如李

① 董光荣、李保生、高尚玉 等：《鄂尔多斯高原的第四纪古风成沙》，《地理学报》1983年第4期。
② 董光荣、李保生、高尚玉 等：《鄂尔多斯高原的第四纪古风成沙》，《地理学报》1983年第4期。
③ 朱震达、刘恕、邱醒民：《中国沙漠化及其治理》，科学出版社，1989年。
④ 史念海：《两千三百年来鄂尔多斯高原和河套平原农林牧地区的分布及其变迁》，《北京师范大学学报》1980第6期。
⑤ 史培军：《南毛乌素沙带的形成与利用》，《内蒙古师范学报》（自然科学版）1981年第2期。
⑥ 杨根生：《黄土高原地区长城沿线及以北风沙区交通能源开发中的沙漠化问题及其对策》，《干旱区资源与环境》1987年第1期。

孝芳[①] 1980年、史培军[②]1981年、孙金铸[③] 1981年等从不同角度提出了防治该区的沙漠化既要注重生态效益，同时也要兼顾经济收益，既要抓生物措施，也要在一些特殊地段采取一些工程措施。

三、20世纪90年代的沙漠化研究

20世纪90年代，历史时期毛乌素沙地环境变化的成因机制及沙漠化问题，仍然是学术界讨论的焦点。吴正1991年认为，第四纪地质期间，荒漠化是一种纯自然过程，即气候—地貌过程，人类历史时期的荒漠化是一种自然—人为过程，即气候—人类干预地貌过程，气候的干旱化是导致荒漠化的主导因素。[④]贾铁飞1992年从地貌发育规律探讨毛乌素沙地的形成发展，认识到全新世以来，沙地经历了沙丘活化、流沙扩展与湖沼发育、成壤活跃、沙丘趋于固定半固定的多旋回双向发育过程。[⑤]陈渭南1993年用全新世毛乌素沙地的孢粉组合反演其气候变迁，认识到该区全新世植被与气候存在多阶段的变化，其中全新世早期为荒漠草原和草原，全新世中期的8500～8000年为疏林草原和干草原，7500～7000年植被发育最好，为落叶阔叶林、疏林草原、森林草原，6500～5000年的前期为疏林草原和干草原，后期为冷杉、云杉林森林草原，4000年以来主要为疏林草原、干草原。[⑥]其后，孙继敏等1997年研究得出，在榆林石峁黄土剖面中夹有13层古风成沙，代表了13次大规模的南侵。他结合古地磁测定得出，毛乌素沙地至少在50万年前就已经出现，并且经历了多次的进退变化。[⑦]本课题组在对横山区进行调查时也发现，黄土剖面中有多层古风成沙，显示毛乌素沙地至少在50万年前就已经有了很大范围。李保生等1998年研究证明，150kaBP以来毛乌素区域27个旋回的沙丘与河湖相和古土壤沉积发育的交替演化模式，是过去亚洲冬季风与夏季风相互对峙、互为消长的作用而发生的后果。[⑧]苏志珠1999年用湖沼沉积物代用指标特征反演晚冰期

---

① 李孝芳：《编制毛乌素沙区土被结构图的初步尝试》，《自然资源》1980年第1期。

② 史培军：《南毛乌素沙带的形成与利用》，《内蒙古师范学报》（自然科学版）1981年第2期。

③ 孙金铸：《鄂尔多斯草原沙漠化的因素与防治意见》，《内蒙古师院学报》（自然科学版）1981年第1期。

④ 吴正：《浅议我国北方地区的沙漠化问题》，《地理学报》1991年第3期。

⑤ 贾铁飞：《毛乌素沙地地貌发育规律及对人类生存环境的影响》，《内蒙古师院学报》（自然科学版）1992年第3期。

⑥ 陈渭南：《毛乌素沙地全新世孢粉组合与气候变迁》，《中国历史地理论丛》1993年第1期。

⑦ 孙继敏、刘东生、丁仲礼等：《五十万年来毛乌素沙地的变迁》，《第四纪研究》1992年第4期。

⑧ 李保生、靳鹤龄、吕海燕等：《150ka以来毛乌素沙漠的堆积与变迁过程》，《中国科学（D辑）》1998年第1期。

以来毛乌素沙地的环境变化，得出毛乌素沙漠南缘距今1.2万年前气候寒冷干燥，距今1.2万～1万年时气候转暖湿，距今1万～8500年时主要是温湿气候，其中距今1万～9500年时出现Younger Dryas干冷事件，距今8500～3000年时气候温暖湿润，但存在次一级的冷暖干湿波动，距今3000年以来气候近于半干旱，与现代气候相近。[①]韩秀珍1999年提出鄂尔多斯历史时期沙化孕育的环境不仅是冷干时期，而在暖干时期沙化也会发生，人类活动是沙化进退的诱导和增强因素，并且随着全球气候变暖，人为的活动而加剧。[②]

四、21世纪以来的沙漠化研究

进入21世纪后，对于毛乌素沙地历史时期环境变化的研究，因为代用指标的时空整合与人地关系相互作用的深入研究，表现出多元化与专业化研究并行向纵深发展的态势。牛俊杰等2000年用历史地理学方法综合研究了毛乌素沙地的形成时代，表述了毛乌素沙地与库布齐沙漠都形成于北魏之前的论点，否定了这些沙漠是以后农垦造成的"人造沙漠"的观点。[③]邓辉等2001年以统万城的兴废为例研究了人类活动对生态环境脆弱地区的影响，认为统万城建成时期环境较好，沙漠化是在建城之后约400年的唐代发生的。[④]王尚义2001年对统万城建成前后的环境进行了研究，认为当时存在明显沙漠化。[⑤]许清海等2002年对鄂尔多斯东部的伊金霍洛旗杨家湾古土壤剖面进行了分析，认为距今4500年之前鄂尔多斯东部的毛乌素沙地区域曾出现显著的流沙扩展，之后气候变得较为湿润，流动沙丘被逐渐固定下来；距今4200～3500年气候比较适宜，曾有针阔叶混交林生长；距今3500年以后，气候变得干燥，森林从该区域消失；距今2700～2400年，草原植被中藜科植物增多，气候进一步向干的方向发展，但降水量仍较现在高；距今2400年之后，在气候变干和人类活动的共同作用下，流动沙丘活跃起来。[⑥]曹红霞2003年对整个毛乌素沙地全新世地层粒度变化进行了时空分异研究，认为全新世早期气候比较寒冷干燥，东亚冬季风影响显著，为堆积成沙期，从

① 苏志珠、董光荣、李小强等：《晚冰期以来毛乌素沙漠环境特征的湖沼相沉积记录》，中国沙漠》1999年第2期。
② 韩秀珍：《历史时期鄂尔多斯沙化的气候因素作用分析》，《干旱区资源与环境》1999年第1期。
③ 牛俊杰、赵淑贞：《关于历史时期鄂尔多斯高原沙漠化问题》，《中国沙漠》2000年第1期。
④ 邓辉、夏正楷、王瑜：《从统万城的兴废看人类活动对生态环境脆弱地区的影响》，《中国历史地理论丛》2001年第2期。
⑤ 王尚义：《统万城的兴废与毛乌素沙地之变迁》，《地理研究》2001年第3期。
⑥ 许海清：《鄂尔多斯东部4000余年来的环境与人地关系的初步探讨》，《第四纪研究》2002年第2期。

北到南堆积的砂粒渐细，砂层渐薄；全新世中期气候温暖湿润，东亚夏季风影响明显，为较明显的成壤期，从北到南普遍可见发育较好的黑垆土层，且南部的成壤作用比北部好，厚度也大；全新世晚期至今，气候向干冷的方向变化。[①]韩昭庆2003年依据历史文献研究认为，明代毛乌素沙地范围向南可延伸至长城一线，但当时明王朝与当地游牧民族冲突不断，致使鄂尔多斯高原的沿边垦殖活动没能有效展开，因此明代长城沿线流沙形成的主要原因并不是有限的垦殖，更有可能是自然原因。[②]曹永年2004年依据历史文献资料分析认为，明代万历二年（1574）至三十八年（1610）延绥中路边墙外，出现平墙大沙不是人为导致，万历间大范围沙壅平墙的现象是自然界突变的结果。[③]艾冲2004年研究表明，初期毛乌素沙地基本形成于唐代开元天宝年间，毛乌素沙地的初期成因并非普遍认为的过度农业垦殖活动，而是自唐代贞观四年（630）迄天宝年间长期而过度的驻牧型畜牧经济活动，破坏了天然草原生态系统所致。[④]王乃昂等2006年研究了鄂尔多斯地区古城夯层沙物质组成，认识到城墙是由风沙物质构成的，表明了早在汉代之前就已出现固定、半固定沙地和流动沙丘。[⑤]黄银洲等2009年研究表明，历史时期毛乌素沙地在持续退化，主要在唐中后期和明后期表现出明显的沙漠化过程，明末至今的沙漠化与气候变化并不存在相关性，因此极有可能与人类活动关系密切。[⑥]冯文勇等2010年研究，该区特殊的生态环境和军事地理环境是其城市发展的基本因素，国防战略和防卫要求对城市数量和规模有重大影响，是该区域城市发展、草原民族势力的收缩与扩张的重要指示器。[⑦]何彤慧等2010年研究，秦汉以来毛乌素沙地的地表水环境整体呈恶化趋势，主要表现为湖沼湿地的萎缩和消失、外流河下切加剧水量减小、部分常年河变成时令河、泉水消失等等。[⑧]黄银

① 曹红霞、张云翔、岳乐平：《毛乌素沙地全新世地层粒度组成特征及古气候意义》，《沉积学报》2003年第3期。

② 韩昭庆：《明代毛乌素沙地变迁及其与周边地区垦殖的关系》，《中国社会科学》2003年第5期。

③ 曹永年：《明万历间延绥中路边墙的沙壅问题——兼谈生态环境研究中的史料运用》，《内蒙古师范大学学报》（哲学社会科学版）2004年第1期。

④ 艾冲：《论毛乌素沙漠形成与唐代六胡州土地利用的关系》，《陕西师范大学学报》（哲学社会科学版）2004,年第3期。

⑤ 王乃昂、黄银洲、何彤慧 等：《鄂尔多斯高原古城夯层沙的环境解释》，《地理学报》2006年第9期。

⑥ 黄银洲、王乃昂、何彤慧 等：《毛乌素沙地历史沙漠化过程与人地关系》，《地理科学》2009年第2期。

⑦ 冯文勇、王乃昂、何彤慧：《鄂尔多斯高原及毗邻地区历史城市发展的影响因素》，《经济地理》2010年第3期。

⑧ 何彤慧、王乃昂、黄银洲 等：《毛乌素沙地古城反演的地表水环境变化》，《中国沙漠》2010年第3期。

洲等2012年研究认为，统万城建城时周围的环境优于现在，据如今沙漠化划分标准，当时周围的沙漠化为轻度，只有部分地区属于中度。①

历史时期毛乌素沙地如何形成与演化，目前学术界尚存在较大争议，争议焦点集中在沙漠化的发生时间及形成原因两方面。概括而论，一种观点认为毛乌素沙地是历史时期形成的，形成于秦汉时期或汉唐时期，成因主要是人类的农业生产活动和破坏植被。另一种观点认为，毛乌素形成于地质时期，早在100万年前后或更早就已经出现了，其成因主要是气候的自然变冷和变干。

第二节　史前气候对鄂尔多斯高原沙漠化的影响

大量研究表明，在地球发展演变的任一阶段，气候变化在沙漠化发生过程中发挥着重要作用，特别是降水的变化在很大程度上控制着沙漠化的扩展与逆转。②气候干旱时，降水减少，地表土壤缺水变干，不利于植被生长，地表物质被破坏后下覆的第四纪古风成沙容易出露地表，随风迁移，致使沙漠和沙地不断扩展；气候湿润时，降水增加，土壤含水较多，植被生长旺盛，风力侵蚀作用减弱甚至停止，成壤作用加强，沙漠和沙地范围缩小，处于沙漠化逆转过程。③

鄂尔多斯高原气候带的形成应追溯至第三纪末、第四纪初的早更新世，该气候带的形成与同时期全球进入冰期气候波动时代以及新构造运动有关。

第三纪初期特别是在上新世，南极大陆已出现北冰流和较完整的冰盖，北半球的格陵兰岛、冰岛、北冰洋西南侧的巴伦支海及一些高纬度地区和高山形成冰盖。第四纪初又在欧洲、北美形成厚逾数千米的大冰盖，包括我国在内的许多中纬度高山发育了第四纪冰川，标志着世界已进入了第四纪冰期和间冰期的波动时代。

在第三纪上新世末期，印度洋板块与亚欧板块碰撞后导致喜马拉雅山和青藏高原隆起。进入全新世以后，当青藏高原上升至4700 m和喜马拉雅山上升至8800 m时，来自印度洋的暖湿气流被完全阻隔在喜马拉雅山的阳坡。④同时，新构造运动造成一系列高原山地的抬升与山前山间盆地的陷落，很可能在现今蒙古—西伯利亚南部形成较强的高压区，毛乌素沙地所在的鄂尔多斯高原基本处在此高压区的影响之中。

① 黄银洲、王乃昂、冯起 等：《统万城筑城的环境背景——河流、湖泊及沙漠化程度》，《中国沙漠》2012年第5期。
② 陈渭南：《毛乌素沙地全新世孢粉组合与气候变迁》，《中国历史地理论丛》1993年第1期。
③ 魏峻：《内蒙古中南部考古学文化演变的环境学透视》，《华夏考古》2005年第1期。
④ 朱震达、王涛：《中国沙漠化研究的理论与实践》，《第四纪研究》1992年第2期。

第三纪晚期气候温暖，但已有干旱化的显示，在鄂尔多斯高原南侧的黄土高原地区发育了风成的三趾马红土[①②]，属于风力悬浮沉积物，尚未见有风沙沉积。

一、更新世气候对沙漠化的影响

迈入第四纪的更新世，全球气候变冷，进入了大冰期。大洋盆地氧同位素研究表明，海洋盆地从这时开始就出现了冰期与间冰期的交替变化。[③④⑤⑥⑦⑧]鄂尔多斯高原南侧的黄土高原在更新世也出现了冰期与间冰期的交替变化，在冰期形成了黄土层，在间冰期发育了红褐色古土壤层。[⑨⑩⑪⑫⑬⑭⑮⑯]黄土高原在整个更新世约250万年的时期内，发育了代表冰期气候的近40层黄土[⑰⑱]和代表间冰期气候的约40层红色古土壤[⑲⑳]。在第四纪初期，来自印度洋的暖湿气流被喜马拉雅山和青藏高原所阻隔，同时受蒙古—西伯利亚高压影响，自西北向东南出现干冷、多风的气候。在此背景下，相关地区的河、湖消失，海水退却，同时沉积物在干旱期被分选吹扬，形成黄土、

---

① 赵景波：《三趾马红土中光性的黏土膜的发现及其意义》，《地质论评》1986年第6期。

② 赵景波：《西安、陕西保德第三纪晚期红土的研究》，《沉积学报》1989年第3期。

③ Shackleton N J. Oxygen isotope and palaeomagnetic evidence of early northern hemisphere glacition. Nature, 270: 216-219.

④ Kukla G J.1977. Pleistocene land-sea correlations. Earth Science Reviews 13, 307-374.

⑤ 刘东生：《黄土与环境》，科学出版社，1985年，第350—351页。

⑥ 安芷生、魏兰英、卢演筹：《洛川剖面中土壤地层学初步研究》，《中国第四纪研究》1985年第1期。

⑦ 赵景波：《第四纪气候变化的旋回和周期》，《冰川冻土》1988年第2期。

⑧ 丁仲礼、刘东生、刘秀铭等：《250ka BP来的37个旋回》，《科学通报》1989年第19期。

⑨ 朱显谟：《关于黄土中红层问题的讨论》，《第四纪研究》1958年第1期。

⑩ 赵景波：《第四纪冷干气候条件下发育的土壤》，《土壤通报》1991年第6期。

⑪ Porter C, An Z S. Episodic gullying and paleomonsoon cycles on the Chinese Loess Plateau. Quaternary Research, 2005, 64：234—241.

⑫ 赵景波：《淀积理论与黄土高原环境演变》，科学出版社，2002年。

⑬ Kohfeld K E, Harrison S P. Glacial-interglacial changes in dust deposition on the Chinese Loess Plateau. Quaternary Science Review, 2003, 22: 1859—1878.

⑭ Guo Z T，Liu D S，Fedoroff N，et al. Climate extremes in loess of China coupled with the strength of deep water formation in the North Atlantic. Global and Planetary Change, 1998, 18: 113-128.

⑮ 赵景波：《关中平原黄土中古土壤中CaCO₃淀积深度研究》，《科学通报》1991年第18期。

⑯ 赵景波、顾静、杜娟：《关中平原第5层古土壤发育时的气候与土壤水环境研究》，《中国科学（D辑）》，2008年第3期。

⑰ 丁仲礼、刘东生、刘秀铭等：《250ka BP来的37个旋回》，《科学通报》1989年第19期。

⑱ 朱显谟：《关于黄土中红层问题的讨论》，《第四纪研究》1958年第1期。

⑲ 丁仲礼、刘东生、刘秀铭等：《250ka BP来的37个旋回》，《科学通报》1989年第19期。

⑳ 朱显谟：《关于黄土中红层问题的讨论》，《第四纪研究》1958年第1期。

沙漠和戈壁，最终形成毛乌素沙地。[①]然而毛乌素沙地不是直线向流沙方向发展。依据董光荣研究，该沙地经历了流沙出现、扩大、固定、缩小乃至成壤一系列过程后，才形成了如今的格局。[②]因为该地区的风成沙与黄土的沉积是不连续的，它们在时间上经常相互交替出现，其中黄土是沙漠边缘较干冷、多风的半干旱草原和部分干旱荒漠草原带的风成粉砂堆积，而古土壤则是气候相对温暖湿润、地表稳定和植被发育较好的成壤环境，也代表了风力作用让位于流水作用的环境。毛乌素沙地受冰期和间冰期的影响，随着沙漠化的扩大与收缩而波动。冰期，全球气候变冷，大气水分以固态形式聚集于两极和中、高纬度高原区，冰川和多年冻土面积扩大，海平面下降，海岸线向洋面退缩，大陆度增强；发源于北冰洋、西伯利亚、蒙古境内的寒潮和高压的强度增大，冬季风活动加强。间冰期，全球气候变暖，冰川和多年冻土大量消融，海平面上升，大陆度减小，蒙古—西伯利亚高压北退，海洋性气团势力强大，夏季风北上活动的频率与强度显著增大。在间冰期湿润的条件下，植被发育较好，促进了地表稳定和生物作用增强，进而发育了古土壤层[③]，在冰期干冷的气候条件下，出现古风成沙，这样形成了古土壤层和古风成沙相互交替的现象。根据榆林含古风成沙地层剖面中的沉积系列以及淋溶作用所反映，从早更新世到晚更新世，古土壤层越来越少，古风成沙层越来越多，且淋溶作用减弱，说明从早更新世以来，毛乌素沙地气候冷暖波动的频率较快，且总体向干冷方向发展。由此可见，该地区从第四纪以来成沙作用明显[④]，成壤作用减弱。因为这一事件大约发生在第四纪的开始，当时该区还没有人类的活动，所以毛乌素沙地的形成以及在第四纪早期的沙漠化波动与人类活动没有关系。

气候的明显变干在黄土高原地区同样也引起了荒漠化。即使在第四纪红色古土壤发育的间冰期，气候的显著变干，导致关中地区发生了荒漠化[⑤][⑥]，在古土壤层下部形成了指示荒漠化的硫酸盐矿物。

---

① 董光荣、高尚玉、金炯等：《晚更新世初以来我国陆生生态系统的沙漠化过程及其成因》，刘东生主编，见《黄土·第四纪地质·全球变化》（第二集），科学出版社，1990年，第91—101页。

② 董光荣、高尚玉、金炯等：《晚更新世初以来我国陆生生态系统的沙漠化过程及其成因》，刘东生主编，见《黄土·第四纪地质·全球变化》（第二集），科学出版社，1990年，第91—101页。

③ 董光荣、高尚玉、金炯等：《青海共和盆地土地沙漠化与防治途径》，科学出版社，1993年，第142—165页。

④ 李保生、董光荣、高尚玉等：《陕西北部榆林第四纪地层剖面的粒度分析与讨论》，《地理学报》1988年第2期。

⑤ 赵景波、曹军骥、邵天杰 等：《西安东郊S₅土壤中AgSO₄等矿物的发现与研究》，《中国科学·地球科学》2011年第10期。

⑥ Zhao Jingbo. Desert migration on the Loess Plateau at about 450 ka BP. Journal of Geographical Sciences, 2005, 15(1): 115-122.

二、全新世气候变化对沙漠化的作用

末次冰期结束后，全球进入全新世时期。全新世时期的气候整体呈现变暖到最暖再转凉的趋势。中国的全新世始于约10000aBP，其中8000～3000aBP为温暖期，3000aBP前后气温开始下降，一直持续至近代，气温又有所上升。[1][2]中国地处东亚季风控制区，地形复杂多样，故全新世气候变化存在显著的地域差异。毛乌素地区也经历了上述的气候变化过程，因其所处的特殊地理位置，使得该区的气候变化又具有独特性。毛乌素沙地全新世地层孢粉组合所反映的本区距今10000aBP以来的气候变化过程[3]表明，距今10000年左右气候冷湿；距今7500～7000年时期全新世气温最高、降水也较丰富；距今6000～5000年时期全新世偏凉而降水最多；5000aBP之后气温逐渐上升，降水减少，气候温和略干；距今4100～3000年是龙山文化和夏、商的温暖时期，温暖稍湿；距今3000～2700年干而寒冷，距今2700～2000年温和偏湿；2000年后，总体上温凉偏干，距今2000～1600年寒冷干燥，距今1600～1500年相对潮湿，1500～1400年是冷暖交替的干燥期；1400～900年时期气候相对潮湿，且前期温暖，后期寒冷；距今900年以来，气候虽然还有一系列的次级波动，但总的情况是以干旱化为主要趋势。毛乌素沙地南缘的湖沼相沉积剖面，真实地记录了晚冰期以来东亚季风气候的变迁历史[4][5]，在地层沉积相划分和测年基础上，地球化学元素结合孢粉资料等气候指标研究说明，该区域古气候变迁序列为：距今10000～9500年出现Younger Dryas冷干事件；距今8500～3000年温暖湿润；距今3000年后气候趋于半干旱与现代气候相近，期间内气候出现过短暂的温凉期，降水量增加，发育了湖沼相的亚黏土和黏土层，距今2300年和距今1600年发育的沙质黑垆土层，指示了存在温凉偏湿气候。全新世沉积中的重矿物和土壤养分也为毛乌素地区上述的气候变化过程提供了佐证。[6]另外，综合磁化率、粒度、化学元素和沉积序列的研究发现，全新世期间毛乌素地区夏季风强盛即温度特别是雨量较高的时期分别发生在距今9600年、6000～5000

---

① 杨怀仁：《中国东部第四纪自然环境的演变》，《南京大学学报》1980年第1期。
② 王炜林：《毛乌素沙漠化年代问题之考古观察》，《考古与文物》2002年第5期。
③ 陈渭南：《毛乌素沙地全新世孢粉组合与气候变迁》，《中国历史地理论丛》1993年第1期。
④ 陈渭南：《毛乌素沙地全新世孢粉组合与气候变迁》，《中国历史地理论丛》1993年第1期。
⑤ 陈渭南、高尚玉、孙忠：《毛乌素沙地全新世地层化学元素特点及其古气候意义》，《中国沙漠》1994年第1期。
⑥ 陈渭南、宋锦熙：《从沉积重矿物与土壤养分特点看毛乌素沙地全新世环境变迁》，《中国沙漠》1994年第3期。

年、4800年、4400～3500年、2800～2300年、1600～1000年前后。[①]

　　关于距今1000年以来毛乌素地区的气候变化过程，至今还缺少高分辨率的研究，可能是由于本区自然剖面受到人类活动的影响和时间分辨率的限制。另外，由于在近1000年这么短的时期内，沉积物记录的气候变化信息较少，据沉积物很难获得对近1000年来高分辨率气候变化的认识。沙漠地区物质较粗，对气候变化反应敏感的湖泊沉积较少。不过，本区地处东亚季风控制区，在缺乏直接气候资料的状况下，用同处于东亚季风区的中国其他地区的气候变化资料来替代应该具有合理性。相关研究认为，1000～1200年为南宋寒冷期；1200～1300年为元代温暖期；1400～1900为明清寒冷期（小冰期）[②]，但这个时段并不是一直寒冷，而是出现了次一级的气候冷暖波动[③④]。

　　不同研究成果之间也存在一定差异，也有学者在竺可桢先生研究的基础上，对比了中国近1700年来温度与湿度的变化，得出在300～600年、1000～1250年、1550～1750年三个时段气候较干燥，在300～600年、1120～1350年、1600～1700年三个时期气候较寒冷[⑤]。根据陈渭南[⑥]和苏志珠等研究结果，杨林海等将毛乌素地区的气候变化分为9个阶段（表8-1）。[⑦]在这9个阶段中，有4个寒冷干燥的阶段，还有1个冷暖交替的阶段。在这些寒冷干燥气候阶段，冷干多风会导致植被退化，沙层含水量降低，就会促进地表裸露和沙漠化的发生，成为沙漠化发生的主要因素。

表8-1　毛乌素地区历史时期气候变化

时段	朝代	气候特点	时段	朝代	气候特点
2050～1550BC	夏	温暖湿润	600～1000AD	隋唐、五代十国	前期暖湿、后期冷湿
1550～750BC	商、西周	寒冷干燥	1000～1200AD	北宋、南宋	寒冷干燥
750～50BC	东周、秦、西汉	温凉偏湿	1200～1400AD	南宋、元	前期凉干、后期凉湿
50BC～300AD	东汉、三国	寒冷干燥	1400～1900AD	明清	寒冷干燥
300～600AD	两晋、南北朝	冷暖交替、干燥			

① 施雅风：《中国全新世大暖期气候与环境》，海洋出版社，1992年。
② 王绍武、龚道溢：《全新世几个特征时期的中国气温》，《自然科学进展》2000年第4期。
③ 施雅风：《中国全新世大暖期气候与环境》，海洋出版社，1992年。
④ 苏志珠、董光荣、李小强等：《晚冰期以来毛乌素沙漠环境特征的湖沼相沉积记录》，《中国沙漠》1999年第2期。
⑤ 施雅风：《中国全新世大暖期气候与环境》，海洋出版社，1992年。
⑥ 施雅风：《中国全新世大暖期气候与环境》，海洋出版社，1992年。
⑦ 杨林海：周杰：《历史时期气候变化和人类活动对毛乌素地区沙漠化的影响》，《干旱区资源与环境》2008年第12期。

第三节 鄂尔多斯高原乌审旗剖面沉积物记录的沙漠化

一、乌审旗沉积层记录的沙漠化

晚更新世距今12.8～1.2万年，是第四纪最后一个冰期气候旋回。通过在鄂尔多斯高原地区的野外考察，在内蒙古乌审旗东南约15.8km的梁地上发现了晚更新世黄土剖面（图8-1a）和全新世风积沙层。剖面海拔高度为1409m，地理坐标为38°28′N，108°45′E。该剖面中的黄土与红色古土壤及其粒度成分能够为揭示该地区的沙漠化提供重要信息，为此我们对该剖面中的土层进行了多项指标的分析研究。剖面中的晚更新世黄土与古土壤分层与特点如下。

（一）乌审旗黄土与古土壤粒度组成记录的沙漠化

1.全新世风沙层（FS）

位于剖面的最上部，为灰白→浅灰黄色，由细砂、中砂构成，非常松散，层理不清，厚度在0.5～2.0m。除分布在黄土层上之外，在古老岩层分布的地方，有时也有该沙层分布。

2.马兰黄土（L_1）

该层黄土颜色呈浅灰黄色，粉砂质，较松散，团粒结构，大孔隙发育，富含$CaCO_3$。厚度为4.1m。该层可分为3个亚层，上部为浅灰黄色黄土（L1a），厚度1.30m。中部亚层为发育弱的褐黄色古土壤（L1b），团块结构，厚2.0m。下部亚层为灰黄色黄土（L1c），厚度为1.1m，底部有30cm厚度的钙质结核层，结核形态不规则（图8-1b）。

3.古土壤（S_1）

浅红褐色，棱块状结构，较为坚硬，大孔隙较少，垂向裂隙发育，有黏土化现象。该层古土壤厚1.73 m。可分为2个古土壤亚层。上部（S1a）为黄褐色粉砂土，具有明显的团块状或核状结构，厚度为0.73 m；下部（S1b）为浅红褐色亚黏土，厚约0.8 m，具粗棱柱状结构，表面分布有暗褐色黏土胶膜和铁锰胶膜，黏化层底部发育有厚约20 cm的$CaCO_3$结核淀积层（图8-1c）。电子显微镜下可见，结核内部由结晶方解石构成（图8-1d）。

为了分析晚更新世黄土的粒度组成，在剖面中进行了系统采样。在马兰黄土中间隔约8cm采集样品1个，共采集49个样品。在红褐色古土壤层（S_1）每7cm采集样品1个，共采集样品24个。

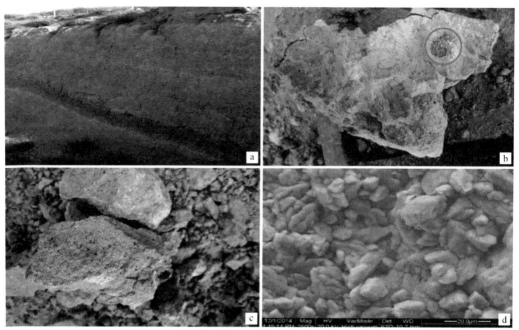

图8-1 乌审旗东南晚更新世黄土剖面与钙质结核

（a）黄土剖面；（b）马兰黄土下部的CaCO₃结核；（c）红褐色古土壤（S₁）中的CaCO₃结核；
（d）电子显微镜下结核中的结晶方解石

用激光粒度仪对所采样品进行了粒度分析。分析结果见表8-2。结果表明该剖面粒度组成很特别，与黄土高原的黄土粒度成分有很大差别。突出特点是含有一定量的黄土高原黄土中几乎不存在的细砂和中砂含量，含量分别占13.6%～22.1%和9.1%～14.6%。粉砂含量也较高，25.0%～43.6%。黏粒含量较低，5.0%～9.0%。虽然该区黄土粒度成分比黄土高原的黄土显著地粗，但是粉砂含量也较高。因为粉砂是远距离搬运来的，而细砂和中砂是当地近距离搬运沉积的，所以黄土层中较高的细砂和中砂含量表明，在距今7.5～1.2万年，研究剖面附近没有发生沙漠化，但是在不远处有风沙活动，风力作用在近处搬运的细砂和中砂随着黄土的沉积而发生了沉积。在距今12.5万年到7.5万年之间发育的S₁古土壤层位，受黏化作用明显，粉砂与黏粒含量增加，细砂和中砂减少到28%。根据后述S₁古土壤黏化层和CaCO₃结核淀积层发育好判断，该层古土壤中的细砂和中砂很可能是原来黄土中的，所以我们认为S₁古土壤发育时地表稳定，植被发育较好，没有风沙活动。该剖面顶部风沙层（FS）中粒度成分以中砂和细砂为主，分别达到34.0%、42.5%，表明全新世以来沙漠化严重。

表8-2　乌审旗晚更新世黄土与古土壤粒度组成（%）

层位	粉砂（0.05~0.005mm）	细砂（125~250mm）	中砂（250~500mm）	黏粒（小于0.005mm）	砂（大于0.05mm）	粗砂（大于500mm）
FS	8.84	42.50	33.99	1.91	89.30	3.59
L1a	30.33	20.36	11.91	5.25	64.15	0.90
L1b	43.57	13.62	9.15	8.92	47.15	0.88
L1c	25.45	22.11	14.61	5.36	69.1	1.74
S1b	39.08	15.74	8.25	9.04	51.88	0.43

（二）乌审旗黄土与古土壤$CaCO_3$含量记录的沙漠化

利用气量法分析了样品的$CaCO_3$含量，结果（表8-3）显示，马兰黄土中$CaCO_3$含量很高，含量变化在8.49%~20.96%。S_1中$CaCO_3$含量很低，平均含量为0.13%。$CaCO_3$含量分析表明，该区马兰黄土经过了富钙的成壤作用，在成壤过程中富集了大量$CaCO_3$。在S_1古土壤发育过程中，降水量较多，黏化层中的$CaCO_3$大量迁移，几乎处在淋失的条件下。

表8-3　乌审旗晚更新世黄土与古土壤$CaCO_3$含量（%）

层位	L1a	L1b	L1c	S1	风沙层
$CaCO_3$	20.96	12.44	8.49	0.13	1.37

研究表明，粉尘堆积的原始粉砂层中$CaCO_3$含量较低，一般为3%左右。[1]而乌审旗马兰黄土中的$CaCO_3$含量达8.49%~20.96%，值得查明其含量高的原因。研究表明，成壤过程是土壤中富含$CaCO_3$的主要原因[2][3][4][5][6][7]。在黄土高原的黄土中，

① 刘东生：《黄土与环境》，科学出版社，1985年。
② Marion G M, Schlsingger W H and Fongteryn P J. A regional model for soil CaCO3 deposition in Southwestern Desert. Soil Science, 1985, 139, 468–481.
③ 赵景波：《西北黄土区第四纪土壤与环境》，陕西科学技术出版社，1994年。
④ 赵景波：《淀积理论与黄土高原环境演变》，科学出版社，2002年。
⑤ 赵景波：《黄土的形成与演变模式》，《土壤学报》2002年第4期。
⑥ 赵景波：《第四纪冷干气候条件下发育的土壤》，《土壤通报》1991年第6期。
⑦ 赵景波、顾静、杜娟：《关中平原第5层古土壤发育时的气候与土壤水环境研究》，《中国科学D辑》（地球科学）2008年第3期。

$CaCO_3$含量一般都很高，比原始风尘$CaCO_3$含量高3～5倍。[1][2][3][4][5][6][7]在成壤过程中，土壤不断接受来自大气降水中蒸发沉淀的$CaCO_3$[8][9][10][11][12][13]，使得含量大幅度增加，有时可达50%[14][15][16]。因此，乌审旗黄土中$CaCO_3$含量表明当时成壤过程中富集了较多的$CaCO_3$，地表没有受到风蚀，当地没有发生沙漠化。

二、全新世沉积记录的沙漠化

进入全新世以来，我国季风区西北边缘的沙漠处于沙丘固定、缩小与流沙扩大相交替的阶段。在榆林三道沟剖面中，出现了沙质古土壤、河-湖相与古风成沙交替的地层组合，总体是沙漠逆向发展和有所缩小的阶段。[17][18][19]

在毛乌素沙地，常见全新世时期的古风成沙与黑色沙质古土壤互层的沉积，局部尚保存较完好的古沙丘地形，一般剖面中发育1～3层黑色古土壤，多者可见

① 赵景波：《西北黄土区第四纪土壤与环境》，陕西科学技术出版社，1994年。
② 赵景波：《淀积理论与黄土高原环境演变》，科学出版社，2002年。
③ 赵景波：《黄土的形成与演变模式》，《土壤学报》2002年第4期。
④ 赵景波：《第四纪冷干气候条件下发育的土壤》，《土壤通报》1991年第6期。
⑤ 赵景波、顾静、杜娟：《关中平原第5层古土壤发育时的气候与土壤水环境研究》，《中国科学D辑》（地球科学）2008年第3期。
⑥ 赵景波、曹军骥、邵天杰等：《西安东郊S5土壤中$AgSO4$等矿物的发现与研究》，《中国科学·地球科学》2011年第10期。
⑦ Zhao, J. B. The new theory on Quaternary environmental research. Journal of Geographical Sciences, 2004, 14: 242-250.
⑧ 赵景波：《淀积理论与黄土高原环境演变》，科学出版社，2002年。
⑨ 赵景波：《黄土的形成与演变模式》，《土壤学报》2002年第4期。
⑩ 赵景波：《第四纪冷干气候条件下发育的土壤》，《土壤通报》1991年第6期。
⑪ 赵景波、顾静、杜娟：《关中平原第5层古土壤发育时的气候与土壤水环境研究》，《中国科学D辑》（地球科学）2008年第3期。
⑫ 赵景波、曹军骥、邵天杰等：《西安东郊S5土壤中$AgSO4$等矿物的发现与研究》，《中国科学·地球科学》2011年第10期。
⑬ Zhao Jingbo, Long Tengwen, Wang Changyan, et al. How the Quaternary climatic change affects present hydrogeological system on the Chinese Loess Plateau. Catena, 2012, 92: 179-185
⑭ 赵景波：《西北黄土区第四纪土壤与环境》，陕西科学技术出版社，1994年。
⑮ 赵景波：《淀积理论与黄土高原环境演变》，科学出版社，2002年。
⑯ 赵景波：《黄土的形成与演变模式》，《土壤学报》2002年第4期。
⑰ 陈渭南、宋锦熙：《从沉积重矿物与土壤养分特点看毛乌素沙地全新世环境变迁》，《中国沙漠》1994年第3期。
⑱ 高尚玉、曹继秀：《全新世中国季风区西北缘沙漠演化初步研究》，《中国科学（B辑）》1993年第2期。
⑲ 鲁瑞洁、王亚军、张登山：《毛乌素沙地15 ka 以来气候变化及沙漠演化研究》，《中国沙漠》2010年第2期。

4~6层[1][2]。

在毛乌素沙地南缘的榆林三道沟剖面，下伏马兰黄土，剖面由6层古风成沙和5层黑色沙质古土壤及弱古土壤组成，底部和顶部的两层古土壤发育较弱，呈淡黑色，中部发育较好，呈深黑色，古土壤的年龄距今10000~3000年。[3]通过区域上沙质古土壤的年代测定，可以确定沙漠大部分的沙质古土壤年龄距今6200~5100年、4300~3500年、2700~2300年和1600~1166年，大部分古土壤的年龄与三道沟剖面古土壤测年基本吻合。[4]

（一）全新世早期沉积

全新世早期在距今10000~8500年，这时毛乌素沙地东南部发育河–湖相、古风成沙、粉砂和泥质沉积，局部发育湖沼相沉积，底部碳-14测年为距今10500~9600年。[5]这表明，进入全新世暖期以来，本区沙漠得到了很大程度的固定，较普遍地经历了生草成壤过程，使其流沙面积大大缩小。但腾格里沙漠及其西部的干旱沙区对这时的气候变化反应不甚敏感。在此后的距今9500~8000年间为相对冷干的风沙活动期。[6]在距今10500~9600年期间沙漠固定，气候适中，古土壤形成，沙漠的范围逐渐缩小。

（二）全新世中期沉积

8500~3000年是全新世中期，这一时期是全球性的温暖期。在黄土高原洛川地区发育了一层褐土型的古土壤[7]，有时分为2层。在关中平原有类似亚热带的古土壤发育。[8]

到全新世中期（距今8000~3500年）毛乌素沙地总体上以生草成壤过程占优

① 陈渭南、宋锦熙：《从沉积重矿物与土壤养分特点看毛乌素沙地全新世环境变迁》，《中国沙漠》1994年第3期。
② 高尚玉、曹继秀：《全新世中国季风区西北缘沙漠演化初步研究》，《中国科学（B辑）》1993年第2期。
③ 高尚玉、曹继秀：《全新世中国季风区西北缘沙漠演化初步研究》，《中国科学（B辑）》1993年第2期。
④ 陈渭南、宋锦熙：《从沉积重矿物与土壤养分特点看毛乌素沙地全新世环境变迁》，《中国沙漠》1994年第3期。
⑤ 高尚玉、曹继秀：《全新世中国季风区西北缘沙漠演化初步研究》，《中国科学（B辑）》1993年第2期。
⑥ 赵景波、郝玉芬、岳应利：《陕西洛川地区全新世中期土壤与气候变化》，《第四纪研究》2006年第6期。
⑦ 赵景波、郝玉芬、岳应利：《陕西洛川地区全新世中期土壤与气候变化》，《第四纪研究》2006年第6期。
⑧ 赵景波、郝玉芬、岳应利：《陕西洛川地区全新世中期土壤与气候变化》，《第四纪研究》2006年第6期。

势，发育较厚的黑色沙质古土壤[①]，期间有数次较短暂的风沙活动。尤其在距今8000～5000年、距今4800年和距今4400～3500年等时期，是以毛乌素沙地为代表的我国东部沙区土壤化过程的最强时期，形成的古土壤厚度大、成熟度高，较为稳定且分布广泛，甚至在气候环境条件较差的腾格里沙漠也形成了指示沙丘固定的沙质古土壤。[②]由此推断，在6000～5000年为全新世大暖期鼎盛期，我国贺兰山以东的沙地几乎完全固定成壤，腾格里沙漠的流动沙丘大部分停止活动，很好地控制了流沙的活动与发展，形成了沙质草原。有的研究者把这一时期称作沙漠草原化阶段。

（三）全新世晚期沉积

全新世晚期在距今3000年以来。在全球范围内，全新世晚期气候以温度偏低为特点，但与现代差别不大。在黄土高原地区，全新世晚期沙尘暴活动加强，气候冷干，沉积了1～2m厚的黄土（L_0）。[③④]在鄂尔多斯高原，距今3000年前后有湖沼亚黏土和黏土沉积，距今2300年前后和距今1600年前后分别发育了沙质黑垆土[⑤]，指示了这3个阶段没有发生沙漠化。鄂尔多斯高原距今1000年来的沉积有待研究。

第四节　文献记录的夏—魏晋时期的沙漠化

一、夏商周时期沙漠化

周朝包括西周和东周，相较而言，西周时期寒冷干燥，东周则较温和湿润。寒冷干燥的气候会加速沙漠化的发展，周朝该区的人类活动主要分布于黄河沿岸和有湖泊的区域，而且主要都是畜牧渔猎。整个鄂尔多斯地区西周和春秋时期的古人类遗址到目前为止只发现了4个，随着气候由寒冷干燥向温凉偏湿的转变，到战国时期人类活动略有增加，发现了14个古人类遗址。[⑥]但总体来看，人类活动的范围和强度都是很有限的。因此，该地区历史时期的第一次沙漠化扩展应该主要是气候变化所致，与人类活动基本上没太大关系。从东周开始到东汉才结束的温凉偏湿气候使得本区环境

① 赵景波：《关中地区全新世大暖期的土壤与气候变迁》，《地理科学》2003年第5期。
② 赵景波、郝玉芬、岳应利：《陕西洛川地区全新世中期土壤与气候变化》，《第四纪研究》2006年第6期。
③ 刘东生：《黄土与环境》，科学出版社，1985年。
④ 安芷生、魏兰英、卢演筹：《洛川剖面中土壤地层学初步研究》，《中国第四纪研究》1985年第1期。
⑤ Zhao Jingbo. Midele Holocene soil and migration of climatic zones in the Guanzhong Plain of China. Soil Science, 2005, 170: 292-299
⑥ 国家文物局：《中国文物地图集·内蒙古分册》，西安地图出版社，2003年。

状况有一定的好转，沙漠化发生了显著的逆转过程，这为该区域农业的大发展奠定了基础。

历史时期人类在该地区一直存在且更迭频繁，但在不同时期，因为农牧业活动的此消彼长，使得不同时期人类活动的规模和强度相差很大。先秦时期，青铜器的使用，大大增强了人类战胜自然的能力，社会经济比新石器时代有了很大发展，游牧经济也逐渐发展起来，这个时期正好是中原地区的商周时代。在商代末期距今3000年前后，气候发生了较大转变，由温暖气候转变为较干冷的气候。在黄土高原发生了由指示温暖湿润气候的古土壤发育转变为代表冷干气候的黄土（L_0）发育。[1][2][3][4]如此气候变化，必然会加剧毛乌素沙地的沙漠化。在榆林三道沟剖面中，就有沙质黄土发育。[5][6]因为这一明显的气候变化在中国北方具有普遍性，并且同时期鄂尔多斯高原人口较少，所以此次沙漠化完全是自然原因引起的。

出现较早的与毛乌素地区相关的记载可能是《山海经》。战国时期榆林地区北部的森林郁郁葱葱，并生长有檀、漆、棕等喜湿植物，有非常丰富的动植物和水资源。《太平御览》记载有，匈奴首领赫连勃勃于5世纪初赞美统万城（夏国的都城，今天的白城子）周围环境而发出的感慨："美哉斯阜，临广泽而带清流。吾行地多矣，未有若斯之美"。为赫连家庭效力的汉人胡义周评说统万城的地理位置为"背名山而面洪流"，其中的名山和洪流分别指契吴山和红柳河（无定河上游）[7]。北周时期，齐炀王宇文宪的儿子宇文贵，于天和五年（570），曾随其父在毛乌素的盐州（今天的定边县）附近打猎，"一围之中，手射野马及鹿十有五头"，可见当时该地区的生态环境较好，沙化应当很弱。关于毛乌素地区的沙漠化历史文献资料，在魏、周、隋未见有记载，唐朝前几代也未见有过异常气候的描述。

春秋时期，匈奴逐渐发展壮大，控制了整个鄂尔多斯高原，也发展形成了有本民族特色的经济和文化体系。战国时期，中原地区各诸侯国日趋强大，赵国占据了阴

① 刘东生：《黄土与环境》，科学出版社，1985年，第350—351页。
② 安芷生、魏兰英、卢演筹：《洛川剖面中土壤地层学初步研究》，《中国第四纪研究》1985年第1期。
③ 赵景波、郝玉芬、岳应利：《陕西洛川地区全新世中期土壤与气候变化》，《第四纪研究》2006年第6期。
④ 赵景波：《关中地区全新世大暖期的土壤与气候变迁》，《地理科学》2003年第5期。
⑤ 高尚玉、曹继秀：《全新世中国季风区西北缘沙漠演化初步研究》，《中国科学（B辑）》1993年第2期。
⑥ 鲁瑞洁、王亚军、张登山：《毛乌素沙地15 ka以来气候变化及沙漠演化研究》，《中国沙漠》2010年第2期。
⑦ 王劲松、陈发虎、杨保等：《小冰期气候变化研究新进展》，《气候变化研究进展》2006年第1期。

山以南，在秦国的迫使下，匈奴的活动范围缩小至陕、甘、宁北部和内蒙古准格尔旗西部的鄂尔多斯高原地区。从遗址的分布和出土文物可以看出，先秦时期毛乌素地区人类活动的范围主要分布于黄河沿岸和有湖泊水源的地方，而且都是以畜牧渔猎为主业，其规模和强度都是很有限的[①]，与汉代以后的大规模农业开发[②][③][④]相比，这一时期人类的农业开发要小得多。因此，人类活动对沙漠化的影响应该很小。

综上所述，夏朝时期该地区气候相对温暖湿润，土壤发育较好，沙丘固定，沙漠化程度较低；而商、西周时期气候寒冷干燥，降水偏少，毛乌素沙地沙漠化程度加深，沙丘流动性加强，这次沙漠化属于自然原因造成的。而东周时期，气候温凉偏湿，毛乌素沙地古土壤发育。

二、秦汉至魏晋时期沙漠化

考古学证据表明，在距今4500年的新石器时代，毛乌素沙地边缘就出现了固定和半固定沙丘。在杨桥畔古城、大保当古城等汉代城池使用时，周边也有轻度积沙。需要说明的是，当时风沙微弱。

毛乌素区域的第一次大开发时期是秦汉时代。大量移民从中原地区迁往该区，众多先进的生产工具也被广泛使用，毛乌素沙地区域实现了第一次由牧改农、以农为主的转变，这种状况持续到东汉末年才由于北方游牧民族的入侵而暂时告一段落。值得一提的是，如此大范围的人类活动似乎并未对该区域的环境造成明显影响，历史文献中也没有此时有沙漠化迹象的记载。不得不承认，温凉偏湿的天气状况在其中起了很大的作用。从东汉末年到魏晋南北朝的400多年间，毛乌素沙地区域在游牧民族的控制下，牧业获得了极大的发展，基本上没有什么农业。气候由初期的寒冷干燥经过中期的冷暖波动，到末期又变回干燥。这期间没有明显的沙漠化发生，应归功于两方面的原因。一为气候的冷暖波动。前期的寒冷干燥可能有利于沙漠化的扩大，但中期的冷暖波动致使的湿度增大，为沙漠化的逆转创造了条件。二是以牧业为主的人类活动没有对环境造成太大的压力。以上两方面的有利条件，保证了该区域环境的稳定，从而避免发生沙漠化。

---

① 国家文物局：《中国文物地图集·内蒙古分册》，西安地图出版社，2003年。
② 王尚义：《历史时期鄂尔多斯高原农牧业的交替及其对自然环境的影响》，《历史地理》1987年第5期。
③ 马波：《鄂尔多斯高原农业开发和生态变迁的回顾与反思》，《地域研究与开发》1992年第3期。
④ 何彤慧、王乃昂、李育等：《历史时期中国西部开发的生态环境背景及后果——以毛乌素沙地为例》，《宁夏大学学报》2006年第2期。

　　秦汉时代，毛乌素沙地区域的移民屯垦改变了农牧业的分布格局，该区实现了第一次由牧改农、以农为主的改变。秦始皇统一六国后，派大将蒙恬率兵30万，一举占领了鄂尔多斯地区，并在此设置了四郡三十多个县，将中原地区的3万农户迁入北河（今乌加河）、榆中（今内蒙古鄂尔多斯北部）一带进行农业开发，使鄂尔多斯成为当时重要的粮食产地。[①]据晁错上书云："今远方士卒，守塞一岁而更，不知胡人之能。不如选常居者，家室田作以备之，使远方无屯戍之事。"[②]汉宣帝时，后将军赵充国提出著名的"屯由奏"，详陈屯田制的"便宜十二事"[③]。汉武帝元狩三年，70余万贫民被迁入鄂尔多斯与河套等地，其后又实施了军屯，采用了铁犁、耕牛、代田法等当时最先进的农具与耕作方法，有条件的地方还引水灌溉。鼎盛时期人口众多，达20余万户，109万人。[④]元鼎四年（前113），从朔方以西到令居（今甘肃永登县），"通渠置田，官吏卒五六万人"[⑤]。东汉末年，北方游牧民族纷纷入居，本区农业凋敝，昔日阡陌良田沦为荒地，成为汉族与匈奴、鲜卑等民族杂居地区，从而结束了农业繁荣的局面。[⑥]魏晋南北朝时期，鄂尔多斯地区成为匈奴、鲜卑、乌桓、敕勒等游牧民族演绎军事与政治历史的大舞台。随着游牧民族的重新迁来，鄂尔多斯高原的农田重新变为牧场，恢复了原来的草原生态景观。407年，赫连勃勃统一了鄂尔多斯高原，建立大夏国，并在毛乌素东南营造都城统万城。北魏太武帝灭大夏以后，置夏州，设统万镇。作为牧场，鄂尔多斯地区曾养马200余万匹，骆驼100余万只，牛羊多无数。[⑦]前51年，匈奴呼韩邪单于归汉后，鄂尔多斯地区的畜牧业更有了新的发展，出现了"人民炽盛，牛马布野"[⑧]的兴旺景象，畜牧业获得了非常大的发展。

　　秦汉时期为温暖时期，鄂尔多斯高原此时自然条件较好，土地肥沃，物产丰富。秦这一时期大量移民实边，增设县置，屯兵垦荒，粮食自给有余。唐代以前有关毛乌素沙地自然环境很少有不良的记载，多为褒扬赞美之句。

① 何彤慧、王乃昂、李育等：《历史时期中国西部开发的生态环境背景及后果——以毛乌素沙地为例》，《宁夏大学学报》2006年第2期。
② 班固撰，颜师古注：《汉书》卷49《晁错传》，中华书局，1962年。
③ 班固撰，颜师古注：《汉书》卷69《赵充国传》，中华书局，1962年。
④ 何彤慧、王乃昂、李育等：《历史时期中国西部开发的生态环境背景及后果——以毛乌素沙地为例》，《宁夏大学学报》2006年第2期。
⑤ 班固撰，颜师古注：《史记》卷110《匈奴列传》，中华书局，1962年。
⑥ 何彤慧、王乃昂、李育等：《历史时期中国西部开发的生态环境背景及后果——以毛乌素沙地为例》，《宁夏大学学报》2006年第2期。
⑦ 何彤慧、王乃昂、李育等：《历史时期中国西部开发的生态环境背景及后果——以毛乌素沙地为例》，《宁夏大学学报》2006年第2期。
⑧ 班固撰，颜师古注：《汉书》卷94《匈奴传》，中华书局，1962年。

描述秦汉时期鄂尔多斯风土环境的说法基本上都出自《后汉书》卷七十七《西羌传》，文中引虞诩上疏之言："《禹贡》雍州之域，厥田惟上。且沃野千里，谷稼殷积，又有龟兹盐池，以为民利。水草丰美，土宜产牧，牛马衔尾，群羊塞道。北阻山河，乘厄据险。因渠以溉，水春河漕。用功省少，而军粮饶足。故孝武皇帝及光武筑朔方，开西河，置上郡，皆为此也。"《后汉书·货殖列传》也云："上郡、北地、安定三郡，土广人稀，饶谷多畜。"然而张家山汉简《二年律令》中却有"上郡地恶"之说。王子今对比张仪"韩地险恶"之说来理解"上郡地恶"，认为此说当指其地形与气候等自然条件不利于农耕经济的发展。又以《汉书·沟洫志》中所谓"恶地"为不"得水"之地来比对，认为"上郡，大致也如此"。

东汉（公元以后）到南北朝中期迈入第二个寒冷期。气候变迁史中称其为"新冰期"，然而当时毛乌素地区并未发生明显沙化现象。《史记》记载有，"龙门、碣石以北多马、牛、羊、毡裘、筋角"。意思是那里的人们食畜、衣皮，被裘。东汉末年，贾诩曾说："上郡、北地阔野千里，又有龟兹盐池以为民利，水草丰美，土宜放牧，牛马衔尾，群羊塞道。"此记载可能有些夸张，但能反映出当时毛乌素绝非是流沙出没无常之地。三国至西晋期间，毛乌素沙地被羌胡所占，先后为前赵（匈奴）、后赵（羯）、前燕（鲜卑）、前秦（氐）、后秦（羌）等游牧民族占据，抑制了农业耕作，减轻了对生态环境的破坏，但已有沙质裸露。《水经注》记载这里时，多处提到今长城以北有沙陵、沙阜，可见存在固定或半固定沙丘。匈奴赫连勃勃营建夏国都城统万城时（407年，位于今靖边县红墩界乡无定河北岸的白城子村），当时这里无流沙活动，沙地固定，植被发育好，植被的覆盖度高，是一片水草丰美、景物宜人的好地方。

鄂尔多斯高原古城时空分布也说明当时沙漠化不显著。毛乌素沙地的两汉古城数量多、分布广，而且在沙地腹地的乌审旗中北部、鄂前旗东部、鄂旗东南部比较集中。[1]东汉建武二十三年（47），河套以北地区"连年旱蝗，赤地数千里，草木尽枯，人畜饥疫，死耗大半"[2]，足以说明汉代筑城时期，该地未有严重的沙漠化，毛乌素全境均有适宜筑城和适于农耕的自然环境。历代城池的选址都会考虑人们生活的环境条件，毛乌素沙地的古城一般建在近河、近湖或有泉水的地段，当时大多有好的土地资源等耕作条件。汉代古城的分布也似乎表明，当时古城集中分布在北部地区，

---

① 何彤慧、王乃昂、李育等：《历史时期中国西部开发的生态环境背景及后果——以毛乌素沙地为例》，《宁夏大学学报》2006年第2期。
② 范晔撰，李贤等注：《后汉书·南匈奴传》，中华书局，1965年。

表明当时沙漠化微弱。

关于鄂尔多斯高原汉代是否存在明显沙漠化，目前还存在一定分歧。绝大多数研究者认为，汉代此地没有发生明显的沙漠化。然而，也有的研究者根据汉代城墙物质组成与风沙物质相近，认为当时已有较明显的沙漠化。[1]值得指出的是，鄂尔多斯高原的有些湖泊沉积物的粒度为细砂和中砂，筑城时会把湖泊沉积的砂层混合在一起，也会造成城墙物质类似风沙沉积的结果。粒度成分显示，汉代古城墙的物质中仅含有约20%的粉砂成分[2]，与沙漠化的物质有相近之处，指示鄂尔多斯高原当时发生了沙漠化。毛乌素沙地现代风成沙和内蒙古巴丹吉林沙漠风成沙粒度组成中的粉砂含量一般不足2%[3][4]，因此，可以认为当时该区的沙漠化远没有现代严重，当时的风力作用的强度和搬运动力没有现代强。根据目前的资料分析，我们认为，虽然该区汉代可能存在沙漠化，但是应该是较弱的。

第五节　文献记录的唐—元代的沙漠化

一、唐代的沙漠化

隋朝统一全国后，之前占据鄂尔多斯高原的突厥等游牧民族有一部分退到了阴山以北的区域，鄂尔多斯高原又出现了向农业区的转化，但隋朝历时短暂，大规模农业化发生在唐朝。唐朝在本区设置了丰州、胜州、夏州、宥州等州，随着州县设置的增多，还兴修了水利，疏浚渠道，进行了大量的开垦活动。因为农业生产的发展，人口数量也渐渐得到了恢复。虽然此时的人口远比不上西汉时期多，但已经比东汉的人口多了一倍多。农业生产的发展，人口的增加，更加表明了隋唐时期的农业是继秦汉以后的又一次高潮。此外，在鄂尔多斯高原的腹地，畜牧业也有一定的规模。唐代早期为温暖湿润期，关于这一时期沙漠化记录很少，可以认为唐代中期鄂尔多斯高原沙漠化微弱，是沙丘固定和植被发育较好的时期。

唐贞观四年（630）的六胡州（今鄂尔多斯高原中部偏西区域，大体相当于今鄂托克旗、鄂托克前旗、乌审旗、宁夏盐池县及明长城以北部分）是典型的温带草原风

---

① 王乃昂、黄银洲、何彤慧等：《鄂尔多斯高原古城夯层沙的环境解释》，《地理学报》2006年第9期。

② 王乃昂、黄银洲、何彤慧等：《鄂尔多斯高原古城夯层沙的环境解释》，《地理学报》2006年第9期。

③ 张家诚：《气候变迁及其原因》，科学出版社，1976年，第91—163页。

④ 竺可桢：《中国近五千年来气候变迁的初步研究》，《中国科学》1973年第2期。

光，在河谷、山区、湖泉之畔生长着杨、榆、柳和槐等阔叶乔木，野生动物较多，缓坡丘陵水草茂盛，无任何流沙的迹象。①

唐代中叶开始出现了沙漠化。早在唐德宗贞元年间，贾耽在其著述中提到从夏州（今陕西省靖边白城子古城）北赴丰州（今内蒙古巴彦淖尔市五原县）途中要经过两个大沙漠，其中一个是库布齐沙漠，另外一个没有名字。艾冲研究推断，没有名字的可能就是毛乌素沙地。当时的毛乌素沙地在夏州的北部。根据毛乌素沙地现在所处的地理位置分析，其东南部地区为长城沿线的榆阳区、靖边县、横山县、定边县、盐池县，从靖边县赴巴彦淖尔市五原县，要途经毛乌素沙地西北部地区，那么沙漠位置很可能就是现今的乌审旗、鄂托克旗、鄂托克前旗一带，也就是唐朝贞观年间的六胡州所在位置。从唐贞观四年到唐德宗贞元年间，毛乌素沙地在短短的100多年的时间里呈现出了类似沙漠的景观。而最早描述毛乌素地区沙化的文献可能是李益于787年的诗作《登夏州城观送行人赋得六州胡儿歌》，作者咏道："故国关山无限路，风沙满眼堪断魂。不见天边青草冢，古来愁煞汉昭君。"②诗人所咏的是夏州西北方初期毛乌素沙地的景观，表明毛乌素沙地此时已经扩大到契吴山东南缘。《新唐书·五行志》记载："长庆二年，十月夏州风大，飞沙为堆，高及城堞。"③"夏之属土，广长几千里，皆流沙。"④当时把这一气象载入唐书，表明时人将飞沙视作从未见过的自然灾害，说明扬沙气候严重影响着夏州至德静（榆阳区补浪河乡魏家峁村附近）二城一带的环境。此后，唐咸通年间许棠所作《夏州道中》一诗中有"茫茫沙漠广，渐远赫连城"的描述，表明契吴山至夏州与德静二城间的环境不断发生恶化，直至沙漠化。由此可得，毛乌素沙地沙漠化的转折点是唐朝中叶。短短的百年期间，毛乌素地区沙漠化的速率如此之快，令人惊叹。也有研究表明，在唐初六胡州北部已经有比较严重的土地沙漠化。⑤古城分布研究表明，秦汉时期毛乌素沙地从周边的外流区至腹地的内流湖盆区，都有相当广阔的建城空间和建城环境，而到了唐代及其以后，沙地中北部已不太适合建城，朝廷将内降的少数民族聚落集中建在该区域的南部。

唐朝中期（8世纪）是毛乌素区域急剧发生沙漠化的时期。不论是唐朝早期的暖

① 薛娴、王涛、吴薇等：《中国北方农牧交错区沙漠化发展过程及其成因分析》，《中国沙漠》2005年第3期。
② 李益：《李益诗集·卷一》，中华书局，2014年。
③ 董诰等编：《全唐文》卷七百三十七，中华书局，1983年。
④ 董诰等编：《全唐文》卷七百三十七，中华书局，1983年。
⑤ 王乃昂、何彤、黄银洲等：《六胡州古城址的发现及其环境意义》，《中国历史地理论丛》2006年第3期。

湿还是晚期的冷湿，总的来说气候条件对沙漠化逆转是有利的，至少是不应该出现沙漠化景观的扩大，然而实际情况却正好相反。因此，我们不得不考虑这个时期人类活动在沙漠化中起到的重要作用。由前述可得，隋唐时期，尤其是在汉民族实行大一统的唐朝时期，隋唐的农业是继秦汉之后的又一次高潮。从气候情况看，秦汉时期温凉偏湿的气候要比隋唐时期一直以来的湿润天气更有利于沙漠化的发展。从人类活动情况看，秦汉时期的人类活动规模和强度要强于隋唐，而前者未出现沙漠化，后者却出现了，这表明唐代时期毛乌素沙地区的自然环境和以前相比更加脆弱，也表明人类活动对该区沙漠化的加强的作用正在增强且超过了气候变化的作用。

唐贞观四年东突厥灭亡时归降唐朝，并将粟特人安置于河曲地域（今内蒙古鄂尔多斯高原）中部偏西地区，按照不同的部落分为六个州，统称为六胡州。粟特人在此安居乐业，在短短的近百年时间里，人口从3万增至10万（721年）。[1]据估计，当时有马30万匹、牛19万头、羊91万只，[2]如此多的人口依赖于持久的驻牧型畜牧业，而过度放牧会对草地系统产生相当大的破坏力。

到8世纪中叶，各类严寒气候事件频繁发生，秋天冷空气南进的时间提前，春天则延迟，相应霜冻与降雪出现的最早、最晚时间均提早或延迟，这样的气候状况很容易致使发生沙漠化。同时，北方游牧民族面临着基本生存和生产的压力，也更加重了内乱，安史之乱就是在这种背景之下发生的。史有记载，因为战乱，粟特人的数量从10万下降到3万。[3]8世纪中叶中国的这次气候向冷干变化是非常显著的，不仅毛乌素沙地有明显的气候变化，整个中国的气候变化都非常明显。支持盛唐的不仅是安定的政治局面，还有较为温湿的适宜气候。7世纪的温暖湿润，为唐代农业经济的发展创造了良好条件，农业经济的发展为社会经济的整体发展和繁荣奠定了良好的基础。到了8世纪中叶，气候突然转冷，经济很快变得很萧条，荒漠化现象变得很严重。[4]毛乌素沙地沙漠化正是在恶劣的环境及历年的战争、过度型牧业的共同作用之下发生的。

古城分布也显示唐代后期发生了沙漠化。在魏晋—唐的600多年中，匈奴、鲜卑、汉等民族辗转于此地，甚至建都立国，但所选城址位置均偏南，这里不排除军

---

① 艾冲：《唐代前期"河曲"地域各民族人口的数量与分布》，《民族研究》2003年第2期。
② 艾冲：《唐代前期"河曲"地域各民族人口的数量与分布》，《民族研究》2003年第2期。
③ 艾冲：《唐代前期"河曲"地域各民族人口的数量与分布》，《民族研究》2003年第2期。
④ 艾冲：《唐代前期"河曲"地域各民族人口的数量与分布》，《民族研究》2003年第2期。

事与政治上的需要，但在广大的毛乌素腹地，未发现一个该时段的古城[1]，此种现象最可信的解释只能是毛乌素的中北部已经出现了沙漠化，没有很合适的筑城环境条件。唐朝于贞观四年已统一漠南，贞观二十年（646）统一大漠南北，鄂尔多斯高原全境都在大唐的统治下，在毛乌素边缘地带先后设有多个府州，中北部却没有建设。尤其是调露元年（679），为安置突厥降部而设置六胡州，以数万之众"全其习俗"而安置于灵州南部。据何彤慧等研究，在现今的鄂托克前旗与乌审旗南部已找到六胡州中的5个，它们展布在东西约100km，南北仅15 km左右的范围内。[2]若按游牧方式来论，这一范围对上万人来说是明显局促的，据此可以推断当时毛乌素中北部已不适宜农耕、居住，甚至不适于放牧。唐末，党项李氏家族割据于今毛乌素区域和陕北北部，毛乌素沙地直到西夏立国的180多年中并未新筑城池，倒是沿用了唐时的一些旧城，如夏州治所在统万城，有州治所在新有州城。六胡州中的鲁州为今巴郎庙古城，原为唐安置党项族人所设的兰池县，但其后似也未继续使用。元代时期的毛乌素地区名为察罕脑儿，是皇室封地，驰名的城池只有忙哥剌所筑的白海行宫。依考证其地处今乌审旗一带，有人认为是今白城子城（周清澎等）或大石砭古城，虽然目前没有明确证据证实，但其位置偏南是毋庸置疑的。明清时期的古城位置在更偏南侧的明长城内侧，包括今乌审旗河南乡这类自古至今都有优越灌溉农业发展条件的地区，也未圈入，不能不让人怀疑唐宋至明代，毛乌素沙地又进一步向南扩张了。[3]而明清堡、寨、营与城池通常都有风沙堆积和被沙掩埋，充分表明明清以来，毛乌素沙地又一次发生了沙化过程。

二、北宋及辽金时期的沙漠化

两宋期间，毛乌素沙地区域的沙漠化日益加重，这与当时寒冷干燥的气候环境是相对应的。虽然当时党项人占据毛乌素地区，从事农耕的汉人为数不多，但在宋朝300多年的历史中，有200多年与北方的辽、金及西夏交战，毛乌素地区成了残酷血腥的疆场。[4]战争作为一种特殊的人类活动，与恶劣的天气共同作用，加速了毛乌素地

---

[1] 何彤慧、王乃昂、李育等：《历史时期中国西部开发的生态环境背景及后果——以毛乌素沙地为例》，《宁夏大学学报》2006年第2期。

[2] 何彤慧、王乃昂、李育等：《历史时期中国西部开发的生态环境背景及后果——以毛乌素沙地为例》，《宁夏大学学报》2006年第2期。

[3] 何彤慧、王乃昂、李育等：《历史时期中国西部开发的生态环境背景及后果——以毛乌素沙地为例》，《宁夏大学学报》2006年第2期。

[4] 章典、詹志勇、林初升等：《气候变化与中国的战争、社会动乱和朝代变迁》，《科学通报》2004年第22期。

区的沙漠化。

北宋及辽金时期（960～1234）是沙漠化较为严重的时期。10世纪末，当宋朝的统治者为了防止鄂尔多斯高原地区少数民族效仿安禄山串通胡人对抗大宋而下令废毁夏州时，文献记录这里已是"深在沙漠"，这就充分说明毛乌素沙地已逐渐扩展至无定河南侧。

宋朝初年，普遍种植梅树，对梅花的歌咏是诗人和艺术家的一大爱好，但是令人意想不到的是北国的寒冷气候使梅树不能生存，北宋政治家王安石嘲笑北方人不认识梅花，误当杏花为梅花，曾有诗云"北人初未识，混作杏花看"。恶劣的生态环境已经一改当年毛乌素沙地"沃野千里、仓稼殷富、水草丰美、群羊载道"的美好景观。在这一时期由于战争的需要，该区驻军和当地人口较多，对沙地的开垦和放牧已相当严重。在北宋时期，就神木和府谷而言，驻军约1.5万人，当地的百姓将近4.8万人，如此众多的人口的粮食及马匹所需的草料，均依赖于当地的农业。[1]为了解决粮草问题，毛乌素沙地区域大兴垦殖，其中有军垦，也有地方垦殖，对生态环境造成了非常严重的破坏。在毛乌素沙地驻军的将官吃了败仗不受罚，而粮草被盗或劫持要受罚，原因之一是沙漠化严重导致粮草短缺，二是沙漠化导致道路难行，一旦粮食缺乏，则没有办法运输。此外，北宋时期毛乌素地区的沙漠化与连年战乱是分不开的。北方的辽国和金国及西夏交战，毛乌素地区成了残酷血腥的疆场。[2]虎视眈眈的契丹和频繁袭扰的西夏经常在此挑起战争，杨家将几代人在此为大宋立下了不朽功勋。[3]杨家将的驻军地麟、府二州就是今天毛乌素地区的神木和府谷，佘太君是府谷人。神木和府谷位于宋朝、契丹、西夏相交地带，是大宋的军事要地，是大宋中原的屏障。北宋时期，恶劣的气候、过度的垦殖、连年战争的践踏及耕田的撂荒，均直接加速了毛乌素地区的沙漠化，正如时人所说统万城已"深在沙漠"。

唐代是毛乌素沙地区域沙漠化的一个转折点，在此之前该区沙漠化主要受自然气候变化的控制，而后人类活动的影响越来越明显。

三、南宋后期和元代的沙漠化

宋元时期，随着中国经济重心的南移和政治中心东移，海上贸易取代了丝绸之路，鄂尔多斯高原的战略地位显著下降。在宋代，党项人统治了毛乌素地区，从事农

---

① 马可·波罗：《马可·波罗游记》，梁生智译，中国文史出版社，1998年。

② 马可·波罗：《马可·波罗游记》，梁生智译，中国文史出版社，1998年。

③ 马可·波罗：《马可·波罗游记》，梁生智译，中国文史出版社，1998年。

耕的汉人不多。在元代，没有在鄂尔多斯高原设置州县，但本区畜牧业有了进一步发展，使这里成为当时全国十四大牧场之一。①

南宋后期和元朝毛乌素沙漠化发生了逆转。南宋后期和元代毛乌素地区沙化相对稳定，部分流沙被固定。马可·波罗在其《马可·波罗游记》中详细记述了毛乌素地区的张加诺（今白城子）的情况，"这里小湖和河流环绕，是鹧鸪集结之所。此处还有一块美丽的平原"。当时白城子一带有大量的鹤、雉、鹧鸪和其他鸟雀栖息其间，大汗特意下令每年在河流的两岸种植粟和其他谷物，并且严禁收取，以供养鸟类，使其不至于缺乏食物而不能生存，此地成为当时蒙古贵族的游览圣地。

唐中叶后曾沙漠化的夏州（今天的白城子，宋时被废）又重新变成了美丽的湖畔，说明毛乌素沙地经历了从唐中叶到北宋及辽金时期沙漠化的扩展之后，在宋代末年及元朝时期沙漠化又出现了逆转，变为固定沙丘和沙地。元代，毛乌素沙地区域是全国十四大牧场之一，气候冷湿，沙丘与沙地相对稳定。这些变化与当时的气候环境和政治局面是不可分割的。唐中叶以后到北宋时期气候表现为干冷，南宋以后气候开始有了新的变化，12世纪末到13世纪初，气候暖和，而且当时的政治局面也促使了生态环境的恢复。在北宋时期，毛乌素沙地一直是血腥战场，而到了南宋，毛乌素沙地不再是血腥战场，开始休养生息，这有利于生态环境的恢复。元代毛乌素沙地沙漠化进一步逆转，整个元代的自然气候状况寒冷和湿润。据研究，14世纪是有史以来出现寒冬次数最多的世纪，同时降雨多，天气格外湿润，蒸发量小、雨水充足，对植被恢复非常有利。②除此之外，毛乌素沙地区域在元代生态好转还有以下两方面的原因。第一，当时人口锐减，人为活动干预减少。元朝时期毛乌素地区人口数量不多，成吉思汗剿灭宋朝时死伤惨重，也有许多人因为躲避战乱流落他乡；剿灭大宋后，蒙古贵族曾大肆掠夺将耕田变为牧场，从而使原来的农户不得不迁往异地；另外，随着元朝的一统天下，北方的政治地位下降，人口大量南迁。③第二，生态保护加强。元朝以前的蒙古族一直以游牧方式生存在北方，北方虽然草原广阔，但是气候寒冷，土地贫瘠，灾害频繁，而且牲畜有规律地出现夏饱、秋肥、冬瘦、春亡的循环往复现象，畜牧业是否能满足人们的基本生活资料完全依赖草原牧场的优势。在长期的生产和生活实践中，人们逐渐树立起忧患意识，对草地的保护意识增强，对破坏牧场者往往给予

① 章典、詹志勇、林初升等：《气候变化与中国的战争、社会动乱和朝代变迁》，《科学通报》2004年第22期。
② 竺可桢：《中国近五千年来气候变迁的初步研究》，《中国科学》1973年第2期。
③ 艾冲：《唐代前期"河曲"地域各民族人口的数量与分布》，《民族研究》2003年第2期。

严重的法律惩罚或者道德舆论的谴责。保护牧场的观念不仅在和平时代有，即使在战乱纷纷的时候也要对践踏过的草地实行休牧。元代建立后又颁布了很多生态保护法律条文，《元文类》记载："先帝圣旨，有卵飞禽勿捕之""正月至六月尽怀羔野物勿杀""草生而属地者，遗火而瑞火芮草者，诛其家""禁牧地纵火"等。这些法律条文对当时生态环境的改善起了非常重要的作用。特别湿润的天气、人类活动减少以及适当的生态保护，使毛乌素沙地区域的生态环境在元代又有所恢复。

第六节　文献记录的明清和民国时期的沙漠化

一、明代的沙漠化

到了明代，主要农业活动集中在早期和晚期。大规模的农业活动使得毛乌素地区的沙漠化继续扩张，范围加大，沙漠化到了毛乌素沙地的南缘，基本和现代的范围接近。

明代初期，沙漠化北界大致维持在阴山、大青山和西拉木伦河一线，再往北为鞑靼（蒙古族的一个分支）。明代建立以来，与蒙古族打过无数仗，原来的元朝成了北元（蒙古），再从北元打到鞑靼。鞑靼国经常和大明发生战争，交战的地点大约就在河套地区以及毛乌素沙地一带。而明朝屡战屡败，从阴山以北退到河套地区，再从河套地区退到毛乌素沙地的南缘。据史料记载，为了抵御逐水草而南下的游牧民族，明成化十年（1474），修建长城，把"草茂之地筑于内"。[①]由此可见，毛乌素地区在明朝初期水草茂盛。此后，军屯、民屯颇多，"自筑外大边以后"（"大边"指长城），盐池县一带出现了"数百里荒地尽耕，孳牧遍野"之况。修长城的目的是为了一劳永逸，但是长城筑成之后，很快被风沙袭击。嘉靖时，杨守谦在论及修复边墙时有云："夫使边垣可筑而可守，可也，奈何龙沙漠漠，亘千余里，筑之难成，大风扬沙，瞬息寻丈，成亦难久。"到万历时，"沿边城堡，风沙日积渐成坦途……数日之功不能当一夜之风力"。到万历十七年（1589），从榆林到靖边，"俱系平墙大沙，间有高过墙五七尺，甚有一丈者"[②]刘敏宽在《榆镇中路论》中写道："沿边积沙，高与墙等，时虽铲削，旋壅如故，盖人力不敌风力也"，流沙与长城平齐，甚至比长城还高。[③]这说明榆林、横山两县之间的长城以北已被大片连绵的沙地覆盖了，

---

① 梁生智：《马可·波罗游记》，中国文史出版社，1998年，第91—92页。

② 肖瑞玲：《清末放垦与鄂尔多斯东南缘土地沙化问题》，《内蒙古师范大学》（哲学社会科学版）2004年第1期。

③ 艾冲：《论毛乌素沙漠形成与唐代六胡州土地利用的关系》，《陕西师范大学学报》（哲学社会科学版）2004,第3期。

毛乌素地区的沙化不断向东南推进。[①]

继元朝以来到明朝初期气候一直比较湿润，进入15世纪又转为干燥状态[②]，气候的变化又进一步推动了毛乌素地区的沙化，而此时明朝政府推行的两大政策给毛乌素地区的沙漠化也起到了不良的作用[③]。明朝初年，统治者为了巩固边防所采取的一项重要措施就是军屯。屯垦有明确规定："彼时天下卫所军士，边方去处，七分下屯，三分守城；腹里去处，八分下屯，二分守城。虽王府护卫军人，亦照例下屯。"另一条措施是修城堡、建防御工事。这些措施均严重毁坏了毛乌素地区的生态环境。从明代初，北方游牧民族经常在毛乌素地区挑起战事，该区成为以农耕为主的明朝政府与以畜牧业为生的游牧民族争夺激烈的地区，从而战事不断，史有记载"寇动称数万，往来倏忽"。明初明朝政权与北方民族以黄河为界，正统年间退到榆林，采取"野草焚烧尽绝"的办法防止游牧民族南下。[④]明代的毛乌素地区状况与两宋期间类似，干旱的气候加上军垦、战争践踏、焚烧等致使毛乌素地区沙漠化更加严重。明代因沙漠化加剧和军事上的需要，城镇建设退至沙地东南缘。

二、清代与民国时期的沙漠化

清代与民国毛乌素地区的沙漠化继续扩展。清以来，毛乌素地区的农业逐渐兴盛。农业活动主要集中在清代前期。明代初，鄂尔多斯在明廷的松散控制下，随着残余在漠北的少数民族势力不断强大，鄂尔多斯成为双方争夺拉锯的地区。在1374年，明军驱逐了蒙古军而夺取河套，即将河套东北角的东胜城作为河套的军政中心，以黄河为北边防线，使汉人在套内自由耕牧。至明成化十年（1474）左右，因为蒙古武装入侵河套，遂筑起东自清水营，西至花马池，长约850km的边墙，且严禁越过边墙耕种。边墙实际上成了一条人为划分的农牧分界线，边墙以北的鄂尔多斯地区农业活动已经很少了，这局面一直持续到明代后期。明末以来，内地人口骤增，人地比例失调，自然条件较差的山西与陕西北部贫民开始大量流入鄂尔多斯地区，私向当地人租地耕种。[⑤]清前期实行蒙汉隔离的封禁政策，将边墙内五十里划为禁地，但后来则推

① 艾冲：《论毛乌素沙漠形成与唐代六胡州土地利用的关系》，《陕西师范大学学报》（哲学社会科学版）2004,第3期。
② 布雷特·辛斯基、蓝勇、刘建等：《气候变迁和中国历史》，《中国历史地理论丛》2003年第2期。
③ 耿占军：《元代人口迁徙和流动浅议》，《唐都刊》1994年第2期。
④ 何彤慧、王乃昂、李育等：《历史时期中国西部开发的生态环境背景及后果——以毛乌素沙地为例》，《宁夏大学学报》2006年第2期。
⑤ 何彤慧、王乃昂、李育等：《历史时期中国西部开发的生态环境背景及后果——以毛乌素沙地为例》，《宁夏大学学报》2006年第2期。

行截然相反的"借地养民"政策，开耕范围从禁留地开始，逐渐向外推，形成一条东西1300里，南北宽50里到200里不等的垦荒地带。清光绪二十八年（1902）后，垦荒更是在鄂尔多斯高原地区全境推开。

艾冲对《榆林府志》的研究说明，明代万历末期在榆林地区散布的多个小湖泊受到风沙袭击，诸如"杨官海、方家海（桑海子）、酸梨海（酸林海或酸刺海）、土地海子、天鹅海（均在今榆阳区芹河乡南部）、曹海子、土地海子（均在今横山县东北部），共计6~7个小湖泊"，致使这些小湖泊逐渐被风沙埋没。之后，位于毛乌素沙地东南沿边的长城境地沙化逐渐扩大覆盖范围，遂在榆溪河与无定河间出现大片的沙地，被赋予名称"十里沙"。其后，清政府不得不放弃旧城墙而筑建新城墙。[1]《改修北城大略》记载："同治二年（1863），目视北城沙压残废，于十月内倡议改筑……于是相度地形，弃旧城，南徙，筑土为垣，计长四百三十八丈七尺，高三丈，阔一丈八尺。"民国时期以及新中国成立初期，沙漠化继续加剧，基本形成与现在相似的景观，即耕地与流沙、半固定沙丘和固定沙丘交错分布的景观。

竺可桢查阅研究了大量的地方史志，结果显示，1650~1720年气候寒冷，1720~1863年气候再一次转暖，1840~1890年气温又普遍下降，之后到新中国成立初期为寒冷期。[2]就清代以后，气候没有温暖期，最暖时期平均气温较唐以前温度低，唐代黄河流域若干地方以梅命名，陕西有梅柯岭、河南有梅山，这些地区在当时肯定种植有梅树，然而现在却销声匿迹了，因此认为自唐以来平均气温相较以前更低。在18世纪90年代和20世纪最后20年间是降水量极少的阶段。因此，从气候的角度分析，从清朝到新中国成立之初，气候条件有利于毛乌素沙地的沙漠化扩展。而清代时期、民国时期以及新中国成立初期的一系列人为活动对毛乌素沙地的沙漠化扩展也起到了明显的促进作用。

清代时期的垦殖现象非常严重。顺治年间，沿鄂尔多斯南部各旗县以北设置了禁留地，设置禁留地主要是为了封禁鄂尔多斯诸侯部和隔绝蒙汉交往，禁留地不允许汉人耕种，也不许蒙古人游牧。此后由于国家统一局面的出现，清廷放松了对鄂尔多斯各部的防范，同时，内地人口不断增加，为了解决生计问题，康熙三十六年（1697），开始允许汉民进入禁留地开垦种植。到光绪年间，更加开放在该地区的农业开垦。民国期间，北洋政府对毛乌素沙地垦殖实施奖励政策，1925年交通部颁布

① 艾冲：《论毛乌素沙漠形成与唐代六胡州土地利用的关系》，《陕西师范大学学报》（哲学社会科学版）2004年第3期。
② 竺可桢：《中国近五千年来气候变迁的初步研究》，《中国科学》1973年第2期。

了《垦民乘坐火车减收四成规则》，规定"凡各省区运送大宗垦民，人数满二十人以上，经行京奉、京绥、津浦、京汉四路，前赴关东、塞北省"，车票均减免四成。在北洋政府奖励垦荒的政策下，晋系军阀及陕晋一些商人和地方豪绅趁机大肆进行农业开垦。1941年，傅作义任命陈长捷为伊克昭盟警备司令，陈长捷以解决军粮名义，向蒋介石建议在伊盟开垦土地一万顷，蒋指示先试垦五千顷，如可行，再扩大开垦。陈派人鼓动陕西神木、府谷等地的农民北迁伊金霍洛旗，很快伊克昭盟牧场及召庙地都被开垦，甚至连成吉思汗陵附近的禁地也被开垦了100km²，伊金霍洛旗的一部分就是这一时期建立的。除了上述规模较大的移民外，因蒙古王公私垦而引起的零星的移民在民国时期从来没有停止过。至1936年，"准格尔旗现有垦地不下二十万顷，除黑界地一千五百顷已报垦外，其余概属私垦"；达拉特旗"几乎完全为农业区域，牛羊所至，阡陌在望，不复游牧景象矣"[①]。

王乃昂等对毛乌素沙地西南部明清以前古城做了初步的统计（表8-4）。[②]从表中可知，毛乌素沙地中不同时代的古城由北向南，呈现由老到新的变化趋势，也就说北部城池建设较早，南部城池建设较晚。两汉以前该区的自然环境基本都适于建设古城，但主要分布在毛乌素沙地中北部，只有杨桥畔古城位置偏南，张记场古城位置相对偏西南一些。南北朝时兴建的统万城在毛乌素南部。唐代的古城主要集中于毛乌素沙地的南部与西南部。五代至宋夏至元朝期间，除唐代的城池继续使用外，新筑的城池很少，明清古城则毫无例外地分布于最南部的近长城的北侧。这说明，该区域的沙漠化是自北朝南发展的。

表8-4 毛乌素沙地西南部古城名录[③]（明清未计算在内）

序号	古城名称	地理位置	沿用年代
1	白城子古城	靖边县红墩界乡白城子村	汉、南北朝、唐、宋、西夏
2	大场村古城	鄂托克前旗城川镇大场村	汉
3	张记场古城	盐池县杨柳堡乡张记场村	汉
4	苏力迪古城	鄂前旗昂素镇玛拉迪嘎查苏力迪村	汉、唐、宋
5	北大池古城	鄂托克前旗二道川乡大池村	唐、宋、西夏
6	兴武营	盐池县高沙窝乡二步坑村	唐、宋、西夏、明
7	巴朗庙古城	鄂前旗三段地镇巴朗庙村	唐、宋、西夏

① 富生：《试论明朝初期居住在内地的蒙古人》，《民族研究》1996年第3期。
② 王乃昂、何彤慧、黄银洲等：《六胡州古城址的发现及其环境意义》，《中国历史地理论丛》2006年第3期。
③ 王乃昂、何彤慧、黄银洲等：《六胡州古城址的发现及其环境意义》，《中国历史地理论丛》2006年第3期。

续表

序号	古城名称	地理位置	沿用年代
8	乌兰道崩古城	鄂前旗敖勒召其镇乌兰道崩嘎查	唐、宋、西夏
9	敖勒召其古城	鄂前旗敖勒召其镇包日嘎查	唐、宋、西夏
10	查干巴拉嘎苏	鄂前旗敖勒召其镇查干巴拉嘎苏嘎查	唐、宋、西夏
11	巴彦呼日呼古城	鄂前旗昂素镇巴彦呼日呼嘎查	唐、宋、西夏
12	城川古城	鄂前旗城川镇	唐、宋、西夏、清
13	三岔河古城	乌审旗河南乡三岔河村	宋、西夏、元

由上可见，明清至民国时期毛乌素沙地的三个主要沙漠化阶段中，第一次主要影响其北部，北部的沙地应当在这一阶段形成；南部地区也有局部地段积沙严重，唐初六胡州虽然选建在湖滩地上，但周围在此前已形成沙带和较大的沙丘。第二次沙漠化过程主要影响毛乌素沙地南部地区，统万城一带的土地沙漠化格局在这一时期已形成；西南部的六胡州古城因为沙埋而大多再未沿用。第三次主要影响毛乌素沙地的东南部，长城及沿线各堡的积沙非常严重，一些城堡屡次扒沙都难以奏效。文献记载表明，宋夏时期横山一线是毛乌素沙地的南界所在，但是沙带的分布已达今庆阳一线；明清时期风沙堆积的南界大约在今明长城一线，河谷地带沙带往往伸展更远。

第七节　统万城筑城前后的沙质沉积与沙漠化

关于统万城所在的毛乌素沙地的沙漠化，过去进行了许多研究，取得了一些重要成果。[1][2][3][4][5]现已认识到，在距今约60万年前毛乌素地区就有局地沙漠化[6][7]，晚更

① 董光荣、吴正、李保生等：《鄂尔多斯高原的第四纪古风成沙》，《地理学报》1983年第4期。

② Sun J M, Ding Z L, Liu T S, et al. 580,000-year environmental reconstruction from Aeolian deposits at the Mu Us Desert margin. China. Quaternary Science Reviews 1999, 18: 1351-1364.

③ 邓辉、舒时光、宋豫秦等：《明代以来毛乌素沙地流沙分布南界的变化》，《科学通报》2007年第21期。

④ Dong G, Gao S, Jin J, et al. 1988. The formation, evolution and cause of the Mu Us desert in China. Science in China (Series B), 1988, 32: 33-45.

⑤ Yali Zhou, Hua Yulu, Jiafu Hang, et al. Luminescence dating of sand–loess sequences and response of Mu Us and Otindag sand fields (north China) to climatic changes. Journal of Quaternary Science, 2009, 24(4) :336–344.

⑥ Sun J M, Ding Z L, Liu T S, et al. 580,000-year environmental reconstruction from Aeolian deposits at the Mu Us Desert margin. China. Quaternary Science Reviews 1999, 18: 1351–1364.

⑦ 邓辉、舒时光、宋豫秦等：《明代以来毛乌素沙地流沙分布南界的变化》，《科学通报》2007年第21期。

新世以来发生过多次的进退①②，明代以来沙地向南移动幅度不大③。关于人类历史时期毛乌素地区的沙漠化成因，有的认为历史时期晚期的明代或明清时期是自然原因所致④⑤，有的认为历史时期不同阶段原因不同，有自然也有人为原因⑥⑦。

关于统万城的建城时期前后的自然环境和荒漠化问题，过去也开展了一定研究。⑧⑨⑩过去有的研究者根据统万城城墙之下可见细沙，认为统万城筑城时期已经存在沙漠化，统万城筑在风成沙之上。也有部分学者根据历史文献记载认为当时此时水草丰美，自然环境较好，沙漠化是后来发生的。⑪⑫⑬虽然不同的观点都有各自的依据，但有说服力的证据还有些不足。为了查明统万城筑城时期当时的地表沙层代表的自然环境和统万城是否建在风沙沉积之上这一重要科学问题，本书作者对统万城进行了考察，并利用轻便人力钻进行了打钻采样和实验分析。研究统万城筑城时期的自然环境不仅对认识当时该城是否建在风沙沉积之上有重要意义，而且对认识该区沙漠化发生时间和原因具有重要科学意义。

---

① Yali Zhou, Hua Yulu, Jiafu Hang, et al. Luminescence dating of sand–loess sequences and response of Mu Us and Otindag sand fields (north China) to climatic changes. Journal of Quaternary Science, 2009, 24(4) :336–344

② 黄银洲、王乃昂、何彤慧等：《毛乌素沙地历史沙漠化过程与人地关系》，《地理科学》2009年第2期。

③ 邓辉、舒时光、宋豫秦等：《明代以来毛乌素沙地流沙分布南界的变化》，《科学通报》2007年第21期。

④ 邓辉、夏正楷、王瑜：《从统万城的兴废看人类活动对生态环境脆弱地区的影响》，《中国历史地理论丛》2001年第2期。

⑤ 许清海：《鄂尔多斯东部4000余年来的环境与人地关系的初步探讨》，《第四纪研究》2002年第2期。

⑥ Dong G, Gao S, Jin J, et al. 1988. The formation, evolution and cause of the Mu Us desert in China[J]. Science in China (Series B)，1988，32: 33-45.

⑦ 王乃昂、黄银洲、何彤慧等：《鄂尔多斯高原古城夯层沙的环境解释》，《地理学报》2006年第9期。

⑧ 侯仁之：《从红柳河上的古城废墟看毛乌素沙漠的变迁》，《文物》1973年第1期。

⑨ 王尚义：《统万城的兴废与毛乌素沙地之变迁》，《地理研究》2001年第3期。

⑩ 史念海：《河山集·两千三百年来鄂尔多斯高原和河套平原农林牧地区的分布及变迁》，人民出版社，1988年，第82—104页。

⑪ 艾冲：《论毛乌素沙漠形成与唐代六胡州土地利用的关系》，《陕西师范大学学报》（哲学社会科学版）2004年第3期。

⑫ 邓辉、舒时光、宋豫秦等：《明代以来毛乌素沙地流沙分布南界的变化》，《科学通报》2007年第21期。

⑬ 邓辉、夏正楷、王瑜：《从统万城的兴废看人类活动对生态环境脆弱地区的影响》，《中国历史地理论丛》2001年第2期。

一、研究地区概况与研究方法

统万城地处靖边县城北58km处的红墩界乡白城子村，是东晋时期南匈奴贵族赫连勃勃建立的大夏国都城遗址，也是匈奴族在人类历史长河中留下的唯一都城遗址，是中国北方较早的有名都城，已有近1600年历史。统万城始建于413年，竣工于418年，由汉奢延城改筑而成。统万城所在的靖边县位于东经108°17′15″～109°20′15″，北纬36°58′45″～38°03′15″，海拔1123～1823m。靖地区属半干旱大陆性季风气候，光照充足，温差大，气候干燥，雨热同期，四季分明，年平均气温7.8℃，≥10℃的植物生长有效积温为2800℃，年平均无霜期为130天，年平均降雨量为约395.4mm[①]，植被类型为灌丛草原，土壤有黄土和风沙土。

通过野外考察，在统万城周边选择了9个采样点进行采样。样品利用轻便人力钻采集，钻孔深度为1～2m，钻孔分布见图8-2。每个钻孔剖面以10cm间隔取样，共采集样品145个。

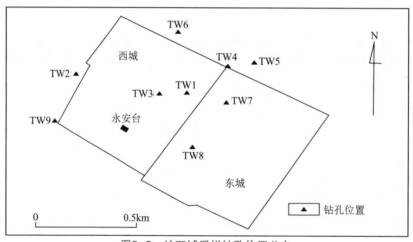

图8-2　统万城采样钻孔位置分布

钻孔1编号为TW1，经纬度为37°35′46″N、108°51′06″E。钻孔2编号为TW2，经纬度为38°0′06″N、108°50′52″E。钻孔3编号为TW3，经纬度为38°0′06″N、108°51′0″E。钻孔4编号为TW4，经纬度为38°0′07″N、108°51′22″E。钻孔5编号为TW5，经纬度为38°0′7.3″N、108°51′27.7″E。钻孔6编号为TW6，经纬度为38°00′14.4″N、108°51′19.4″E。钻孔7编号为TW7，经纬度为37°59′56.7″N、108°51′19.5″E。钻孔8编号为TW8，经纬度为37°59′51.8″N、108°51′16.4″E。钻

---

① 榆林市编纂委员会：《榆林市志》，三秦出版社，1996年。

孔9编号为TW9，经纬度为38°00′14.4″N，108°50′48″E。

二、结果与分析

（一）野外观察结果

野外调查时，在两个地点的地表见到了湖泊沉积（图8-3f）：一处是在西城的西北角城墙下，此地出露了含黄褐色针铁矿的黄褐色湖泊沙质堆积，另一处是在西城北墙中部北侧，此处可见湖泊沉积的灰绿色砂层。在其他钻孔剖面中，表层常有人为堆积或后期沙层掩盖。地表湖泊沉积物的发现表明，该区沙漠化发生时间不是很早，至少在建设统万城之时，城区与附近地表没有风沙覆盖，风沙活动和风沙沉积都很少，也表明当时植被发育较好，植被起到了保护地表土层的作用。

钻孔1剖面（TW1）位于统万城西城内偏东部，为褐黄色细砂层与灰黄色细砂层的互层，含黄褐色针铁矿斑点（图8-3a），有个别中粗砂层夹层（图8-3a）的细砂层，分选较好，揭露厚度2m。

钻孔2剖面（TW2）上部为灰色中细砂层，夹有10cm厚的薄层灰绿色细砂层。下部为暗灰色中砂细砂层。揭露厚度1.5m。

钻孔3剖面（TW3）位于西城内中部洼地处，为暗灰色细砂层（图8-3d, 8-3e）。揭露厚度1.0m。

钻孔4剖面（TW4）位于西城的东北角墙基之下，为褐黄色含针铁矿斑点（图8-3b）的细砂层，灰黄色中粗砂层，灰褐色中细砂层。揭露厚度2m。

钻孔5剖面（TW5）位于西城的东北角东北约100m的城墙之外，含褐黄色斑点的灰黄色中细砂层，粉砂层。揭露厚度1m。

钻孔6剖面（TW6）位于西城的西北角与东北角的中间，城墙外北200m，湖泊沉积层直接出露于地表，为黄绿色细砂层，含有浅褐黄色斑点的灰黄色细砂层，灰黄色中砂层、粗砂层。揭露厚度2m。

钻孔7剖面（TW7）位于西城东北角之南300m的城外，在东城内，为含有褐黄色针铁矿斑点的灰黄色细砂层（图8-3c），灰黄色、灰褐色细砂层。揭露厚度2m。

钻孔8剖面（TW8）位于西城的西城墙之东200m，为含有褐黄色针铁矿斑点的灰黄色细砂层，灰黄色、灰褐色细砂层。揭露厚度2m。

钻孔9剖面（TW9）位于西城的西门瓮城内，为含有褐黄色针铁矿斑点的灰黄色细砂层，灰黄色、灰褐色细砂层。揭露厚度为1m。

图8-3　统万城不同颜色的湖泊沉积物

图注：a.TW1中的黄褐色针铁矿斑点的砂层；b. TW4中灰黄色砂层与灰色砂层；c. TW7中的含有均匀分散针铁矿的灰黄色砂层；d.TW3中的暗灰色砂层；e. TW3中含黄褐色针铁矿斑点的暗灰色砂层；f. 西城北侧直接出露于地表的湖泊沉积。

（二）粒度分析结果

本文根据常用的粒度划分标准，将0.005mm、0.01mm、0.05mm、0.1mm、0.25mm、0.5mm、2mm作为黏粒、细粉砂、粗粉砂、极细砂、细砂、中砂、粗砂的分界线。依据实验数据，可得知榆林沙地3个钻孔剖面沉积物粒级组成具有如下特征。

1.颗粒级配

由6个钻孔剖面的粒度分析结果（表8-5，表8-6，图8-4）可知，剖面中的粒度成分以粗砂、细砂和中砂为主，各剖面平均含量分别为34.3%、34.1%和19.3%，粗砂平均含量略多于细砂，细砂含量多于中砂，其他成分少量。TW1剖面粒度最细，TW3剖面粒度最粗。

表8-5　统万城沙地6个剖面黏粒与粉砂含量（％）

钻孔编号	黏粒含量范围	黏粒平均含量	细粉砂含量范围	细粉砂平均含量	粗粉砂含量范围	粗粉砂平均含量
TW1	0～14.2	1.6	0～11.5	1.3	0-52.3	6.8
TW3	2.3～10.8	5.7	1.8～5.3	3.2	6.7～23.2	13.2
TW4	0～1.3	0.1	0～0.9	0.1	0～5.4	1.0
TW6	0～1.3	0.1	0～0.7	0.04	0～6.3	0.6
TW7	0～2.2	0.4	0～1.4	0.9	0～10.2	2.9
TW8	0～2.5	0.3	0～1.3	0.1	0～7.9	1.1

　　上述6个剖面的粒度成分与风沙沉积差异明显。风成沙粒度组成特点是以细砂为主，含量通常大于50%，其次为中砂和粗砂，含量分别为40%和10%左右。[1]在毛乌素沙地南缘，现代沙丘以细砂为主，粗砂仅为3.2％。[2]在我国巴丹吉林沙漠和腾格里沙漠，风沙物质主要也是细砂和中砂，粗砂与粉砂含量很少。而在统万城的6个钻孔剖面中，粗砂含量与细砂含量同样高，显然不属于风成沙。

表8-6　统万城6个剖面中砂粒含量（％）

钻孔编号	极细砂含量范围	极细砂平均含量	细砂含量范围	细砂平均含量	中砂含量范围	中砂平均含量	粗砂含量范围	粗砂平均含量
TW1	2.7～32.7	10.8	0～73.6	50.9	0～40.5	21.5	0～30.5	7.3
TW3	1～7.2	3.4	0～25.4	8.8	0～28.5	5.7	5.1～85.8	59.9
TW4	0～16.2	5.7	17.7～53.2	37.3	5.3～44.1	19.9	3.8～57.4	35.9
TW6	0.2～18.5	2.8	9.1～53.2	27.5	6.8～33.6	24.4	1.5～63.6	44.4
TW7	0.3～27.3	9.4	16.7～59.3	44.8	5.5～49.8	24.3	0～56.4	18.2
TW8	0～19.0	3.6	25.3～52.3	35.0	11.3～25.4	19.7	33.5～55.6	40.2

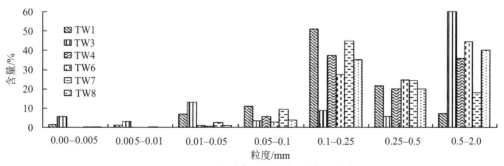

图8-4　统万城6个剖面沉积物粒度平均含量

① 赵景波、张冲、董治宝等：《巴丹吉林沙漠高大沙山粒度成分与沙山形成》，《地质学报》2011年第8期。

② 哈斯、庄燕美、王蕾等：《毛乌素沙地南缘横向沙丘粒度分布及其对风向变化的响应》，《地理科学进展》2006年第6期。

2.粒度频率分布和累积含量

剖面的粒度累积含量用于定性分析样品的粒度特征。为了使粒度成分变化曲线更明晰，将6个剖面做成2个图。由统万城钻孔剖面沉积物粒度累积含量曲线（图8-5a）可知，TW4、TW6、TW7钻孔剖面沉积物的累积含量曲线略有差异，TW7孔剖面沉积物的粒度累积含量曲线位于最左侧，表明曲线斜率大于其他两个剖面，粒度组分稍微偏细。而TW6孔剖面累积含量曲线位于最右侧，表明其曲线斜率小于其他两个剖面，粒度组分偏粗。TW4孔剖面沉积物的粒度累积含量曲线位于最中间，表明其曲线斜率位于TW7和TW6之间，粒度组分也位于两者之间。粒度频率曲线呈现突出的双峰特点（图8-5b）。

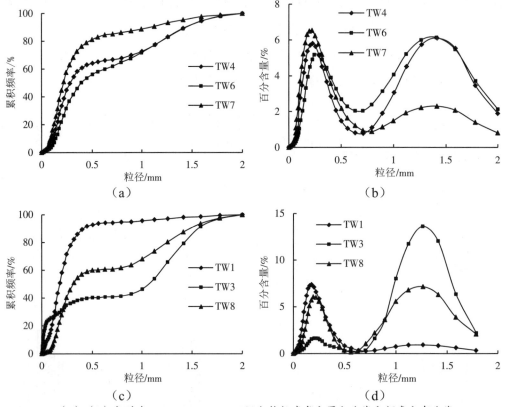

（a）（b）分别为TW4、TW6、TW7沉积物粒度成分累积曲线和频率分布曲线；

（c）（d）分别为TW1、TW3、TW8沉积物粒度成分累积曲线和频率分布曲线

图8-5　榆林统万城沙地沉积物粒度累积含量与频率分布

由TW1、TW3、TW8沉积物粒度累积含量曲线（图8-5c）可知，3个钻孔剖面沉积物的粒度累积含量曲线存在明显差异。TW1沉积物的粒度累积含量曲线位于最左侧，表明曲线斜率大于其他两个剖面，粒度组分偏细。而TW3沉积物的粒度累积含量

曲线位于最右侧，表明其曲线斜率小于其他两个剖面，粒度组分偏粗。TW8粒度组分居中，TW8孔比TW1孔偏粗，比TW3孔偏细。TW1、TW3、TW8的频率分布曲线呈现不对称的双峰形（图8-5d）。

由上述6个剖面的粒度曲线特别是粒度频率分布曲线可知，6个剖面的粒度组成与风沙沉积明显不同，风沙沉积以右侧代表的粒度成分占优势[1][2]，左侧的峰代表的粒度变化不明显，表明这6个剖面不是风沙沉积物。

3.粒度成分垂向变化

TW1、TW3、TW8沉积物粒度组成变化如图8-6。TW8从表层至0.9 m深度剖面沉积物以细砂、中砂和粗砂为主，粗砂最多，细砂次之，中砂最少，其他粒级含量均很低，其中，极细砂含量略高于细粉砂和粗粉砂含量。TW1从表层至2 m深度剖面沉积物以极细砂、细砂和中砂为主，细砂最多，中砂次之，极细砂最少，其他粒级含量均很低，粗粉砂含量略高于细粉砂含量。TW3从表层至1.2 m深度剖面沉积物以粗砂和粗粉砂为主，粗砂含量远高于粗粉砂，其他粒级含量相差不大。

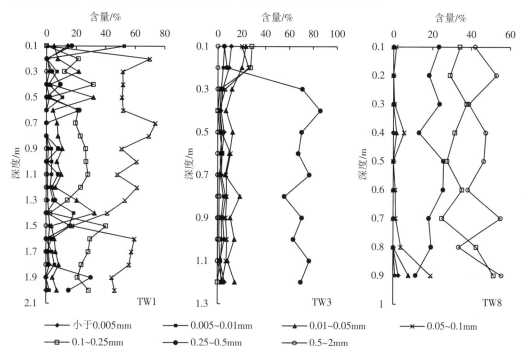

图8-6　统万城TW1、TW3和TW8剖面粒度成分含量变化

TW4、TW6、TW7 剖面沉积物粒度组成变化见图8-7。TW7从表层至2.6 m深度孔

---

① 李智佩、岳乐平、薛祥煦等：《毛乌素沙地沉积物粒度特征与土地沙漠化》，《吉林大学学报》（地球科学版），2007年第3期。

② 黄银洲、王乃昂、冯起 等：《统万城筑城的环境背景》，《中国沙漠》2012年第5期。

剖面沉积物中各等级的粒径都有包含，且以细砂、中砂和粗砂为主，其中细砂平均含量最高为44.8%；其次是中砂和粗砂分别为24.3%和18.2%。黏粒、细粉砂、粗粉砂、极细砂含量均很低，相比极细砂含量稍高于黏粒、细粉砂和粗粉砂含量。TW4从表层至1.9 m深度孔剖面沉积物中各等级的粒径也都有包含，且以细砂、中砂和粗砂为主，其中细砂平均含量最高为37.3%；其次是粗砂和中砂，分别为35.9%和19.9%。黏粒、细粉砂、粗粉砂、极细砂含量均很低，相比极细砂含量稍高于黏粒、细粉砂和粗粉砂含量。与前两个孔一样，TW6从表层至1.4m深度孔剖面沉积物中各等级的粒径也都有包含，且以细砂、中砂和粗砂为主，其中粗砂平均含量最高，为44.4%；其次是细砂和中砂，分别为27.5%和24.4%。除TW6之外，其他两个钻孔剖面各深度细砂含量均为最高（图8-6）。

上述6个剖面粒度成分的垂向变化（图8-6、图8-7）显示，粒度成分在垂向上分层变化非常明显，每个剖面中都存在粒度成分含量变化高达60%以上的大波动，这是在风沙沉积中不存在的。湖泊搬运是以水作为搬运介质的液态搬运，由于水深变化和水动力变化，常造成粒度成分的分层和垂向大变化。风力搬运是气态介质的搬运，比湖水搬运动力显著地弱，搬运的物质粒度成分特点是细小，粒度组成差异较小。由此可见，粒度组成的垂向变化证明这6个剖面的沙质沉积不是风沙沉积，结合颜色和层理可确定为湖泊沉积。

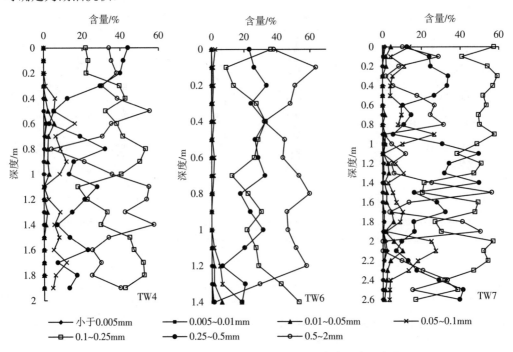

图8-7　统万城TW4、TW6和TW7剖面粒度成分含量变化

三、沙层中的针铁矿分析

通过对含有深黄褐色斑点的沙层中6个样品的X-射线衍射分析可知，黄褐色斑点样品中含有2%～4%的针铁矿（表8-7）。针铁矿是分布较广的一种水合铁氧化物，针铁矿化学组成为α-FeO（OH）。由于非结晶的针铁矿在水中是以不可溶胶体形式存在，针铁矿常与铁锰结核相伴出现[1]，所以它的形成需要饱和的水分条件。根据该区针铁矿在沙层中分布较广可以确定，它代表的是湖泊沉积环境，而不是其他水体环境。

表8-7　统万城黄褐色沙层中的针铁矿含量（%）

样品号	TW1-1	TW1-2	TW3-1	TW3-2	TW4-1	TW7-1
含量	2	3	4	2	2	3

四、讨论与结论

在统万城城内和周边，当时地表多为湖泊沉积，但因其也以沙质沉积为主，加之出露于地表的湖泊沉积沙在受到风化之后变成以灰黄色为主，容易将其与风沙相混，因此，要区别风沙沉积与湖泊沉积需要挖开地面之下0.3m左右的沙层，在此深度之下方可见到清楚的湖泊沉积。

统万城筑城前后城内和城墙边缘的沙质沉积为湖泊沉积。虽然该区湖泊沉积也是以沙质沉积为主，但是粗砂含量最高，这与风沙沉积中以细砂为主的粒度成分显著不同。湖泊沉积的沙层中还常见暗灰色沙层和含有针铁矿斑点的沙层以及沉积层理的发育，这些都是与风沙沉积明显不同的特征。

根据当时地面有较为广泛的湖泊沉积可知，统万城和附近当时地面是被植被固定的，地表基本无流沙，无沙丘发育，表明当时植被发育较好，植被起到了较好的固沙作用。根据地理学家郦道元的著作《水经注》中有关于奢延水一带存在赤沙阜、沙溪和沙陵的记述（《水经注·河水三》）推断，当时在统万城外围存在局部的沙漠化是可能的。需要说明的是，存在固定的赤沙阜、沙溪和沙陵不一定代表沙漠化。

现今的统万城城内和附近绝大部分地表为风沙覆盖，沙层覆盖厚度可达10m余。这是在建城之后一定时期内沙漠化的结果。据研究，在隋代（593），统万城已出现沙漠化但不严重。[1]在北宋初期，该地区沙漠化已较严重。文献记载北宋初期统万城已"深在沙漠之中"，宋淳化五年（994）诏令废毁统万城。[2]在唐代晚期沙漠化已较

---

[1] 师海军：《夏州（统万城）地区沙化蠡测》，《江汉论坛》2009年第8期。

[2] 曾公亮、丁度：《武经总要前集》卷十九，解放军出版社、辽沈书社，1998年。

严重，可认为统万城的明显沙漠化出现在唐代，之后沙漠化总体在加强。

第八节　毛乌素沙地沙质来源与沙漠化类型

20世纪50年代以来，许多学者从不同的角度对毛乌素沙地的沙漠化进行了研究，包括沙漠的形成与发展[1][2][3][4][5]、沙丘的运移规律与速度、人类历史时期沙漠的变迁，以及现代全球气候变化与沙漠化的气候响应等，并取得了重大进展。研究证明，毛乌素沙地形成于中更新世，之后曾有过十余次南侵。沙地中的古湖泊、风成沙、黄土与古土壤沉积序列记录了数十万年来的气候变化和重大气候事件。根据李智佩等的研究，按照风沙物质来源和成因类型，毛乌素沙地的沙漠化分为沙地内部源地起沙型沙漠化、河流谷地起沙型沙漠化、残积源地起沙型沙漠化、风沙侵入型沙漠化四种类型。[6][7]我们根据沙漠化发生的地貌和物质来源不同，分为以下四种类型。

一、高原平地原地起沙型沙漠化

在鄂尔多斯高原地区，绝大部分地区地势较为平坦，起伏较小，利于风力作用。在地质历史时期中毛乌素沙地内长期处于河流或湖泊环境，沉积了厚度相当大的河湖相沙、细砂等沉积层，还形成了大量的古风成沙。这些沙物质构成了平坦的地表形态，在受到人类活动或者气候变化的影响时，造成植被的破坏或者衰退，地表的湖泊与河流沉积沙受到风力持续性吹蚀，细粒物质被带走，就会发生沙漠化。该地区的有些湖泊与河流沉积物含沙量很高，有些绝大部分由细砂和粗砂及中砂构成，经过风力的短期吹蚀就可以出现沙漠化。高原平地沙漠化的物质有古风成沙的活化所形成的沙，也有河湖滩地的古河湖沉积形成的沙，后者应该是主要的。这两种风沙均是沙地内部沙物质就地活化构成的，发生在高原平坦地区，我们称之为高原平地原地起

① 董光荣、李保生、高尚玉：《由萨拉乌苏河地层看晚更新世以来毛乌素沙漠的变迁》，《中国沙漠》1983年第2期。
② 董光荣、陈惠忠、王贵勇：《150ka以来中国北方沙漠、沙地演化和气候变化》，《中国科学（B辑）》1995年第12期。
③ 李智佩、岳乐平、薛祥煦等：《毛乌素沙地东南部边缘不同地质成因类型土地沙漠化粒度特征及其地质意义》，《沉积学报》2006年第2期。
④ 孙继敏、刘东生、丁仲礼等：《五十万年来毛乌素沙漠的变迁》，《第四纪研究》1996年第4期。
⑤ 李智佩、张维吉、王眠等：《中国北方东部沙质漠化的地学观》，《西北地质》2002年第3期。
⑥ 李智佩、岳乐平、薛祥煦等：《毛乌素沙地东南部边缘不同地质成因类型土地沙漠化粒度特征及其地质意义》，《沉积学报》2006年第2期。
⑦ 李智佩、张维吉、王眠等：《中国北方东部沙质荒漠化的地学观》，《西北地质》2002年第3期。

沙型沙漠化，相当于李智佩等划分的沙地内部原地起沙型沙漠化。据李智佩等人的研究，这种平地地区的沙漠化主要分布于毛乌素沙地内部、研究区的西北部，面积广大，是该区沙漠化的主要类型。这种类型的土地沙漠化的粒度组成特点是沙粒直径粗大均一，中值粒径200～300μm，平均中值粒径为251μm，小于63μm的颗粒含量低于5%。[①]毛乌素地区的风沙主要来自该地区之内，即使是其他类型，也常常是该区一地物质到另一地的迁移，来自本区之外的物质是相当少的。

二、河流谷地原地起沙型沙漠化

新生代以来，新构造运动使得中生代的鄂尔多斯盆地逐步隆起至第四纪早期，随着黄河水系的逐渐形成，黄土高原地区的外流水系也同时形成。在研究区，流经毛乌素沙地的河流也逐渐发育形成，主要有无定河、榆溪河、佳芦河、窟野河、秃尾河等。[②]在河流形成的同时，河流谷地带来并沉积了大量的沙质冲积物。随着河流的下切、古河床不断抬升及人类不合理的活动，这些物质在风力作用下，成为风力搬运的流沙，并致使河漫滩和阶地上的土地向沙漠化扩展，构成了河流谷地就地起沙型的沙漠化。

李智佩等人的研究显示，河流谷地就地起沙型沙漠化的粒度特征是沙粒大小相差较悬殊，中值粒径为40～445μm，平均值为217μm，小于63μm的颗粒含量一般大于5%，有时甚至大于70%。[③④]一般说来，风沙活动越强，沙物质受到风力改造越充分，粒度组成越均一，粉砂和小于粉砂的颗粒越少，一般小于5%或更低。

三、丘陵原地起沙型沙漠化

丘陵起沙型沙漠化的物质来源主要为丘陵地区的古风成沙重新活化、沙质黄土或古土壤粗粒化，分布在鄂尔多斯高原之南的黄土丘陵地区。相当于李智佩等划分的原地起沙型沙漠化。[⑤]

古风成沙活动所造成的土地沙漠化主要分布在研究区域的东南部。前人研究证

---

① 李智佩、岳乐平、薛祥煦等：《毛乌素沙地东南部边缘不同地质成因类型土地沙漠化粒度特征及其地质意义》，《沉积学报》2006年第2期。

② 孙继敏、刘东生、丁仲礼等：《五十万年来毛乌素沙漠的变迁》，《第四纪研究》1996年第4期。

③ 李智佩、岳乐平、薛祥煦等：《毛乌素沙地东南部边缘不同地质成因类型土地沙漠化粒度特征及其地质意义》，《沉积学报》2006年第2期。

④ 李智佩、张维吉、王眠等：《中国北方东部沙质荒漠化的地学观》，《西北地质》2002年第3期。

⑤ 李智佩、张维吉、王眠等：《中国北方东部沙质荒漠化的地学观》，《西北地质》2002年第3期。

明，黄土高原地区北缘存在着一定的古风成沙，主要在第四纪冰期或间冰期的寒冷阶段形成的。这些古风成沙，在随后的地质历史时期中由于气候变化，在黄土高原大部分地区被古土壤覆盖，形成沙、黄土与古土壤沉积序列。第四纪晚期，随着黄土高原北部地区发生剧烈抬升，在风力和流水的共同作用下，上覆古土壤（黑垆土）或黄土被剥蚀，其下的古风沙出露，形成就地起沙型沙漠化。因此，此类沙漠化过程也称为古风成沙剥蚀出露活化型。沙质黄土或古土壤粗粒化是黄土高原北部区域重要的土地沙漠化类型，主要分布在黄土残源、残梁等地势较高而且古风成沙未被剥蚀出露的地方，目前多为林地、耕地、草地或因各种原因废弃的荒地。野外地质调查表明，由于人类对黄土高原北部地区的沙质黄土或古土壤的垦荒等人为因素造成植被破坏，加之水力侵蚀和风力分选，地表土壤的粒度远较同一地点的古土壤或沙质黄土要粗，一些地区已经构成了土地沙漠化。

丘陵型沙漠化物质来源复杂，其粒度组成、分布模式等具有多样性。[1]黄土区沙质黄土沙粒粒径变化范围较大，以粉砂为主，含少量细砂，小于63μm的颗粒含量可达70%以上。[2]

四、平地风沙侵入型沙漠化

平地风沙浸入型土地沙漠化相当于李智佩等划分的风沙侵入型土地沙漠化，是指在沙漠化发生的地区不具备就地起沙的条件，当风力达到起沙的临界速度时相邻地区的沙丘或地表覆盖的沙质颗粒发生跳跃式或悬浮式移动，风速下降时在原本没有沙质沉积物的地区发生沉积，从而造成该地区发生土地沙漠化。因此，这类土地沙漠化主要发生在沙漠或沙地的边缘地带，是沙漠或沙地扩大所造成的，尤其是在大风频繁的冬、春季节，地表植被发育较差、地形起伏不大的地区更易发生。在研究区，风沙侵入型土地沙漠化主要发生在沙地边缘地带和其他就地起沙沙漠化地区的附近。

风沙浸入型沙漠化沙粒粒径主要在140～310μm之间，平均粒径190μm[3][4]，以细砂为主，其次为中砂。这种沙漠化的物质组成受到了风力作用较充分的改造，粉砂等细粒成分被搬运带走，粒度组成较粗，粉砂含量很低，通常小于2%。

---

① 李智佩、张维吉、王眠等：《中国北方东部沙质荒漠化的地学观》，《西北地质》2002年第3期。
② 李智佩、张维吉、王眠等：《中国北方东部沙质荒漠化的地学观》，《西北地质》2002年第3期。
③ 李智佩、岳乐平、薛祥煦等：《毛乌素沙地东南部边缘不同地质成因类型土地沙漠化粒度特征及其地质意义》，《沉积学报》2006年第2期。
④ 李智佩、张维吉、王眠等：《中国北方东部沙质荒漠化的地学观》，《西北地质》2002年第3期。

第九节　沙漠化发生的驱动力与防治

一、沙漠化发生的自然驱动力

沙漠化是在脆弱的基础上，人类干扰和气候变化造成的土地退化过程。脆弱的基础是指干旱区土地生态系统抗干扰能力弱，稳定性差，具有潜在的土地退化特征。土地退化的驱动力不仅是各种人类活动，而且有气候波动造成的土地生产力下降。

毛乌素沙地降水少而蒸发大，降水年内和年际分配不均匀，干旱严重；风速大，生态基质脆弱，土壤风蚀严重，是气候不利的方面。对沙漠化有驱动作用的气候特点表现在以下几个方面。

（一）降水与蒸发的驱动

沙漠化是发生在自然环境比较脆弱的干旱区，这种脆弱性主要表现之一是降水稀少，保证率低，变率大，具有分布的不均匀性。毛乌素地区地处亚洲大陆内部，终年在大陆气团的控制下，年平均降水量少。毛乌素沙地降水受东南夏季风影响，降水从东南向西北递减。从东部府谷县的536.4mm下降到中部乌审旗的339.7mm，西部鄂托克旗只有268.7mm，最高和最低相差近200mm，生长季节（4～10月）多年平均雨量为327.7mm，分布特点与年降水量相同。[1]在高空终年受西北风控制，近地面为季风环流，随季节的更替而变化。大陆性气候突出，寒冷干燥，温差较大，处于夏季风影响的边缘。湿润空气经过长途跋涉，到达该区已是强弩之末，所带水汽不多，但还能受到夏季风的影响，有一定的降水，表现为弱季风性。

该区降水年内不均匀、年际变率大、保证率低，有效性低。6～9月降水量占全年的73.8%，7～8两个月就占近50%。[2]降水的这种集中性使夏、秋多大暴雨，降水的不均匀性加剧了冬、春季节的干旱，农牧业损失严重。该区不仅降水量少，而且不多的降水常常以多次、少量到达地面，不能有效地利用而成为无效降水，多为蒸发消耗。该区易发生暴雨，加速了土壤流失、地面侵蚀，导致地形破碎，扩大了沙漠化土地面积。

由于降水少，该区干旱频繁，危害极大。干旱频繁是沙漠化发生和发展的一个主要触发动力。干旱年份，旱地作物出苗困难，容易撂荒，耕地直接风蚀退化，易形成流沙。干旱区的草场同样受降水影响较大，大旱年份，植被枯死严重，半固定沙地变

成流动沙地，流沙四起，环境恶化迅速。[①]

（二）风力对沙漠化的驱动作用

毛乌素沙地沙漠化的主要过程是风蚀，风力是该区土地退化的最大自然营力，即风蚀和风沙物质的运移是这一地区沙漠化的主要过程。该区域风速大而频繁，致使地表易于风蚀。整个沙区多年平均风速2.8m/s，平均风速最高为定边县和伊旗，为3.3m/s。风季（3～6月）沙区平均风速3.3m/s，最大平均风速是伊旗、定边县、鄂前旗和鄂后旗，为3.7m/s。总体趋势是从西北向东南降低。大风频繁，破坏严重。大风是指瞬时风速大于17m/s或8级以上的风。这种天气有巨大的破坏力量，沙尘弥漫，能见度低，大风过境，吹走表土，造成严重的土壤风蚀。整个沙区多年平均大风次数为21.8天，平均最大风速在鄂托克旗，为40.8m/ s，最多可达95天。

沙漠化的成因不论是草场过度放牧，还是开垦土地，都与风力作用下的土壤侵蚀过程密切相关。比如草场退化，在牲畜超载的情况下，地面植被覆盖度下降，抗风蚀能力减弱，或者牲畜过度啃食破坏地表，造成风蚀的突破口，加速草场退化。而草场开垦后，在缺少防护林的情况下，特别是在冬春季节，地表裸露，受到强劲的风力作用，就会发生严重的土壤风蚀，使地表粗化和沙漠化。

（三）温度的驱动

毛乌素沙地太阳总辐射量较高，为6000～6500MJ/m² · a，较华北、东北地区多600～160MJ/m² · a，是我国太阳辐射较多的地区之一。日照时数为2900～3200小时，是我国日照时数的高值区，这是气候对农牧业生产有利的一方面。[②]但是沙地降水少而蒸发大，不利于植被发育，导致地表植被盖度较低，易于引起荒漠化。沙地地区温差大，造成气压差较大，利于风的产生和风蚀作用，加剧了沙漠化。

（四）基质的驱动

毛乌素地区地表基质多为沙质，土质疏松，抗风蚀能力弱，容易发生侵蚀，是发生沙漠化的物质基础。沙区中西部梁地白垩纪砂砾岩、侏罗纪砂岩和页岩广泛出露，容易风化破碎，形成丰富的基岩风化残积物，为风沙活动提供了物质基础。第四纪沉积物包括河-湖相堆积物，主要分布在乌审洼地和南部沙黄土地区，风沙和风尘堆积物分布在长城沿线地区。这些物质颗粒以中砂、细砂和粗砂为主，容易随风与水搬运迁移，在本区严酷的自然条件下，是沙漠化发展的物质基础。加之该区植被稀疏，平

---

① 李智佩、张维吉、王眠等：《中国北方东部沙质荒漠化的地学观》，《西北地质》2002年第3期。

② 苏志珠、董光荣、李小强等：《晚冰期以来毛乌素沙漠环境特征的湖沼相沉积记录》，《中国沙漠》1999年第2期。

均覆盖度只有20%～50%，抗风蚀能力弱。这些自然原因，造成生态平衡脆弱，对自然和人为干扰抵抗能力差，是沙漠化发生的驱动力之一。

二、人类活动对沙漠化的驱动

人类活动是影响沙漠化的另一个重要因子，不同的人类活动方式和强度对沙漠化的影响作用不同，一般来说，过度的农业垦殖活动对沙漠化的作用最大，其次才是畜牧业；但长期而过度的驻牧型畜牧经济活动对沙漠化的影响也不容忽视。[①]另外，频繁的战争作为一种特殊的人类活动也会造成沙漠化的扩展。

在5000年前，鄂尔多斯高原乃至整个北方人类活动遗迹非常少，人类仍然为自然的一部分，那时人类还不具备深刻改造自然的能力，沙漠化的发生与人类基本无关。从距今5000年特别是4000年开始，人类活动逐渐加强，对自然的破坏逐渐加大，人类对沙漠化的促进作用逐渐增大，甚至起到了主要的作用。

沙漠化扩展的人为驱动力不仅包括了人口增长和牲畜增长的压力、土地利用结构变化等因素，还包括对沙漠化扩展有促进和逆转作用的经济政策和人类为防治沙漠化而采取行动的因素。

现代沙漠化扩展的主要原因是人类过度利用自然资源，导致平衡被破坏，从而造成土地退化。干旱区自然生态环境脆弱，如果人类活动对自然的破坏在自然生态平衡的限度之内，土地就不会发生退化，即使发生退化也有自我恢复能力，能够保持生态系统的持续稳定。一旦人类活动的干扰超出自然环境的缓冲和平衡限度，自然生态系统就会遭受严重破坏，就可能发生沙漠化。

（一）人类的农牧业生产与生活的驱动

人类活动对沙漠化作用的实质主要表现为以下几个方面。第一是人类的农业生产。农业生产首先破坏了地表的植被，特别是在冬、春季节，地表没有植被的保护，容易受到风力作用的侵蚀，从而引起土地沙漠化。农业生产还破坏了土壤的自然结构，破坏了土壤内的植物根系，这些对抑制土壤风蚀极为不利。土壤抗侵蚀能力很强，主要是因为乔木、灌木与草本植物的枝叶和根系的保护作用，植物起到增加土壤有机质和改善土壤

---

① 艾冲：《论毛乌素沙漠形成与唐代六胡州土地利用的关系》，《陕西师范大学学报》（哲学社会科学版）2004第3期。

结构的作用和固结土壤的作用。①②③④⑤⑥农业生产还可能导致土壤贫瘠化,造成土地生产力下降,引起植被退化和荒漠化。除了农业生产之外,放牧特别是过度放牧活动同样不利于地表植被的生长,导致植被退化,进而引起沙漠化。人类的生产活动还包括开发各类矿产资源。开发矿产资源对植被与土壤的破坏巨大,特别是露天开采,对自然环境的破坏更大。

在早期的人类生活中,由于缺少煤炭等化石燃料资源,人们常常砍伐树木作为燃料,用来烧水煮饭或用于建筑等生活需要,就会出现乱砍滥伐破坏自然生态环境的现象。在植被破坏严重和地表裸露的情况下,就可能造成沙漠化。

另外,战争作为人类活动的特殊形式,对自然环境也会造成严重的破坏。战争不仅践踏破坏植被,为了战争的需要,可能会砍伐树木用于军事和生活需要,会对植被产生严重破坏,促使沙漠化发生。

（二）人口增长的驱动

人口激增,人们对生活水平提高的追求,结致使农业生产扩大或增加牲畜数量。人口因素与沙漠化的关系目前主要有以下观点:人口增加导致沙漠化。在干旱地区,随着人口的激增,导致对自然资源利用强度的提高,破坏了脆弱的生态平衡,造成土地荒漠化。（2）人口数量减少导致沙漠化。这主要是研究绿洲沙漠化得出的结论。塔里木河南部的沙漠化便是由于战乱而引发的。战乱四起,人或死亡或流失,灌溉设施破坏,土地荒芜而成沙漠。（3）人口素质低导致沙漠化。沙漠化是不合理的土地利用导致的,与人们的知识水平及对土地的认识有直接关系。我国学者研究新疆土地沙漠化的原因,认为人口增加不是直接原因,而人们对自然规律认识的局限性和生产力水平低,导致土地利用不合理,如错误的垦荒政策,水资源利用的失误等,才是土地沙漠化的主要原因。

① 陈永宗、景柯、蔡国强等:《黄土高原现代侵蚀与治理》,科学出版社,1988年。
② 王万忠、焦菊英:《黄土高原降雨侵蚀产沙与黄河输沙》,科学出版社,1996年,167—187页。
③ 唐克丽:《中国水土保持》,科学出版社,2004年。
④ 吴钦孝、赵鸿雁、韩冰:《黄土高原森林枯枝落叶层保持水土的有效性》,《西北农林科技大学学报》(自然科学版2001年第5期)。
⑤ 吴钦孝、李勇:《黄土高原植物根系提高土壤抗冲性能的研究》,《水土保持学报》1990年第1期。
⑥ 王秀茹:《水土保持工程学》第2版,中国林业出版社,2009年。

三、鄂尔多斯高原沙漠化防治

（一）针对沙漠化原因采取措施

认识该区域沙漠化发生的原因，有利于采取有针对性的措施防治土地沙漠化。由于明清时期以及延续至今的沙漠化主要是人类破坏天然植被引起的，因此应该采取植树造林、恢复植被的措施来解决区域土地沙漠化的问题。因为该区现代降水量不太少，植被恢复较快，所以该区的沙漠化问题不难治理。恢复植被不仅要考虑该区域的年降水量，还要考虑该区地表风沙物质的特性。风沙物质粒度较粗，持水性弱，是构成该区脆弱生态环境的重要因素之一。因此，特提出如下建议：

（1）发展深根系耐旱灌木。沙地水分含量很低，不利于浅根系植物生长，因此，今后要发展适于沙地环境的耐旱性强的乔、灌木树种，恢复该区域的绿色植被和生态环境。依据该区目前植被现状分析，樟子松、红柳和紫穗槐是适于大力发展的树种。

（2）采用合适的造林技术把握造林时机。因为沙土含水量很低，所以造林要选在雨季或雨后，要选择带土壮苗用于造林，适当深栽，植株间距要适度加大，幼苗期需浇水和覆膜保墒。目前植株间距有3×3m的，也有5×5m的。从绿化的长远效果考虑，建议灌木采用3×3m间隔进行造林，乔木采用5×5m间隔进行造林。

（3）采用多种植物搭配措施。为使人工植被群落的生长能够长期稳定，还应该选择不同的树种，发展混交林。

（二）利用该区南部丰富的土壤资源改良沙地

过去，毛乌素地区治沙的关键问题是树木成率活低。本地土壤含水量低使栽种树木成活后难以成林或生长到中龄阶段就出现生长不良，甚至死亡。针对过去治理存在的关键问题，我们提出下面的措施。（1）用改变物质的方法来治理毛乌素沙地，即在一定的范围内用覆土盖沙增加土壤持水性与含水量的措施治理沙漠的方法。由于这种方法能提高土壤的含水量，能解决植被发育生长最需要的水分问题，所以能从根本上治理沙漠化问题。毛乌素沙地南边紧靠黄土高原，是土壤资源最丰富的地区，黄土就是最好的改良物质。我们要充分利用这一土壤资源治理沙漠。毛乌素沙地地区降水并不太少，但是其渗透力也很强，沙子易被风吹扬，而黄土的渗透力较沙子要小得多。若土壤的渗透力较小，则对植被的生长更有利。如果将黄土高原的红土与黄土混合，那么渗透力将会更小，这样对于沙漠地区植被的恢复更为有利。（2）利用现代粉碎技术，粉碎毛乌素沙地广泛分布的大量细砂，使其变为持水性好的粉砂土壤。